精神我析

【修订本】

Self-analysis from the
Psychoanalytic Perspective

方刚

著

中国社会科学出版社

图书在版编目（CIP）数据

精神我析 / 方刚著. —修订本. — 北京：中国社会科学出版社，2017.10
ISBN 978-7-5203-0825-0

Ⅰ.①精… Ⅱ.①方… Ⅲ.①精神分析－研究 Ⅳ.①B84-065

中国版本图书馆CIP数据核字（2017）第194243号

出 版 人	赵剑英
责任编辑	郭晓娟
责任校对	王纪慧
责任印制	王 超
出　　版	中国社会科学出版社
社　　址	北京鼓楼西大街甲158号
邮　　编	100720
网　　址	http://www.csspw.cn
发 行 部	010-84083685
门 市 部	010-84029450
经　　销	新华书店及其他书店
印　　刷	北京明恒达印务有限公司
装　　订	廊坊市广阳区广增装订厂
版　　次	2017年10月第1版
印　　次	2017年10月第1次印刷
开　　本	710×1000　1/16
印　　张	27.5
插　　页	4
字　　数	368千字
定　　价	68.00元

凡购买中国社会科学出版社图书，如有质量问题请与本社营销中心联系调换
电话：010-84083683
版权所有　侵权必究

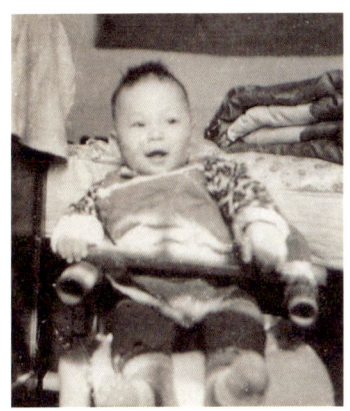
出生百日，我的第一张照片

1970秋，唯一的全家福

两岁半，父亲给我拍的最后一张照片

1975年，小学一年级，7岁的我

8岁,与母亲一起旅游

11岁,家是临建棚

15岁的我

26岁的我

27岁的我,出版了第一本书

1998,30岁的我完成了这本书,住在书中写到的那幢郊区的大房子里

自 序

此书写于我29—30岁那两年间,是我送给自己"而立之年"的纪念。当时思考的时间多于写作本身的时间。在这个过程中,我感到自己的内心世界强大起来了,我变得有力量,我的生命也因此焕发出别样的风采。

如今,我已经临近"知天命"的年纪,这本书将第四次出版。

完成这本书后的20年间,我的人生又发生了很大的变化,读研、读博,进大学当老师。除了性与性别的学术研究,我还致力于推动性教育,倡导性人权与性别平等,成立中国白丝带志愿者网络,致力于促进男性参与反对性别暴力的工作……无论在学术研究领域,还是在社会运动领域,我都做得风生水起,卓有成效。期间许多时候,也可谓起伏跌宕。但无论处于怎样的挫折与逆境中,我都没有被真正打倒过。常有人赞叹我内心力量的强大,而这一切,始于20年前的这本书。

这,就是自我精神分析的力量所在。

如今，我已经出版了六十多本书，但读过我多数作品的朋友都说：《精神我析》和几乎同一时间段完成的《动物哲学》，从某种意义上是我一直没有超越的作品，可以感受到我写作时超然物外、不受尘世所扰的状态。

此书于1999年由中国华侨出版公司出版简体字版，2000年由中国台湾上游出版公司出版繁体字版，分别在海峡两岸同时发行。2011年由安徽教育出版社出版了第三个版本。这些年，我一直陆续接到两岸读者的来信，感谢我的这本书改变了他们的生活。同我写完此书时的感受一样，这些读者都说，读完这本书，他们感到自己多年的心理困扰解决了，变得更加自信了，更加强大有力了。

甚至在将近20年后的今天，仍然不断有人来信，询问如何可以买到这本书。在互联网上检索到的一些书评中，不断有人提到自己当年如何受这本书影响。一个学生跨专业报考我的研究生，千里迢迢考来，我问他："为什么一定要报考我的研究生呢？"他说："因为在学校图书馆里读了《精神我析》。"

这个学生比我年轻二十多岁，可见，此书对读者的影响，是跨时代、跨年龄的。

如今，如果对50岁的我进行精神分析，相信会有非常多的不同。以今天的我看当年的我，又有许多不同。但此修订版基本保存了当年的原貌，仍然是那个不满30岁的方刚对他当时已经经历的生命历程的分析。那是最有激情的分析。

再版前，我很有一些担心，特意将全稿发给一位心理学专业的朋友通读。虽然朋友一再声称"非常震撼，非常感动，非常出色"，但我还是一再问："专业内容正确否？再版了不能给专业人士看吧？"这位朋友很奇怪地问我："此书已经获得了那么多的肯定，你为什么现在反而有这么多顾忌，这么在乎所谓专业人士的看法了呢？"我说："因为我不再是当年'初生牛犊不怕虎'的我了，不再是意气风发指点江山的我了，现在的我受了正规的学校教育，在体制内从业，被体制规训，我的个性已经被磨掉了许多，我的特立独行已经被磨掉了许多，简言之，我傻了许多。"

我知道，无论我还有多少创新的学术著作，我都再也写不出《精神我析》和《动物哲学》这样的书了……

2017年2月

方刚

目 录

启　程　帮你学会精神分析 / 001
第一章　弗洛伊德：解析潜意识 / 009
第二章　荣格：集体之梦 / 057
第三章　阿德勒：自卑的人 / 107
第四章　赖希："马克思主义"的性革命 / 147
第五章　霍妮：普遍焦虑 / 181
第六章　沙利文：人际关系 / 207
第七章　弗洛姆：人道主义理想 / 231
第八章　由一组同主题梦进行的心理分析 / 267
第九章　阿多尔诺、埃里克森、卡茨、萨诺夫、舒兹、马尔库塞 / 283
第十章　弗兰克：意义意志 / 295

第十一章　马斯洛：自我实现 / 307

第十二章　释梦手记035—043号 / 333

第十三章　布朗、莱恩、梅：微精神分析学与后现代精神分析学 / 349

第十四章　贝克尔：反抗死亡 / 371

第十五章　几则无规则的胡思乱想，一种新的自我分析术 / 401

第十六章　释梦手记044—053号 / 411

参考书目 / 427

启 程
帮你学会精神分析

精神分析，对我们有什么用？

精神分析帮助我们认识自身的真理。

精神分析是描述人的内心，并治疗神经症和心理失调现象的一门学问。

对于每一个普通人，而非神经症患者或心理失调人士来说，它同样应该被视作一门了解真实自我的学问。

按照精神分析学奠基人弗洛伊德的观点，进入一个人大脑中的意识只是他全部意识的一小部分，犹如冰山露出水面的冰峰，而在水下，则是一个人的潜意识，巨大的潜意识能量对我们的生活构成了影响。

如果我们能够挖掘自己的潜意识，利用自己的潜意识，我们将获得更多的能量，生命将焕发出另一种光彩——这便是我进行精神分析学研习时经常感慨的。

我们对于自己何以成为这个样子，对于自己何以会如此说、如此做，其实并不一定真的清楚。对于自己的内心隐秘，也并未能够明察秋毫。我们对自己的现实困境，经常感到无力挣脱，对于自己的未来，便也缺少了许多主动的把握。其实，我们完全可以做得更好，而这首先需要认识我们自己。

认识自己，最好的办法便是进行自我精神分析。

了解精神分析，将使你有机会成为更成功的人，更健康的人。

这完全是因为，作为20世纪人类最伟大的智慧成果之一，它凝结着从弗洛伊德开始直到20世纪末无以计数的众多思想家的智慧。狭义上看，它是治疗神经症的，广义上讲，它是人类认识自我内心世界的最佳手段之一。

在《外行分析的问题》一书中，弗洛伊德提倡人们进行自我分析，他说："只有在自我分析的过程中，他们才能真正触及分析所要达到的目的，首先使自身——或更确切地说，自己的心灵——受到影响。"

弗洛伊德亦曾传达过这样的意思：30岁左右的人，最适合进行自我分析。而实际上，如果你已经有了近20年的人生阅历，便完全可以尝试着自我分析了。我自己的经验是，进行自我分析的过程中，一点点耳聪目明，世界在我的眼中，我在我的眼中，已经是另一番景象了。

进行自我分析，此书是"引路人"。

关于精神分析，你可以从此书中知道什么？

你不需要读很多的书，只需要读这一本书。精神分析学史上的大师们，几十位大家，上百部经典著作中的精华，都被集中到此了。读一书而知全貌，省时、省力。

更重要的是，这不是一本精神分析学史，而是一个精神分析学个案。单纯罗列大师的主张，仍难以直接切入读者的内心世界。我在这里为您提供了一个样本，这个样本便是我自己。所有大师的所有观点，都被应用于这个样本，或者说，我这个样本，被我自己放到所有大师的观点中去接受分析。这样，您便可以清楚地看到，精神分析学大师们的思想是如何与一个具体的普通人结合起来的。观察这种结合最大的好处是，您也可以如法炮制，用自己去替换掉书中这个名叫方刚的样本，因为他已有的自由联想的工作，您再做这件事便显得容易多了。

特别值得一提的是，本书中有我个人大量真实梦境的记录与解析，足以使您从中了解释梦的方法与技巧，进行自我梦的分析。这些梦被分散于全书中不同精神分析学家的相关章节中，只是为了缓解您阅读中的劳累，并不说明某个梦与某位心理学家的主张有必然的联系。

本书便同时具备了下面三种属性：

（1）一本精神分析学史略

（2）一本精神分析学个案

（3）一本进行自我精神分析的教材与工具书

不可避免地，我对某些精神分析学家投入了更多的热情，介绍更详细，联系自我的例子也更多。但是，这并未对展现各位精神分析学大师的风采构成影响，他们每一个人，都深深令我感动。

另有个别心理学大师，他们作为精神分析学家的色彩偏淡，但是，他们的学术主张对我个人影响极深，而且也是解读我这一个案所不可缺少的，我便也将他们引入本书。

对于20世纪最后二三十年间精神分析学家的介绍，受到众多限制，难以展示他们最强大的阵容。这主要由于下面几个原因：

第一，精神分析学更多地作为一种影响介入其他心理学流派中，与其他思潮相混合，很难做泾渭分明的判断与区分。

第二，一些新的精神分析学家的许多思想，不十分宜于用来做自我分析，故不适合本书。

第三，顶尖级大师诞生的时代已经过去了，正如任何一个人文领域所具有的特点一样，所以，我们很难找到能够与弗洛伊德、荣格、阿德勒等分庭抗礼的人物。

第四，国内几乎无法看到对近二十年间西方精神分析学先驱人物的介绍，翻译工作的滞后，学术著作的难以出版，都造成了学术引进的缓慢。我的英文基础尚不足以进入国际互联网络自由阅读，也阻碍了我直接从国际网络上获取最新学术成果的机会。

虽然有种种不足，但值得安慰的是，我仍尽了最大的努力，通过各种方式在本书中展现了20世纪末期精神分析的大貌，特别是后现代精神分析学的思想走势，可以使读者有一个大致的了解。对于一本为大众读者写作的普及型读物，我相信这已经相当全面了。任何一个读者，都可以阅读此书，完成自我分析。

进行自我分析的注意事项

精神分析原本是一种针对神经症患者的临床治疗方法，我们将其主动地用到自己身上，这并不意味着我们是神经症患者。精神分析学大师们都一再解释说，神经症的许多表现，在正常人身上也同样存在，不同之处在于，我们是否能够意识到这些表现。弗洛伊德的潜意识等内容，更是每个人所具有的，神经症患者的问题在于，他们未能成功地协调意识与潜意识的关系，未能成功地处理"压抑"。

自我精神分析可以使我们了解一个真实的自己，走进自我的内心世界，对自己的过去、现在、将来都有所认识，洞悉人类心理与生理种种奇妙的现象，从而更好地指导我们的现实人生。

阅读时，我们需要绝对地"入境"。这是一本只能在案头端坐时读的书，要心无旁骛，全心投入，以虔诚的心态，进行一次心灵的冶炼。整个阅读与分析的过程，应该努力抛开尘世的打扰。

同时，需要展开自由联想，能够随时从书中出来，从大师们的论述中自由地过渡到自己的精神世界，这样才能发挥其"活"的科学的价值。

更重要的也许是，我们必须有一颗敢于面对自己的心，对自己完全敞开心扉，不做任何掩饰，勇于接受精神分析这一无情解剖刀下的自己。需要说明的是，精神分析从来不会是一件愉快的事情，它要挖掘你最隐秘的内心世界，而这通常正是你在以强力压制的。我给自己做精神分析的过程，便是时常体验痛苦的过程，人是如此卑微与脆弱，使我们经常丧失面对真实自我的能力。

还应该注意的一点是，持之以恒。这对于做梦的记录与分析显得尤为重要。梦是我们认识自己的重要手段之一，所以我们应该枕边常备纸笔，梦中醒来立即开灯记录，坚持下去，会有令你自己都大惊失色的发现。如果一时疏懒，未能挣脱睡魔的拉扯，你可能便错过记录一个十分精彩的梦，而对这个梦的分析极可能改变你的人生。

精神分析医生治疗病人的时候，通常对病人采用催眠、自由联想、释梦等手段，我们进行自我分析的时候无法使用催眠术，但是，我们可以自由联想、可以释梦，甚至还可以使用一些更适于自我分析的方法，这将在本书第十六章提到。

我为什么写这本书

20世纪80年代中期，我接触到少数几本弗洛伊德、荣格的著作。没有任何指导，没有系统性阅读，自己的生活经历也十分简单。但是，我还是立即被他们打动了。生命中某些未知自然也从未想过要去探知的事物开始进入我的精神世界。

但是，这个时期十分短暂。我很快放弃了对学术著作的阅读，开始急功近利地追逐所谓文学的成功。现在想来，如果我那时能够继续埋头读一些学术著作，我的成功可能会来得更快、更大。人在年轻的时候，总是缺乏长远眼光，看不清那些真正使人成为一个智慧的人的东西。

经历了将近十年的曲折，我似乎有了一些成功。但是，我发现这并非自己真正需要的。

生命中有太多的事物让我感到困惑，这使我难以平静。我对自己也有太多的疑问，带着这些疑问我几乎无法生存。

我自然地想到了弗洛伊德，想到了荣格，想到了十年前他们向我敞开的那扇明亮的窗户，以及窗户外面美丽的世界。

少年时起，我便是一个孤独的人。我经常沉入自己的幻想世界中，我喜欢独处，喜欢想象，喜欢反省。我亦是个真诚的人，渴望从肉体到心灵的完全赤裸。社会规范不允许我赤裸于人，却无法阻止我赤裸于己。这些性格特点帮助了我，当我再次进入精神分析家们的世界，便立即如鱼得水。不需要一丁点儿刻意，我不可避免地在完全无计划的状态下便对自己开始了心理分析。生命历程中的许多往事涌现眼前，我开始清理它们，理解它们。这是一件极为有趣的事，对于我这种喜孤独的人来说，简直是世界所能为我准备的最美妙的游戏。许多时候，我甚至拿不准自己是生活在现实中，还是生活在自我的分析里，或是那些供我分析的梦境里。我尽自己的最大努力寻找着每一个可以找到的精神分析学家的每一本著作，如饥似渴地阅读。

许多事物之所以令我震撼，并不完全在于我得以看清自己，而在于，我得以看清自己所处的这个世界，得以看清一直让我困惑不解的人类本身。

以写作为生存状态的我，便绝对不可能不将心灵的每一次颤动记录于纸了。

也许，此书更适合作为一种个人的纪念，这也确实是我写作的初衷。但是，我在进入自我分析的天堂（确实是天堂！）之后，看着芸芸众生仍生活在对自己内在世界茫然无知的状态下，我真的很为别人着急！

我相信绝大多数人都对自己的内心世界感到好奇，正如绝大多数人都远未能真正了解自己。为什么我们要错过精神分析呢？它毕竟如此美妙！

我便决定将自己的分析笔记加以整理，并更为规范地展示精神分析学的全貌，自我受益的同时，也造福于人。做出这个决定，还因为我正处于极力想转变写作风格、提高自己的时期。另一个重要的考虑是，写作的过程，无异于再一次自我分析，可以更多地认识自我。

面对坦陈心灵隐秘，我无所畏惧。我相信我的真实注定招来一些人的诽难，好在，这是一个个人权利受到尊重的时代，他们只能在背后骂我、笑我，却无法伤害我。

很看重这本书，我便准备以它献给我的30岁生日。

孔夫子的一句"三十而立"，使中国男人多了一个外国男人没有的担子。这个负担被我自己膨胀了，还未过29岁生日，我便开始算计着如何在30岁生日那天不至于太悲伤。可以使我不悲叹岁月流逝的唯一方法，便是获得成功感，而能够使我获得成功感的唯一方法，便是写出自己觉得还说得过去的书。于是我想，我要完成这本对自己的心理分析。

写作每一本书前后，我总是经历这样的心理体验：写之前、写之初，信心十足，自认为是本旷世好书，但写到最后，便感觉平平了，待写完后如果半年内未能出版，便连出版它的兴趣都没有了。有热情减退的原因，但更大的原因是，自己确实进步较快，自我评判的尺度变了，兴趣甚至也转移了。这本书写到后来，便也自觉并非真正可以配得上30岁这个年纪了。30岁，应该有更成熟、展示自己独到思考与见地的书，但是，如果从反省自己、认识自己的角度看，这本书还是30岁的一个好礼物。我检省了自己此前30年的人生，很坦白、很真实，我对那些或大或小、或现实或思想的经历进行了自我分析，以精神分析的手段看到了一个灵魂的赤裸状态。我理解了自己何以成为现在这个样子，我知道自己应该成为什么样子，以及怎样做才能成为那个样子。

我们在认识世界，但往往无法认识自己。心理学大师数不胜数，流派纷纭，但是，作为一种反省、认清自己的手段，我有理由推崇精神分析。由弗洛伊德开始，我们才有进入自己潜意识的可能，而不进入潜意识，我们对自己的认识终归主观。

我看清了自己。看得是否对，是否全面，我不知道自己是否真的有权利在现在便对此做出判定。

每一次接近自我的一个小小的真实之际，我们都将有高峰体验。

认识自我，美轮美奂。

第一章

弗洛伊德：解析潜意识

释梦手记001号：祖母的病；伟大的犹太人；我的初恋；意识、潜意识、前意识；自由联想：口误与升华；本我、自我、超我与俄狄浦斯情结；自由联想：父亲和母亲；对"初恋事件"的分析；关于本能；自由联想：我曾有过的"犯病"表现；释梦手记002号：街边熬鱼；梦；释梦手记003号：拜访权威；儿童性欲；我的早期性史；文化及其缺憾；释梦手记004号：未能完全解开的性梦；对弗洛伊德的总结。

释梦手记001号：祖母的病

（我第一次正式记录并分析的梦）

时间：1997年2月15日7点前后
梦境：

  这是一组很散乱的梦，由几个似乎独立的情节组成。我只能回忆起下面三组情节。

情节一：

  祖母、母亲和妻子在一个房间里，我似乎不在她们身边，而是从空中某个地方看着她们。

  三个人在谈论祖母即将面临的大手术。她腹内长了一个鸡蛋大的瘤子，要切除。89岁的祖母盘膝坐在床上，炯炯有神，侃侃而谈，毫无畏惧。她显得很年轻，完全是我多次看过的她60岁那张照片上的样子，而不是生活中已经年近九旬的祖母。

  母亲决定打电话跟姐姐商量，奇怪的是她没有拿起电话，而是拿出一个中文传呼机，按了其中某个键，立即具有了电话功能。一直在场景外面的我这时突然进入其中，凑到母亲身边问："这也能当电话用吗？"母亲告诉我只需要按规定操作就可以，但未及深讲，姐姐便接了电话，我又立即从场景中消失了。

  姐姐在电话里告诉母亲，祖母可以不做大的开放性手术了，而只需要扎入一根针，便可将那个瘤子慢慢切除。

  所有人都松了一口气。

情节二：

  我在公共汽车上。

  我刚上车的时候，车上还有一些空座位，但我还是站在车厢最前面，将随身携带的两个鼓鼓的圆形旅行袋放在脚下。

  后来车上渐渐坐满了人，只有我一个人站着。

到了我该下车的时候，我发现，自己的两个旅行袋不见了。它们消失得莫名其妙，我很着急。再低头看，发现有一个还在那里。这时，一个乘客告诉我，另一个旅行袋就在车厢的扶手后面。我果然看到了它，很奇怪那么一根细细的柱子怎么此前竟挡住了那样一个圆圆的大旅行袋。

我本应该感谢那位提醒我的乘客，但不知为什么却很讨厌他，没有道谢提着包便下车了。

汽车开走了，我发现自己站在一条尘土飞扬的乡间大道旁，周围的一切都很陌生，不知道自己该往哪个方向走，而视野中又空无一人。

情节三：

一次规模很大的聚会，我和一些朋友在场。

L小姐一直很灿烂地笑着，面若桃花地在各桌间走来走去，说着客套话。我颇不以为然，对身边的一个人说："她太会应酬了，没有这个必要。"

这时，L小姐走到我身边的一位孕妇身边，微笑着俯下身去。我以为她又是在敬酒，却忽然发现，她原来在给那位孕妇打针。一个画外音这时告诉我："这个孕妇需要按时注射，否则便有危险。"

我于是知道，L小姐一直是在关心每个与会者的健康，她原来是一个很认真、很尽职、很关心别人的人。我为自己对她的误解而羞愧。

聚会中另一个中年女人引起了我的注意。她极其漂亮，我不认识她，却知道她是男人中的宠儿。她正端着酒杯逐桌敬酒，老练地说着极为场面的话。她走到一张餐桌边向一个男人敬酒，男人趁她仰头喝酒的时候，将自己杯里的酒倒在一个碟子里，然后将空酒杯向她展示。男人的妻子在他身边，当男人将酒倒掉时，他们相互挤了挤眼睛。

分析：

　　这天夜里我显然还做了许多梦，但是仅这相关的一组被记录下来。我甚至做过正在记录其他梦的梦，但事实上那些梦并没有使我真正醒来记录它们。

　　即使是这一组梦，其中也有一个至关重要的情节我无法回忆起来了。大意是，我一直对某人没有好印象，认为他工作不认真，却忽然发现，他原来是个极认真的人，此前都是误解。

　　做这梦的前一天，即2月14日中午，我和在天津的妻子通了电话。她告诉我，祖母腹部已经发现很久的那个瘤子长到了鸡蛋大小，因为靠近肛门所以影响排便，每日便血，初步诊断不排除直肠癌的可能。如果再不采取手术措施，极可能在排便时引发休克，对于89岁的老人来讲后果不堪设想。

　　但手术的前景也不容乐观。手术方案有两种，第一种是直接切除体内的那个瘤子，这算做大手术，成功与否，老人是否能够承受均是问题，而且手术极易引起尿道、肛门感染，后患无穷；第二种是局部麻醉，使肠子改道，在腹部做一个"漏儿"来排便，肛门停止使用，同时任那个瘤子发展。医生说，如无意外，三五年内老人病情不会恶化。但第二种方案的弊端也显而易见。

　　姐姐托人找到了天津一家肛肠专科医院的Z主任，当天下午便要带祖母去这家医院。我去年的九月、十月在这家医院住院一个月做粉瘤切除手术，目睹了造"漏儿"病人的诸多痛苦与不便，深知其利害。更为重要的是，住院期间我便耳闻Z主任其人有"Z百万"之称，意为收取的红包已超过百万元。他自己承包一个科室，唯钱是举，口碑极差。与我同房的一个病人三年前由Z做了一次小手术，却发生重大医疗事故，致使三年尚未出院，补救手术已做了三次，小病变大，治愈遥遥无期。但是，这家医院又是全国权威的肛肠科医院，祖母的手术必须到此完成。

　　我知道这一切后便感觉很恐怖，立即与姐姐通了电话，表达了我的担心与建议。

　　上面记录的梦境，其实完全是围绕着关于祖母即将接受的手术展开的。

　　情节一中，因为我已到北京，所以场面中不会有我。也可能会和情绪有关，我对祖母的手术这件事一定程度上有恐惧感和回避感，所以没有正面出现在梦里。但是我又很关心，所以会关注她们的对话，在场景内外跳来跳去。祖母春节期间住在我母亲家中，所以场面里有母亲的形象。我曾在电话中问姐姐，祖母对手术是否担心，姐姐说老人很平静。祖母外貌显然很苍老了，但耳不聋眼不花，头脑清晰。因为我自己对这种手术很恐怖，所以祖母的平静在我心底形成一个大的反差，以至于在我的梦中，祖母又恢复到60岁时的样子。

母亲把传呼机当电话使，是基于我对手机的一个情结。因为在北京临时租的房子没有电话，所以很不方便。想买个手机，经济上又无法承受。曾将姐姐的手机带到北京使用了一个月，春节期间刚刚还给她。如果不是有个中文呼机，我便与外界失去联系了。在梦中，传呼机可以当作手提电话使用，这无疑是我想有一部手机的愿望在梦中的投射，而且与曾借给我手机的姐姐联在一起。

至于那个只需要扎一根针便可以使肿瘤消失的情节，缘于我一个月前在北京接受的另一次小手术。一位中医发明了一种小针刀，即针灸针前面带刀，使西医的许多开放性手术变成不伤害好组织的闭合性手术，引起国际医学界关注。我采访了他，并由他为我做了右臀部粉瘤切除。手术只做了六分钟，未流血，未开刀，医生讲可以永久解决问题。所以，我的梦中也出现了祖母接受闭合性手术的情节。

但是，事实是，那位中医为我做的手术并未成功，就在一个星期前，那个粉瘤又肿胀起来了，成为烦恼着我的事情。于是，由对祖母病情的关心，过渡到了第二个梦境。

我手里拎着的两个大圆包，便是我左、右臀两个粉瘤的象征。公共汽车上有许多座位，我却不坐，显然是因为那两个粉瘤的关系。事实上，那两个粉瘤的历史已经有七八年了，七八年前我确曾因为它们感染了而不能骑车上下班，坐公共汽车的时候也只能站着，或是很别扭地歪坐着。

车上别人都坐着，这使我有些嫉妒他们，同时也被自己虽然不大，却很麻烦的病烦恼着。

将要下车时，那两个大包不见了，说明我潜意识里希望摆脱它们。但是由于它们去得不明不白，我又很恐慌。事实是，它们确实有几年不再烦恼我，却并未消失而是潜藏下来了，曾有医生告诫我，这很可能发展为更严重的臀部窦道。

我自己发现了一个提包，却未看到第二个。那第二个可以理解为去年被切除的左臀部的粉瘤，但是，当时医生也说，他们不能保证我不再长出新的粉瘤。所以，梦境中一个乘客替我发现了那第二个提包时，我心里绝没有感激，只是气馁，这气馁使我对那个乘客没有好脸色。

我终于提着两个大包（两个困扰我许久的粉瘤）下了汽车，这坐车的梦境除了演绎生活中曾有过的因病坐车的尴尬外，也许还因为弗洛伊德在《梦兆与象征》中写道，"垂死的象征为乘车或出发旅行"。我对粉瘤确实十分担心了。

下了车的我发现，不知道该往哪里去，如何才能真正康愈。

第三个梦境其实便是对这一难题的解答，却是以另一个貌似与此无关的场景出现的。

春节前，我参加一次联谊活动，L小姐也确实始终热情洋溢，面若桃花地对待每一个人，我的私心里觉得一个女孩子这样有些过分，显得轻浮。

就在做梦的前一天下午，我还见到了L小姐，她穿得很新潮，与我同在的一位朋友觉得她有些"过了"，但又承认她是一个聪明的女孩子。事实上，L小姐的认真、敬业，在20岁出头的年轻人中间很少见。加上平常对L的了解，我便认为，她在那次联谊会上的表现，仍不过是在尽职，不冷落客人。

在梦境中，竟出现了L小姐给客人注射的情节，便将L小姐的敬业与我希望的医务人员的敬业联系在一起了。其实是希望对Z主任的种种传闻都是子虚乌有的，他实际上是一个很敬业的人。

孕妇的出现可以理解为对祖母腹内那个肯定还有成长的肿瘤的担忧。另外，前一天我还曾与人谈起一个朋友近几年不准备要孩子而将全力干事业的事情，这也可能是那个孕妇出现的原因。

画外音中关于孕妇必须定时注射的意义也许在于，我的粉瘤必须坚持每天认真清洗，不饮酒，不吃辛辣等刺激食物，便可避免加重。

至于那位中年妇女的出现，更是很有意思。醒来后的我立即意识到，她无疑是生活中另一个同龄女性在梦中的投射，虽然我在梦里没有立即意识到她。生活中的那个女性人届中年却极富魅力，也出席了那次联谊会，看得出来是男人们向往的女人。事后与人谈起她，不论男人还是女人都对她印象好极了，认为她端庄、有风度。我却觉得她是一个善于利用自己女性魅力的人。

于是，在梦中，我让她按我的理解充分暴露了一次。不再是生活中那个总是静静坐在一旁少言寡语，只是用一双大眼来说话的女人，而是极善于周旋、迎合的女人。

接受她敬酒的那个男人很可能便是我。我因为自己有粉瘤而不能饮酒，我对酒的态度便成了对这个女人态度的体现。从理智上，我应该拒绝酒，同时也排斥这个被我看清楚了的女人。但是作为一个男人，我又无法抗拒她那显而易见的魅力，便只能接受了她的酒，又趁其不备偷偷倒掉。至于出现在我身边的妻子，则对我的梦境产生一种监督作用，她的存在象征着责任与世俗生活中的道义（超我），成为我屈服于这个魅力无边的女人的障碍。我向妻子挤挤眼睛，是在向她掩饰其实我也很喜欢这个女人的真实心态，而表现得我很不尊敬那个女人似的。我在梦境里也扮演着某种角色。

这是我记录并分析的第一个梦。我是14日23点躺下的，约24点前后进入梦乡。我知道自己在前半夜做了许多很散乱的梦，其中包括我想记录梦境这一决定的显示。所以直到清晨，14日对我心灵影响最大的祖母的病才出现在梦境里。

它与我自己的疾病体验联系在一起。而总的社会背景是，某些医务人员缺乏职业道德，这在病人及其家属心中引发深深的忧虑。

在这不久前，我还与一位医生谈起中国的医疗状况，他承认，医疗事故很多，许多医生在"摸着石头过河"。我对自己的健康很关心，由此对医疗问题更为关心。14日下午一位同事还分析过我的手相，他讲的与此前许多人的预言相同：我的晚年多病。又多病，又无好的医疗，常怀远虑的我便更可能做这样一个梦了。

在这个梦中，出现了八个女人，包括生活中的男人Z主任也以女人面目出现；一个男人，是我自己。梦境涉及疾病、医疗、性。中心问题：医疗，或者说是死亡。

伟大的犹太人

犹太人,一个一直让人们说三道四的民族。提起这个民族,人们会想到四处云游的大篷车,想到精明算计的商人,想到他们敏捷与聪慧的头脑。

20世纪,人类的历史出现了三个伟大的犹太人。他们每一个都使这个世界发生了巨大的变化,缺少了这三个人中的任何一个,我们便无法想象今天的世界是什么样子,如果他们都没有出现,20世纪的历史便无法写了。

这三个人是:马克思、爱因斯坦、弗洛伊德。

马克思的思想最终被作为政治武器改变世界,爱因斯坦以科学使整个世界向前大步跃进了,而弗洛伊德,他似乎只揭示了一些人类内心的事情,但是,他的影响最终遍及人类文化几乎全部领域,对这个世纪的人类生活构成了绝对的冲击。

1856年,西格蒙德·弗洛伊德出生在奥地利弗莱堡市一个犹太商人家庭,四岁时,他随全家迁居维也纳。弗洛伊德读中学时,他的成绩连续七年全班第一。受当时风行的达尔文进化论的影响,17岁中学毕业那年,弗洛伊德选择医生作为自己终身的职业。1881年,弗洛伊德从维也纳大学医学系毕业,获得医学博士学位。毕业前,他曾在布吕克的生理学研究室工作。布吕克认为存在着一种心理能力,并且心理能力也是物质能力,出自于神经细胞。这对弗洛伊德日后思想的形成无疑影响极大。

1882年,弗洛伊德同另一位精神病学学友布洛伊尔联合,开始从事歇斯底里症的治疗与研究。他们合作达十年之久。

布洛伊尔在1882年前后接待了一个歇斯底里症患者,这是一个有许多病症的女人,包括不能喝水。布洛伊尔使她在被催眠状态下回忆与自己疾病有关的一切情绪经验。这个女人在催眠中说出这些往事后,心情舒畅,最后恢复到正常,可以喝水了。继而,布洛伊尔又用此法治愈了她的其他病症。这个病例成为精神分析学说的出发点。布洛伊尔同样相信布吕克关于心理能力的主张,于是他同弗洛伊德联合提出一个学说,认为患者有过的,但推到意识以外的情绪体验将大量的心理能力把持住,所以生病;回忆之后,把情绪洗净了,被阻塞住的心理能力发泄了,病便也好了。他们将这种方法叫作净洗法，后人更多称之为谈心疗法。

当时，神经症学的权威沙科在巴黎从业，1885年，弗洛伊德前往巴黎向沙科学习。沙科认为歇斯底里是机能的神经症，即神经器质无损伤而机能错乱引起的病。这一主张无疑也影响了弗洛伊德，以至于他后来完全用主观经验的概念来解释神经症。另外，沙科也曾偶然提到神经症总是有性欲的成分在内。

1889年，弗洛伊德向另一位法国医生柏南学习催眠术。他观察到，被催眠的人醒后不能回忆自己在催眠状态中所做的事；但经柏南再三劝诱并保证他必能回忆之后，他就能回忆一切。这对于后来弗洛伊德发展精神分析法亦具有启发作用。此前，在与布洛伊尔用催眠术治疗病人的过程中，他们也困扰于在催眠术治疗中病症的消除是暂时的，一些病症的消除可能同时伴随着另一些病症的出现。向柏南学习之后，弗洛伊德开始让病人在觉醒的状态下调整身心，极度放松，并将自己随便想到的任何事情都尽量说出来，弗洛伊德称之为自由联想法。自由联想法标志着精神分析的正式开创，与梦的分析一道成为弗洛伊德对精神疗法的两大基本贡献。

1895年，弗洛伊德与布洛伊尔合著的《歇斯底里研究》一书出版，成为精神分析运动开端的著作。但是，作为合作者的布洛伊尔却不赞同此书的出版，弗洛伊德通过自由联想技术而进一步坚定了的性问题在神经症中具有重要作用的观点更是布洛伊尔所不能接受的，这部合作的著作也成为两人分裂的开始。

弗洛伊德继续着他的探索，在使用自由联想的过程中，他发现病人有时回忆和报告的是他们入睡时所做的梦，1897年，他开始用自我分析方法来进行梦的研究，使这一年成为精神分析史上具有转折意义的一年。他总结说，梦是人们在觉醒时被压抑的欲望的满足。1900年，弗洛伊德出版了自己最重要的著作之一——《梦的解析》。

《梦的解析》首次揭示了人类心灵深处的奥秘，为后来影响整个学术界的潜意识学说奠定了基础，成为拉开20世纪大幕的典范之作。在此后近40年的时间里，弗洛伊德一发而不可收，出版了数十部著作和大量论文，不断发展、完善着自己的思想体系。我们通过下面一些弗洛伊德最重要的著作，便可以看出他是一位怎样勤奋地工作着的学者和作家。

1904年，《少女杜拉的故事》《日常生活的心理分析》
1905年，《性学三论》
1910年，《爱情心理学》
1913年，《图腾与禁忌》
1916年，《精神分析引论》
1920年，《超越快乐原则》
1921年，《群体心理学与自我的分析》
1923年，《自我与本我》
1930年，《文明及其缺憾》
1933年，《精神分析引论新讲》
1939年，《摩西与一神教》
……

弗洛伊德的一整套思想，便凝结在这一系列著作中。人类心灵的结构：意识、潜意识、前意识；人格三部结构说：自我、本我、超我；人格动力学：由最初的自我保存的本能与性的本能，到后来的生的本能与死的本能；梦的理论：被压抑的愿望的达成；性的观点：儿童性欲的阶段；向群体心理学的过渡：俄狄浦斯情结；对文明及其本质的认识与思考：保护人类，同时抑制本能；……

但是，早期的弗洛伊德是孤独的，他的精神分析蒙受着各式各样的指责。1909年，弗洛伊德受邀赴美讲学，从而开始步入国际心理学界的舞台，并迅速成为备受推崇的大师级人物。1938年，德军入侵奥地利，弗洛伊德流亡英国，受到空前的盛大欢迎。一年之后，这位20世纪思想界的巨擘因癌症病死他乡，享年83岁。

任何一个伟大人物的产生，除其自身的原因外，历史的原因也许更为重要。所谓时势造英雄，弗洛伊德也不例外。

19世纪的欧洲，资本主义获得迅速发展，丰裕的物质生活使人们有理由去寻求更享受的生活，而维多利亚时代奉行的禁欲主义仍严格地控制着整个时代的风尚。新教清贫、克制的理论与人们渴望尽情享受自然赐予的生命乐趣的愿望相冲突，一场本能与社会的巨大冲突正在积累中。

弗洛伊德一生中绝大多数的时光都生活在维也纳，这座城市是19世纪文化、科技和艺术发展的中心，典型的维也纳人喜欢寻欢作乐、享受生命，但表面又能循规蹈矩。"时代症"的表现，以及对这种病症予以治疗的渴求，在这里都表现得似乎尤为强烈。这座城市，为精神分析和弗洛伊德这位大师的诞生准备了最为适宜的摇篮。

19世纪之前，欧洲的思想文化领域产生了一系列伟大的成果。莱布尼茨提出单子说；赫尔巴特提出意识阈限的概念；弗希纳则指出，心理就像一座冰山，它的相当大的一部分藏在水面的下面。我们随后将看到，这些思想都对精神分析学的形成意义重大。与此同时，精神病学也取得重大进展，赫尔蒙特提出磁力说，麦斯麦创立麦斯麦术，布雷德成为催眠术的先驱，沙尔科对歇斯底里的新解释以及伯恩海姆的暗示说，所有这一切，意味着对引起精神病原因的认识，已经从肉体的概念演变到精神或者心理的概念中了，而这显然是精神分析产生的重要前提条件。我们无法想象，如果没有这些先期的成果，弗洛伊德如何可以凭借个人的努力，在自己的一生中独自走完这漫长的路。

另外，18世纪和19世纪的唯乐主义传统和达尔文的进化论，也对弗洛伊德最后完成他的使命产生重大意义。

心理学史家波林曾说："弗洛伊德从哪里获得了他的观念呢？这些观念已存在于文化里，就等着他来采取了。"又说："如果弗洛伊德窒死于摇篮中，时代将可能产生出另一个弗洛伊德。"我个人认为，这话似乎有些过于绝对了，置弗洛伊德的个人因素于不顾。美洲大陆一直摆在那里，但哥伦布能够发现它，其个人的重要性是不容忽视的。

另一位精神分析学大师弗洛姆曾写过一本《弗洛伊德的使命》，通过揭示弗洛伊德幼年及各时期的经历，用精神分析法对他进行了一番心理分析。弗洛伊德是一个伟大的理性主义者，他相信理性，热望真理，为了理性和真理，他可以牺牲一切。他怀有远大抱负，在孩提时代便十分崇拜汉尼拔、拿破仑、摩西，并在以后的生活中常无意识地以他们自居。弗洛姆提到，弗洛伊德的犹太背景使他有可能接受启蒙精神，犹太传统自身就是一个理性的或颇具理智素养的传统。"此外，一个多少有点受人歧视的少数民族，在情感上具有一种强烈的愿望，希望战胜那些阻碍它解放和进步的黑暗的、不合理的、迷信的力量"。弗洛伊德"具有超常的智力和活力"，相信理性的力量，民族传统为他提供了强大的精神力量，激励他去探索人性和人类的社会行为。弗洛伊德有句著名的誓言："我经常地感受到自己已经继承了我们的先辈为保卫他们的神殿所具备的那种蔑视一切的全部激情；因而，我可以为历史上的那个伟大的时刻而心甘情愿地献出我的一生。"

弗洛姆同时也指出弗洛伊德个性中另外一些特点，这些特点对他的成功同样具有重要意义。弗洛伊德也是一个凡人，个性中有许多弱点。作为母亲的宠儿，他深深地需要母亲的爱抚、赞许和保护，当他得到时便充满信心，失去时便感到压抑和绝望。他总有一种恐惧心理，带着强烈的依赖性，过分敏感、多疑、缺乏热情、亲密、爱，缺乏生活乐趣。弗洛姆据此说："由于弗洛伊德的天资，由于文化倾向，由于他生活环境中欧洲、奥匈帝国以及犹太人的具体因素，一个追求名誉和赏识，同时又缺乏生活乐趣的孩子，如果要实现其生活的欲望，必须转而追求知识。""他的整个个性使他似乎感到，在爱之中毫无确定性，唯有在知识中才有确定性。如果他想要摆脱疑虑，摆脱失败感，那他就必须在理智上征服世界"。

弗洛伊德最终确实靠智慧征服了世界，而且直到今天，我们仍生活在他思想的巨大影响之下。

我的初恋

13岁，读初二下学期时，一个少女的倩影进入了我的视野和情感空间。

那是一个纤弱的美丽动人的女孩儿，瓜子脸，大眼睛，有着少女白嫩的肌肤和婀娜的步态。除了美貌之外，打动我的无疑是她那文静的气质。说话慢条斯理，悦耳动听，细腻温柔，总使我联想到那水滴般的纯洁与静谧。

女孩子是我的同班同学。初一的时候，我们似乎还做过邻座。但那时，我尚未解男女之情，自然没有留下什么印象。

当我的心开始为这个女孩子而跳动的时候，我不知道自己该做些什么。最先进入思维的是一种犯罪感：我才13岁，怎么可以萌动爱情呢？对于两性问题，那时的我满脑子都是主流观念，于是认定自己是个思想品德不好的少年。有了这层概念，加上幼年生活造成的强烈自卑，使我当时不可能像如今的痴情少男少女们去大胆追求。我甚至不敢有任何的表示，只是将这份感情深藏心底。

但是，我没有办法不使自己继续喜欢那个女孩子。我的目光便在她的身后默默地追踪着她，欣赏着她的倩影，这已经是一种极大的满足了。然而，我总难免担心这追踪的目光被老师或同学发现，于是开始盼望课间操，站在操场里做操时，大家都朝一个方向，便没人会发现我那凝固在她背影上的目光。

命运对我格外关照，读初三时，我和她都被安排到最前排，她坐我的左侧，我们之间只隔不足一米的走道。在她身边坐下时，我既兴奋又紧张，僵直地坐了一天，甚至不敢向她那面侧头。课间和坐在后面的男同学聊天时，我故意大声说话，让她听到，同时努力表现自己的聪明和博识，余光不断观察她的反应，如果她在注意听，我则更兴奋地说笑，如果她离开座位，我立即像蔫了的茄子。对背影的偷窥已不再是我唯一感受她的途径，现在，我得以聆听她与女伴的闲谈，得以陶醉于她走过时留下的体香，得以呼吸她呼吸过的空气，甚至，敏感的我觉得，我已经能够感受到她的心跳了。

几天后的一次自习课，她忽然向我借橡皮。那是记忆中我们最早的一次交谈，她只有一句，我却激动得说不出话，递橡皮过去的手微微颤抖。她莞尔一笑，我醉倒了。

我的日记中开始出现她的姓氏英文缩写：S。我听到她的每一个声音，我们每次短短的交谈，我每次对她背影或侧影的凝视，我的每一点感受与幻想，都被记录了下来。当时的我想，八年、十年之后，当我们都长大了，我一定向她求婚，而这本日记便是结婚时给她的礼物。

又一次自习课，懒散的我侧俯在课桌上，枕着右臂看书。无意间一抬头，与她的目光撞到了一起，我的心被推到浪尖，立即慌乱地让自己的目光逃跑了。但是，那十分之一秒的震动，却已经深深地烙印在心底。

我的左侧有一个太阳，照得我目眩！

我渴望再次体验那十分之一秒的美妙。于是，每逢自习课，我枕着右臂，面向左侧俯在课桌上。我伪装成读书的样子，却一直在积累着勇气，偷偷看她。每一次勇气积聚足了，看她半秒钟、一秒钟，那能量便会被消耗掉，我再让目光回到书上，开始一次重新积聚的过程。我发现，她原来还有两个小酒窝儿呢！

她无疑发现了我的偷窥。我们的目光便能经常交汇。几次之后，她也学我的样子俯在桌上，不同的是面向右侧，也就是说，与我面对面了。虽然我们坐在第一排，但有了手中的书的掩护，尚不足以引起后面同学的注意。自从有了这相对的姿势后，我们彼此都在对方的余光范围内，我抬眼看她时，她也总是抬眼看我。她的大眼睛水汪汪的，像一潭水，里面有很多我尚无法理会，却足以为之心颤的内容。我们的目光一开始仍只交汇十分之一秒，后来一点点延长，六分之一秒，四分之一秒，二分之一秒……我感觉到我们都在渴望这目光的交汇，眉目传情时我的心狂跳着，身体似乎已经飘升。每次都是我慌乱地逃遁，我渴望那瞬间的辉煌，正因为过于辉煌了，便又脆弱到无法承受得太多、太久。很多年后读了马斯洛的心理学，知道一种叫作"约拿情结"的心理现象，人总是会逃离那些提升我们的高峰体验。

　　但是，我又不可能不一点点努力延长这高峰体验。一秒钟是一个大关，首次突破这个大关的当天晚上，我兴奋地写下满满三页的日记。当我们的对视延长到两秒钟的时候，彼此目光中的内容便更多了。

　　我终于确认：她也爱我。

　　如果不是因为有爱情，她怎么会也有那温情脉脉的凝视呢？

　　但是，这种自信毕竟脆弱，一旦某次自习课她不再与我面对面的游戏，我便怀疑自己自作多情了。

　　我决定初三毕业后便对她表白爱情，我相信等到关键的中考结束再谈这件事，是对双方负责的表现。但是，我当时还想象不出自己会怎样表白。毕竟，那时甚至没有影视和文学让我了解别人如何求爱。

　　然而，意外发生了，半路杀出了夺美的"程咬金"。

　　初三开学不久，班里分来几个留级生。其中有一个很帅的小伙子，在那个年代便能做到衣冠楚楚，风流倜傥，待人接物十分老练，举手投足透着潇洒。他第一次进教室的瞬间，我的余光看到，坐在我左侧的那个天使先是一分欣羡，继而低下了头。十几岁的我已经本能地感到一种威胁。好在半年无事，到初三下学期，我发现那个男孩子也经常注视我的太阳，不同的是，他的目光充满野性，大胆而热烈。很快，我在课间看到他站在楼道里，同已经被我视为自己未来太太的那个女孩子私下交谈。兵临城下，我恐惧地感到，自己的爱情岌岌可危了。

我的内心开始搏斗。要保住自己的幸福，我应该立即向那女孩子求爱，首先占领她的心。但是，中考临近，我觉得谈感情还是要等到毕业之后。现在回想起来，我只不过是在以考试的紧迫为借口，而真正的根源还是我的自卑，缺少勇气，甚至想象不出来求爱成功后自己又该做些什么。我仍然在逃避。还有我的罪恶感，担心这事被老师知道，我成为坏孩子的典型。

最后，我竟想出了一条自以为两全其美的妙计。我给那女孩子写了封短信，说我如何如何地爱她，但是，因为要考试，所以"请再等我两个月"。当时，已经是4月了。

一天晚自习后，我一溜小跑，赶在她前面到了她家的楼下，在楼的转角处等着把那信交给她。为了多欣赏一会儿她的背影，早在初二时我便已经跟踪到过她家的居民楼。此时，一边等待，我一边调整着自己的心绪，想着如何对她讲。

远远地，她的身影出现了，越走越近了，我的心也越跳越快了。终于，她走到楼前，看到了躲在黑影里的我。

"啊，"她惊叫一声，"吓坏我了。你怎么在这儿？"

我的心慌乱地跳着，舌头发木，全身僵直，紧张地说不出话来。"我，我，"我结结巴巴地说，"我路过。"

这是我注定的表现，这才符合那个自卑、怯懦的男孩子的性格。人在少年时总会做很多后来追悔莫及的蠢事，我生命中的第一次求爱，便成为我日后的追悔。

我的天使微微一笑，声调极柔和地说："那我先走了。"

"你走吧。"我说，表现得很随意。

那天夜里，注定失眠了！那是我人生第一次失眠！

我的心好苦，年幼的我尚无法承受这一切。

转天，我向一个平时觉得不错的男同学谈了自己的苦恼。我讲了一切，我如何喜欢那个女孩子，我们的目光如何经常对视，我如何准备了情书却未敢递交……讲述本身可以缓解痛苦，但是，我没有想到，那个同学很快把我的秘密告诉了别的同学，在短短两三天之内，一传十，十传二十，成了众人皆知的秘密。所有同学都在背后谈论我，我已经从一些同学的玩笑中感觉到了，却还未意识到事情已经到了何等严重的地步。

那是一天清晨的早自习课，没有教师，全班同学各自做自己的事情，教室里静静的。坐在第一排的我，仍感受着左侧的太阳，心存幻想与温情。

突然，那个女孩子掉过头来叫我，声音很大："方刚。"

每一次她叫我，我都有种受宠若惊的兴奋，在求爱受挫折后，更是如此。

我"嗯"了一声，转身看她。她的目光已没有往日与我默默相视时的柔情，而像一把冷峻的刀。

"方刚，你和咱班同学都乱说些什么了？！"她硬硬地质问，我已经呆住了，僵在那里，说不出一个字。

"你也不撒泡尿照照自己！"她的声音在静寂的教室里回荡，我能想象得到，所有的眼睛都在盯视着我们。

"我警告你，如果你以后再乱说，我就把你的嘴撕烂！"她已经恶如泼妇了。

我那纯净如一滴水的天使，你到哪里去了？

我那静谧、斯文、淑贤的少女，你到哪里去了？

我那幻想中痴恋，那照亮我少年情怀的太阳，还有我"未来的太太"，你们都到哪里去了？

……

我的初恋便这样结束了。

那年，我14岁，她15岁。

意识、潜意识、前意识

潜意识理论，是弗洛伊德对世界最重要的一个贡献。

人类的心灵存在着"二部结构"：我们此刻能够意识到的和我们未能意识到的，前者为意识，后者为潜意识。但同时，弗洛伊德又认为，在这二者之间存在着一个前意识。按着弗洛伊德的说法，意识是整个心理活动的一小部分，是小亮点、光点，是露出大洋表面的冰山，人的精神活动绝大部分在水下，即前意识和潜意识领域。弗洛伊德说："精神分析的第一个令人不快的命题是：心理过程主要是潜意识的，至于意识的心理过程则仅仅是整个心灵的分离的部分和动作。"

意识的主要功能就是要从人的心理中把那些先天的、兽性的本能、欲望排除掉。潜意识是人的本能冲动、被压抑的欲望和本能冲动的替代物（如梦和癔症）的贮藏库，它不受客观现实的调节，而是由自己的本能来决定的，是心理的深层基础，服从于享乐原则，无时无刻不在追求着得到满足。其基本特征是非理性、无道德性、反社会性、无时间性以及不可知性。而意识则是由潜意识过程衍生出来的，是心理的表层部分，是同外界接触直接感知到的稍纵即逝的心理现象。

前意识（又称下意识）是意识和潜意识（又称无意识）之间的一个边缘部分，是潜意识中可能被召入意识中的部分，是人们能够回忆起来的经验。弗洛伊德说，我们有两种潜意识，"一种是潜伏的，但能够变成意识；另一种是被压抑的，在实质上说，是不能变成意识的"。显然，前者是前意识，后者是潜意识。作为意识和潜意识的中介和过渡阶段，前意识和潜意识之间没有不可逾越的鸿沟。前意识起着"检查官"的作用，不允许充满着强烈心理能量的本能、欲望渗透到意识中去。

潜意识的提出可谓精神分析学的第一块理论基石。对潜意识及其在人的精神世界中的地位的承认，是精神分析的基本前提。

弗洛伊德对潜意识在神经症患者和常人行为中起的决定性作用，给予了极大的重视。

潜意识中积累着被压抑的欲望，这些欲望之所以被压抑，是因为社会标准不容许它得到满足。但被压抑的欲望虽不能为本人所意识到，却并非已经自动消灭，相反，它在潜意识中继续活动，追求满足。可是欲望要得到满足，因其需要对客观现实的认识，必须依赖意识、通过意识，而意识是接受社会的道德标准的，因此被压抑的欲望不能得到直接的满足，只能得到变相的、伪装的满足。

1909年，弗洛伊德在美国发表有关精神分析的演讲时，举了一个例子说明压抑的机制是如何作用的。

他说，假设在这个演讲厅这么多安安静静、专心听讲的观众里面，有一个人很不安分。他毫无礼貌地大笑，又喋喋不休，并把脚动来动去，使我无法专心演讲。后来我只好宣布我讲不下去了。这时，你们当中有三四个大汉站起来,在一阵扭打后,把那个搅乱的人架了出去。于是这个搅乱者就被"压抑"了,我因此可以继续讲下去。可是为了避免那个被赶走的人再度进来捣乱,那几位执行我的意志的先生便把他们的椅子搬到门口并坐在那儿"防御",以继续进行压抑的动作。现在,如果你们将这个场景转移到心理,把这个大厅称为"意识",而把大厅外面称为"潜意识",那么你们就可以明白"压抑"的过程了。

可是这个捣乱者坚持要再进来,至少那些被我们压抑的想法和冲动是这样的。这些想法不断在我们潜意识中浮现,使我们经常处于一种压力之下。这是我们为什么常常会说一些本来不想说的话或做一些本来不想做的事情,因为我们的感觉和行动受到潜意识的鼓动。

那些被压抑的欲望究竟是什么呢?弗洛伊德根据他治疗神经症患者的经验,认为这种欲望归根结底是人幼年时的性欲。

弗洛伊德以为那些被压抑的欲望的变相的满足,在正常人,表现为说话做事的偶然失误、梦境等,而在神经症患者则表现为神经症的病状。

弗洛伊德曾举一个口误的例子。有一个工厂的工头有一次在宴会上向他的老板敬酒,这个老板不受人欢迎,简直就是人家所说的一头猪,工头举起酒杯:"让我们来敬这头猪吧!"

弗洛伊德还提到"合理化":为那些自己不愿意承认,也不愿意告诉别人的真正动机找一个合理的解释。

另一种机制便是投射,把我们内心试图压抑的欲望转移到别人身上,如一个吝啬的人会说别人财迷,一个不承认自己满脑子想着性的人对别人成天想着性的样子感到愤怒。

正常人,特别是那些有天才的人,会在人类高尚的文化活动如艺术或科学的实践中使自己幼年那种被压抑的欲望得到满足,会使被压抑欲望所挟有的那种情绪的心理能力得到转移。这就是所谓的升华作用。升华,便是高尚化。根据这一理论,弗洛伊德认为艺术、科学、宗教、道德等人类文化产物都是被压抑的性欲得以升华的结果。

对于艺术家来说,不让理性或思维压制潜意识的表达是很重要的。潜意识的盖子被揭开了,我们称之为灵感。我正在这里写作的这部书,都是对潜意识的挖掘。超现实主义者就是利用这点,让事情自己发生。他们在自己前面放一张纸，然后开始不假思索地写下一些东西，称之为自动写作。创作的过程就是想象与理性的细密交织的时刻，只是人的理性常常阻塞了想象力。

有关的自由联想：口误与升华

我是一个口误很多的人，这是否意味着我是一个压抑很多的人呢？

许多口误过后便忘了，唯记着这个：

一位报人，1995年见过一面，印象并不好。1997年又一次邂逅，印象更不好。

一位女友，同那人是好朋友。一次闲谈中提到那人时，我便称错了他的姓氏。

这一明显的口误，使我对那人的被压抑了的反感与否定获得满足。同时，我又意识到那个女孩子与那位报人的关系很密切，如此看来，这又符合了弗洛伊德的理论：被压抑的均与性有关。

但是，妻子的一个口误，我却无法从中看到性欲。

一天，妻子淘米后，留下淘米的水。她相信用这水浇花，花会长得茁壮。

我不知情，看到一盆脏水摆在那里，便颇有些责怪地说："脏水怎么不顺手倒了呢？"

妻子说："那是淘米的大水。"

淘大米的水变了成"淘米的大水"，妻子怕我责怪她，并且倒掉那水，所以移动了一个"大"字，来强化那水的重要。更重要的是，她对我的责怪语气不满，有进行反击的愿望，却压抑了这愿望，而以口误来使被压抑的愿望得到满足。

只是，在这"大水"中，我找不到性。

至于升华，我却有俯拾即是的例证。

坐在电脑前写这本书的人，是一个事业心很强，以工作为最大快乐的人。一天不工作（阅读、思考，或写作），我便感到空虚与焦虑。为了与此书后面的章节均分实证，我不准备在此多写自己的敬业表现。但是，我拿不准的是：这敬业真的是因为我压抑了自己的性欲吗？

我愿意换个角度思维：我是否压抑了自己的性欲？

显然是的。对于性，我有许多幻想，有许多欲求，但我总是将它压抑得紧。

这已经是一个个体相当自由的时代，世纪之末也为我们的性欲求提供了多种释放的可能，但是，我仍然更经常地选择压抑。似乎有许多机遇可以淋漓尽致地释放，我也对这些机遇持很多期待，但是，当机会真的触手可及了，我却仍然逃避。

作为一个极善于自省的人，我将自己的潜意识不断提升到前意识中，又将它们提升到意识里。我个人主张，在不伤害他人的前提下使我们的欲求得到完全的满足，而不去理会腐朽的道德与伦理。但是，我自己却很少真正这样做。

我的种种欲求，因为我的有意识的压抑（而不仅仅是潜意识的压抑），似乎又在积累着能量了。我明白了自己需要什么，为什么还要压抑呢？在此书其后的部分，我将做更翔实的自我分析。此时我想说的是，那被我自己压抑着的欲望，至少在我的写作题材中可以得到表现。截至1996年底，我出版了12本书，其中写两性问题的七本，另外五本也有相当篇幅涉及两性问题。而截至1998年6月底，我正在写作或已经写完但尚未出版的书还有九本，其中关于两性问题的占了五本，另外四本亦多处涉及两性问题。与此同时，我又将两性问题作为自己一生关注的目标，作为自己一生研究与写作的母题。

这一切在弗洛伊德看来绝不会是偶然的。当我涉及两性问题时，我的思维最敏捷，头脑最活跃，我能够不断产生新的智慧，而这些智慧往往都是超出我们这个文化的。为此工作着的时候，我不知疲倦。按着弗洛伊德的理论，我是将自己的被压抑的性欲升华了。特别明显的也许是，我通过文字传达着自己的思考与主张之际，这思考与主张是卓尔不群的，是充满背叛性的，是寄寓了我个人的两性理想的。对于我的一些两性主张，时常有人会问我："你在自己的生活中这样做了吗？"我的回答也十分明确："所有思想者致力于追求的东西，都是他们在生活中没有得到的。"这，似乎更像是在升华了。

弗洛伊德又何尝不是这样升华的呢？升华理论的提出，无疑便是他对自己进行"精神分析"的结果。也许正因为他升华了被压抑的性欲，才有了这一整套理论。

我相信，因为初恋的失败，我有足够的理由寻找升华的途径。少年时，我被震动的一句话是："书中自有黄金屋，书中自有颜如玉。"后者可能更多地进入我的潜意识，我今天努力读书、写作，是否正因为那份最初的震动与诱惑呢？

但是，除了那些和两性问题有明显关系的写作与我的性欲的关系比较明确外，其他题材的写作呢？

人类文化的产物中，有性欲升华的作用，但应该还有其他力量的作用。

我的敬业之心中，有性欲升华的成分，但又绝不仅仅是性欲的问题。

是什么使我成为敬业的我呢？弗洛伊德无法回答，也许，只有到阿德勒、霍妮等人那里去寻找答案了。

本我、自我、超我与俄狄浦斯情结

弗洛伊德晚年对潜意识领域进行了修正和补充，提出所谓个性理论，主张人的个性是由三种结构组成的，以取代其早年关于意识与潜意识的划分。这一努力最早出现在1923年出版的《自我与本我》一书中。弗氏所称的三种结构，便是本我、自我和超我。

本我又称伊德，是由一切与生俱来的本能冲动组成，是人格的一个最难接近而又极其原始的部分。它包括人类本能的性的内驱力和被压抑的倾向，其中的各种本能冲动都不懂得什么逻辑、道德，只受"快乐原则"的支配，盲目地追求满足。它是无组织的，仿佛是"一大锅沸腾汹涌的兴奋"，充满着本能和欲望。我们不难看出，本我多少是与潜意识相对应的。

自我则是人格中的意识部分，是来自本我经外部世界影响而形成的知觉系统，是现实化了的本能，是在现实的反复教训下，从本我中分化出来的一部分。这一部分由于现实的陶冶，变得渐识时务，不再受快乐原则的支配去盲目地追求满足，而是在事实原则或现实原则指导下，既要获得满足，又要避免痛苦。自我负责与现实接触，是本我与超我的仲裁者，既监督本我，又能满足超我。

从婴儿时期起，我们就不断面对我们的父母和社会的道德要求，当我们做错事时，我们的父母会说："不要这样！"即使长大成人之后，我们在脑海中仍可以听到这类道德要求和价值判断的回声。似乎这世界的道德规范已经进入我们的内心，成为我们的一部分。弗洛伊德称这为超我。

超我是道德化了的自我，是一个由父母和师长的指示所形成的结构。它在无意识中起着作用，但也有着同有意识的东西的共同之处，如良心、理想等。超我是人格最后形成的，而且最文明的部分，它是依照那些在儿童的早期生活内执行赏罚的人物的形象，特别是依父母形象建造起来的。它反映着儿童从中生长起来的那个社会的道德要求和行为标准。超我是从自我所分化出来的那个能够进行自我批判和道德控制的部分，与本我处在直接而尖锐的冲突之中。

一个人的超我中，同样有教师、社会等施加的影响。

弗洛伊德还提到了俄狄浦斯情结，他认为，在一个由父亲、母亲和孩子组成的家庭中，男孩子总是最先选择母亲作为第一次性冲动的对象，并把父亲作为第一次暴力的憎恨冲动的对象，他将这种受到压抑的力比多冲动，以古希腊戏剧中杀父娶母的王子的名字命名为"俄狄浦斯情结"。反之，女孩子则将性欲动机常联结到父亲身上，仇视母亲。弗洛伊德认为，这种恋母或恋父情结普遍存在于儿童性心理发展中，并且与超我的关系十分密切——孩子自居为父母。

自居，弗洛伊德提出的又一个概念。

弗洛伊德说，自居作用是一个自我同化于另一个自我之中，于是第一个自我在某些方面像第二个自我那样行事，模仿后者，并在某种意义上将后者吸收到自身之中。

超我的构成可以被描述为以父母自居。只要父母的影响支配着儿童，儿童便不会形成超我和良心。只是到了后来，外部的限制内在化了，超我才取代父母的位置，并采用和以前父母对待孩子完全同样的方法来监视、指导和恐吓自我。父母的权威转变成了超我。超我是自我理想的载体，这个自我理想无疑是早期的父母形象的积淀，是儿童当时对他们认为父母具有完美性的钦佩的结果。

弗洛伊德的恋母仇父情结和恋父仇母情结，被其后的心理学家广为否定，我个人对此也有颇多质疑。即使存在着对异性父母的迷恋，后继的精神分析学大师们也都提出了自己的解释，而不是像弗洛伊德所称的那样是缘于性欲的。在其后的章节中，我们将能够看到对此问题更为精彩的剖析，而我个人的"恋母情结"，也许更适合那样的解释。

自由联想：父亲和母亲

我的父母都是科研人员，他们对知识的推崇，也许造就了我的"超我"中最重要的部分。

十一二岁的时候，奶奶常问我："还记得你爸爸吗？"

我便开始在记忆中搜寻父亲，于是，看到两幅画面。

有人敲门，我跌跌撞撞地跑过去，高高大大的父亲迎门而站。多日未刮的胡子扎得人奇痒难耐，我挣脱父亲的怀抱，去翻腾他的旅行袋。我终于找到了渴望已久的梨。

宽大的院子里，父亲坐在小马扎上，端着饭碗。我在院子里一圈圈疯跑，父亲的笑眼追踪着我的脚步。每跑到父亲面前，我便吃一口饭。以父亲的性情，不会觉得这有碍健康。

奶奶听我讲述时，面带微笑。她是一个极美丽的女人，即使在年老色衰之后。

我再见奶奶的时候，她仍问我同样的话："还记得你爸爸吗？"我便重复讲过的那两个场景。奶奶一遍遍问我，我便一遍遍讲述。我想，奶奶真的老了，记忆力退化。

但那两个场景一直都很模糊，重复许多遍后，我开始怀疑，那到底是我幼年的记忆，还是我少年的梦，甚至，是我无数白日梦中的一个。就像一些历史传说，因为它们过于久远，今人已经无法判定那到底是历史，还是传说。

奶奶仍旧问我关于父亲的记忆，我便说："不记得了。"

奶奶便很惊异："这孩子记性太差，前些天问你，还讲他喂你饭的事呢。"

原来奶奶没有忘记！

成年后，我才明白，奶奶一遍遍问我，是因为她想一遍遍地听。

父亲在我三岁那年便死了，他死得极悲壮。

那是1971年的春天，东北城市本溪钢厂。一天中午，在开会，会议的重要内容之一，便是对一位叫方正伟的技术员进行批判。这个技术员便是我的父亲，他的另一个名字叫方云台。

父亲借口去厕所离开了会场，他若无其事、十分平静地走进炼钢车间，来到钢炉前。

二十多年后，我经常在中央电视台的新闻联播中看到钢炉出钢的镜头，烈火熊熊，钢水流淌着。父亲脱下了中山装，认真折叠好，放到地上，又摘掉自己的眼镜，放到衣服上。有几个工人注意到了这位技术员行为的古怪，正不得其解呢，父亲已经一跃身，跳进入钢水中……

父亲甚至没有再看一眼这个世界。

父亲把这个世界给他的留了下来，然后带着自己的肉身走了，他连灰烬都不愿留下。他也许想，这个世界不配保存他的灰烬。

人们后来发现了他的遗书，前一天便写好了。

相当长一段时间，我都不能原谅父亲。我无法确定父亲告别这个世界时，是否想到了他的老母、弱妻、一对幼子女。

父亲对这些人负有责任，他何以竟置这样一个事实于不顾：失去了他，他们在这个世界的生活将更为艰难。

直到自杀的念头屡次袭扰我，我才理解了父亲。

父亲一直主宰着自己的生活，当他的精神被这个世界肆意蹂躏时，他选择了站着死。这仅仅是最表层的原因。

更深层的寓意是：父亲赋予了自杀一种美丽。父亲不可能忍受，他宁折不屈。

我一直在试图走近父亲，通过母亲零星的讲述。直到今天，我仍然在不断接近父亲的世界。装饰新居时，我将他四十多年前的水彩画镶入镜框挂在墙上，他留在这个世界上的几封遗书、他当年用过的笔记本都由母亲转交给了我，如今，它们被放在我的书柜里，更早已进入我的精神世界。

母亲说，当年的父亲虽然年轻，却已是水利电力部东北电力设计院中很杰出的青年知识分子，独当一面，不断进取。留下来的父亲的笔记本，密密麻麻的楷书十分工整，一些常用的公式也被抄在了本子的前几页。

电力工程中的管道热位移计算方法，国际上只有两种，父亲研究出了第三种方法，大大提高了效率和准确性，弥补了前两种的不足。他将正在写作的论著随便放在办公桌上，被设计室主任看了，抢先写了论文交给院领导。父亲自然当仁不让，据理力争，这事后来成了父亲的罪证。揩油的主任也同父亲一道被树为"典型"。

父亲不可能不成为被攻击的对象，他总是心直口快，无论会上还是会下，父亲总是激烈地发言。父亲不可能不懂得矮檐下低头的道理，但他不屑于效仿。命运便对他格外苛刻。

父亲对政治运动深恶痛绝，经常在家中破口大骂，吓得母亲急着隔窗观察，担心隔墙有耳。那是一个人人自危的时代。

许多年后的一天，我和姐姐的孩子玩耍，那个像精灵一样的小家伙提出要求：

"舅舅，我想去动物园，看猴。"

我脱口而出："到阳台看吧，满街都是猴。"

我立即感到如芒在背，母亲惊愕的目光像两道利剑，我不用回头便已清晰地体验到它们的锋利。

母亲说，"当年，还没生你，我们三口去逛街。你姐嚷着要看猴，你爸就是这样说的，'去什么动物园，满街走的都是猴子！'我吓死了，怕人家抓他。"

那是一个不知因为哪句话便会罹难的时代，母亲的忧惧不无道理。

我继续了父亲的叛逆性格，母亲一直担心，这性格会令人生坎坷。

当我日后时常感叹生不如死时，母亲发现我与父亲更多的相似，也更有理由为我担心。

母亲说，我在太多的方面都与父亲相似，虽然我们只相处了三年。

性格是可以通过染色体遗传的，但对这个世界的态度呢？对智慧的向往与追求呢？

也许，这些得自于对父亲精神靠拢的同时，也得自于对母亲的"自居"？

母亲独自带着三岁的我和十岁的姐姐，相依为命一过便是十年。十年的艰辛可想而知。直到我13岁那年，母亲才再度结婚，而继父没有自己的孩子。母亲对生命的热爱与执着，对美好生活的向往与追求，成为我生命中的另一种力量。也许，正是因为这种力量的抗衡，我才没有真的选择自杀？

母亲曾自豪地说，她对我和姐姐的影响，是"身教胜于言传"。

母亲45岁那年，中国开始又提倡知识了，但母亲所在的设计院仍然没有多少工作可以做。母亲不愿让时间空置，开始自学日语。几年后，她翻译了一本书。

中国百废俱兴之际，母亲成为中坚的骨干。几乎每天，她都工作到很晚，当我夜里醒来的时候，母亲房间的灯仍然亮着。这个画面，此后经常出现在我的意识中。

在我成年之后，母亲已是她那个领域全国有名的专家，在她六十多岁退休之后，仍保持着旺盛的工作激情。母亲不工作的时候，便会觉得生命没有意义。

对"初恋事件"的分析

1981年，一个13岁少年的性欲受着压抑。他已经感受到了生命本质的召唤，另一个生命在他心底激起的向往是如此强烈。他爱上了一个女孩子，但是，那是一个"早恋"受着沉重打击的时代，他内心深处的种种道德标尺也在压抑着这份爱，以及躲在爱后面的性欲求。

本我说："我要！"超我说："不该要！"自我处于两者的夹击中，进退维谷。

当我的心开始为这个女孩子而跳动的时候，一个13岁的男孩子，竟然还不知道爱一个女孩子之后应该如何做？我不是已经弱智了吗？而这弱智，是文化压抑的结果。我的超我说："爱是罪。"我又哪里还敢去求爱，甚至求性呢？

最先进入思维的是一种犯罪感。我才13岁，怎么可以萌动爱情呢？对于两性问题，那时的我满脑子都是主流观念，于是认定自己是个思想品德不好的少年。有了这层概念，加上幼年生活造成的强烈自卑，使我当时不可能像如今的痴情少男少女们去大胆追求。我甚至不敢有任何的表示，只是将这份感情深藏心底。

然而，本我的力量是强大的。"我没有办法不使自己继续喜欢那个女孩子。我的目光便在她的身后默默地追踪着她，欣赏着她的倩影，这已经是一种极大的满足了。"自我做出这种调和。

那"十分之一秒的震撼"何以会使我紧张地逃避，还是因为我的罪恶感！

求爱之后应该做什么，当年的我想象不出来。我怎么会不知道，男人和女人间还有性爱呢？早在12岁的时候，我便从一个同学那里得到了这些性知识。但是，性在我的头脑中是肮脏的，见不得人的，我哪里还敢有"非分之想"呢？

我却曾想到，即使将来结婚了，也不同她作那种"污浊"之事，只是爱着她，永远持一份纯净的爱。我还用结婚的理想告诉自己，我的爱情不是性。我不是已经被扭曲得十分古怪了吗？

为了使这份感情能够更顺利通过超我的监督，我告诉自己要以学业为重，待初中毕业后再向她求爱。

即使当一个"夺美的英雄"出现之后，我仍然退缩着……

有意思的是，被那个女生 S 羞辱后，我的性幻想变得十分明确了：同她性交。显然我已经将自己幻想成一个江洋大盗了。在完成此书的12年之后，当我修订它的时候，已经是一位社会性别学者。此时，以我的专业眼光，从我自己少年时的这一变化中，我看到了男性作为一种性别，深植在其潜意识中的暴力倾向，以及在性关系中支配与凌辱女性的性别模式。

但是，再一次暗恋上女孩子时，我的意识里仍满是纯贞的感情。

关于本能

在弗洛伊德的人格动力学中，本能是推动或起动的因素，是个体释放心理能的生物力量。1915年，弗洛伊德对本能做了不甚严格的界定，他在《本能及其变化》一书中写道："本能的刺激不是来自外部世界，而是来自生物体内部。……本能的行为不是暂时的冲击，而是一种固定的力。"他最初将本能分为两种，即自我保存的本能（或称自我本能）和性的本能。

自我与性欲是两种相反的力量，是两种对立的动机。弗洛伊德以为饥饿、畏避危险等是自存本能，即他所称作自我动机的；性欲以及不属自存范围内各种寻求快乐的活动,属于生殖本能,即他所谓性欲或力比多动机。他认为当力比多寻求直接的快乐时,自我面对环境的现实(包括物质的和社会的)要碰到痛苦的惩罚,所以为避免要受惩罚的后果,自我的作用是压抑力比多。而所谓的升华,则是解决两者冲突的心理机制之一。通过类似这种机制,力比多算是找到了出路,得到了满足。

弗洛伊德并不认为任何不满足的欲望都会产生神经症。一个人有不满足的欲望,假如他有意识地把这件事想通了,理解了这个欲望是不应满足的,这个欲望就溶解了,此后还可以仅仅作为是一件旧事而被回忆起来,并不起使心理错乱的作用。这不是压抑欲望。压抑是指这个人不敢正视这个欲望,猛然一下把它勉强硬推开,这样这个欲望就陷入无意识中,并未被消灭,虽然不能回忆起来,但还有动力,能够产生神经症。所以不能回忆,是因为意识的自我加以不断抵抗,要把它长期压在无意识内。

我们不难看到,已经提及的两种本能都是建立在唯乐原则基础上的,很快便被第一次世界大战的恐怖与血腥击得粉碎。战争,以及在临床中所遇的施虐狂和受虐狂的个案,都使得弗洛伊德隐约感到在人性中可能存在着某种侵犯本能或自我毁灭的本能。在《超越快乐原则》一书中,弗洛伊德开始修正他以往关于本能的学说,并最终提出一种两极化的本能假说。

弗洛伊德后期虽然有了改变,但基本精神未变。他发现自我和性欲不是始终对立的,有所谓自恋,即把自我和性欲两种对立的本能结合起来了。于是他把自我和性欲都归入生的本能中,而以死的本能(包括侵略本能、破坏杀伤冲动等)与之对立。

这种新的本能说,一极是由原先的自我本能和性本能合并组成的"生的本能",其目的是指向于生命的增进和生长,其中占主导地位的仍是性本能或曰爱本能;另一极则是"死的本能",充满了仇恨和破坏性的能量,是引导有生命的物体走向死亡的本能。

性原欲、性动力又被译为力比多,一般人顾名思义,以为专指性的欲求。其实,在弗洛伊德的字典里,力比多所表达的是一种内在冲动,这种冲动乃是每个人和人类种族借以生存和发展的心理方面的根源和原动力。

弗洛伊德的本能说,被他的后继者们认为否定了人的行为的社会性,而将人的全部行为的基本动力都归之于本能,我们将在此后的章节中看到一批精神分析学家对此的具体论述。另外，将本能的核心性本能的受压抑视为神经症产生的主要原因，而且是塑造人格、创造社会文化和艺术的重要动力，这种极端的泛性主义观点忽视了视察物质生产方式对社会物质生活和精神生活的决定作用，夸大了性欲对整个社会生活的影响。而且，弗氏用死的本能来解释人类社会的战争与破坏，被认为在客观上起到了为侵犯行为开脱罪责的作用。

自由联想：我曾有过的"犯病"表现

吼叫着，咒骂着，我声嘶力竭。

脸呈酱紫色，眼球向外凸着，每一根血管都即将爆裂。

水杯摔到地上换来一声脆响，以及延续三分之一秒的颤音。椅子举过头顶，恶狠狠地砸下去！

瘦小枯干，竟有这样的蛮力，每个见过我发怒的人都注定大吃一惊。

我的属相是猴，平常是羊，暴怒时是狮子。

十六七岁时的我，经常成为狮子。我被外力控制着，无法自持，就像一个正在撒气的彩球，疯狂地乱撞，停不下来。吼叫和咒骂的是我的嘴，摔打和攻击的是我的手，不是我。等气泄净了，那球才软软地躺到屋角。然而，它会自动充气，随时可能出人意料地再一次爆发。

现在想来，我当时无疑已是歇斯底里症的患者了。事实上，青春期各种精神症状在我身上都有不同程度的表现，当时的成年人还缺少心理学的知识，人们只是说："该带这孩子看看医生。"

因为我总是在家里爆发，所以母亲是受难最深重的，她却从未想过带儿子看医生。

但母亲称我的爆发为"犯病"。这可能是我认定自己有病的最早依据。

"犯病"这两个字的使用，说明母亲很了解我，知道我的爆发不是针对某个人的，不是存心伤害谁的。这两个字背后的感情色彩是既恨又怜，恨我"犯病"时的攻击性，怜我"犯病"中的自虐。

如果弗洛伊德看到那种状态下的我，会毫不迟疑地说："他正在受着被压抑了的性欲的奴役。"

十六七岁时,我确实处于性欲的强烈压抑阶段。

也许,这便是合理的解释。

释梦手记002号:街边熬鱼

时间:1997年2月16日3:25

梦境:

　　路边,聚集着很多人,他们是我的亲友、同事。已经支起了十几堆炭火,上面均有一口大锅,里面都在熬鱼。我凑到一个锅前,看到里面有七八条肥大的鱼被清水煮着。我的亲友、同事们分别在不同的锅前熬鱼。我的妻子似乎是这次活动的指挥,因为当一个亲属大声喧哗时,她立即站出来呵斥:"别喊!熬鱼能让别人都知道吗?"

　　P女士将我叫到她的房间里,她递给我装在信封里的1000元钱。

　　我们又回到路边热火朝天的熬鱼现场,我发现,人们正在轰赶苍蝇。数不清的苍蝇在周围盘旋,一只只装满米饭的锅敞着盖,热气腾腾,而苍蝇们就落在上面。我也参与轰苍蝇,人们都在用水管子冲击苍蝇,我也拿到一根水管子,但担心会将米饭弄湿,而且怀疑水击是否真能赶走苍蝇,所以迟疑着没有动手。

　　还是同一个场景,我忽然急急地要去参加一次很重要的学术会议,忙着整理文件袋。不知为何所有人都要同我去参加这次会议,而且他们都认为这对他们自己很重要。P女士成了安排这次会议的总指挥,她将一些父母因故不能同往的孩子托付给具体的人照料,安排得很细致,这些孩子中,有我的妻妹不满一周岁的儿子。

　　这时我醒来小便,梦结束了。

分析:

　　我是在小便之后立即记录这个梦的,一边记录,我一边完成了对它的首次分析。

　　那天我的妻子刚从天津回来，晚饭的时候我们还在谈论应该多吃一些海产品，如鱼虾之类，对健康会有好处。于是，便出现了这个如"大跃进时期"大炼钢铁一般熬鱼的梦境，它表现出我对海产品和健康的渴望。

　　妻子之所以被安排成这次大规模熬鱼行动的领导者，是因为：我们来北京后，天津的原住房与一位朋友的住房进行了调换，但手续迟迟没有办好。春节期间，这件事开始全权由妻子接手处理，她回到北京后对我讲了处理结果，我很满意，觉得她远比我善于处理这些现实生活中的问题。于是，她在我的梦里便以领导者的面目出现了。

　　改善食品结构的愿望和改善经济收入的愿望结合在一起，P女士便出现在我的梦中了。

　　那个男女老少都要同我一起去开学术会议的情节，可以理解为我记录梦是为了进行研究，而男女老少都可以通过记录、分析自己的梦更为深入地了解自己。

　　以上的想法是在几秒钟之内完成的，夜半时分似醒犹睡的我很清楚，按着这一逻辑我无法解释这个梦中许多关键的细节，如妻子、苍蝇、水管子等。我已经关掉灯了，忽然意识到，这个梦的结束是因为小便的欲望，而因要小便而醒来的我，阴茎是勃起的，我也感受到了勃起时的快感。那么，这个梦本质上是否是一个性梦呢？我摸黑在枕边记录梦境的纸上又写下了两个字：小便。这两个字使清早醒来的我得以解释了这个梦的实质。

　　我的第二次释梦结果是这样的：

　　按着弗洛伊德的说法，鱼是男性生殖器的象征，抓住这最为关键的一点，整个梦便迎刃而解了。这个梦实际上是我对性学研究的一种梦境投射。

　　那么多人在大规模地熬鱼，一方面表示性是广泛的涉及每个人的问题，另一层的意义在于，性禁忌引发的性问题在不同的人身上不同程度地存在着，几乎所有人都处于性的困惑与挣扎当中——这正是我近来在文章中表现的对当代民众性心理现状的看法。

　　选择街边熬鱼，是因为在我的观念里，性是应该公开谈论的公共话题，不应该存在禁忌。但是，我的妻子一直无法接受我的观念，她是一个传统的女子，于是，当有人大声喧哗的时候（那个人很可能便是我的投影），她站出来阻止了，声称"熬鱼"是应该秘密进行的事。这样推理下去，她之所以成为这次熬鱼行动的指导，是否在提醒着：我在进行性学研究与写作时，需要考虑到她的感受。

那些停留在白米饭上的讨厌的苍蝇，正是我在现实生活中厌恶的亵渎了性学研究的人。他们是那些无知地一味阻挠、破坏性科学研究的人，更是那些假借性解放的名义胡作非为，却与性革命所追求的真正目标背道而驰的人。而后者，使性学的纯净被玷污了，正像苍蝇玷污了雪白的大米一样。马克思哀叹自己播下的是龙种，收获的却是跳蚤，而我则是经常地处于自己的性学观点被误解中，无知的人们更容易将其视作"纵欲"的性学，而不是人道主义的性学。

许多人在用水管冲洗那些苍蝇，我深知这种冲洗同时也在破坏着真正的性学研究，所以迟疑着不知该如何是好。

关于学术会议的情节也是一样，我在致力于性学的研究，这对所有人都很重要，在弗洛伊德的理论里，那不满一岁的儿童的性欲同样很明显，所以他们都被安排着去参加那次会议。

至于 P 女士的出现，是否在表明，我的潜意识里的某种被压抑了的性欲求呢？

这个梦的主题便很清楚了：性。

顺便一提的是，醒来的当日，我吃了鱼，也做了爱。

梦

弗洛伊德认为，认识被压抑的潜意识的重要途径，便是分析我们的梦。在睡眠中，人的意识放松了警惕，控制能力减弱，潜意识便得以异常活跃，在梦中显现。因此梦便是一个放大镜，使人们得以观察到潜意识的内容。梦的非逻辑性、妄想性正好体现了潜意识的特点。弗洛伊德明确说：梦是愿望的达成。我们白天压抑了许多潜意识的观念和欲求，这些欲求便在梦的幻觉中实现。

有一些梦中的愿望是不加掩饰的、易于辨认的。例如，一个人在晚饭时吃了咸鱼，夜间就会因口渴醒来，醒之前便会梦到喝水。许多短小、简单的梦赤裸裸地表达了个人的愿望，饥梦食、渴梦水，性饥饿的人梦见妓院。而复杂纷繁的梦则不明显。一般来说，儿童的梦往往是简单的愿望的满足，其意图一目了然。一个男孩子梦到冰激凌，便说明他想吃冰激凌了。

另外一些梦中的愿望则以曲折、间接的方式表现出来，这说明，在梦中出现的愿望是做梦者自己也不希望存在的，或不敢在自己清醒时承认的，这些愿望往往不符合社会要求，同时也是不理智的，即使在梦中也要接受意识的"检查"。为了骗过检查，那些阴暗、不可取的潜意识在梦中便扭曲成不可辨认和难以理解的意象，乔装打扮，试图蒙混过关。这样的梦便难以立即分析清楚了，而需要了解很多做梦人的很多背景，但是，往往正是这样的梦，使我们更接近于自己的潜意识。

弗洛伊德说，所有梦都是一种妥协，是本能冲动与检查作用之间达成的妥协。前者做了让步：接受检查，不再刺激、血腥，而是装扮得温和一些，颇具绅士风度；后者的让步是：让它通过，但不能大摇大摆地招摇过市，要化装、掩饰，别让我看出来。

对于"梦是被压抑的愿望的达成"这一说法，不断有人提出质疑。弗洛伊德的一位同窗八年的好友，是律师，听了弗氏关于梦的演讲后，当晚做了一个梦：自己的诉讼全部失败。他告诉弗洛伊德，以此说明梦并非愿望的达成，哪有律师希望自己的诉讼全部失败的。弗洛伊德分析说，这正是这位律师的愿望的达成，他的愿望是：弗洛伊德是错的，梦使他的这个愿望得以满足。

弗洛伊德对梦的一些基本认识还包括：

梦的作用是维持睡眠。我们通过梦来实现欲望，借此以保证睡眠这一生理需要，比如一个非常口渴的人，如果梦见自己在饮水，便可使饮水的欲望得到缓解，而不必真的醒来喝水；梦的本质乃是性欲的达成，弗洛伊德格外重视被压抑的性欲，而梦正是被压抑极深的愿望的满足；所有的梦都是人类非理性和反社会性的具体表现；这些在梦中表现出来的，并且得到满足的欲望，是从我们童年起便根深蒂固了的，如被压抑的性欲；等等。所以，弗洛伊德说，一切梦都具有性的属性。

弗洛伊德将梦的意义分为显意和隐意，所谓显意，是指做梦者记住或叙述出来的梦，通常是扭曲变形的，而梦的隐意则是表现在梦的显意中，是经过伪装扭曲的欲望、思想和感情。而将潜藏的欲望扭曲、变形、伪装的工作叫梦的工作，即把梦的隐意转译成显意。梦的解析与梦的工作是相反的过程，把梦的显意重新破译为梦的隐意，找到梦的真实动机。

弗洛伊德总结了梦的几种工作机制：

压缩。显梦比隐梦简单得多，一个简单的梦境，分析后可能发现很复杂的意义。压缩工作排除了隐梦中的许多成分，又融合了其他元素的片断，将其压缩成一个显梦。描述梦境可能只需要三言两语，而阐述其隐意，却颇费口舌。

移置。用来表示某一事物的意义被移换成另一事物的意义，在显梦中的某一无关紧要的形象，往往代表隐梦中十分重要的内容。这完全是为了通过检查，我们知道，只要经过改装，隐意中的重要主题才能表现在梦中。

象征。梦的隐意通常不是直接表现出来，而是通过象征或比喻来表现，将思想转化为视像。弗洛伊德举过一个离异家庭中孩子的梦的例子，他梦到自己在海里游泳，忽然看见一艘大帆船气势汹汹地朝他压过来，船涨满了帆。弗洛伊德解释说，那船代表了孩子的母亲，涨满的帆代表着母亲的乳房，船头表示着巨大的攻击性。这个梦用船象征了母亲兼有父性的特点，强大、蛮横，而游泳则象征孩子觉得自己十分弱小。

再度校正。梦通过篡改与增补，将一致的地方加以修正，把表面上互不连贯的材料发展成某种统一的连贯东西，使显梦看起来是一个合乎逻辑的故事。

反意。显梦中某一部分往往代表了完全相反的欲望，穿衣表示裸体，亲热表示怨恨和愤怒。

断裂的画面。显梦中的许多部分没有逻辑关系，而是通过一些看似无关的画面间的关系来表达思想的逻辑。

熟悉梦的工作机制，无疑有利于我们解梦。

弗洛伊德说，在释梦中如果遇到梦的象征，一方面要依赖梦者的自由联想，另一方面还有赖于释梦者对象征的认识。某些象征具有固定性，弗洛伊德写道："皇帝和皇后通常代表梦者的双亲，而王子或公主则代表梦者本人。但伟人和皇帝都被赋予同样的高度权威性，因此，譬如歌德在许多梦中都以父亲的象征出现。所有长的物体，如木棍、树干、雨伞也许代表着男性性器官，那些长而锋利的武器如刀、匕首及矛亦是一样。另外一个常见但却并非完全可以理解的是指甲锉，也许和其擦上擦下之动作有关。箱子、皮箱、橱子、炉子则代表子宫。一些中空的东西如船、各种容器亦具有同样的意义。梦中的房子通常指女人，尤其描述各个进出口时，这个解释更不容置疑了。而梦里对于房门闭锁与否的关心则容易了解，因此无须明显地指出用来开门的钥匙。……当梦者发现一个熟悉的屋子在梦中变为两个，或者梦见两间房子而这本来是一个时，我们发现这和童年时对性的好奇探讨有关。相反亦是一样，在童年时候，女性的生殖器和肛门被认为是一个单一的区域，即下部，后来才发现原来这个区域具有两个不同的开口和洞穴。"

弗洛伊德还指出，阶梯、梯子、楼梯或者是在上面上下走动都代表着性交行为。桌子、柜子亦是女人。在衣着方面，人的帽子常常可以确定地表示男性性器官。梦中所有复杂的机械与器具也可能代表男性性器官，而各种武器和工具无疑是同样的，如手枪、军刀等。表示阉割的象征则是光秃秃的，剪发、牙齿脱落或砍头。如果梦关于阴茎的常用象征两次或多次重复出现，那这是梦者用来防止阉割的保证。蛇亦代表阴茎，因为它具有脱离地心引力昂扬向上的特征，飞艇也可成为它的代表。数字三也表示阴茎。

此外，出发旅行和乘车表示死亡。

弗洛伊德为了证明这些象征含义的正确性，引用了大量材料加以说明，上至小说戏剧，下到民间故事、神话传说、风俗习惯，显示了他极为广博的知识结构。

但同样需要说明的是，梦的意义有时是多重的，任何机械的生搬硬套都不合适，应结合具体的背景来分析梦。

我认为，最有资格解梦的人便是梦者自己，我们可以通过解梦来认识自己。而在解梦过程中，联想十分重要，一个人不运用对梦的联想便无法释梦。

释梦手记003号：拜访权威

时间：1997年2月16日6：45左右

梦境：

在天津，我和妻子一起去一位文坛泰斗家。他已经是一位老人了，在中国近现代文学史上占有重要一页，在现实中受到推崇和尊敬。

我和妻子诚惶诚恐地坐在他面前的沙发里，老人精神很好，只有六十多岁的样子，看起来比他实际的年龄年轻二十来岁。老人的相貌是我两个月前看到过的弘一法师晚年照片上的形象。

老人很和善，侃侃而谈，像对待忘年之交。我内心对他更为敬重，心悦诚服，觉得听其一席谈也很有收获。

后来我便拿出自己写的一篇关于他的论文，我告诉他，这绝对不是传统意义上的作家评论，而是我利用自己的哲学、心理学知识，从一个全新的角度对他做的一次解剖，我相信自己的方法是中国文学评论家们从来没有采用过的。

老人说："我就是喜欢创新。"他认真地看着，很快变了脸色，以至于没有看完便满面怒色，把论文扔给我，大声说："你不能这样亵渎我，关于我的文学地位是早有定论的了，你这是一派胡言。"

我当即便开始蔑视他了，几分钟前还有的好印象全部荡然无存。我发现他是一个想保住自己的地位，却没有能力接受挑战的人。这时，一个场面以外的人插了进来，说："他也就是在天津被推崇，其实早已经被扫进历史了。"

与此同时，我的妻子竟倚到老人的床头，很随意地自己喝起酒来。我吃惊地看着她，现实中她从不喝酒，更不会这样无礼。我责怪她的无礼，她却不以为然。

我们向老人告别，老人很冷漠。就在即将不欢而散的时候，老人忽然说："你们回去问问报社的工会，发给报社每个人的那份水果还有没有我的？"

我不太明白他的话，老人又解释说："应该是发给你们每人一箱，像我这样退休的人每人发半箱。"

我立即明白，老人将我和妻子当成了他退休前所在报社的员工，而在现实生活中，我从来没在那家报社工作过。

老人神态庄重地补充说:"你不要直接去问,当工会的人发给你的时候,你可以像随意提到似的说:'你们还得给×老送去吧?'"

我们答应着,已经到公共汽车站等车。紧跟着我们,老人的两个女儿也来等车,她们竟对我说了许多老人平时如何小气的话。我在心里感叹着:众人敬仰的一代宗师,原来也这样俗不可耐。

这时有一个小男孩儿在汽车站旁边玩沙子,老人的一个女儿在用手机打电话,那个小男孩儿便凑过来好奇地看。我逗他说:"只看电话呀?不想看看方刚是什么样儿吗?"男孩子没有理睬我,转身走开了,我的心里很不是滋味。

转眼间那个男孩子竟成了一个男青年,老人的女儿和他搭话,问他最近忙什么。男青年说:"我收买这几幢楼里作家的稿子,然后各复印100份,到邮局寄往全国各地的报刊,靠此为生。"

我不以为然,心里有些嘲笑他。与此同时,醒了。

分析:

做这梦的两天前,我曾见到一位读心理学硕士的朋友,谈起一些学术领域的现象。

谈话是由我对自己学理基础薄弱的忧虑引起的。我便很羡慕那些专业研究人士,他们经过严谨的学术训练,有很好的英语及学术基础,又有工作于研究机构之便,完全应该经常推出重要的学术成果,而我则全是自己摸索着读书和思考。但事实是,许多学者徒有其表,正像时下一些学术刊物上常见的所谓论文一样,其学术价值和意义颇值怀疑。那朋友因为在学术圈子里,这方面的感觉比我更强一些,她说,不要把那些所谓权威看得太高了。

转天,我又在报纸上读到一位农村来京小保姆,靠着自学和一批经济学家的帮助,写出三十多万字的经济学专著的报道。

我的这个梦用于实现我的这样一个愿望:我虽然没有很好的学理基础,并且刚刚开始对某些学术问题感兴趣,但是只要我努力,仍然可以超越某些权威。

那位文坛泰斗在我的梦中成为权威的象征。他在我探访之初表现出的种种美好的一面是公众感觉中的权威形象，同时也是我对权威们的希望，希望自己也能像那个小保姆一样，经过努力最终得到公众的认同。

我拿出那篇论文给权威看，内心对它是很自信的，但我知道它绝对离经叛道，正像我一贯的思想一样。权威说他喜欢创新，其实是我希望他拥有的境界。梦中的权威终于变了脸色，呵斥我，这说明我的意识清楚地知道，我很难获得学术界的认同，不完全是因为论文本身的学理问题，更因为那论文将伤害某些人的权威地位。

现实中，我骨子里是蔑视权威的。于是，当我在梦中被权威排斥后，我的反叛精神立即占了上风，我想我将在别人的蔑视中开创我自己的路。对于权威的蔑视，我也以蔑视来回敬。那个突然插进来的人物，以及妻子极为失礼的行为，都是表达着我对权威的蔑视。

老作家委托我询问半箱水果的细节，同样是我对权威的否定在梦中的加强。与生活中那位学心理的朋友的话不谋而合："别把他们想得太高了。"而老作家那两个女儿对自己父亲的议论，在进一步强化着这种否定。

失去手机的不便再次使得手机出现在我的梦中，只不过，这时文坛泰斗女儿手中的手机也成了某种权威的象征，成了那些我没有，而权威们有的治学便利的象征。小男孩儿无疑是崇尚权威者，他跑过来看手机。我希望他注意到我，便说："不想看看方刚是什么样子吗？"其实在对整个世界传达我内心的声音：你们等着看我的成果吧。小男孩儿对我的不理睬，是我清楚自己仍然不具备让社会"理睬"我的资本。

炒卖作家文稿的小贩的出现，有两个意义：一是再次说明"这几幢楼里的作家"（权威）都成了一些金钱的奴隶，而少有真正关心人类精神建设的人；二是我本来也曾是那将自己的稿子复印了寄往全国的人，而现在却选择了绝对不会挣钱的写作，我应该由此对自己的未来更有信心。至少，我对自己不乏尊敬。

我便在自信与压力下结束了这个梦。

上述分析是在做梦当天完成的，两天后，我又补充了一段分析。

弗洛伊德说，所有同一晚上做的梦都属于同一个系统。

我的进一步分析是，关于权威的梦，其实是那个街头熬鱼的梦的进一步变相阐释，也是关于性的。

我面对的那个老作家，其实是关于性的传统道德、禁锢的象征，而我的性学主张一直与这种传统的权威相左，被公众所不齿。我的那篇怪异的论文正是我的卓世独立的性学主张的象征，而我的关于权威的梦，也打倒了传统的性道德。

儿童性欲

弗洛伊德说，儿童也有性欲。这在他生活的时代，是大逆不道的主张，立即受到攻击。当时，人们普遍认为儿童不存在性冲动问题，它只是在青春期突然冒出来的。

弗洛伊德坚持说，幼儿性冲动的胚基是与生俱来的，它持续发展了一段时间，然后又受到一段时间的压抑，直至性发展达到旺盛的程度或个人体质极为强壮突出时，性的压抑才被突破。

弗氏列举了一些人们习以为常的儿童行为，告诉大众：这些都是幼儿性欲的表现。比如，吸吮母亲的乳房，以及后来用吸吮手指的方式代替，弗洛伊德说，"并不是所有小孩都吸吮指头，但凡是吸吮指头的小孩，他们的嘴唇快感区天生敏感，他们长大之后往往喜欢接吻"，并且可能喜欢吸烟和喝酒，这被弗洛伊德称为"错乱性接吻的倾向"。

儿童喜欢依赖成年人，亲近他人，也都被弗洛伊德视为性的表现。

弗洛伊德认为儿童的性发展分别凝聚于不同的快感区。

从出生到五岁，是儿童性发展最重要的一个时期，因为它打下了往后一切性的发展的基础和方向。这一时期的特点是自体享乐的，即在自己身上寻找性对象，如吸吮大拇指、初期手淫等。它的每一个部分的冲动通常各自为政，互不相干，但皆致力于快感的获得。

口及与口唇相连的部位形成口部性快感区，儿童以咬东西或吞的动作、吸拇指来寻求快乐。这是儿童最先迷恋的区域。

口部快感区之后，是从肛门附近地带构成的肛门欲快感区寻找满足的时期，这一部分本能与排粪行为相联系，它们的发展方式与将来性格的构成大有关系。儿童在两岁左右时，父母发挥权威，要求儿童控制排便，粪便是儿童给这个世界的第一种东西，如果他慢慢学会忍大便来对母亲表示轻蔑，并学会通过这种延迟动作来增加后来终于排泄时的快乐，那么在后来的生活中，可能会出现对积钱、固执和吝啬的形成有重要影响。而如果这时儿童以完成排粪作为对父母表示感情的手段，并且由于这一行为获得感官上的快乐，这种意愿会转变成慷慨、奢侈的性格。

肛门期之后，儿童开始向外界寻求爱的对象，首先不可避免地把爱的感情发泄到自己最近的亲人——父母或保姆。这时儿童的性要求由异性父母来满足，对同性双亲怀有对立情感。所谓的俄狄浦斯情结，便在此时出现。

弗洛伊德对这一时期极为看重，认为将影响儿童一生心理的特性。为了家庭和社会发展的前途，必然对儿童的性欲进行压制、改造，而这，便使儿童心理中形成了自我和超我。弗洛伊德说："如果在儿童时代没有为约束性欲打好基础的话，在成年人中就没有希望来约束性欲了。"

阉割情结这时也开始出现，对于一个开始玩耍自己生殖器的男孩子，他的父母和保姆开始用割掉它来恐吓孩子，这被认为是有害的。男孩子因为自己有阳具而感到骄傲，女孩子则因为缺少阳具而自觉是被阉割了，感到自卑，出现阳具羡慕心理。但是，弗洛伊德这种"阳具中心论"很快也受到了其他学者的否定，特别是女性主义思想家们对之嗤之以鼻。我们将在霍妮那里看到对这一观点的否定。

从五岁到12岁，儿童的性欲进入潜伏期，原先粗野的、赤裸裸的性行为开始长时间地沉寂下去，停止发展。这时，儿童的自我继续显著地发展起来，并开始学会以自我控制本我，使之慢慢地适应周围世界的客观条件。

12岁至18岁，进入青春发动期，幼儿时的性冲动全面复活了，开始寻找性对象。这时，此前各快感区单独作战的局面结束，一个崭新的性目的出现了，所有的部分冲动一起合作以求得该目标，而各快感区则明显地隶属于生殖器这个主要区域。

如果以上性欲发展的各个时期与过程都能够顺利完成，就可以一步步实现性成熟。而如果遇到阻力，则可能会出现不协调甚至性变态。

弗洛伊德提出的潜意识理论，今天恐怕已经没有谁会提出质疑了。但是，他关于性的学说，除了儿童有性欲被广为肯定、接受之外，其他几乎都受到了怀疑甚至否定。

我的早期性史

阳光从玻璃窗照进来，暖暖地烤着我。

我记不清那是春日，抑或是秋日了。只记得，那是上午11点左右的阳光，温暖而不热烈，让悠闲的人从心底浮起一丝倦怠。

房间里只我一人，外祖母似乎在厨房做饭，也许是去采买了，我同样记不真切。可以肯定的是，我当时正坐在床边的小凳上摆弄着积木，在这次与平日相比毫无特殊性的游戏中，一件很特殊的事情偶然发生了——不知怎样开始的，我玩弄了自己的生殖器，并立即被一种快感牢牢抓住了。

它还小得不配称作阴茎，在我的玩弄中，有些发硬，自然不会是真正的勃起。我将它按着腿的内侧揉搓着，那份快感的体验却与成年后自慰时的感觉毫无二致，以至于我不由自主地站起来，倚着床沿，以便更自由、更快速地揉搓。我被自己的偶然发现震动了，一种神秘的感觉牵引着我，我向它的更深层探索。

终于，一阵悸动，伴着高潮的到来。没有射精，却是与射精完全相同的体验。我在那高潮中眯起眼睛，软软地向床上倒去。

那一年，我五岁。

我在五岁的时候开始了自己的第一次自慰，在那个或是春日或是秋日的上午，我被自己改变了。成年后，不需要别人提示我便可以清晰回忆起来的最早记忆，便是这次经历。

我开始不断重复、演习自己发现的新的游戏。这是自己与自己最便于进行的游戏，它愉悦着我的全部身心。与之相比，我此前玩弄的积木之类的游戏显得过于无聊和肤浅了。

自慰，很快成了我的习惯。弗洛伊德关于儿童时期便存在性欲的理论，可以在我身上找到验证。弗洛伊德说，许多孩子因为手淫被长辈斥责而在他们心灵中投下阴影。我的手淫从未被人发现，自然也没有被责难的记忆。

遗憾的是，弗洛伊德提到的五岁之前应该有的种种性体验，我无从回忆了。也许，我的性成长过程较之别人为迟？我的语言发育便很晚，三岁多刚会叫妈妈，五岁时才能清楚地表达自己的想法。

直到上小学，我仍未能很好地控制排便。清楚地记得上一年级时，一次放学回家的路上，强忍不住，大便拉到了裤子里。但我怀疑，这是希望引起别人注意的一种努力，关于此，后面还将涉及。

成年后，我仍能从排便中体验到快感，但我不会刻意去做什么。自然，我也不是个吝啬的人。

我确信性自慰从五岁起便一直伴随着我，但八岁至11岁这三年，我可以回忆起来的性感受却几乎没有。12岁之后，便有了明确的对异性的欲求。

同样是在12岁那年，一次小便之后，我惊异地发现自己的阴茎有了明显的成长，立即被一种欣喜所笼罩。不记得有谁威胁要割掉我的阴茎，我也没有关于阉割的恐惧。对阴茎的羡慕却一直是很明确的，我看着它一点点长大，心里充满了骄傲，这骄傲伴随到成年，我因之而增了很多自信。

无论我的经历可以在弗洛伊德那里找到多少对应，回首童年，我最强烈的感受仍然是：肯定有更重要的原因，使得我成为今天的我。

这，需要到弗洛伊德之外去寻找了。

文化及其缺憾

弗洛伊德晚年，殚精竭虑写成《文化及其缺憾》，中心议题是文明发展与人类本性之间的联系以及矛盾冲突。

文明与文化基本上被弗洛伊德视为同一概念，"指所有使我们的生活不同于我们的动物祖先的生活的成就和规则的总和，它们具有两个目的，即保护人类抵御自然和调节人际关系"。在文明的发展过程中，弗洛伊德认为个体的力量被群体的力量所取代是至为关键的一步。在前文明社会，整个社会关系是由个人根据自己的利益和本能的冲动来决定的，但进入文明社会以后，集体的力量被视为公正。

弗洛伊德进一步完善了他早年便提出的说法：文明与性自由是互相冲突的，社会就是建立在强迫劳动和抛弃本能的基础之上的。他满怀悲观主义情绪地说，每一个个体，就其本质来说都是文明之敌，文化的本质就在于禁止和限制人类。

弗洛伊德写道："人们发现，一个人患神经病是因为不能容忍社会为了它的文化理想而强加在他身上的种种挫折。由此推论，消除或者减少这些文化理想的要求就有可能恢复幸福。"

文化或文明在两个方面对人类做出了补偿：其一，文明以及伴随文明而来的科学技术、文学艺术、哲学的进步，改善了人类的生存条件、满足了人类的心理需求；其二，文明调节着人们的人际关系和社会关系，而如果不做这种调节，人们随心所欲，则体格比较强壮的人将根据他们自己的利益和本能冲动来决定社会。显然，弗洛伊德并不赞成或纵容侵犯这种本能，如果没有文化来限制它，社会将无法存在下去。

弗洛伊德对文明这笔巨大遗产的有偿性似乎看得更多。文明是以对人性本能的否定为代价的，文明限制了人性本能，尤其是人类的性本能。与此同时，对人类成员的个性进行限制。在弗洛伊德的推理中，由于只有牺牲个人的自由和性满足，人类群体方能形成，社会得以维系，文明才能获得发展，所以文明不可避免地又具有令人沮丧和缺憾的一面。

文明在弗洛伊德面前呈现的是一个两难困境，他思考着：是否可以通过某种社会变迁和普遍的教育将大众对文化的不满转化为对文化的接受？但是，由于他认为一般大众并不具备将侵犯性和性的冲动广泛升华的能力，所以他最终的结论只能是悲观主义的。

20世纪六七十年代，工业—科技文明高速发展后，人们开始以不同的语言表述着弗洛伊德的思想：工业化无助于人类生活质量的提高，而且还可能产生各种全球性问题。

马克思主义则认为，文明不能不以对本能的限制为前提，但这并不意味着对本能的整个否定，而只是力求使本能以文明的方式表现出来。但这本身亦陷入二律背反之中，如果文明是与本能相悖的，又怎么可能有一种真正的合作方式，使其得到真正淋漓尽致的表现呢？而如果表现需要压抑，那不是仍未解决问题吗？

释梦手记004号：未能完全解开的性梦

时间：1997年3月6日5：05
梦境：
我被置于一项选择中：或是放弃自己喜欢做的某件事情，

或是退学。我别无选择，放弃了自己喜欢做的事情，这事情似乎是对一本书的阅读。

我的这个梦境便这样以一种虚幻的概念出现，紧接着发生了一次时间的大幅跨越：几年后，我即将高中毕业了。

我们得知，将有一个检查团来学校，我们要做好各种准备。我正坐在教室里，面前是一张很旧的课桌，桌面有个洞，还有一条裂缝。屋里有一位女教师，似乎是行政事务的负责人，以及男女同学各一名，是班长之类的小干部，他们一起要求我自己拿钱，想办法把桌面的洞和缝修补好。我拒绝了，说那不是我弄的。他们威胁我说，如果我不做这件事，便不发给我毕业证。我愤怒地大声抗议着，表示宁可不要那个毕业证。女教师变得很和蔼了，劝了我一番，提出一个折中方案：我拿钱，他们找人修。我仍然不愿意。

画面一转，我坐在教室里上课。老师在讲一本与性有关的书，她在念目录，我觉得极有启发，急急地记录。记下后一看，又觉得没什么用处。

我最终没有拿到毕业证，但是，那男女二生仍在追着我，让我修桌子。我在前面跑，跑上楼顶的一个房间里。我从窗户里向下看，发现自己在三楼上，同时看到那两个学生开始燃放鞭炮，那男生还向我挥了挥手。我也开始放炮，想让鞭炮声压过他们。他们对我的行为似乎毫无知觉，放完炮，那女生还抬头对我说："方刚，你怎么在这儿？"这句话使我很生气。

女生又气了我几句，我拿起一支步枪冲下楼去。我推开楼下的一个房间，她正在里面，我举枪要射击，警察却在我身后断喝道："举起手来。"我看到了他们对着我的枪口。

正做梦的我不甘心，想到我自己研究出来的一种高科技杀人手段。于是，画面逆向运转了一番，我冲进那个房间时，问了那个女生一句："你想坐在我办公室里喝茶吗？"女生如我期望的那样，说了声："想。"于是，立即有一个巨大的立体的"压"字向她正面压了过去，把她压成一张肉饼。她死了，警察抓住我,却找不到我杀害她的证据。

　　警察的纠缠使我很不甘心,于是,时空再次逆转。这一次我从楼上冲下来时没有拿枪,警察也没有躲在屋后。我推开房门,再次问了那个问题,女生说:"想。"于是,她死了。我逃到街上,警察才刚刚赶到房子里。

　　在街上的我看到一个老妇人正在一幢三层楼房的顶层阳台晾衣服,我们相互惊愕地对视着。"是她?"梦中的我惊恐地想着,同时知道自己必须杀了她。我拿着那支步枪,冲上楼去……

分析:

　　这无疑是一个十分典型的性梦。梦开始时所谓选择的情节,不过是检查作用在发挥自己压抑的功能。

　　那张桌子上的"洞"和"缝儿",分明是女性阴部的象征;那个时而严厉时而和蔼的女教师,以及那同时出现的一男一女两个青年,也都具有性的诱惑与暗示;教师讲授的书则干脆是一本关于性的书;我向楼上跑的动作,引起与性交相似的节奏和喘息声;我躲到三楼的一个房间里,及最后出现的老妇人也在三楼,"3"在弗洛伊德的辞典里同样有性的寓意;我手中拿着的步枪,则是男性生殖器的象征;老太太在楼顶晾衣服,其中肯定有可以使人联想到性的内衣。而最为显著的还是,我对那个女学生的谋杀。那个巨大的将其压扁的"压"字的出现,分明是强暴与性交的暗示。警察也许是某种传统的性伦理观念的象征,我想杀掉那个女青年却又不愿被警察抓住,是否是我的某种无意识深层的强奸情结的反映呢?

　　回想做梦的前一天,我确实有过未能实现的性欲望,这个梦是否便是那未能实现的性欲的满足呢?

　　在做这个梦的前一天,我曾阅读到这样一个情节:一位女青年说,她到60岁的时候仍要享受性的快乐。所以,那个晾衣服的老妇人的出现便不难理解了。

　　梦中也存在一些与性无关的线索。

　　生活中无疑经常能出现选择,做自己想做的事情却失掉一些与精神无关而与现实较密切的东西，我近来总是在选择自己想做的事情，但对那失掉的，不可以说一点也不牵挂。那么，梦开始时的那个选择，是否便是这一生活情节在梦中的投射呢？而"高中毕业"时，我终于做出放弃"毕业证"也不做自己不愿做的事情的选择，是否同样是愿望的实现呢？但是，我无法理解它们何以在此时出现，我无法在前一天的生活中为它们的出现找到现实的依据。

我近来在筹划动手写作一本关于心理学的书，但是一直没有理清思路，不知如何圈定全书的框架。教师在念一本书的目录，我觉得很有启发，便可能是我理清全书线索这一愿望的实现。

但是，我实在无法将这个梦作为一个有机的整体来解释。我不理解的是，放鞭炮到底象征着什么？为什么我想用自己的鞭炮声超过那对男女青年的鞭炮声，为什么那个女青年很平常的一句话会激怒我，以至于一心一意想杀死她？现实中的我是绝对不敢做杀人的幻想的。我何以会因为看到那个老妇人而惊愕万分？而且，我对老年妇女绝对没有性欲，何以会持枪冲上楼去呢？莫非我的无意识深层有这种欲望？

有一点可以肯定的，我做这个梦的时候一直充满了恐惧，在我当时记录梦境的纸条上，我写下了"噩梦"两个字。弗洛伊德同时代的一位学者曾经写过一本专门论述噩梦的书，可惜我们没有办法得到它，更无法做对号入座的尝试。

整个性梦的底调过于沉闷，做这梦的前一天，我极度的劳累，而且心情很不好，忧郁、失意、有伤感，也有恼怒。梦境中的我对外界又似乎颇有些仇恨情结（杀人欲，以及对别人的敌意），这很可能是白天的情绪通过梦境宣泄出去了。

我自己更倾向于做这样的解释：那天我真的太累了，而在极度劳累下，于睡眠中溜出来活动的潜意识也会很"劳累"的，劳累中很容易把事情做得一塌糊涂，也容易把梦做得"一塌糊涂"。事实上我此前也的确有过类似的记忆，身体极为疲劳时做的梦，因素更为复杂，解释的困难也要多一些。

在我的经验中，劳累状态中梦境的另一个特点，可能是十分简单，像儿童的梦一样，没有经过多少伪装便实现了愿望的达成。

这个梦的另一个特点，便是我靠自己的意志几次改变了情节的发展，使我的"谋杀"变得很高明。

对弗洛伊德的总结

写作此书关于弗洛伊德的上述文字中，我最强烈的感受是：弗洛伊德最初震撼我的那无穷之魔力似乎很淡了。回顾他的种种观点，我不再激动万分；联系自我的实际，我也不再能够不断地冒出灵感；写作的时候，我没有了激情，以至于对写完的这几万字也颇多不满。这是怎么了？

唯一的解释是，我当初读弗洛伊德的时候，还没有读其后那些精神分析学大师们的著作，没有比较，被最初接受的智慧所迷惑。而比较之后，我知道了谁的思想更适合我。同时，也有了对智慧的承载能力。

弗洛伊德虽然有许多局限，但他无疑仍是伟大的。他的潜意识主张，他对梦的研究，仍然是他人无法替代的。而且，此后的精神分析学家们，无论他们走得多远，都是在弗洛伊德这棵巨树的枝干上延伸。对此，我们即将有实际的体会。

弗洛伊德曾提到，自己发起了降低人的地位的第三次革命。人最初被哥白尼从自然宇宙的中心地位赶下了台，随后由于达尔文而使人失去了区别于其他生命形式的特征；最后，弗洛伊德表明人甚至不是他自己的行为和精神活动的主宰，这些行为和精神活动是从人的无意识源泉中产生的，而人又控制不了它们。

弗洛伊德强调人的被压抑的性欲应该得到适当的满足，但并不是强调性自由。弗洛姆曾说："20年代迎来的性自由与之是两码事。新的性道德观有许多根源，最重要的根源在于最近几十年里，现代阶级的态度发生了变化，他们开始渴求日趋增长的消费。19世纪中产阶级受积攒原则支配，20世纪中产阶级则服从消费原则，主张立即消费，如果不是绝对必要，决不延缓满足任何需要的时间。这种态度不仅指商品消费，性需求的满足亦是如此。"

精神分析之所以作为性自由的使者广为流传，是由于新的消费者的热情，而绝非由于它是新的性道德的原因。由于精神分析运动的目的是帮助人们用理性控制自己的非理性激情，所以，上述对精神分析的滥用表明弗洛伊德的希望受到了悲剧性失败的打击。

弗洛伊德是一位伟大的奠基人，我们所有的智慧，都在他思维的尽头继续发展。

1983年，英国出版的《20世纪著名思想家辞典》称："如果没有弗洛伊德的思想，你如今就无法阅读一部小说，一部现代史或生物学著作，讨论一幅画或一件雕塑品，参加一次社会学讲座，或者甚至不可能知道你隔壁邻居的孩子为什么如此不守规矩。"

弗洛伊德仍被看作20世纪的杰出伟人，现代精神的创造者。

第二章
荣格：集体之梦

释梦手记005号：坠落与逃遁；背叛"父亲"的"皇太子"；心理动力学及我的自由联想；意识、个人无意识；自由联想：对同一组人跨越八年的非正式访谈；集体无意识及其原型；自由联想：我的人格面具、阿尼玛、阴影和自性；人格的成长与我的母亲；我在荣格的帮助下寻找自己的心理类型；自由联想：我的第二次暗恋；象征与梦；释梦手记006号：英雄原型；释梦手记007号：逃跑；释梦手记008号：寻宝船。

谜面：谁都能做，每个人做的都不一样，也不能众人一起做，更不能看着别人做。

谜底类型：一种生理现象

谜底：梦。

（摘自《谜语大全》第183页）

释梦手记005号：坠落与逃遁

时间：1972年至1988年间

梦境：

Ａ．……

我向下坠去，坠去，下面是无底的深渊。我坠下去，坠下去……

我万分恐惧。

Ｂ．……

有人在后面追赶我，我的生命受到威胁，我在逃跑，但是，总跑得不够快，或是腿沉重得抬不起来，或是忽然发现自己跑来跑去却总在同一个地方绕圈子。

危险越来越近了，我仍在逃跑，仍无法逃脱……

我万分恐惧。

分析：

这是两种无数次出现过的梦。记忆中，它们从我有记忆起便经常出现了。但是，到20岁以后，却明显地做得少了。而近三五年间，没有做过这种梦。

梦境开始的情节各有不同，我用省略号代替了。它们导致的共同结果，便是坠落或逃跑。每一次从梦中醒来，我都心有余悸，甚至一身大汗，惶恐地在漆黑的暗夜里四处张望，然而，除了窗口微弱的月光，仍是四处漆黑。

自然，我很快便会意识到这是一个梦境，一点点从恐惧中恢复过来。这样的梦做得多了，再逢到于梦中坠落或无法逃脱时，梦里的我已经能够告诉自己："这是一个梦。"于是，我便会强迫自己醒来，或者突然感到自己坠落的身体遇到了"陆地"，停止了下坠，睁眼一看，"落"在了床上。

许多人都做这样的梦。这是一个我做你也做，大家一起做的式样一致的梦，如果有兴趣，你也可以在旁边看着别人做。

我的姐姐年长我七岁，她说，她仍经常做这样的梦。

我做这些梦之前，姐姐没有告诉过我这种梦境，别人也没有告诉过我；同样，我也没对姐姐描述过这种梦境。所以，我们不可能是受了别人的影响才做这同样的梦，而只能是：我们各自做了这同样的梦。

何以会如此呢？答案只能是：我们在重复着祖先的梦境。

我们的祖先灵长类动物，以树为宅，在枝干间睡眠。于是，意外完全可能发生，它们的"床"会折断，从树上掉下来。这种可能性威胁着它们的熟睡，使它们在睡眠中也不得不让一根弦绷着，这恐惧便难免经常入梦。所以，早在几百万、上千万年前，这个坠落的"共同之梦"便已经形成了。

逃跑之梦也同样历史悠久，悠久到没有人类历史的时候，它的根源要到猛兽的利齿与利爪上寻找。灵长类祖先也好，古猿也罢，进化到直立人、智人，都处在猛兽的威胁下，都难免屁滚尿流，落荒而逃。通常情况下，逃命时的速度会赛过运动健将，但是总有跑不过四足动物而成人家盘中餐的危险，所以，无法逃脱的恐惧人皆有之。

还有什么比生命更重要的？还有什么比威胁生命的危险更可怕的？还有什么比关于这种危险的梦更具有普遍性的？于是乎，代代相传，已经融入我们的"精神血液"。今天，我们睡到了松软的席梦思上，睡到了浪漫的水床上，把猛兽们吓得"闻人色变"，追着它们屁股后面开枪，把它们送进笼子里当鸟看，让它们一个个家族相继绝灭，但是，我们还得做祖先的恐惧之梦！

这，是大自然对我们的报复，还是对我们的告诫？

曾有人问我，为什么我们成年之后，就很少再做这样的梦呢？我的回答是：我们距离人造社会近了，距离自然太遥远了。而孩子们，却是距离大自然更近的人，距离生命本源更近的人。

背叛"父亲"的"皇太子"

从某种意义上讲,弗洛伊德将精神分析一度发展为极接近于政治运动的一种形式,他极力想维护自己的权威,但是,仍不断被人背叛。最令他气愤与伤心的几个背叛者中,荣格首当其冲。当我开始接触这位分析心理学的创始人之后,我发现,最吸引我的竟然首先是他的神秘主义。

想理解荣格的"神秘",不能回避他读大学时的一个暑假,在家中遇到的两件神秘的事情。第一件神秘的事情是饭桌的破裂。当时荣格正在自己的房间中学习,忽然听到隔壁餐厅里一声巨响,就像是开枪射击的声音,荣格过去一看,一张胡桃木饭桌莫名其妙地炸裂了。这张桌子木质坚固耐用,已经用了七十年,它的破裂不可能是因为温度或湿度变化造成的。

第二件神秘的事情发生在两周之后,荣格家篮子里的面包刀随着一声巨响变成了一堆碎片,转天他将碎片拿给一位刀匠看,刀匠说,这是一把好刀,不知是什么人用什么方法才把它弄碎了。荣格直到晚年仍保存着那些碎片。

荣格是位医生,却缺少"科学""唯物"的态度。他认为死亡不是生命的终结,死后情形仍未可知。

对于宗教问题,荣格认为信仰使人的生活变得充实,因此从实用主义的角度考虑,有信仰比没信仰要好。站在医生的立场,荣格从治疗的角度出发,居然也认为宗教信仰是符合心理卫生的。荣格说:"拥有一个超世俗指向的宗教,从心理卫生的观点来看显然是合理的、可取的。"

在荣格那里,对于神的观点本身不同于那种把它看作某种绝对的东西的正统解释。荣格坚持认为,神不是与人隔绝的,在某种程度上神依赖于人,神的形象体现着个性的一定心理状态的符号表示。每一个个体都可能有自己的神、自己个人的宗教、自己的有助于确定生活方面的价值体系。除了复活宗教精神之外,荣格没有看到创造性发展人的生命力的其他道路。

荣格对东方文化是极痴迷的,这在精神分析学家中,几乎是绝无仅有的。

荣格对中国的《易经》推崇备至,他相信有些事情的发生是有预兆的,在关于梦的理论中,荣格便提到某些梦具有预言的功能,这与中国古代的某些释梦理论相同。

荣格对炼金术亦极有研究,甚至写出过关于炼金术的专著。他认为,原始意象在炼金术中发挥着作用。神秘的飞碟在荣格的眼中，更是一种原型的再现。

荣格给人的第一印象，更像是一个神学家，而不是科学家。

其实，荣格的所有神秘之处与他最重要的理论创建是紧密相连的。他对人类生活最伟大的贡献便是：发现了集体无意识。

在治疗精神分裂症时，荣格接触到人的精神分裂的一些情况，而这些情况不可能用个体儿时性的体验来解释。弗洛伊德的"力比多"被荣格赋予更宽泛的解释，他认为它是一种心理能，决定人心灵中进行的心理活动的强度。

荣格同弗洛伊德保持了六年的私人关系和事业上的友谊，弗洛伊德曾称荣格为精神分析王国的"王储"和他的"长子"。1910年，国际精神分析协会正式成立时，由于弗洛伊德的再三坚持，荣格当选为协会的第一任主席。1912年，荣格的《转变的象征》一书出版后，与弗洛伊德的私人关系完全破裂，脱离了国际精神分析协会，并在之后整整三年时间内陷入精神的低谷而到了不能工作的地步。问题在于，从童年时代起，荣格就一直是独立性很强的人，不可能沾沾自喜于成为某人的门徒和"长子"，他要追寻自己的思想线索。

弗洛伊德的因果论是荣格最无法接受的，人的精神需要比饮食男女的需要更重要，其中包括对神话、宗教和艺术的需要，只知道性欲的心理学不是心理学。如果说弗洛伊德把人的一切活动都归结为生理上继承的本能的话，那么，在荣格看来，人的本能与其说具有生物本性，不如说具有象征本性。

心理动力学及我的自由联想

> 心绪很繁乱。
> 渴望恢复平静。
> 需要时间。
> 平静。心态怡然，渴望写作。
> 入侵者。
> 再度繁乱。
> 渴望恢复平静……

上述状态的周而复始，便是我这几日来的心路历程。我需要一份清静的心灵空间，用自己的生命与先哲的智慧对话，然而，这份空间总是被破坏掉。或者是一个突如其来的电话，或者是一个必须回复的传呼。如果仅仅是回一个电话或一个传呼，我思维的连贯也许并不会因此中断，肉体的我在做着别的事情，精神的我仍执着于过去，继续着电脑里的文字，这文字是思考的延续。

然而，问题在于，被破坏的是我的精神。昨天，一位电视制片人打来电话，想请我写一部关于艾滋病的电视片脚本，于是，关于"艾滋"的许多已尘封的记忆与激情在涌动，精神的平静被打破了；今天，一位出版社编辑的传呼，又将我的思维扯到出版事务上。类似的事情纷至沓来，使得计划中与荣格精神之交不断推迟。

我的精神犹如一条河，在缓缓向前，突然，斜道里杀出一股洪水，冲决了河床，搅乱了流水，一片混沌。但是，滚滚的主流渴望恢复故有的秩序，重获主宰的权威。这，需要时间，需要河水慢慢吞噬、消化那外来的袭扰。秩序终将恢复，但谁也不能担保，它不会被再度破坏。我不知道，下一个电话或者传呼，是否会搅乱我的心理场。

荣格认为，人的精神是一个相对闭合的系统。这就是说，精神或多或少是一个独立自足的能量系统，尽管它也要从外部世界，包括从肉体中获得能量来源，但这些能量一旦为精神所吸收也就完全属于精神能量而不再是物理能量或化学能量了。那些外来能量的命运，取决于一个已经先行存在的能量系统即精神的性质，而并不取决于其外部来源的性质。正像那冲入我精神河床的洪水，只会成为河水的一部分，而不可能使整个河床里流淌的都是洪水。

来源于外部世界的能量，主要通过我们所触、所见、所感、所闻的一切事物而获得，经由这些刺激，精神得到滋养，其情形正如我们享用的食物滋养了我们的身体一样。正因为如此，人的精神系统总是处于不断变化的状态之中，永远也不可能达到绝对平衡的状态，而只能获得相对稳定。那个制片人和那位出版社编辑带来的信息，引发的思考，终究会成为我生命的一部分。如果我今生再也接不到一个电话或传呼，与外界完全隔绝，我的精神之树只会一点点枯萎。

我不知道下一个电话或传呼将是谁打来的，人不可能时刻准备着应付一切可能的偶然事件，新的人生经验会强行进入我们的精神并破坏系统的平衡。所以，荣格主张，人应该周期性地退回自己的内心世界以恢复精神的平衡。如果我每天电话和传呼不断，总是处于兴奋的接受状态，我的精神将无法承受。所以，我一方面不能没有它们，另一方面又渴望有一段没有它们的时光，可以去同荣格交谈，这将是一种内省，平衡所有加诸我的信息，为精神找到更适当的坐标。

返回内心世界的方法应该是冥思或内省，另一种极端的方法是完全和持久地返回到自己的内心世界，很不足取。完全的封闭与完全的开放一样，对我们自己都不太友好。

我们的经历与体验被精神所消耗，并将转化为心理能。

心理能是人格所需要的能量，荣格有时用"力比多"来命名。当弗洛伊德把"力比多"局限于性力的时候，荣格却将其看作更广泛的欲望，这也正是两人的重要分歧。

心理能可以转变为物理能，物理能也可以转变为心理能。一个不容置疑的例证是，能够对身体产生化学影响的药物，同时也能够导致心理功能的变化。另外，思想和情绪也似乎能够影响人的生理机能。心身医学就正是建立在这一基础之上的。而荣格则应该被看作这一重要新医学理论的前驱者之一。

我们拥有各种观念与情感，但是，我们投入到上面的心理能有多有少。当我们感觉需要做一番衡量的时候，心理值，便成了用来衡量分配给某一特殊心理要素的心理能的计量尺度。任何人的心理值都不可能保持一种恒定的模式，我们可以通过梦、情结、情绪等，来判断心理值集中的方向。

整个精神系统中能量的分配是由两条原则决定的：等值原则和均衡原则。

精神能量不可能白白丧失，如果某一特定的心理要素原来所固有的心理能减退或消逝，那么与此相等的心理能就会在另一心理要素中出现。某种兴趣的丧失总是意味着新兴趣的产生。荣格称其为等值原理。

很久之后，那仍是母亲常对人讲起的笑话："画画没学好，家具全弄黑了。"绘画与家具，风马牛，却被我扯到了一起。

那年我11岁，读初中一年级，我们全家住在天津大学内的防震临建棚里。仅仅因为看了报纸上对某位少年画家的专访,我便郑重决定:当一名画家。

没有老师,没有教材,我将母亲的旧图纸翻过来作画纸,买管毛笔,弄瓶墨汁,选定国宝大熊猫为自己的主攻方向,便干了起来。每天都画。我没有想到去买画册,而是四处搜寻熊猫的图案,糖纸、包装盒、报纸的插图,逐幅临摹起来。画好了,便上下各粘一根芦苇条,再拴根绳,往墙上一挂,确实勇气可嘉。一个多月下来,满屋子都挂满了我画的熊猫。

画的时候,毛笔饱蘸了墨汁,落笔前先甩一甩,蛮有气势。只是没有注意到,身后的家具遭了殃,甩墨汁时过于用力,全落到家具上。当满屋子挂满熊猫时,家具上也洒满了黑墨点。

当年,我唯一得到的"指导"是母亲买回的一本美术刊物,如获至宝,睡觉都放在枕边。

现在想来,那时如果有一些指导,甚至像现在的孩子们一样幸福到可以去少年宫学习,也许就真的当成画家了,不至于像当作家这样劳神。

那投入画家理想的热诚与虔诚,不久便转移到了成为一名气象学家的志向上。这种转向的缘由,仅仅是因为课本里有一篇关于竺可桢的论文,被其人格魅力深深打动,我立即开始了成为气象学家的努力。然而,以我当时的情况,唯一能做的事情只是备了一个本子,每隔十几分钟便记录一次气温的变化。这件乏味的事情我兴趣盎然地做了一个多月,终于因为看不到任何结果而终止了。而最直接的原因是,我的理想被吸引到了成为一名翻译家上面。

翻译家理想萌生的激发因素是,读初一时有了英语课,开课前老师肯定大讲了一番学好英语的重要意义,而母亲也少不了耳提面命,告诫我学好英语。有一个远大目标在前面招引着,我学习格外努力,一边背单词,一边幻想着若干年以后,自己成为一个满嘴叽里呱啦的翻译,再若干年后,一本本外文书被译成了中文,许多人在翻看。这一理想的放弃,很可能要归结于读初二时我成了一个"问题少年",跟不上功课了。

到了初二或初三,我的理想确定在作家上,便再也未更改。

其实早在这之前便也有过要当个作家的愿望。最早的一次可能是四五岁时,听外祖母讲过鲁迅是不朽的伟人,而他是位作家。但那时的想法很朦胧，可能仅是投下一个幻想不朽的影子。后来便是七岁，小学一年级寒假的一天，和姐姐在家里听广播，正好听到了《闪闪的红星》里那个小主人公为了给共产党的队伍送盐，巧妙地将盐化成水浸到棉衣里，躲过了日本鬼子的搜查。那是我第一次听小说，听得如痴如醉，开始幻想自己也写出这样的东西。广播结束时，话匣子里面说："明天同一时间，请继续收听。"我忙看了看表，转天同一时间打开了话匣子，却听到"今天就播讲到这里"的话。问母亲，我才搞明白，"同一时间"是从提前半小时开始的。

上小学时，又动了当作家的念头，肯定是受到某部长篇小说连续广播的影响，便决定要立即动手写本长篇小说。还真的写了，开篇第一句便是："'方刚'，早晨7点，同学×××来喊我一起去上学。"自然，这也是最后一句。

那以后，再想当作家，便是初二或初三了。

我少年时理想的变化，便遵循了荣格所谓的等值原则。

需要补充说明的是，在能量从某一心理结构转移到另一心理结构的过程中，一种心理结构的特征也部分地转移到了另一种心理结构之中。例如当心理能从权力情结转移到性爱情结时，寄托于权力上的心理值的某些方面，就会出现在性爱的心理值中。这时候一个人的性爱行为，就含有希望支配其性爱伴侣的性质。但是不要认为前一种情结的一切特征都会转移到后一种情结中，后一种情结仍然表现出它自身的特征。

如果大量的心理能从自我转移到人格面具，那么它对于一个人行为的影响将是非常明显的。这个人不再是他自己，而是成了别人想要他成为的那种人，他的人格逐渐具有一种面具一样的性质。

另外，平衡的问题也应该受到重视。

整个心理系统中能量的分配，是趋向于在各种心理结构之间寻求一种平衡，当然，这一目标永远不可能完全实现。如果实现，也就不存在能量交换，整个精神的作用也就停止了，精神会出现死寂状态。

精神系统内的绝对平衡之所以不可能完全实现，在于人的精神并不是一个完全封闭的系统。来自外部世界的能量，总是不断地加和到人的精神中来。这些新增加的能量不断打破平衡，创造不平衡。

紧张、冲突、压抑、焦虑……所有这些感觉都标志着精神的不平衡。心理能量在各种心理结构之中的分配越是不公平，一个人也就越是体验到内心的紧张和冲突。

　　年轻人性格的骚动正是由于来自外部世界和来自身体内部的大量心理能同时涌入他的精神系统。新能量不可能得到迅速的安置，各种心理值不能立即达到均衡，因为不断获得的新鲜经验在不断地产生和创造新的心理值。

　　老年人的宁静，实际上与年龄本身没有什么关系，而是老年人所曾有过的各种各样的经验，已经和谐地融合到人格之中，造成了所谓的宁静。对于老年人来说，任何新的经验都不会使他激动惶惑，因为相对整个精神所拥有的全部能量，一种新鲜经验所能增加的不过是极少一点，不会产生在年轻人身上可能产生的影响。

来自外界的刺激不断冲击着我的心理，使它失衡，使我失眠。

我怕去单位上班，想逃避。又不得不去单位上班。

1987年11月，我正式参加工作，成了天津自然博物馆的一名讲解员。这时我开始懂得，走入社会确实是一件很令人烦恼的事情。

每天，单位里总会发生一些让我心乱，甚至气得我睡不着觉的事情。

今天回忆具体的事情已经很困难了，时过境迁。可能是领导的一句批评，可能是同事的一句笑话，甚至仅仅是当我向对面走过的人打招呼时，对方没有理睬。我十分敏感，易于受伤。

能勉强记起的几件事，如：

A．一次清扫展厅，我因色盲，看不清花斑瓷砖上的污点，未清整干净。讲解组组长看到了，对我说："如果干，就弄干净了，不行就让别人干。"这话，使我备受伤害。

B．团支书是我讨厌的人，他也很看不上我，一次开会，逐人通知了，却未通知我。会议开始了，把我叫去，又质问我为何不按时到。我说："你没通知我。"他说："你还小吗？"引得所有人大笑，我既羞又恼。

C．一位同事告诉我，××说你坏话了。我立即被气得火冒三丈，越想越气，越气越想，难以释怀。

D．我迟到了，部门主任批评了我。我心想，迟到的多了，专挑我的毛病，实在是欺负人。于是，越想越气，难以释怀。

……

"他们今天又说我了……"很多年后，妻子云子仍时常谈起我当年回家后向她诉苦时的样子。刚参加工作那段时间，约会时的一个重要内容，便是我向云子讲自己蒙受的创伤，她则宽慰我。那时，我已经不和母亲住在一起了，也很少和母亲交流思想，作为恋人的云子，确实代替了母亲的角色。

1987年，云子已经参加工作三年，社会经验远较我丰富，所以除了宽慰之外，还常为我出谋划策。在云子那里，我得以让受伤的精神康复，而"伤害"的大小，决定了我将用多长时间康复。

"他们说这话不一定是针对你……"

"他可能没有注意到你和他打招呼……"

"这仅仅是个玩笑，没有任何恶意，你不必多想……"

"他们确实太差劲儿了，你不必和他们一般见识！"

……

我社交生活中最危险的一段时光，是在云子帮助下度过的。如果没有她，我不知会如何度过那段最艰难的时光，但显然不会如此快地走向成熟。四五年后，我和云子的位置倒置了，总是她在单位里受了气，回家由我开导。

现在想来，自然博物馆是一个很清静的地方，人际关系十分简单，纠纷不仅少，而且都很小，与我后来见过的一些"大智大勇"的斗智斗法比起来，实在上不了"等级"。但对于个性发展不完善，刚刚接触社会的我来讲，已经足够了。

按照荣格的说法，我的自性还不足以承受这一切，做出的反应便十分激烈。今天，比当初更大的冲击发生，我的反应也都很淡然了。别人怎样说我，已经是无所谓的事情了，无法在我的心海里激起涟漪。

时间：1995年

事件：对"方刚社会纪实系列"的指责

A．书尚未出版，未看内容，仅听书名，便有众多人说："方刚做了下流文人，开始写地摊文学了。"

B．书出版后，产生社会反响，众多人说："全靠选题偏取胜，打擦边球，沽名钓誉。"

C．看过书后，众多人说："太肤浅，我也能写。"

D．香港周××出版《北京同志故事》一书，其中二十余页指名道姓，专门指责方刚著《同性恋在中国》一书。

方刚反应：平静地听取，怡静地思考；有理的接纳，有获得进步的兴奋；无理的不理，不怒不恼。

写这段文字的前一天，南京一位女孩子打电话给我，她是一名大学生，在电台做兼职主持人。一天，适逢学校晚上有课，电台又有节目，她找到台长请求和别人换一下节目。台长说："你干脆别干了！"

女孩子在电话里告诉我，听了那话后，她想到自杀，最后决定出家，夜里去叩南京一座寺庙的门，可惜，人家不接收她。

我在电话里对那女孩子说："事情根本没有那么严重，你的反应太激烈了。"

但是，我立即想到了十年前的自己。那个女孩子，正处在我十年前的年龄，尚未完全走入社会，接受的刺激与跌打，还都太少。

我们必须为走向成熟付出代价。

当某一心理结构高度发达并因而在整个精神系统中占据强有力的位置时，它会不断地从其他心理组织中夺走越来越多的心理能量。这时候能量不是从较强的心理组织转移到较弱的心理组织，而是从较弱的一方转移到较强的一方。但或迟或早，由于均衡原则的作用，这个占统治地位的情结最终要被推翻，当某一强大心理结构的能量外流时可能会出现灾难性的后果。

荣格认为，任何极端的状态都隐含着它的对立面，某种占统治地位的心理值，经常突然转向它的反面。这就是说，一个有很强大的权力情结的人，很可能突然变得非常卑微、恭顺；或者，一个人格面具极发达的人，可能突然卸下他的假面具，成为一个对社会有威胁的危险人物。一个人的行为和人格发生这种惊人的变化，正是由于均衡原则在起作用。

力比多沿着两个方向流动，前行流动用于适应外部情境，退行流动用于激活无意识心理内容。心理动力学中最重要的概念之一是心理能的前行与退行。前行指的是能够使一个人的心理适应能力得到发展的那些日常经验，退行则是力比多的反向运动。力比多的前行把能量赋予心理要素，力比多的退行则把能量从心理要素那里拿走，进而激活无意识中的心理功能。

一般精神分析学家帮助病人"适应"现实，"适应"外部世界，而荣格则主张帮助他们返回到对自身内在价值的追求，他认为，只有如此才能达到他的主义所向往的精神的综合。人不能为了适应现实而压抑那些一直是生命根本的需求，他一直想帮助病人返回精神的家园。荣格最终是要病人通过对"自性"的阐释达到完整的自我认识并由此把握住人生的意义。

心理的适应作用并不仅仅意味着对外部世界所发生的事件做出适应，一个人必须同时适应自己的内心世界。荣格曾写道，一个人"只有当他适应了自己的内心世界，也就是说，当他同自己保持和谐的时候，他才能以一种理想的方式去适应外部世界所提出的需要；同样，也只有当他适应了环境的需要，他才能够适应他自己的内心世界，达到一种内心的和谐"。这两种适应作用相互依赖，忽视其中一种也就必然损害另一种。然而遗憾的是，现代生活中人们虽然强调了对日新月异的外部世界的适应和调整，却没有意识到，如果不同时对内心世界做出适应和调整，对外部世界的适应也不会十分成功。要达到身心和谐协调，前行作用和退行同样都是必要的。

荣格一再主张人应该周期性地退缩到自己的内心深处，这样做的目的并不是为了逃避现实，而是为了从无意识能量贮藏所里获得新的能量。

只要在受到挫折时，人能够从无意识中找到解决他面临的问题的方法，退行对于调整一个人的精神是有好处的。无意识中同时容纳着个人和种族在过去形成的聪明智慧。荣格将随时从喧嚣的世界中退却出来，使自己沉浸在一种宁静的冥思之中，作为一种维持和实现人格和谐与整合的手段。许多富有创造力的人都保持周期性的回归，以便通过发掘无意识的丰富资源使自己获得新的活力。

联系荣格，我想到，其实自己一直在做着周期性回归的事情，虽然我未有意识地希望从中获得丰富的资源。但是，只有当我时常沉浸于宁静的个人内心世界时，我才感到舒适，否则，我便会焦虑。此前我未能说清焦虑的理由，只是想逃避众人，逃避纷乱的事务。如果能够独处几天，我的焦虑便会自然释去。

心理能的一个比较次要的来源是本能能量，它的绝大部分仅仅用于纯粹本能的和自然的生命活动。

本能能量可以转移到新的活动之中，只要这一活动类似于或象征着本能活动。这种转移称为能量的疏导。

人的自然能量来源于人的本能，本能能量并不从事于任何人类的工作。荣格说，本能能量被疏导到本能对象的类似物之中，这样才能实现本能能量向从事人类工作的转化。这种类似物，便是荣格所说的象征。这与弗洛伊德所谓的升华，似有某种相同之处，最大的不同也许是，荣格所谓的本能绝不仅仅是指性本能。

处于自然状态中的人没有文化，没有象征形式，没有技术的发展，没有社会组织，没有学校和教堂……只有当自然能量开始转入文化的和象征的轨道时，才有荣格所说的"工作"。古代人依靠仪式，现代人依靠意志来制造出原始本能的类似物。现代科学便是原始巫术的派生物。

但是，本能能量中只有一小部分可以被用来制造象征，更大的部分仍然保持其自然趋势以维持生命的运转。只有当我们创造设计出一种强有力的象征时，我们才能够依靠"意志活动"成功地将一部分力比多（心理能）从自然能转化为心理能。正如我的写作，也许便是这种本能的转移，而不仅仅是性本能的转移。

意识、个人无意识

在荣格的分析心理学理论中，人格作为一个整体被称为精神。

荣格坚信，个人从一开始就是一个整体，他不是各个部分的集合，其中每一部分不是通过经验和学习，就像布置房间那样逐一相加而成的。人本来就是完整的，人不致力于人格的完整，他所应该做的，只是在固有的完整人格基础上，最大限度地发展它的多样性、连贯性和比拟性，小心地不让它破裂为彼此分散的、各行其是的和相互冲突的系统。分裂的人格是一种扭曲的人格，精神分析学家的任务便是帮助病人恢复他们失去的完整的人格。

精神由若干不同的然而相互作用的系统和层次组成，荣格将其分为三个层次：意识、个人无意识和集体无意识。

意识是人心中唯一能够被个人直接意识的部分，这种自觉意识通过思维、情感、感觉、直觉四种心理功能的应用而逐渐成长。四种功能中某一种功能的优先使用，把一个孩子的基本性格同其他孩子的基本性格区分开来。除了四种心理功能外，还有两种心态决定着自觉意识的方向，这便是外倾和内倾。外倾心态使意识定向于外部客观世界，内倾心态则使意识定向于内部主观世界。

一个人的意识逐渐变得富于个性，变得不同于他人，这一过程也就是个性化。个性化在心理的发展中起着重要的作用。个性化的目的在于尽可能充分地认识自己或达到一种自我意识。正是在这种意识的个性化过程中，产生了一种新的要素，荣格称之为自我。

自我由能够自觉意识到的知觉、记忆、思维和情感等组成，尽管自我在全部心理总和中只占据一小部分，但它作为意识的门卫却担负着至关重要的任务，某种观念、情感、记忆或知觉，如果不被自我承认，就永远不会进入意识。自我具有高度的选择性，因为它的存在，我们才不会被每天无数希望挤进意识中的心理内容压倒或淹没。

自我保证了人格的同一性和连续性，在个体人格中维持一种持续的聚合性质。正是由于自我的存在，我们才能感觉到今天的自己同昨天的自己是同一个人。

是什么决定着自我允许和拒绝哪些东西进入意识呢？

（1）取决于一个人心理中占主导地位的心理功能。

（2）取决于一种体验在自我中激发的焦虑的程度，凡是要唤起焦虑的表象和记忆都容易被拒绝在意识之外。

（3）取决于个性化达到的程度，一个高度个性化的人的自我，将允许较多的东西成为意识。

（4）取决于体验本身的强度，越强越有可能攻入自我的大门。

那些不能被自我认可的体验并没有从精神中消逝，因为任何曾经体验过的东西都不可能彻底消逝无踪，它们被存入荣格称之为个人无意识的领域中。一旦需要，个人无意识的内容通常为意识所乐于接受。白天未经注意就过去的各种体验，可能会在夜晚的梦中出现，事实上，个人无意识对于梦的产生有着重要的作用。

个人无意识有一种重要而有趣的特性，这便是，一组一组的心理内容可以聚集在一起，形成一簇心理丛，我称之为"情结"。情结可以强有力地控制我们的思想。正是由于荣格，情结这个词已经进入人们的日常语言。今天的人们谈论一个人时说他有一种自卑情结，一种与金钱有关的情结，或者一种与性欲有关的情结，等等。所有的人都熟悉弗洛伊德的俄狄浦斯情结（恋母情结）。当我们说某人具有某种情结时，我们的意思是说他执意地沉溺于某种东西而不能自拔。

荣格曾说过："不是人支配着情结，而是情结支配着人。"分析治疗的目的之一便是分解这些情结，把人从情结的专横中解放出来。

需要说明的是，情结并不一定是人的调节机制中的障碍，它们可能是灵感和动力的源泉，而这些对于事业的成功是十分重要的。荣格曾谈到艺术家对于创作的残酷的激情，"他命定要牺牲幸福和一切普通人生活中的乐趣"。对于完美的追求必须归因于一种强有力的情结，微弱的情结限制了一个人，他只能创作出平庸低劣的作品，甚至根本创作不出任何作品。

如何看透一个人的情结呢？荣格认为，任何行为的反常都可能标志着某种情结，如错用母亲的名字来叫妻子的时候，可能说明这个人的恋母情结已经吞噬和同化了他的妻子。情结也可以表现为对某些非常熟悉的事情丧失记忆，对某种情境过分夸张的情绪反应，等等。

荣格在谈到情结时还提到过度补偿的概念，一种核心情结被另一种暂时拥有更高心理能量值的情结所掩盖，这便是过度补偿。而这种情结之所以拥有更高的心理值，是因为这个人故意把自己的心理能从真正的情结转移到另一种伪装的情结上。

过度补偿的另一个表现是，一个人有强烈的内疚情结而故意去犯罪。这种人渴望被惩罚，以缓解他的内疚情结，使其犯罪感得到缓和。孩子们故意做错事惹大人生气的时候，很可能便是出于受惩罚的需要。

自由联想：对同一组人跨越八年的非正式访谈

第一次访谈时间：1987年7月某周四晚
地点：天津市和平区图书馆
集会原因："春草"文学社每周四例行聚会

访谈主题：你是否一定要成为作家

A：不，我从没想过要当作家。

B：能否成为作家不以我的意志为转移，但我通过努力成为作家至少可以提高自己的文学修养。

C：我写作是因为我长了一个疖子，必须把脓挤出去。当然希望成为作家，但如果理想不能实现，也是没有办法的。

D：我要成为作家，我会努力。

E：我要成为一个伟大的作家，我也必须成为一个伟大的作家。只有如此，我的生命才有意义。

第二次访谈时间：1995年10月某周六晚
地点：某单位内部舞厅
集会原因："春草"文学社成员分别八年后的叙旧聚会
访谈主题：你现在的工作与写作是否有关系
A：不，我的工作与写作毫无关系，我早已经不写作了。
B：我和A的情况一样，想成为作家只是年轻时的梦。
C：我的工作与写作无关，但我还会写点小文章。
D：我做秘书工作，就算与写作有些关系吧。我经常发表一些文章，但距离作家的水准还远着呢。今后？不，我不再幻想成为作家，写作只是一种消遣。

E：我出了十几本书，似乎被公认为作家了。但距离我八年前向往的作家标准还差得太远。如果上帝再给我一个八年、两个八年，我会成为真正的好作家。

对两次访谈结果的荣格主义评论：

一个人是否能够成为作家，受许多主客观因素的影响。个人意愿的强烈与否也并不能决定一切，但是，它毕竟起着重要的作用。五个文学青年，八年前的理想标准不同，写作目的不同，或者说"情结的强度"不同，八年后，便有不同的结局。我们似乎可以看出，一个人的愿望有多大，他得到的结果便有多大。而在背后真正发生作用的，便是情结。

E是我。

了解我的朋友知道，我没有自我吹嘘、炫耀的毛病，但是，我要成为一个作家的情结真的一直很强烈。所以，当别人动摇的时候，我可能更加顽强；当别人休闲地喝咖啡的时候，我可能在努力奋斗。抛除其他因素，将我与潜质、修养、基础、机遇相等，情结却相对淡薄的人放在一处，更可能取得成功的显然会是我。

集体无意识及其原型

如果说意识和个人无意识早已被弗洛伊德论述过了，那么，集体无意识则实实在在是荣格的独到发现。意识与无意识都来源于经验，弗洛伊德干脆认为无意识是由于童年时期创造性经验的压抑形成的。而荣格打破了这种严格的环境决定论，证明了进化和遗传为心理结构提供了蓝图，就像它为人体结构提供蓝图一样。于是，有了集体无意识的说法。

集体无意识的发现，是心理学史上的一座里程碑，是荣格最卓越的成就。

人的心理是通过进化而预先确定的，个人因而同往昔联结在一起，不仅与自己童年的往昔，更重要的是与种族的往昔相联结，甚至在那以前，还与有机界进化的漫长过程联结在一起。

按照荣格的说法，人的心理经由其物质载体——大脑而继承了某些特性，这些特性决定着个人将以什么方式对生活经验做出反应，甚至也决定了他可能具有什么类型的经验。

集体无意识不是个人后天的经验，它的内容在人的整个一生中从未被意识到。它像是一个储藏所，储藏着所有那些被荣格称之为原始意象的潜在的意象，对这种意象的继承并不意味着一个人可以有意识地回忆或拥有他的祖先所曾拥有过的那些意象，而是说，它们是一些先天倾向或潜在的可能性，即采取与自己祖先同样的方式来把握世界和做出反应。

在我们的文化中，几乎每个人自幼便有对蛇的恐惧，而这恐惧在我们见到蛇之前便已经存在了。我们怕蛇，并不是因为蛇伤害过我们，这与我们的亲身经历无关。只是因为，蛇威胁着我们的祖先，我们原始祖先对这种恐惧有着千万年的经验，这些经验深深地镂刻在人的大脑之中，代代相传。更重要的是，对蛇存一份恐惧可以增加人的生存机会，所以，便会通过基因将其传给后代。

我们之所以很容易地以某种方式知觉到某些东西并对之做出反应，正是因为这些东西先天地存在于我们的集体无意识中。我们后天经历和体验的东西越多，那些潜在意象得以显现的机会也越多。正因为如此，我们在教育和学习上应该有丰富的环境和机会，这样才能使集体无意识的各个方面都得以个性化，即成为自觉意识。

集体无意识的内容是原型。荣格描述过的原型有出生原型、再生原型、力量原型、英雄原型、儿童原型、骗子原型、上帝原型、魔鬼原型、智叟原型、大地母亲原型、巨人原型、太阳原型、月亮原型、动物原型，等等。荣格说："人生中有多少典型情境就有多少原型，这些经验由于不断重复而被深深地镂刻在我们的心理结构之中。"有趣的是，荣格不仅将原型同人的存在领域相对比，而且把它们扩展到整个有机界，也就是说，使它们超出无意识心理自身的范围，成为一种类精神现象。

原型虽然是集体无意识中彼此分离的结构，但它们可以以某种方式结合起来。例如，英雄原型如果和魔鬼原型结合，便是"残酷无情的领袖"这种个人类型。既然原型能够以各种不同的组合方式来相互作用，因而能够成为造就个体之间人格差异的因素之一。

原型是普遍的，每个人都继承着相同的基本原型意象。

象征是原型的一种表现，虽然往往不是最完美的表现。荣格认为，象征即是受到挫折的本能冲动渴望得到满足的愿望，也是原始本能转化的驱动力，这些象征试图把人的本能能量引导到文化价值和精神价值中去。荣格强调象征理论的本质特征："象征不是一种用来把人人皆知的东西加以遮蔽的符号。它借助于与某种东西的相似，力图阐明和揭示某种完全属于未知领域的东西，或者某种尚在形成过程中的东西。"这"尚未完全知晓的和仅仅处在形成过程中的"便是原型。

荣格在揭示象征因素时，已经转向那些具有宗教色彩的意识。在他看来，正是宗教表象表现出作为神话形象中心的集体无意识的继承材料的事实方面。神话联系、宗教关系都是人的心理生活的重要因素，其积极意义值得肯定。

　　荣格引入原型、集体无意识这两个概念，为的是不像弗洛伊德那样从心理学和生理学方面去考察无意识的本性的内容，而是从人的结构表象的象征意义和图式化定形的观点出发。荣格和结构主义有一个共同之处：都试图把精神分析学奠基人的无意识从天赋的和生理上继承的沉积层中解救出来。从理论结构上说，弗洛伊德和荣格的差异在于：对于前者，预先决定人的活动动机的本能自身，是继承下来的生理材料；对于后者，形式、意识、典型的行为方式才是继承下来的生理材料。

自由联想：我的人格面具、阿尼玛、阴影和自性

　　有一些原型对形成我们的人格和行为特别重要，这些原型是人格面具、阿尼玛和阿尼姆斯、阴影以及自性。

　　人格面具是一个人公开展示的一面，其目的在于给人一个很好的印象以便得到社会承认。它也可以被称为顺从原型。

　　一切原型都是有利于个体也有利于种族的，否则它们不可能成为人的固有天性。人格面具能够保证我们与别人，甚至与那些我们不喜欢的人和睦相处，它能够实现个人目的，达到个人成就，是社会生活和公共生活的基础。每个人都可以有不止一个面具。不同的场合，与不同的人在一起，便使用不同的人格面具，也即以不同的方式去适应不同的情境。在荣格之前，人们也已经把这种适应看作社会生活的重要条件了，但没有人意识到，这种适应其实是一种与生俱来的原型的表现。

　　人格面具也可能是有害的。当一个人过分地热衷和沉湎于自己所扮演的角色，受其人格面具的支配，就会逐渐与自己的天性相异化而生活在一种紧张的状态中。一个人的自我认同于人格面具而以人格面具自居的情况，被称为"膨胀"。那些与个人行为有关的法律和习俗，实际上是集体人格面具的表现。这些法律和习俗企图把一些统一的行为规范强加给整个集体，而根本不考虑个人的不同需要。

　　荣格的病人，人到中年，人格面具过度膨胀，这些人通常都是很有成就的社会名流。意识到多年来他们一直在欺骗自己，意识到自己的情感和兴趣

完全是虚伪的，自己不过是对自己不感兴趣的东西做出感兴趣的样子罢了。

在我看来，一个好的秘书，文章写得再好，至多也只能成为政论家，而不会成为真正意义上的作家。而一个好的作家，却不会成为好的秘书，或者政客。秘书与政治家，都需要人格面具，前者的面具更多地面对领导，后者的面具更多地面向对手与民众。这是他们职业的需要，无可厚非，不如此便无法最好地尽职尽能。

人格面具的存在是人类生活中的一个事实，但最好是采取较为节制的形式。

我险些成为秘书。

事实上，文秘这个职业一度是我的向往。我向往它并不是因为自己真正喜欢它，而是因为，凭着我在夜大取得的中文大专文凭，能够摆脱我的博物馆讲解员身份、离写作更进一步的最便携的途径，我当时所能看到的便是成为一个秘书。至于记者，也许还要遥远一些。

24岁前，我有过三次机会，三次都已近在咫尺，似乎触手可及，最后却都失之交臂。几年前，一度感染宿命论思想的我，认为这丧失是天意难违，失去的都是我不该得到的；现在看来，那些丧失是一种必然，是我的性情决定的，也可以算作另一种"天命"吧。

第一次是在人才市场应聘。天津某区人才交流中心需要一名文秘，主要工作是办一份小报。我填了应聘表，又给该中心的主任寄了封自荐信。自荐信写得慷慨激昂，陈述自己的理想与追求，最后一句是："聘用方刚，是您聪明的选择。"主任被打动了，请我去谈话，看我的目光里都透着欣赏。副主任却不以为然，很冷漠。

那以后发生的事情颇有戏剧性，主任极力要促成我调入，副主任表面不说什么，背后却作梗。自然，这些都是我察言观色看出来的。到后来，由副主任打电话通知我不能调入了，他的声调很轻松、快乐，此前的阴霾之气一扫而光。

再一次是博物馆。办公室主任一直很赏识我能写文章，办公室文秘出国了，主任私下便问我是否愿意去做文秘，我当时很高兴地应允了。那主任便向馆领导请示，但最终还是告诉我，馆里另有考虑。

不久之后，文化局宣传部长又找我去谈话，那是一位很可敬的五十多岁的男人，毫无官气。宣传部需要能写的人，部长想到了我。他曾经作过首届天津市博物馆、纪念馆讲解员大赛的评委，在那次大赛上，我夺得全市第一名。他还看过我的许多文章，对我早有印象，十分欣赏。部长向局长力荐我，我知道，他做了许多努力。

我们在一起的时候更多地谈工作之外的事情，谈我的写作，谈文学，谈人生。部长让我产生父亲般的感觉，我总是被这种慈父的形象感动。

但是，我仍未能调入。

我当时完全应该意识到，我与机关工作毫无缘分。那个人才交流中心其实是区人事局的机构，属于政府机关，文化局宣传部更是机关，博物馆的办公室机关作风也是极强的。

倒是一些我的同事，旁观者清，说："你的性格不适合去机关。你性情随意，自由，适合到西方国家生活，那里的人才能够接受你。"

现在回想起来，这是关于我自由性情的最早评价。

生来便是一个追求自由的生灵，怎么可能适合笼子里的生活呢？

笼子的安逸能给我们带来人最基本的需要：安全感，当我们"游荡"已久的时候，那份对安全感的渴望，会让我们对一个笼子产生美好的幻觉……直到有一天我们的灵魂找到新的寄托，安全感得到满足，那个笼子在我们的心目中才显现出它原本的嘴脸来。

从心理学角度考察，人的情感和心态总是兼有两性倾向，阿尼玛原型是男人心理中女性的一面，阿尼姆斯原型是女人心理中男性的一面。通过千百年来的共同生活和相互交往，男人和女人都获得了异性的特征，也正因为如此，两性之间才能做到协调和理解。

荣格认为，当男性人格中的女性方面和女性人格中的男性方面在个人意识和行为中得到展示时，有助于人格的和谐平衡。如果一个男人展现的仅只是他的男性气质，他的女性气质就会始终遗留在无意识中而保持其原始的未开化面貌，这就使他的无意识有一种软弱、敏感的性质。正因为如此，那些表面上最富于男子气的人，内心往往十分软弱和柔顺。同样道理，那些日常生活中过多展示其女性气质的女人，在无意识深处却十分顽强和任性。

荣格曾提到，男人天生就禀赋有女性心像，据此他不自觉地建立起一种标准，这种标准会极大地影响到他对女人的选择，影响到他对某个女人是喜欢还是讨厌。阿尼玛原型的第一个投射对象差不多总是自己的母亲，正像阿尼姆斯原型的第一个投射对象总是父亲一样。如果一个人体验到一种"情欲的吸引"，那么这个女人肯定具有与他的阿尼玛心像相同的特征。反之，如果体验到的是厌恶的感情，这个女人一定是与他的阿尼玛心像相冲突了。

弗洛伊德建立在性基础上的恋母情结，在荣格这里从集体无意识的原型中得到了解释。

很多人认为我在日常生活中表现有一些女性气质，还有一些人则说过，我外表阳刚，内心温柔。在不同人的眼睛里，看到的是我的不同侧面，得出的印象便也如此迥异。因为荣格，我知道原来是自己的阿尼玛原型在发挥作用。

尽管一个男人可能有若干理由爱一个女人，然而这些理由只能是一些次要的理由，因为主要的理由存在于他的无意识之中。

在荣格看来，阿尼玛有一种先入之见，喜欢女人身上一切虚荣自矜、孤独无靠、缺乏自信和没有目的的东西，而阿尼姆斯则选择那些英勇无畏、聪明多智、才华横溢和体魄健壮的男人。这一点，我们不难从生活中大多数男女对异性的情感取向中感觉到。

阿尼玛和阿尼姆斯往往不能充分发展，因为我们的"文明"歧视男人身上的女性气质和女人身上的男性气质。于是，人格面具占据上风，压抑了它们。人格面具对阿尼玛和阿尼姆斯的压制可能导致报复，某些男人之所以有易装癖或成为富于女性气的同性恋者，原因正在于此。

镜头推开一间书房的门，里面光线昏暗，只是临窗字台上的台灯，散出光来。

镜头由远及近，向那光亮处推进。我们看到一个女人的背影，清瘦的她，正在伏案工作。镜头继续推近，女人转过身来。画面出现特写镜头：女人的脸。白皙、文静，大大的眼睛闪亮着，美丽动人。女人戴一副绣锒眼镜，这更增加她的斯文，丝毫无损她的美貌。女人对着镜头微微一笑，明眸皓齿，令人心醉……

这不是电视里的画面，而是出现在我幻想的屏幕上。

十二三岁，开始懂得男女之情后，在我的想象中，未来的娇妻总是这样一副面貌。如今，当云子戴上眼镜，在灯下写稿时，我总会很痴迷地凝视着她，怦然心动。当时，我没有分析过自己何以痴迷，何以心动，现在则知道，她与我心目中的阿尼玛原型吻合了。

这原型，确实缘自我的母亲。

我十岁的时候，母亲尚无用武之地，前途是难以预测的，但她不会浪费生命。四十多岁的母亲开始从零学起日文，自费，每天下班后回家做饭，让一对儿女吃饱了，便去夜校。她很晚回来，仍要复习，背单词，听广播讲座。

一两年后，正值国家出现转机，母亲也找到了适合自己的位置，青年时学习的专业又派上了用场，她开始施展她的才气了。几乎每天晚上，母亲都工作到很晚。或是将图纸带回家中加班，或是读专业书籍、资料。十几年后，母亲得以成为专业系统内赫赫有名的专家，与当年的努力密不可分。

那几年，我夜里一觉醒来，总是能够看到母亲房间里的灯还亮着。母亲戴眼镜时的样子很好看，她的眼睛从镜片上面看人时，更显得特别有智慧。母亲是成功者的象征，我成年后，那些真正打动我的女人，总是独立的、有思想、有成绩的女人。

四十多岁夜灯下工作的母亲，并不瘦弱。我那幻想中瘦弱的原型，来自母亲的青年时代。这，在前面章节谈到弗洛伊德的"超我"时，已有论述。

至少在我这里，荣格又言中了。

好，我们现在应该谈一下阴影了。毕竟，这也是一个荣格十分看重的原型。

首先必须弄清楚，荣格认为存在着两种阴影：一种阴影是由于我们必须做出一定的选择而产生的，它包括了我们所拒绝的生活可能性。例如，我们想成为的人自然而然会创造一个影子——我们不想成为的那种人。对某些人来说，性和钱是隐隐存在的阴影，而对另一些人来说这只是生活的一部分；道德的纯洁性和生活的责任感对某些人来说是阴影。另一种阴影是，存在一种绝对与我们的生活选择和习惯无关的阴影，换言之，世界和人心中存在着魔鬼。

阴影十分重要和值得重视，它始终坚持着某些观念和想象，而这些观念和想象最终将证明可能是对个人有利的。正是由于阴影的顽强和韧性，它可以使一个人进入到更令人满意、更富于创造性的活动中去。极富创造性的人会显得充满动物性精神，正是因为他的阴影随时可能压倒他的自我。

阴影原型是一切原型中最强大、危险的一个，它比任何其他原型都更多地容纳人的最基本的动物性。它是人身上所有最好的和最坏的东西的发源地。

为了使一个人成为集体中奉公守法的成员，就有必要驯服容纳在他阴影原型中的动物性精神，而这便需要发展起一个强有力的人格面具来对抗阴影的力量。一个人成功地压抑了自己天性中动物性的一面，其代价却可能是，他的自然活力和创造精神也被削弱了，强烈的情感和深邃的直觉更是不可能的了。他使自己丧失了来源于本能天性的智慧，而这种智慧很可能比任何学问和文化所能提供的智慧都要深厚。一种完全没有阴影的生活是浅薄和缺乏生气的。

当阴影原型受到社会的严厉压制，或当社会不能为它提供适当的宣泄途径时，灾难往往接踵而来，这时我们身上的动物性只可能变得更富于兽性。比如在历史上进行过的无数次战争中，受到压抑的阴影进行了猛烈的反扑，造成鲜血横流。

儿童身上表现出来的动物本能通常受到父母的惩罚，但这惩罚只是压抑却并不能消除阴影原型，没有什么东西能够使阴影原型彻底消失。受到压抑的阴影原型返回到人格的无意识领域，并在那里保持一种原始的未分化状态。这样一旦它突破压抑的屏障，就会以凶险的病态的方式来表现自己。现代战争的野蛮、色情文学的粗俗与淫秽，都是这种未分化的阴影的显现。

阴影决定着一个人与他同性别的人的关系，这种关系是友好还是敌对，取决于阴影是被自我接纳还是被自我排斥。男人往往倾向于把自己受到排斥和压抑的阴影冲动投射和强加到别的男人身上，因而男人与男人往往处不好，同样道理，女人与女人也难以友好相处。

阴影中容纳着人的基本的和正常的本能，并且是具有生存价值的现实洞察力和正常反应力的源泉。阴影的这些性质在需要的时候对于个人来说意义重大。人们往往面临某些需要人们做出迅速反应的时刻，根本来不及分析估计形势和考虑做出最适应的反应。在这种情形下，人的自觉意识（自我）措手不及，而无意识（阴影）就会以自己特有的方式对此做出反应。如果在此之前，阴影有机会获得个性化，它就可能对各种危险和威胁做出有效的反应。但如果它一直受着压抑，始终未能个性化，这种本能的汹涌宣泄就可能进一步压倒自我，导致一个人精神崩溃而堕入无能为力的境地。

1989年至1990年，我压抑着阴影让自己写作的声音。

当时，出国定居的诱惑摆在我的面前。我只需要通过托福考试，便可以移民国外，开始另一种人生。我必须承认，20岁刚刚出头的我，没有经受住这次考验。我放弃了自己追求多年的作家之梦，中止了读书和写作计划，全身心地投入到英语中去，一门心思惦记着当"华侨"。

每天早晨，我在英语广播中醒来，整天手不释卷地捧着英语书，傍晚到托福考试辅导班听课，在"出国迷"的圈子里相互感染，而到了深夜，则必须背足20个单词才敢闭眼。支撑我的是"理想"实现后的美景：出国的愿望达成。但是，达成这一愿望对我意味着什么，出国之后我又能怎样，一直很模糊。只是知道，所有人都认定出国是条光明大道，所有能出国的人都被视作能者和强者。出国，便获得了身份与地位，意味着金钱与荣誉，至于个体的生命从中得到什么、失去什么，很少有人去想。

我被这样的声音环绕着：努力两年，出去吧！出去了，这辈子便好过了。

每一个听说我有机会出国的人，脸上都绽出笑容，眼睛闪闪发光，仿佛站在他们对面的是美元、汽车与别墅，是人类中最卓越的、值得奉献一切喝彩的种族。我，因为这出国的可能性，已经成为半个西洋人了。

显而易见，我被荣格所谓的人格面具完全控制着，这面具便是：成为一个众人欣羡的出国者。我完全生活在这种气氛中，已经忘记了自己真正渴望的是什么。

生命深处的欲求不断发出声音：写作，才是你真正的人生归宿。但是，我已经很难听到这声音了。

我的英语确实在进步，但是，我越来越强烈地开始体验精神与肉体的痛苦，后者的痛苦是由前者承加的。我梦到，自己去上夜校，但是地震了，楼倒了，我可以回家了；我又梦到，电视英语讲座中的"老外"忽然改说汉语了，自称是中国人，只因为生病头发黄了，便被误视作外国人。我经常感觉头痛，无缘由地焦虑，经常发脾气。压抑自我的后果已经显现了，但是，我的潜意识故意使我视而不见。写作的欲望不断冲击着我的精神和肉体，我将其无情地扼杀。

再到后来，我关于出国后的幻想已经演变成这样一幅画面：我在国外到处采访、写作，寄给国内报刊。甚至，我写了一本书，书名便是《我在美国当作家》。

　　我终于没有办法再自我欺骗了。出国无疑可以提供某些机遇，但却不是我所需要的。出国可以成为某些人真正的理想和乐趣，但至少对于我，是一种负担。而这负担，完全是因为我生活在众人的评价里，而没有听从自己生命本能的召唤。

　　我生来便是属于这片土地及其上面的文化的，生来便是要成为一名作家的，这注定是我的生存领域与生存方式。我此前20年的全部人生体验与心理积淀，决定了这一点。如果我遵从于任何人格面具，都无异于明杀了我自己。

　　不可能立即改变，仍然在斗争。我尝试着偶尔战胜一下人格面具，开始听凭荣格所谓"阴影"的指引去写作，立即一发不可收拾。不在于文章是否写得好，当时的许多文章甚至无法发表，重要的是，我的生命呈现出无限的光彩，进入一种昂扬的精神状态，重新体验生命的种种美妙，活着的快乐成为眼前的事情，而不再是想象中的安慰。我精力充沛，朝气蓬勃，觉得自己每一根毛发都在快乐地舞蹈。

　　我终于彻底抛下了面具。

　　不再经常感觉头痛，不再无名地焦虑。人做自己最想做的事情，不去考虑他人的评价，不再为虚幻的名利所累，是最快乐的了。从阴霾中走出，我又成熟了一步，我知道，再也不会这样轻易地被诱惑所累，背叛自己的真正欲求了。

　　那之后，再没有如此长久、如此强蛮地压抑阴影的记忆。

　　今天，我确实已经很少压制自己的阴影了。这有很复杂的多元背景，每一次压抑阴影带给自己的伤害，无疑是重要的原因，另外，对人性的思索与观念的重建，则促成现状。

　　我仍戴着人格面具，但这面具是很薄的。我的面具只发挥这样的功能：与周围社会不发生激烈的直接冲突，不因为自己的阴影伤害他人或使他人自觉受到的伤害无法承受。我们不可能不戴面具，但是，我们可以使自己的面具不过于强大。我们也不可能将阴影完全释放出来，但是，我们应该努力在社会能接受的条件下，在自身允许的前提下，让它们以或直接或间接的方式得以展示。

另一个重要原型是自性。

人的精神或人格，尽管还有待于成熟和发展，但它一开始就是一个统一体。这种人格的组织原则是一个原型，荣格把它叫作自性。自性在集体无意识中是一个核心的原型，就像太阳是太阳系的核心一样。自性是统一、组织和秩序的原型，它把所有别的原型，以及这些原型在意识和情结中的显现，都吸引到它的周围，使它们处于一种和谐的状态。

当一个人说他感到他和他自己，和整个世界都处于一种和谐状态之中时，我们可以肯定地说，这正是因为自性原型在有效地行使其职能。反之，如果有人说他感到不舒服、不满足，或者内心冲突激烈，感到自己的精神即将崩溃，那就表明自性原型未能很好开始工作。

一切人格的最终目标，是充分的自性完善和自性实现，几乎没有人能够完全达到这一目标。正如荣格指出的那样，在中年以前，自性原型可能根本就不明显，因为在自性原型以某种程度的完整性开始显现之前，人格必须通过个性化获得充分的发展。

人格的自性完善，是一个人一生中面临的最为艰巨的任务，它需要不断的约束、持久的韧性、最高的智慧和责任心。

人格的成长与我的母亲

分析心理学强调，人格的成长过程中重要的一个步骤应该是个性化。各种人格系统，在人的生命过程中会变得越来越富于个性。人在个性化过程中需要更复杂、更精致的自我表现方式。

只有通过自觉的意识，人格系统才能进入个性化。教育的最终目的正在于，使一切无意识的东西成为意识到的东西。

人格的各个方面应该得到均等的机会去实现个性化，因为如果人格的某一方面被忽略，它就会以一种不正常的方式来表现自己。某一系统的过分发展会造就一种偏狭的人格。

人格虽然是由许多不同系统组成的，并且彼此冲突。但是，通过个性化和超越功能，却可以实现人格的整合。

超越功能具有统一人格中所有对立倾向和趋向整体目标的能力。超越功能的目的就在于人格的各个方面的最后实现，是自性原型借以获得实现的手段。

个性化和超越功能齐心协力，共同达到使个性获得充分实现这一最高成就。

哪些因素影响着人格的发展呢？荣格提到了遗传和环境。

父母的作用在人的成长中不容忽视。儿童在生命的最初岁月，还没有独立的个性，完全反映着父母的精神。入学之后，他与父母在精神上的同一开始逐渐减弱而形成自己的个性。当然也存在着这样的危险，即父母以各种方式继续主宰子女的精神发展，如过分的关心和保护，在一切事情上代替子女做出选择和决定，不让他们获得广泛的人生经验，使儿童精神的个性化受阻。

父母一方或双方企图把自己的精神发展方向强加给子女，会对子女精神的发展造成不良影响。有时候父母鼓励子女片面发展他们自己所不具备的那些心理素质，借此来获得一种心理上的补偿，也会给儿童的发展造成不良影响。

这使我想起十年前，我前途没有着落的时候，母亲的一些态度。

母亲说："如果你学我的专业，我可以把自己知道的一切都教给你，还可以带你一起做工程设计。你会学得很精，也会有很高的收入。"

母亲又说："学中文能干什么呢？有人问我，你儿子学什么专业。我说，学中文。那人便说，中文不算专业呀！"

但是，母亲从来没有强迫我按她的意愿选择专业，虽然她很希望我能够那样做。

母亲对我自己的意见一向的尊重，也可能是出于对我的娇惯，而不是她有什么心理学的基础。然而，对个体意愿的重视，本身便是对个体成长最好的促进。一直到成年之后，无论是恋爱、婚姻，还是工作的变迁，事业的抉择，任何一次人生的关头，我都得到了来自母亲的最大的支持——自由选择的支持。我没有受到来自家庭的任何压制，这对于我自由性情的形成也许是至关重要的。

教师对孩子精神和人格的个性化发挥最大的影响。

荣格说，教师要注意和发现孩子们在人格发展上的不和谐，鼓励那些片面发展的思维型学生表现和发展其尚未发展的情感功能，鼓励那些内向的学生发展其外倾心态。然而，现实中往往是另一番样子。教师本人的心理发育都不均衡，更不要说帮助孩子了。重要的也许是，应该向那些要成为教师的人强调，他们必须首先对自己的人格和个性有清醒的认识，否则，当他们走进教室的时候，就会把他们自己的情结和烦恼投射给学生。

我没有办法不想起自己初中时的班主任，至少在我身上，他不仅没有鼓励我尚未发展的心理功能，反而在事实上压抑了我的心理发展。这其中的原因，是否也包括他自身的不成熟呢？关于这位老师的情况，可以参照后面阿德勒的章节。

在我看来，社会对人格的整合影响也许更大些，因为父母也好，教师也罢，都是社会的一部分，很大程度上代表着社会的价值取向。不同文化类型可能喜爱不同的人格类型，在东方，内倾型和直觉型的人更受欢迎，而在西方，外倾型和思维型的人更受重视。当年，博物馆的同事说我是一种适合在西方生活的人，便无意中使用着荣格的学说。

个性化的过程也发生在人类的历史长河中，也在变化。有一段时间，宗教在帮助人们个性的发展和人格的整合方面，发挥过比今天大得多的作用。宗教能够发挥这样的作用，是因为它为个性的实现提供了各种强有力的象征。荣格认为，当教会机构逐渐更多地卷入到像社会改革这样的世俗事务之中，而极少注意保持和发挥原型象征的活力时，宗教对于个人精神发展的原有价值就跌落了。

需要说明的是，荣格提出个性化，又称个体化的观点，是同考察人在现代文化中的地位和作用、人的世界使命、个体—个性和人的存在的具有普遍意义的价值、人的整个心理结构发展的可能性等相联系的。按荣格自己的说法，这构成分析心理学全部理论原理的核心。因为在他看来，个体化的过程即个性—个体性的发展过程，是人的心理发展的开端和终结。

荣格注意到，资本主义社会中，劳动产品作为异己力量是与人对立的，物质的丰富转变为精神的空虚和对人生的失望。人丧失了生活中的价值定向，失去了体现在神的形象中的内部符号，因此形成特殊的精神真空。分析心理学将帮助人们找到自己身上的和谐，揭示指明个体生活的意义和目的。为此，必须揭示出理解无意识符号的重要性和自我实现个性的精神创造力、重新评价人的存在的基本因素的重要性；必须向现代人表明，他应该把自己的注意力从物质的东西转到自己本身的主体过程上。

这位分析心理学的鼻祖试图借助个性化概念在人的集体存在和个体存在之间划一条明显的界限，指出必须发展人的个体—个性特征，但不是由现代资产阶级文化人为地创造出来的，而是先验地存在于人的本质的特征。社会的集体规范对个性化的任何阻碍，都会给个体的生命活动带来伤害。因此，荣格提出一个命题，必须为人的社会存在创造出使个性的心理整合过程得以自然和自由实现的条件。

荣格也注意到，个性的发展不可能在社会之外实现，因此不应同集体规范相对立，而是在与这些规范相一致时选择一条人的天赋自我发展的生存规范的个人道路。在现代西方文化中，和具体规范的冲突是不可避免的，特别是在个人发展的道路被绝对化的情况下。荣格将社会整体规范下的个性发展定义为病态发展。在社会的框框里，个性自由发展受到约束，并服从于那些不符合人的内部需求的目的。因此，对于这个个体来说，最重要的是人格面具，而不是自我。

在荣格看来，个性化是人的精神发展的最高点，人的心理的无意识内容和有意识内容相互交织的中心，以及那个事实上与神的概念相近意的、具有普遍意义的理想。

我在荣格的帮助下寻找自己的心理类型

严冬的深夜，寒风萧萧，我骑着自行车，在街上游荡。借着路灯的光线，看了看表，终于过了12点。我向那个已经多次"踩点"的书摊儿奔去，满怀希望。

1989年1月1日的凌晨，我开始了自己的"新闻生涯"。那是一次"零点行动"，夜里一点回到家，我写了《新年第一天——夜访书报摊》，短短五百字，便是我的"新闻处女作"。那篇小稿发表在《天津工人报》上，那时绝未料到，四年之后，我成了这家报纸的一名记者兼编辑，又过了两年，我为这家报纸惹了不少麻烦，被扫地出门。

初试成功，我开始兴奋地投入采访中。由纯文学写作到新闻写作，我走出的这一步影响了自己一生的事业，当时却未意识到，也影响了自己一生的性格。

还清楚地记得最初的几次采访，畏惧、退缩，缺少同陌生人接触的心理素质与能力。但是，为了能发表作品，为了成为一名作家的理想，一次次硬着头皮去了。采访时的语无伦次、面红耳赤也是自然的事情，很多时候，还拉着朋友或女友一起去采访，仅仅因为，畏惧与人接触。

每一次采访，都是一次对自我的挑战。后来有了两次分别在《工人报》和《青年报》短期工作的机会，跟着老记者，看人家怎么采访。于是发现，最重要的还是说话，便留意身边的每个人，看人家怎么和陌生人说话。于是，开始努力装得大大咧咧，装得老练成熟，甚至用粗俗的声调，甩几个粗俗的词，以免显得太斯文了，斯文到与别人格格不入。

同样是在报社实习，别的实习记者同编辑、记者们谈笑风生，混得很熟。我却总是低着头，见人无话。绝对不是傲气，而是不知道该怎样同别人讲话，讲些什么。后来认真观察，发现记住几句常用的话便可以了："来了。""吃了吗？""走呀？"努力学习着用了一段时间，终因为毕竟是作假，表情呆板，声调僵硬，往往吓别人一跳。

自卑、自闭的青少年生活，负面影响在此时显示出来了。所以现在和朋友们讲当年的我，朋友们准会说："你有今天这副样子，已经是奇迹了！"

奇迹是一点点完成的。

几年的采访生活下来，我感到自己一直在进步。

飞跃还是在开始长篇纪实的采写后。第一本长篇纪实写的是人体模特儿，写之前怵头过，不知该怎样采访，毕竟，这次要接触的陌生人与此前的采访对象完全不同。仍然是那份成功欲支使着，去了，采访了，平平淡淡，就这样成功了。

再后来，选美小姐、外国人，一个个难关渡过了。

同性恋题材的采访，又是一次挑战。采访之前的退却心理，胜过以往任何时候。但是，这个题材的诱惑力又实在太大了，仍然是那份成功欲的驱使，仍然是硬着头皮做了，平平常常，就这样成功了。

我发现，闯过同性恋采访这一关后，我便再无任何畏惧了。

此时再见陌生人，我已能做到很轻松自在了，甚至毫无采访的感觉，只是聊天。有的时候，会很高兴去见陌生人，逢采访机会便很兴奋，跃跃欲试，如果挖掘一下潜意识，则是想多一次欣赏自己不再畏惧他人的表现。

平时的表现，也开始越来越"外倾"了。

但是，这个"外倾"的我是真正的我吗？

有时遇到那些优秀的记者，体味着他们采访的天才，与人接触的天才，便明确地感到，我其实真的不适合做记者。"外倾"使他们获得生命的活力，是他们存在的方式，而对于我，仅仅为了需要，为了从这"外倾"中有所得。

虽然可以做得很好了，但是，如果可能，我还是愿意不做这个行业。不仅仅是不愿意与人接触，更不愿意东奔西跑。骨子里，我仍时刻渴望退守在书房里。

但至少，我不再是那个见人便低头躲开，不知道怎样打招呼的大男孩儿了。我从采访生涯中，得到了很多东西。

"总理真开朗呀！""少奇同志"这样说时，我很高兴。

十多年前，我便能够惟妙惟肖地模仿周恩来的声音，听者无不大吃一惊，叹服其逼真。到了北京的单位，偶然间亮了一次艺，获得满堂彩，被同屋的一位老同志以"总理"相称了。这老同志很瘦弱，我便称他"少奇"，两人一见面便操着各自的口音调侃，很和谐。

于是有一天，"少奇同志"便突然冒出了上面这句话。

我感到一阵愉悦。

反省这愉悦，我知道，愉悦感的获得是因为我并不真的开朗。

但无疑所有同事都会认为我开朗。我喜欢开玩笑，在单位的时候总是有说有笑，还会在一同吃中饭时表演"耳朵舞"，我的耳朵可以像扇子一样扇动。

我给多数人的印象也都是外倾的。但我知道，那不是我最主流的东西。

开朗是我的表面，真正的我，是很抑郁的。

也许，外倾是我的人格面具？

我最怵头做的事情，便是同人打交道。鬼使神差，我竟然做了记者，做了纪实作家。

16岁待业那年，我便和一位朋友谈自己的理想：先做记者，再做作家。因为记者可以更多地接触社会，据统计，世界一流作家中当过记者和军人的比例最高。

我在寻找着自己的心理类型，恍惚间，似乎与荣格进行了一次直接的交谈。

方刚：荣格教授，说起来很可笑，我给别人的感觉是个外倾的人，而我自己却一直认为自己是内倾的人。我注意到，在您的心理类型理论中提到，外倾的人心理能被引导到客观外部世界的表象之中，注意力集中在和他人的相互交往中，总是十分活跃和开朗，对周围的一切都有兴趣，而内倾的人力比多流向主体的心理结构和心理过程，喜欢探究和分析自己的内心世界，他是内向的、孤僻的、过分地全神贯注于自己的内心体验。毫无疑问，我是这后一种类型的人，我正在写作的这部书便是我对自己内心世界最大的一次探究和分析。

荣格：我相信您对自己的判断不会有错误，问题可能是这样的，一个人可能在某些时候是外倾的，而在另一些时候是内倾的。是什么样的人，在什么样的场合，认为您是外倾的呢？

方刚：同事，朋友。那些很熟悉，却没有做过坦腹长谈的朋友。我发现，令我满意的友谊很少，最深刻的朋友应该是那种洞悉我内心痛苦，理解我作为一个个体的人的核心的东西的朋友。但是大多数人，都只是看到我的表象。这可能要怪我，我很少对别人讲自己最深层的思索与痛苦，偶尔讲一讲，发现别人很难理解，便更少讲了。

荣格：这不是已经很清楚了吗？那些认为您外倾的人，看到的只是您呈现于众的一面，而不是您内在的一面。一个人并非整个都是外倾的或内倾的，只是总是有一种会占据优势。对您而言，这便是内倾心态。

方刚：您的话使我想到，也许，外倾是我的人格面具。毕竟，从小到大，自卑而内向是我的主流。成年后，特别是做采访工作后，我不得不努力反抗自己内向的一面，呈现外向特征，努力与人打交道，对周围一切都产生兴趣。于是，不知不觉间便有了这样一副面具。

荣格：最好的心理分析，也许是由当事人自己完成的。

方刚：很高兴也听到您讲这样的话。

另外，荣格教授，您在自己的著作中谈到，人的心理类型不同，因此便适合做不同的工作。我倒很想看一看,自己的心理类型是否适合做一个作家。

荣格:方刚先生,您可能已经忘记了,1988年的岁末,您曾经向我请教过这个问题,那时您刚20岁。不信,去看看您书架里那本《荣格心理学入门》。

哦?竟有这样的事?

我努力地回忆着,同时去书架前翻看那本小书。于是,我在那书的扉页上看到了自己的字体:"1988年7月10日与云子在古文化街。"原来,这本书已经买了将近十年,时间过得真是太快了。

我翻到"心理类型"一章,看到了自己当年阅读时留下的点点批注。于是,十年前与荣格的一段精神对话,如在眼前……

20岁的方刚:荣格教授,我想当作家,可不知道自己能不能成功。听说您的理论能够预测,请指点一下我好吗?

荣格:我会尽力而为。我认为,通过观察一个人的两种心态与四种心理功能,可以对适合从事的工作看出些端倪。

20岁的方刚:太好了,快帮帮我吧,我做梦都想当作家呢!

荣格:两种心态是外倾和内倾,四种心理功能是思维、情感、感觉和直觉。

20岁的方刚:我想它们的意思不需要解释了,每个读者都应该能够理解它们的含义。我也已经读到了您将两种心态与四种心理功能组合后的产物——个体的八种类型。它们是外倾思维型、外倾情感型、外倾感觉型、外倾直觉型、内倾思维型、内倾情感型、内倾感觉型和内倾直觉型。其实,由其称谓便可以对其含义有很多了解了。

荣格:是的。外倾思维型的人比较实际和注重实践,是解决实际问题的能手,客观思维支配着他。

20岁的方刚:我想,最典型的例子可能便是科学家。他们倾向于压抑自己天性中情感的一面,走向极端便是所谓的科学狂。

荣格:确实如此。您是这种人吗?

20岁的方刚：一点儿影子也没有。

荣格：内倾思维型的人的思维是内向的，渴望离群索居以便沉湎于玄想，哲学家或存在主义心理学家就属于这种类型。

20岁的方刚：听起来有点接近我。也让我想到康德、尼采等许多哲学家的人生经历。

荣格：这种类型的人在极端情形下探测自身的结果可能与现实不发生任何关系，他们不得不随时保护自己不受压抑在无意识中的情感的纷扰，于是往往显得冷漠无情，因为他并不重视其他人。

20岁的方刚：如此看来，我绝对不是这种类型的人。我一向无法压抑情感，更从来不会让别人觉得冷漠。

荣格：内倾思维型的人虽然注重思想，却不在乎他的思想是否为别人所接受，他容易变得顽固执拗、刚愎自用、不善于体谅他人。

20岁的方刚：看来，我不具备当哲学家或存在主义心理学家的潜质了。还是让我们看看外倾情感型的人吧。

荣格：他们的理智服从情感，情绪随外界的变化而不断变化，往往显得反复无常。这种类型的人多见于女性，她们往往多愁善感、浮夸卖弄、强烈依恋于他人。由于思维功能受到过分压抑，他们的思维过程通常是原始的、不发达的。

20岁的方刚：不，这和我无关。虽然我的情感也总是使理智臣服，但远远没有表现到这样的程度。我们还是接着看其他类型吧。

荣格：内倾情感型，也多见于女性。她们不像前者那样喜欢炫耀自己的情感，沉默寡言、难以捉摸、神态忧郁，却也恬淡宁静，怡然自足。她们属于那种所谓"水静则深"的人。

20岁的方刚：我知道，她们不会轻易动感情，但是一旦启动了情感的闸门，却可能是一场风暴，出人意料。

荣格：正是这样。但您显然又不属于这种类型了，我们还是看看外倾感觉型吧。他们热衷于积累和外部世界有关的经验，是现实主义者、实用主义者，按生活的本来面貌看待生活，并不赋予生活自己的思想和预见。

20岁的方刚：完了，我肯定又不是这种类型的人了。我绝对是一个浪漫主义者、理想主义者、超现实主义者……那么，内倾感觉型的人如何呢？

荣格：内倾感觉型的人远离外部客观世界，沉浸在自己的主观感觉之中。与自己的内心世界相比，他更觉得外部世界了无生趣。除了艺术之外，他没有别的办法表现自己，而他的作品又往往缺乏任何意义。

20岁的方刚：我怎么总找不到自己的位置呢？好像还有两种。

荣格：对，一种是外倾直觉型，另一种是内倾直觉型。前者通常是女性，喜欢异想天开、喜怒无常，不可能长期顽强而又勤奋地追随某一直觉，而是不断跃向新的直觉。他们可以作为新企业或新事业的推动者和发起人，却会因为缺乏持久的兴趣而丧失成就大事业的前途……

20岁的方刚：慢，我好像从中看到了我的影子。我在事业上的追求总是不断变化，到达一个目标便不满意了，再跃向一个新的目标。自然，这也可以解释为我在追求完善，毕竟我对写作事业的追求一直没有改变。但当我十一二岁时，我的事业目标也曾多次变化过，翻译家、画家、气象学家，等等。这貌似"喜怒无常"，可是，如果从另一个角度考察，也许说明我没有找准自己的位置。哎，真不知道自己是怎么回事，还是看看内倾直觉型的表现吧。

荣格：内倾直觉型的人往往被他的朋友们看作是不可思议的人，而他自己往往把自己看作不被理解的天才。由于他与现实和传统都不发生任何关系，他也就不能有效地与他人交流沟通。他也像外倾直觉型的人一样从一个意象跳跃到另一个意象，始终在寻找着新的可能性。但他的全部努力从未超出过他自己的直觉范围，他拥有可供别人思考、整理并加以发展的绚丽多彩的直觉。

20岁的方刚：从这种类型的人身上，我也可以看到自己的影子。但是，好像还未完全契合。这种类型的人，适合做什么工作呢？

荣格：内倾直觉者最典型的代表是艺术家……

20岁的方刚：天呀，您怎么不早说呢，我现在认定了，自己就是这类型的人！

荣格：等一等，我必须提醒您，内倾直觉型的人中也包括梦想家、先知、充满各种幻觉的古里古怪的人，您能保证自己不是后者吗……

听着自己十年前的声音，我感到不好意思，当年太急功近利了。今天看来，当时个性化程度太低，所以才会有那样的表现。我又回到了与荣格的现实对话中。

荣格：我当时用来说明每一种性格类型的模式都是一些典型的极端的模式，而更常见的倒是一个人同时既是外倾的也是内倾的，并且能够同时运用四种不同的心理功能，只是各自所占的比重不同而已。但是，人总是倾向于一种心理功能。在一个人身上得到更多发挥的心理功能称为主导功能，除此之外则为辅助功能。

方刚：我将情感和直觉结合起来了，而近一两年，我又努力在将思维与直觉结合，这些都可以从我写作的书中看出，它们也直接影响着我的写作。

荣格：这也正是许多有成就的人的特点，情感和直觉的配合容易产生伟大的艺术家，而思维与直觉的结合容易产生伟大的科学家和哲学家。

方刚：有没有这样的可能，一个人的两种心态和四种心理功能都同样发达？

荣格：如果真能如此，当然是最好不过的事情了。但是，人的精神作为一个有机整体总是在努力寻求这种和谐与平衡，却永远不可能完全达到。相反，如果一个人不具备任何一种心态或心理功能，却是可怕的事，因为它一定躲藏到这个人的无意识中去了，成为潜在的定时炸弹，可能突破压抑的防线干扰和妨碍一个人的生活甚至导致反常的行为。

方刚：我想，每个人都应该考虑自己的心理类型，以选择职业。但是由于社会压力和人们的自我中心主义，以及其他种种影响，人选择的职业可能恰恰是与自己性格类型相冲突的，其结果便是郁郁寡欢、牢骚满腹，甚至情绪失调，成为错误职业的牺牲品。

荣格：正是这样。所以，分析心理学的心理类型学作为一种体系用来描述和说明个性的不同，而不是要把一切人都还原和简化为一成不变的八种类型。另外，我多次强调，不要强行去改变一个人的心态或心理功能，即使是父母或社会的希望……

我相信父亲是位内倾型的人。我没有向任何人询问父亲给他们的感觉，但我确信，父亲同我一样，貌似外倾，实则内倾。

如果他不是内倾型的人，他不会对政治、社会做出那么多自己的思考与判断，如果他是外倾型的人，他便不会自杀。

母亲是外倾型的人。今天，我的老母亲仍会回忆起当年在全校会议上独领风骚的情景。母亲被称作"女强人"。云子曾说，如果父亲健在，母亲可能不会有今天的"强大"，今天的"出人头地"。如果用荣格的理论检证一下，却不见得如此。母亲天生注定冲在浪尖上，后天命运的变化，只能起促进或延缓她成功的作用。我的内倾与母亲的外倾不无关系。她为我提供了种种保护，为我办了许多本该由我自己去办的事情，使我得以蜷缩在封闭的世界里亦能生存。

那么，我的血液里是否继承着父亲的内倾与母亲的外倾呢？显然会有的，但荣格并未强调遗传的属性，而是格外关注后天的影响，又特别强调社会的作用。我少年时身处的社会，注定使我成为内倾的人。作为一个大社会，人们自由发言，自由表达自己思想的权利已经被剥夺了，个性被压抑；作为我身边的小社会，它在强化着我自卑、闭锁的心态。

荣格曾说，人的无意识中存在着一种与意识中得到表现的心态刚好相反的心态，这正是无意识在人的心理中具有补偿作用的一个例证。意识中的心态得到展现，无意识中的心态不能敞开表达自己，只能间接地影响着人的行为。当一个人表现得反常、与自己极不协调时，如一个平时开朗的人突然变得抑郁、矛盾和孤僻时，说明他正处于长期压抑的内倾心态控制下。而当年内倾的我，也会突然有外倾的极端表现，如与同龄伙伴玩耍的时候，或者所谓的"人来疯"。

我在成长，社会在继续施加影响，而此时的社会已经发生了变化。外倾型的人即使不是越来越受到鼓励——只要看一看女孩子们对男子汉要深沉的定位便可以类推——也确实越来越具有成功的机会。当我选择新闻采写来曲径通幽地实现我的作家梦时，我其实也使自己的性格变得外倾一些。换一种说法可能更确切：外倾型的性格早已在我内心，只是它被长期残酷地压抑了，而我所做的一切，不过是释放被压抑着的天性罢了。还是要感谢社会的进步，我们有了解放自己的可能。

今天，内倾与外倾的极端呈现都在减退，而两者在我身上的重量却越来越难分轻重了。与人相处的时候，我外向的表现居多数，而独处的时候，我钻到了自己的灵魂深处。我更喜欢一个人的时候，虽然时常需要通过与人一起"外倾"来放松身心。内倾性仍主宰着我的生命，但是，外倾性已得到最大程度的释放。这也许便是荣格所谓的个性的完善，自性的形成，心理值的分配趋向于平衡吧。

值得补充的是，婚姻和恋爱对象的性格类型，对一个人的心理健康也极为重要。不能绝对地说相反的性格类型比相同的性格类型更为适合或者更不合适。一切都取决于这种结合是造成彼此性格的相互补充还是相互冲突。

我的太太自认为是外倾感觉型，加上一些直觉。

同一性格类型的人并不一定能够相处得好，他们共同的兴趣会使他们共同的优势心态和心理功能发展到这样一种程度，以致更加压抑了别的心态和心理功能，而那被压抑的就会变得更加强烈，很可能以一种毁灭性的方式爆发出来。在我看来，和谐注定只能建立在个体人格之中，不可能建立在希望从他人得到补偿的结合之中。

人应该能够通过使各种心态和心理功能尽可能充分地个性化，通过不要人为地压抑任何一种心态和心理功能，而将不和谐与不平等限制在最小的程度上。最理想的友谊和最理想的婚姻，只有在那些充分个性化了的人之间，只有在那些各种心态和心理功能都得到充分发展的人之间，才能建立起来。

自由联想：我的第二次暗恋

"方刚，你坐那个位置。"班主任指着教室后方的一个空座位，对我说。

这是我到三十四中学的第一天，高一时就读的成都道中学的班主任张凤朝老师，把我转到这所学校读高二。关于张老师及其为我转学的原因，将在后面关于阿德勒的章节中谈到。

我很高兴自己能坐在教室的后面，据说这也是内向型人的普遍喜好——躲到不显眼的地方。

我向自己的座位走去，注意到我前面座位上的女孩子在注视着我。我感到兴奋和不自在，想看她，却没有勇气。走到座位前面，坐下来，终于可以很自然地看到前排的她——只是背景——一个身材很好的女孩子。我觉得很愉快。

整个过程，绝对不足20秒。

到了课间，女孩子侧着身同邻座说话，我看到了她的脸，一个很端庄的女孩子。

我便爱上了她。

这是我第二次认真地爱上一个女孩子。虽然此前我经常会为迎面走过的某个女孩所吸引，患一段单相思，而说到持久的感情，这是第二次。至于我的初恋，那个结局凄婉的故事您肯定已经读到了。

15岁时，我相信一见钟情的神话。远远走过来一个漂亮、文静的女孩子（这个女孩子显示的气质符合我的阿妮玛原型），我的心便会为之颤动，进而为之痴迷，开始幻想地老天荒的浪漫与痴情。

爱上那个坐在我前排的女孩子完全不需要理由。现在想来，理由也是有的，那便是她符合我心中的阿妮玛原型，那个与我的母亲接近的原型形象。

爱情的开始源于她对我那几秒钟的注视，我总是很轻易便会被别人对我的关注所俘虏，这显然是因为我在幼年和少年被关注得太少了，渴望别人的关怀与呵护。

爱情的升腾靠着我的幻想，也许是直觉？我认定这是个外表美心灵也美的女孩子，凭着几次目光的交流，我确信她也爱我。我又满脑子幻想着被玫瑰花包围着的未来了。我的爱情不需要对她的了解，不需要思考，只凭我的直觉，便深刻、旷久，爱得昏天暗地了。

我开始重复初恋时做过的事情，记日记、写情诗、远远地偷窥，在目光里默默地传情。渴望同她接近，真有接近的机会时又逃避了。我仍是个不成熟的、不敢明确表白自己感情的痴情郎。这种状态持续了将近一年，直到高中毕业，我才有勇气给她写了一封信，很含蓄的信。信按照事先打听来的地址，寄到她家中。信寄出了，却不敢再见她，到了返校的日子，我躲在家里没有去学校。

她回了信，很平常的信，却足以使我万分激动了。我立即回信，每天中午和晚上两次站到阳台上盼邮递员，等她的回信。那是我懂得男女之情后第一次与异性交往，此前，几乎从没和女孩子说过话。我们谈理想，谈未来，没有私情。很快，她在信中告诉我，她被某所大学录取了。

我真的很为她高兴，虽然我早已知道自己落榜了。

我仍给她写信，后来她开学了，信便少了，终于没有了。

到了年底，我寄去一张贺卡。她回了短信，又再杳无音信。

又过了半年，我再去信，还是没有回信。

我对她的痴情，丝毫没有改变。"她太忙了，而且不愿意影响我准备高考，所以才不回信的。"我一直这样想。

一位很要好的同学，对我们之间的事一直很清楚。高中毕业一年多后，我和他谈起那个女孩子，玫瑰花仍在我的嘴间吐露芬芳。那同学忽然"扑哧"一声笑了，说："方刚，你怎么总胡思乱想，一点不动大脑。人家是什么人，你现在是什么人，她怎么还会想着你呢？你想着她有什么意义呢？实话告诉你吧，你们早就结束了！"

我愣了好半天，如梦初醒。

第二次"恋爱"与初恋一样，我完全生活在自己的感觉中。以当时的年龄，我还远远不具备进行各种判断的能力。如果今天我再爱上哪个女孩子，肯定不会那样盲目了，即使我不愿意，我的四种心理功能——思维、情感、感觉、直觉——也都会一起发挥作用。

在荣格看来，越是成熟的人，其四种心理功能便越趋向于均衡地发挥作用，虽然总会有一种占据主要位置。

象征与梦

分析心理学的创始者认为，可以通过对象征、梦、幻想、幻觉、神话、艺术的分析和解释，来对集体无意识加以认识。

"放大"是一种分析方法，要求分析者本人就某一特殊的语言要素或语言意象尽可能搜集有关的知识。语词测试法也是荣格使用的一种重要方法，具体操作是向被测试者念一组词汇，要求他对每个词汇做出反应。如果当事人在听到某个词汇后的反应与听到其他词汇时的反应不同，比如反应速度变慢，则说明这个词汇可能联结着他内心的某个情结，从而为分析者提供重要参考。

荣格认为飞碟是一种象征，来自另一个星球（人的无意识），运载着陌生的太空人（无意识原型）。对飞碟的关注在20世纪50年代达到顶峰，荣格认为这根源于战争给人们带来的困惑、混乱和冲突，人们渴望从重负下解放出来，达到和谐与统一。在充满危机的时代，新象征可能产生，旧象征可能复活。所以，有人转向星相学、东方宗教、东方哲学或原始基督教，希望从中找到自我人格的象征。

关于梦，荣格有许多精彩的论述，他像弗洛伊德一样重视梦，但他不像弗洛伊德那样认为梦是单纯的被压抑的无意识的反应。

荣格特别强调梦指向过去但也指向未来的属性，梦是我们所应遵循的向导。荣格说："这种向前展望的功能，是在无意识中对未来的预测和期待，是某种预演，某种蓝图，或事先匆匆拟就的计划。它的象征性内容有时会勾画出某种冲突的解决。"荣格也说，并不是所有的梦都具有这种展望未来的功能，只有少数梦能做到这一点。

荣格提到，梦是夜间发生的朝向无意识的退行作用，可以给一个人提供有用的信息和建议，使他意识到阻碍他人格发展的障碍物的性质，以及克服这些障碍的方法。遗憾的是，人们对自己这一精神智慧的丰富源泉很少注意。

有时候，一个人的梦距离日常生活是如此遥远、如此神秘和神圣，如此奇异陌生、不可思议，以至于这梦仿佛并不属于做梦者本人，而是来自另一个世界。荣格称这种梦为"大梦"，它往往发生在无意识中出现骚动和错乱的时候，通常由自我不能很好协调和应会外界生活所导致。正在接受精神分析的病人，由于治疗过程中不断触及和搅动他的无意识，所以往往频繁地做这种"大梦"。而我在读精神分析学书籍的时候，不断对照自身，发掘潜意识，自然也"大梦"不断了。

荣格还建议对一个人一段时期以来的一系列梦进行分析，他认为单个的梦没有什么意义，而许多梦的总和可以勾画出一个人格画面。梦的连续性揭示某些反复出现的主题，因而也可以揭示心灵在梦中的主要倾向。如果一个人连续做性梦，则他的性压抑很可能已到了危险的时候，如不加以正视，前景黯淡。

梦是否可以提供一套程式化的答案，固定不变的象征？荣格认为，这是不可想象的。一切因人而异，因人所处的环境条件和做梦者精神状况的不同而不同。

荣格也否定通过自由联想解梦，认为那样存在离题万里的危险。正是通过对梦和象征的研究，荣格才发现了集体无意识和原型。

释梦手记006号：英雄原型

时间：1997年4月21日16：30
梦境：

一个很大的广场上，成千上万的人坐在地上，在一起开会。前面似乎有人在讲着什么，别人都在认真地听着，我则让坐在我身边的人将人群外面一个桌子上的书递给我，低着头偷偷看着。一本看完了，又让人们再将另一本书传给我。

这时出现了一个话外音："他通过自己的努力改变了世界。"我立即变成了美国的开国元勋，似乎是那个起草《独立宣言》的杰斐逊，又好像是林肯。

这时画面变了，许多人坐在一辆敞篷的火车上从山洞里面开出来，我坐在最前面，回过头向人们讲解着。火车停了下来，一半在洞口外，一半在洞里。洞里很黑，但洞壁却亮着，看得见一些半裸的男女在那里过着茹毛饮血的生活，他们其中一些人还在向我们微笑着。

我指着洞壁上的景象，用英语对车上的人们说："这便是我们人类理想的生活，是我们最终的幸福所在。"但我又犹豫了，补充道："也不能太绝对，这种生活方式仍有许多不完善的地方。"

梦境再次发生变化。我变成了一个身穿中世纪服装的欧洲妇女，我和许多女人一道从一辆车上下来，梦境中的自我意识告诉我，我是18世纪的欧洲女人，我迷上了中国文化。

我们站在一片空地上，一片树林、山坡的背后，可以看到高耸入云的、正在建造中的摩天大楼。梦中的自我意识又想，18世纪的中国不可能有这样的大楼，一定是山峰吧？后来，我果然再没有看到那些大楼。

我走着山路，同时意识到，我身处其中的是一个风景区。道路两边有卖古碑文拓片的，还卖旧书刊、字画。我的自我意识又说话了："价钱肯定便宜，但不会有好东西。"这时，我已经变成了我，而那个曾经是我的欧洲女人走在我身边。

我们看到一个卖画像的。画像上是一个双臂搭在身前的老人，我一时未能判断出他是孔子，还是释迦牟尼。那个欧洲女人对我说："你买它吧，让那个老人抱着你，保佑你，你便会聪明。"我则对她开玩笑说："我不需要，你看他那么胖，是因为我已经在他身体里面了，所以他才会这么聪明。"

我们一步步向山上爬去，她先通过一道很窄的门，我随后艰难地挤过去。我终于到了山顶，空气极好，向四周望去，是广阔的大地，令人心旷神怡。

我在梦中欣喜地说："太好了，我太喜欢了。"我同时梦到妻子正在醒来，我向她口诉这个梦境，她在记录。后来我便真的醒了。

分析：

做这个梦时，我正在阅读有关荣格的著作，自然也十分关心他的释梦法。与弗洛伊德不同，荣格不是对梦加以分解，而是加以整合，特别吸引我的是，他提出了集体无意识、原型这些概念。在荣格看来，集体无意识中有许多原型，是人类几十万年、几百万年发展进化过程中逐渐形成的，是我们与生俱来的。这些原型则可能出现在我们的梦中。

我便试图以荣格的方式，对这个梦进行解析。在解析中，我开始怀疑自己早已经在不自觉中将荣格的方法与弗洛伊德的方法结合在一起了。

以荣格的思路解析这个梦境，则不难发现隐藏在其中的"英雄原型"，或曰"领袖原型"。

当成千上万的民众都在那里认真地听着某个人的讲话时，我已经对这讲话采取了一种叛逆的态度——不去听它，而只是做做样子，实则自己在下面看书。于是，那句"他通过自己的努力改变了世界"便成了我对自己的嘉奖，也标志着这个梦中的"英雄原型"开始显露出来了。我是林肯！我是杰斐逊！我是一个对全人类做出贡献的英雄和领袖！

我这个英雄和领袖坐在火车前面，引导着众人驶出黑暗的山洞，告诉他们什么才是人类的理想生活和幸福所在。

需要解释的是那个茹毛饮血的场面。事实上，我的确一直在思考着人类理想的生存方式，同时，我也越来越认识到文明对人类自由的毒害。人类走出了森林，人类获得的是物质上的繁荣与富足，却失去了那种与自然融为一体的自由。我们得到多少，又失去多少，实在是一个难以说清的问题。于是，那处于原始社会状况下的人类生活出现在我的梦境中，它们之所以不是以立体的方式出现，而是以平面的方式出现，很可能与我曾在博物馆工作过六年，对古人类发展史展厅里的壁画记忆犹新有关。但是，完全复归原始，显然也不是人类困境理想的出路，所以，我又立即补充说明，这种解决仍有许多不足。我何以说英语呢，显然，这是因为我对以古希腊、古罗马文明为基础发展起来的现代西方文化情有独钟的缘故。

我一下子变成了18世纪欧洲女子，我不知道何以是18世纪，因为无论从着装，还是从我个人的喜好，以及与整个梦境的配合角度来看，我都应该是16世纪、17世纪文艺复兴时期的女子才对。这个女子对东方文化的喜爱，也许是我另一层潜意识的表现：我应该成为一个同时汲取东西方文化滋养的人。这个女子看到的那正在建造中的摩天大楼，同样象征着人类发展的辉煌。

摩天大楼的工地变成了风景区，则是我潜意识中那对原始、自然的向往又占了上风。而这时，孔子或释迦牟尼的画像又出来完善着我作为一个英雄和领袖的求索。我从那个欧洲女人的身上分化出来了，她其实是作为我心灵的一部分建议我，让以孔子和释迦牟尼为代表的东方文化拥抱我、融入我，使我更完美。而我潜意识中对东方文化的那种抗拒又在此时抬头了，因为我此前曾说，因为自己身处东方文明中，这一文化早已潜移默化对我的心灵产生了影响，所以我才在梦中调侃道，我早已经在孔子或释迦牟尼的身体里面，所以他们才那么"聪明"，实质是说，他们早已潜入我的心中。

历经艰难，我终于爬到山顶。"会当凌绝顶，一览众山小"，我心旷神怡，分明是一副胜利者的心态了，这胜利者，既是英雄，也是领袖！释梦到这里，我不由得想起熟知的，并且时常对人谈起的一个典故：拿破仑站到阿尔卑斯山上说，"我比阿尔卑斯山还高！"我在梦中站到山顶的良好的自我感觉，无疑是将自己幻化成拿破仑了。

这便是典型的荣格式的释梦法，英雄原型在梦中多次出现。同样是这个梦，按照弗洛伊德的思路，也可以被解释成一个典型的性梦。下面，便是我的另一种解释方法。

广场开会的解释不会有太大的变化，变化是从那驶出山洞的火车开始的。熟悉弗洛伊德学说的人会很自然地想到，山洞是女性阴道的象征，而火车则是男性阴茎的象征。至于那半裸的原始人的出现，则是我关于性学思考的象征。原始人没有任何"道德""伦理"束缚的自然的性行为，不会产生今天在诸多禁忌生活下的人们那种常见的精神症，他们是最符合人作为一个生物体的自然属性的，所以梦中的我称之为人类理想的幸福之路。但是，如果以完全放弃文明为代价，显然又不是我在追求的，所以我又补充了它的非尽善尽美性。

欧洲女人的出现，特别是当我从她身上分离之后，岂不是更明显地表现出我的性幻想吗？而那段被孔子或释迦牟尼拥抱的谈话，则也具有性的色彩。至于高耸云端的几幢摩天大楼，自然也是阴茎的象征。我和那个女人一同爬山，而爬山的节奏和喘息则被弗洛伊德与性交的节奏和喘息连在一起。我们到了山顶，我很艰难地挤过一道门，象征射精前瞬间的感受，而随后那心旷神怡的心情，则无异于性高潮及其后的美妙体验。至此，这个梦境中隐藏起来的性主题便被揭示出来了。

关于这个梦，要补充的是，最后那个梦见自己醒来向妻子口诉梦境的情节。这个情节的解释很容易，它是一个简单的愿望的达成，可以使我继续睡下去而不必真的醒来。当然，我最后还是战胜了自己的困倦真的醒来了，于是有了这篇记录。

释梦手记007号：逃跑

时间：1997年4月22日8:30
梦境：

我在逃跑。

我乘坐的工具是一个刚好能使我坐下的小木板，它的后面有一根绳子，我拉一下，它便跑一段儿。我不停地用力拉，但是它并跑不快，所以我很焦急。

我不知道自己为什么逃跑，我只是在恐惧的心情下不断急急地逃窜。然而，我的"车"还总是驶上绝路。或是悬崖，或是墙壁，或是一道栅栏，我总是被挡住，不得已掉转"车"头，另外择路落荒而逃。我的心境，可想而知。

总有敌人在后面追我。他们离我很近了，却追不上我。我使用诡计甩开他们，但总无法逃到很远的地方。我心急如焚。

分析：

这个逃跑的情节已经不止一次出现在我的梦中了，在过去的十几年间，它曾经无数次地出现过。有时我是徒步，有时则开车，有时是骑自行车，但逃跑的心情是一样的。

同样雷同的是，我经常在楼群里奔逃，并且经常在梦中想着声东击西的战术，想着利用楼群的掩护逃脱。

一个被栅栏围起来的院落，也是我不止一次在梦中进入的。我被围在里面，向四面逃，都无法逃出去。其他景色，也曾在十几年间多次出现在我的同一情节的梦中。

逃跑，也许便是荣格所谓的原型的一种吧？

释梦手记008号：寻宝船

时间：1997年4月22日10：00

梦境：

我上了一条船，船驶在茫茫大海上。船上有三个小人，他们好像是从画中下来的。他们告诉我，这是一条由一个奇异国度派出的寻宝船，他们的任务是到一个岛屿上寻宝。那是一个由金银珠宝堆起来的岛屿，岛上还有一块宝石，拿着那块宝石，便可以随心所欲地让任何物体都变成你想让它变成的物体。

但是，三个小人对寻宝并不感兴趣，事实是他们对任何事情都没有兴趣，只是喜欢在大海上航行。于是，每当船将要到达那个小岛的时候，他们便将船头向东掉转五度，再一直航行。如此便一直在海上漫无目的地航行了起来。

我上船后，又不断有人一个接一个地到了船上，他们都是我的熟人，或是家属，或是同事，或是朋友。我不知道他们是如何上船的，但船一直在航行中，没有靠岸。终于，船上人满为患了。我惊恐地意识到，如果人员再这样不断增加下去，船终将沉没海底。我紧张地转动着脑筋，想着逃命的办法。

最后上船的是一个四十多岁的男人，他是一个智者，我对他很尊敬。但他没有说出什么良策。

突然，一道闪电从我脑中闪过，我豁然大悟，只要把船头再向西掉转五度，一直航行下去，便可以到达那个宝岛。

所有人都为我的想法感到激动，那个中年男人也对我交口称赞。

我在兴奋中醒来。

分析：

我仍愿意将它解释为一个荣格式的原型梦，这个原型便是寻宝原型。至于那个男人，是我心目中的智者象征，或者说，是理想的自我。

我是在阅读荣格期间不断产生这些可以解释为原型的梦境的，而在阅读弗洛伊德期间，则不断产生可以用力比多来解释的梦境。这是对大师的阅读启发了我的无意识呢，还是我通过梦境对大师的思想在做着一种应和呢？

我没有确定的答案。

第三章
阿德勒：自卑的人

对我自己口吃的研究；自卑感、"补偿机制"、长子与次子；"自卑情结"与未完成的自杀；自由联想：我最早的记忆及分析；好孩子—问题少年—好孩子；梦理论；释梦手记009号：永远的考试；释梦手记010号：油印出版物；同弗洛伊德进行比较；一篇符合阿德勒思想的随笔：《挑战极限》。

对我自己口吃的研究

"你们发言时，我感觉自己喘不上气来。"一位小姐说。

那是一家杂志举办的座谈会，被主人热情请来了，不能不发言，而面对公众发言，我必定口吃。

私下闲侃的时候，我极难得口吃，相反，一旦进入情绪便连珠炮似的，其流利、迅捷，使听者不得不常打断我："你说什么？我没听清。"

然而，一旦郑重其事、正襟危坐地发言，被许多双眼睛专注地盯着，我的舌头便打卷儿，吞吞吐吐，结结巴巴，面红耳赤，汗流浃背，在一个字词上盘旋良久，用讲两句话的时间把一句话挤出来，害得听者跟着一起着急。所以，我畏惧公开演讲。

有意思的是，这天参加座谈会的，还有一位老兄，文学评论家，平时谈话只有轻微的口吃，在公共场合口吃比我更厉害。一看到他出席，我便轻松了许多，至少自己不会是老爷庙的旗杆了。我俩一前一后，腮帮子哆哆嗦嗦，在会场里制造出连续的颤音，把众人的心煽得一起一伏，难怪乎那位小姐喘不上气来了，我相信，她比我们更不好受。

精彩的还在后面。中午吃饭的时候，谈起我们的口吃，文学评论家"评论"道："这说明我们都很聪明，正因为我们头脑反应快，思维走在语言的前面，所以才会口吃。"此言一出，我立即挺直了腰板，自豪地环顾左右，以"聪明人"自居，自信心倍增。评论家毕竟是评论家，大智慧，我对他的分析佩服得五体投地。这份感觉带到下午，再发言时，我便结巴得更厉害了，却有一份自傲相伴，心想，我越结巴，便说明我越聪明，说明我思维走得快。我发现，评论家似乎也更结巴了，于是，我们继续煽动着与会者的心跳，比赛着谁更聪明。

几个月后，我又将这份感觉带到深圳。一位青年刊物的编辑部主任请我吃饭，其间，我说："我们有个共同点。"他也注意到了，我们都有些结巴。我便将那位文学评论家的见解相告，于是，我们为共同的特点找到了一份共同的骄傲。

然而，这份自信没有持续多久。在不久之后的另一家刊物的座谈会上，当我又在人们惊异的目光注视下满怀自豪地结巴完一番"高见"之后，我身边的一位小姐轻声对我私语："你的幼年肯定很自卑。只有自卑的人，才会结巴。"

我清楚地记得自己听完这话的反应，我呆呆地坐在那里，一句话也说不出来。与听到文学评论家的分析时相反，我无力赞叹这位小姐分析的深刻与否，只是感觉，自己内心深处的某一点被强烈地触动了。我从外部世界退到自己的心灵世界，沉浸在对这分析的"分析"中，任那正醒来的思维膨胀，让被压抑掉的记忆一点点复苏，感受着某种情绪的蠕动。

当深藏的潜意识被揭出来时，人的表现可能有两种：一种是愤怒地否认，另一种是被其震撼，呆若木鸡，然后一点点消化。作为一个时刻处于自我分析中的个体，我的反应注定是后者。

那以后，无论在多少人出席的场合发言，我都再也没有口吃过。

口吃应该算作一种失误，按照弗洛伊德的观点，如果一种失误的真实原因被识别出来，如果我们的潜意识进入意识范畴，同样的失误便会被避免。

自卑——我口吃的根本原因。

我显然是个自卑的人。

如果说那位一语道破我口吃症结的小姐有所失误，那便是：我不仅幼年自卑，青春期，甚至成年后，仍有不同程度的自卑。

我有太多的理由处于自卑之中。

别人有父亲，我没有父亲，这足以成为我一连串自卑心理的根基。母亲不可能像父亲那样给孩子那么多的呵护，在那个特殊的岁月，更不可能。

幼儿园里的经历，足以使我自卑；伟人故去转天发生的事情，足以使我自卑；作为一个"问题少年"，我也有太多足以铸就自卑的经历。这些加在一起，便是自卑的我。那么，是否还有什么自卑的经历与感受，与我的口吃直接瓜葛在一起呢？

与口吃有关的回忆之一：

"好，现在我们请一位同学来读课文。"老师说。

我条件反射似的举起右手。环顾左右，我很奇怪只有屈指可数的三五个同学举手。

这是1977年，地震后的天津，在作为小学教室的临建棚里。我随母亲和姐姐，从长春迁到这座城市，因为我们的亲属，都在这里。

当我奇怪绝大多数同学不举手时，他们也以好奇的目光看着举手的我。

"方刚很有勇气，我们就请他来读吧。"老师给我热情的鼓励，但这更使我觉得，我的举手似乎有些不合常规。

我读出课文的第一句，立即引发哄堂大笑。我很惊异他们笑什么，抬头看老师，她也在微笑。"读下去。"老师鼓励我。但是，我越读，教室里的笑声便越大。我读错了吗？白纸黑字十分清楚。他们笑什么呢？真奇怪。

终于，老师对我说："好，就读到这里吧。请坐。"

我局促地坐下了。

那个善意的女教师说："方刚才从东北来，有些地方口音是正常的，大家不要笑话他。方刚，你自己也要努力，学习普通话。"

九岁的我朦胧地懂得，我讲话的声音同别人有些不一样，而此前，我对此毫无察觉。后来我一直很"努力"，时至今日，如果说几句话让别人猜我的来路，认定东北、天津、北京的，各占三分之一。

与口吃有关的回忆之二：

幻灯小组即将成立，老师问："哪位同学爱讲故事？"

在子弟小学大院里被一群同学围着的兴奋记忆浮现眼前，我立即举手。又是惊异的注视。

老师笑了："好，就让方刚参加幻灯小组吧。"

我还不知道幻灯小组是做什么的，但是，老师的口气又使我感到，我的举手是件不合规范的事。我开始认真观察，很快便发现：每次举手回答问题，或报名参与学校各项活动的，总是学习最好的那几位同学。而在长春的小学里，老师一提问，全班同学都立即齐刷刷地高举右臂。我终于理解了同学们怪异的目光，那以后，我便极少举手了。许多年后我想，这种两地差异，影响到许多孩子的成长。

幻灯小组成员的任务是，给幻灯片配音。

那个时代的孩子们，尚不知电视为何物，电影也一年难得遇上几场。老师们便将他们召集到黑暗的教室里，放映幻灯片，而放映小组的成员则坐在后面，随着幻灯画面的更迭，念文字说明。

不知道是因为已经习惯了我的东北口音呢，还是因为我进步实在太快，竟没有人再哄堂大笑。幻灯片讲述了一个地主老头儿进行反革命活动，最后被红小兵抓到的故事。当我念到"老头儿"的时候，有同学交头接耳。同一部幻灯片，一遍遍放映，几次之后，课外辅导员订正我说："'老头儿'的'儿'是'儿话音'，不能念出来。"全体同学，再度哄堂大笑。

极欲获得老师和同学好评的我，早已经把幻灯片的全部台词背得滚瓜烂熟，想改口，已经不容易了。再次配音时，虽然一个劲儿在心中默念："千万别念'儿'，千万别念'儿'"，但越紧张越出错，到老头儿出场时，我照旧大声吐出三个音节："老头儿！"漆黑的教室里，黑压压的人群，笑炸了锅。

不久，我被通知不要再参加幻灯小组的活动了。

与此同时，全校的同学都在叫我的外号：老头儿。自然，这三个字的最重音被放在那个"儿"字上。

上面两段回忆，对于我口吃的形成，即使有作用，也只是间接的。我整体的内向、自卑，才是形成口吃的根本原因。与其说这两段经历造成了我的口吃，不如说它们对我自卑的形成添砖加瓦了。而这种自卑，又进而促成我的口吃。

如果问阿德勒，我相信，他会赞同这样的看法。

阿德勒曾说，"在口吃者的语言中，我们便能看到他犹疑的态度。他残余的感觉迫使他和同伴发生交往，但是他对自己的鄙视（自卑），他对这种交往的害怕，却和他的社会感觉互相冲突，结果他在言辞中便显得犹豫不决。"口吃的孩子通常是因为别人对他们说话过分注意，我，确实曾被过分注意过。

自卑感、"补偿机制"、长子与次子

19世纪70年代的一个春日，一个男孩儿孤独地坐在维也纳郊外一幢富丽堂皇的住宅的门阶上，当他站起身的时候，我们看到了他的驼背，当他行走的时候，我们体味到了他每前进一步的艰难。与此同时，他的哥哥在不远处欢蹦乱跳地玩耍。男孩子注视着哥哥,脸上掠过与其年龄不相称的凄楚表情,终于,他低下了头,不忍再看。

这个男孩子,日后成了伟大的精神病学家,创立了个体心理学,将弗洛伊德的精神分析学说向前推进了一大步。他的著作与思想,影响了整整一个世纪的人类,并且这种影响还将持续下去。

这个男孩子便是阿弗雷德·阿德勒。

阿德勒认定,幼年的处境使他自卑,而这种自卑造就了他,他的全部思想,都紧紧围绕着自卑展开。

阿德勒说,我们每个人都有不同程度的自卑。那些像阿德勒本人一样天生残疾的人感到自卑自不必说,即便你是一个无论从哪个角度讲都很健全的人,你也会发现,自己所处的地位是希望加以改进的。

自卑感本身非但无可厚非,阿德勒甚至认为,它是人类地位之所以增进的原因。他甚至说,人类的全部文化都是以自卑感为基础的,这便与弗洛伊德构成了冲突,我们知道,后者认为性欲是人类文化的基础。

有了自卑,然后便去努力寻求优越感,获得补偿。阿德勒认为,每个人都具有"补偿的精神上层建筑",借助这个上层建筑进行着个体在克服自身"缺陷"方面的生命活动的无意识扩展,追求优越感。补偿机制刺激着个体的生命活动,是人一切活动,其中包括艺术活动的基础。阿德勒说,人类的每件创作背后,都隐藏着对优越感的追求,它是所有对我们文化贡献的源泉。人类的整个活动都沿着这条伟大的行动线——由下到上,由负到正,由失败到成功——向前推动。

果然如此,则我对写作的这份痴迷,是一种建立在自卑基础上的,寻求优越感的补偿行为了。对优越感的追求是极具弹性的,当他的努力在某一特殊方向受阻时,他便能另外找寻新的门路。想我从少年到成年的"远大抱负",也曾经历过作家、画家、书法家、气象学家、翻译家,再到作家等许多阶段,岂不也是受阻后的转向吗?

个体心理学指导下的自我分析之一:

东北电力设计院子弟小学里那个退缩的男孩子,开始渴望下课,渴望下课后到操场上,被一群同学围着,继续他的"小说连续广播"。

"他走进一座古堡，古堡里漆黑一团，没有一个人影。财宝一定藏在某个房间里，他一间间地寻找。他推开一扇黄铜做的房门，看到里面金光闪闪，他迈了进去，忽然，脚下的地板裂开了，下面是一个无底洞，他掉了下去……"

数不清的孩子围着我，专注地听我的故事。他们中有我同年级的同学，也有高年级的学生。那些故事无疑是我最早的创作，少年时的想象力颇为活跃，我总是一边讲一边构思，说上句的时候，还不知道下一句中情节如何发展。往往是到下一次接着续编故事的时候，已经与前面的情节相去甚远了。记忆力好的听众便尖锐地指出我的错误，我立即编新的情节，自圆其说。我的思维与口才，终于显示出敏锐性。无论那故事怎样，我毕竟很快成为那所小学的"课间名人"。很多我不认识的同学一见到我便说："接着讲吧。"当我被一群人围住时，我兴致勃勃，全身躁动，充满了被围观的快感和演说的欲望。

现在想来，那无疑使自卑的我寻找到一条获取优越感的途径。我继续自己的"连续广播"，从来没有那么多人那么专注地听我的声音，还像对领袖一样地簇拥着我。处于那种状态下的孩子，不可能再感到自卑。

内向的孩子同样渴望别人听到自己的声音，少年的我可以讲故事，成年的我可以当作家。在那些即兴创作的故事里，我掺入自己平时的幻想。长春当时的住宅多是地板地面，经常需要跪在地上打蜡。而香油在当时是极难得的，肉类又一年到头见不到，更显出香油的珍贵。所以，在我创作的故事里，便出现了将香油擦在地板上的情节。

我很自然地遇到了质疑："你胡编！谁会用香油擦地板？！"

我的优越感受到挑战，本能地回击："我们家就用香油擦地板。"

我在用这个谎言，来进一步扩张自己的优越感。那些吹牛的孩子，都是在寻找优越感。

追求优越地位，是整个人格的关键。而每个人的优越感目标，是属于个人独有的东西，它决定于他赋予生活的意义。

阿德勒强调，生活中的每一个问题几乎都可以归纳到职业、社会、性三者之下。每个人对这三个问题作反应时，都明白地表现出他对生活意义的最深层的感受。如果一个人的爱情生活不完美，对职业不尽心竭力，朋友很少，他一定会觉得生活是件艰苦而危险的事，从而认为："生活的意义是保护我自己不受伤害，把自己圈起来，避免和别人接触。"而我呢，我的职业是自己选择的，是我热爱并乐于为之献身的，我总是不断有收获；在我与公众的关系中，我向往通过我的职业对公众有所裨益，我也有许多朋友；我从自己的情感生活中总能得到幸福、快乐的感觉。阿德勒认为，像我这样的人，必然感到生活是属于创造性的历程，提供了许多机会，并且没有不可克服的困难。凭着我应付生活的多种问题的勇气，我无疑这样理解生活的意义：对人类幸福做出自己的贡献。我便不难理解此前碰到的一位朋友，经济困窘，婚姻不如意，单位里人际关系不良，想当作家却眼高手低，所以，他总是抱怨社会不公平，人与人之间机会不均等，并且声称人生目标便是挣更多的钱，使自己过尽可能舒适的生活。

不同的生活处境，确实决定着我们有不同的人生观。这又使我联想到马斯洛的主张，他对此有相似又不同的见解，我们今后还有时间谈到这位心理学家。

阿德勒认为，优越感目标一旦被具体化后，在生活模式中，个人的习惯和病症，对达到其具体目标而言，都是完全正确的。目标不同，表现便不同。那位朋友唯钱是举，写作也只是为了钱，而我写作的时候，更多地想到这作品的社会意义，便都是由优越感目标的不同决定的。

追求优越感没有止境，人不会满足于自己已经取得的状况，所以，这种对优越感的追求在某种意义上讲已经成为一种试图使自己成为神的努力。

每个人都具有自己的获得优越感的方式，但是，阿德勒又强调，只有当这种努力是对社会有益处时，它才是可能的。只有决心要对团体有所贡献而兴趣又不集中于自己身上的人，才能成功地学会补偿其缺憾之道。

每个人都努力想使自己变得重要，但如果他不能领会人类的重要性是依照对别人生活所做的贡献而定的话，那么他必然踏上错误之途。

虽然人的所有活动都是对优越感的追求，但是，真正能够应付并主宰其生活的人，只是那些在奋斗过程中也能表现出利他取向的人，他们前进的方式，使别人也能受益。所有真正生活意义的标志是：别人能够分享的且被别人认定为有效的东西。人类所有对价值和成功的判断，最后总是以合作为基础的，这是人类种族最伟大的共同之处。

事实上，属于私人的意义是完全没有意义的，意义只有在和他人交往时，才有存在的可能。我们的目标和动作的唯一意义，就是它们对别人的意义。即使是天才，也只能是因为他的生活被别人认定为对他很重要时，才被称为天才。

个体心理学指导下的自我分析之二：

按照个体心理学的理论，写作无疑是我选择的获取优越感的方式。但是，写作对于我，却有过不同的意义。

如果问我，写作能给我带来什么？不同的阶段，我会做出不同的回答。

1987年：成名成家。

1990年：名利双收。

1994年：名利双收。

1995年：超越自己，升华生命，名利双收。

1996年：裨益他人，升华生命，改善生活。

我对他人的关注能力，我的合作性，是一点点地呈加速度提高的。19岁之前，未工作，无收入，便一心想成名成家。随后，知道了钱的用处，便满脑子名利观念。直到经历得多了，思考得多了，便觉得名利本来是无所谓有，也无所谓无的东西，无法使我感到真正的幸福。我开始更多地感受内心的痛苦，想以写作超越自己，升华生命。而从1996年开始，对他人利益的关注越来越占据上风。我强烈地体验着人类生存本身的悲剧性，因为我自己也身处其中；我对弱势人群、边缘人群的困境格外关注，因为我自己也是一个边缘人。我开始发现，那种能够帮助人类摆脱困境的写作才对我有诱惑力，才是我最有兴趣的。我远未达到抛弃自己一心为公的境地，我发现，我将自己对优越感的追求与对公众利益的关心紧紧地结合为一体了。当我的创作对别人有用时，当我从读者那里听到我的某本书深深地改变了他的生命状态时，我感到自豪。在追求自我优越感的过程，我也使他人受益。名利对于我，已经很淡了，但我仍无法完全抛弃它们，因为它们可以改善我的生活，使我能够更有效地工作。

我仍是个弱小的人，但是，这个弱小者为了使自己高兴而做的事情，同时也使别人快乐。我想，这便是个体心理学强调的合作的实质所在吧。

同性恋题材的写作，也许是最好的例子。1994年初，动手采写《同性恋在中国》一书之始，支配我的动力确实主要是猎奇，是从这一特殊题材中获取个人的名利。当然，我的叛逆精神也是不容忽视的。因为总的指导思想不正确，我不可能做认真的采访、研究，而注定是快刀斩乱麻，草草地采访，见到什么写下什么，很快便推出了那本受到很多批评，自己也很快否定了的书。那本书出版后不到一年，也就是1996年，我的思想已经渐渐转变。目睹了许多同性恋者悲凉的生命处境，我被深深地触动。我原本的叛逆精神，对于弱势者的同情，对于生命自然状态的向往，对于文化禁忌的反抗天性，都开始发挥作用。这时，我再进行同性恋的采访与写作，已经开始更多关心我的作品能够对这些弱势者提供哪些帮助，能够对于人类的最后解放提供哪些帮助。

阿德勒认为，如果一个人在赋予他生活的意义里，希望对别人能有所贡献，而且他的情绪也都指向了这个目标，他自然把自己塑成最有贡献的理想状态。他会为自己的目标而调整自己，会以他的社会感觉来训练自己，他也会从练习中获得适应生活的种种技巧。所以，我不是急功近利地写作，而是为了搞清楚一些问题，为了真正提供一种符合人性的理想，而更多地读书、思考。而这些，我在1994年是不可能做到的。

当我放弃触手可及的名利、埋头读书的时候，我已经在关注更长远的、真正的优越感。而这种优越感的获得，与我对他人的贡献密不可分。如果我急功近利地写书、出书呢，那种无思想的书，除了满足我虚假的优越感外，因为对别人无益也就不会得到公众的认可，我便也不可能获得真正的优越感，我的"补偿机制"便不可能真正发挥效益。

阿德勒曾举例说，长子会因为次子的出现而丧失掉父母对他的专注，从而产生自卑，寻求补偿。长子的所有动作和表现都指向过去他是众人注意中心的那段业已消逝的时光，年纪最大的孩子经常会在不知不觉中表现出他对过去的兴趣。这种丧失过权力以及自己一度统治过的小王国的孩子，比其他孩子更了解权力和威势的重要，当他们长大后，一旦有了机会和条件，便喜欢搬弄权势，并过分强调规则和纪律的重要性。在他看来，每件事情都应依法而行，而法律也不准随便更改。

长子的地位虽然会造成特殊问题，但是如果妥善处理，便能化险为夷。

假如他在次子出生之前已经学会合作之道，便不会受到伤害。我们还发现有些人会发展成习惯保护人或帮助人的性格，他们模仿着父亲或母亲，经常对年幼的弟妹扮演父母的角色，他们中有的还有很强的组织才能。

次子又怎样呢？最明显的事实是，他的童年期始终存在着一个竞争者——长子。典型的次子是很容易辨认的，他表现的行为好像在参加一项比赛，有人比他领先一两步，他必须加紧脚步来超过他；他时时刻刻都处在剑拔弩张的状态中：他发奋要压过长子并征服他。次子总是不甘屈居人后，他努力奋斗想要超越别人，他经常是成功的，他较长子有才能。即使在他长大之后，出了家庭圈子，他也经常会找一个竞争对手。他会常常拿自己和别人相比较，并想尽各种办法要超越别人。长子经常做从高处跌下的梦，而次子经常梦见自己参加赛跑。

个体心理学指导下的自我分析之三：

我是次子。我的姐姐年长我七岁。

我没有问过姐姐是否感到我是一个威胁，但毫无疑问，我的出生必将使她丧失在家中独尊的地位。但我有充分的理由相信，在我出生之前，我的姐姐便已具备了合作能力，她不会感到一个小弟弟的到来是种伤害。我们年龄相差七岁，许多年龄相差较大的兄姐都会同我的姐姐一样，对他们的弟妹表现出合作姿态。事实是，我的姐姐确实像是父亲和母亲，对我倍加呵护。父亲的早逝使姐姐自觉负担更重，于是，对我的体贴与关怀甚至到我们都已成年，她已经出嫁之后，仍十分明显。我的生活中遇到什么难事，姐姐总会出现。

早年的记忆里，有许多关于姐姐的美好回忆。

上学第一天的上午，是姐姐送我去学校的。那以后一个星期，姐姐天天送我去上学。

冬天，姐姐将黄豆用油炸了，一粒粒给我吃。在那个年代，我们只能得到这样的零食。

小学一年级的时候，学校里让大家捡碎玻璃上交校办厂。放学后，姐姐便同我一道在墙角捡玻璃。转天上学，她又利用课间休息时间从自己学校墙外的一个垃圾堆里为我捡回满满一筐碎玻璃。那一年，姐姐也还不到14岁。

学农活动的前一天夜里，我需要一个笔记本，姐姐便帮我用妈妈的旧图纸背过来钉了一个。转天早晨我忘记带了，姐姐便拿着本子，到去农村必经的路边等我们学校的队伍。那是一个寒冷的冬日，在寒冷的东北。

妈妈不在家的时候，姐姐便带着我过日子。从小学，一直过到高中。姐姐还代替母亲去学校参加家长会。

……

今天的姐姐，是位中层干部，很有组织能力。但是，我没问过她是否强调纪律，只是听说，她的脾气很不好，常对下属发火，这是方家人的特征。

姐姐太出色了，而少年的我又太懒散，不上进，让大人操心。于是，我常听到长辈讲："如果小刚像他姐姐……"通常，大人们普遍承认我比姐姐更聪明，但是，姐姐却远比我努力。大人们说，如果我多些姐姐的刻苦用功，姐姐多些我的聪明，这对姐弟就更出色了。

按照阿德勒的观点，我要同姐姐赛跑了。从幼年到成年，我确实常默默地同别人"赛跑"。我总是选择一个目标，赶超他。

最典型的就是上学的路上，我会很自然地瞄准前面的一个人，追上他，超过他，再瞄准更前面的人。记得16岁那年曾写过一篇小文章，自得地谈到自己的这种赶超习惯。我写道："我不断地追赶一个又一个人，于是，我便总能早早地到学校，不迟到。当我在人生的旅途上也这样不断定出追赶的目标，并且一直追赶时，我的人生也走在了前面，不迟到。"

事实是，这种追赶某个目标的心理一直延续到成年。刚开始写作时，我便不断定出追赶目标。发表作品后，我又在报端那些熟悉的名字中寻找着目标，计划着一年后超过他的发稿量。我总是能够达到目的，我因此而自得。这一两年，我似乎不再定某个具体的赶超目标了，但是，我在和自己较劲儿，和生命赛跑。冷静一想，其实自己又何尝没有定出一个目标呢，某个层次的人生品位，便是我的追赶目标。不同在于，这个目标不是清晰可见的了。个体心理学家会说：多么典型的次子呀！然而，我真的没有意识到，我要在哪些方面赶超姐姐。

我确实经常做参加赛跑的梦，但我也经常做从高处坠落的梦。虽然姐姐也经常做坠落之梦，但对这种梦的解释，我与阿德勒的看法不同。我更愿意将其理解为，人类的祖先是在树上睡觉的，所以，才会对坠落更为敏感。在这一点上，荣格与我更靠近一些。

"自卑情结"与未完成的自杀

我们前面谈到了阿德勒的补偿机制,但并不是每个人都能通过补偿机制获得优越感。如果一个人在改进环境的过程中气馁了,或是不再采取合作的态度寻求优越感,便可能导致自卑情结。

阿德勒认为,即使一个人已经气馁了,已经不再认为脚踏实地的努力能够改进他的情境,他仍然无法忍受他的自卑感,仍然会努力摆脱它们。这时,他所采用的方法不会对他有所进益,他将放弃改变客观环境的希望,不是努力把自己锻炼得更强壮,更有适应能力,而是训练自己,使自己在自己的眼中变得更强壮。他的目标仍然是"凌驾于困难之上",但却不再设法克服障碍,反倒用一种虚假的优越感来自我陶醉,或麻木自己。同时,他的自卑感会愈积愈多,问题依旧存在,他所采取的每一个步骤都会逐渐将他导入自欺之中,而他的问题也会以日渐增大的压力逼迫着他。当一个人用这种方法麻醉自己时,真正的自卑感原封未动,它们变成精神生活中长久潜伏的暗流,这便是"自卑情结"。

简言之,当个人面对一个他无法适当应付的问题时,他表示他绝对无法解决这个问题,此时出现的便是自卑情结。

由于自卑感总是造成紧张,所以争取优越感的补偿动作必然会同时出现。然而,如果争取优越感的动作总是朝向生活中无用的一面,真正的问题就会被遮掩起来或避而不谈。假如一个人限制了自己的活动范围,苦心孤诣地要避免失败,而不是追求成功,他在困难面前便会表现出犹疑、彷徨甚至退却。

那些用错误方法追求优越感的人,关键的问题在于将他们的努力指向了生活中毫无用处的一面。我写作《同性恋在中国》一书前后思想的变化,可以再次充当证明。

我曾经是失败者,一个在寻求优越感过程中的失败者。

所有失败者,都是因为他们缺乏从属感和社会兴趣。他们在处理职业、社会、性等问题时,都不相信这些问题能够以合作的方式解决。他们赋予生活的意义,是一种属于个人的意义。他们以为,没有哪个人能从完成其目标中获得利益，他们的兴趣也只停留于自己身上。他们争取的目标是一种虚假的个人优越感，他们的成功也只对他们自身才有意义。

经常用眼泪和抱怨的方式来唤起人们注意的人，与过度害羞、忸怩作态及有犯罪感的人不相上下，他们都在其举止上表现出自卑情结。他们已默认了自己的软弱和无能，他们隐藏起来而不为人所见的，则是目空一切、好高骛远的目标和不惜任何代价以凌驾别人的决心。

一个喜欢夸口的孩子，即会表现出其优越情结，可是如果我们观察他的行为而不管他的话语，那么我们很快便能发现他的自卑情结。22年前那个大谈自己家中用香油擦地板的我，便是很典型的夸口的自卑的孩子。

即使我的"连续广播"未涉及香油与地板的结合关系，我也仍然是一个在寻求虚假优越感的自卑个体。我满足于同学的围观，而不是去努力提高自己的学习成绩、社交能力，以真正的超越和优越来摆脱自卑。

追求优越感的方向发生错误的典型代表中，不能忘记罪犯。他们的表现较为极端，都是一些缺乏社会兴趣，对同胞漠不关心的人。罪犯所追求的属于他私人的优越感，对别人一点贡献也没有，这是其行业最显著的特征。罪行是懦夫模仿英雄行径的表现，他们在犯罪的过程中，误以为自己是英雄。他们一直在想象自己多么勇敢，多么出类拔萃。罪犯已经用不合作的思想和行为把自己训练了很久，这种思想的根基可以追溯到儿童时期。

由于每个人都是弱小的，所以如果未能学会合作之道，只能听凭环境的宰割，走向悲观之途，并发展出牢固的自卑情结。就我而言，我不认为那个七岁的孩子对这种自卑情结的形成担负太重的责任，责任只能归之于他生活的环境。

如果我那刚烈勇猛的父亲活着，如果我的家庭不是"黑五类"，如果我的母亲不是被压制得已经不敢发出怒吼的女人，如果我不是在外祖母身边而是在集体环境中长大，如果短暂的幼儿园生活得以帮助我建立与人交往的能力，如果我们不是生活在一个剥夺个人尊严的时代，如果那个时代不是压制个性而是弘扬个性的话，我又怎么能找不到一条获取优越感的理想道路呢，我又怎么会发展出一直绵延到成年的自卑情结呢？

今天，我终于可以真正以合作的态度寻求优越感了，但是，在过去的岁月里，我失去的是否太多呢？这是谁之过？

个体心理学指导下的自我分析之四：

我写完了遗书，眼泪哗哗地淌了个够，然后把它寄了出去。

那是1985年初的一天，我的遗书是寄给一位旧日的同窗好友的，开篇第一句话是："你看到这封信时，我已经不在人间了。"

那是我中学毕业半年后，每天白天一个人在家，晚上则去高考补习班上课。别的同学或是升学，或是工作，而我则开始了为时三年的待业生活。现在想来，那段时间实在令人羞愧。我被母亲供养着，本应该刻苦读书，迎接高考，却虚度了许多时光。

我当时的心绪很糟。这是可以理解的。我高中时暗恋过的女孩子已经考上大学，虽然我们偶尔通上一封信，但是，我知道命运已经把我们分开了。处于青春成熟期，我的体内充满了各种渴望，却没有释放的途径。正是需要与人相处的年龄，我却终日被迫自闭在家中。也就是那三年，我经常地变成一头狮子，无缘无故便对家人大吼大叫。现在想来，我当时的青春期综合征是很明显的，已经处于精神分裂的边缘了。

经常想到因为高考落榜，自己已经被社会抛弃了。经常想到自杀。

写遗书的那天早晨，我去和平区图书馆，该馆上午开会，闭馆。我试图说服守门的老头儿让我进去，他讥笑了我一番，那时的我哪里有回击的能力呢。回家的路上，眼泪便滴下来了。我的眼泪其实一直在积蓄着寻找出路，守门老头儿为它敞开大闸。

我对自己说，你已经沦落于到处被人讥讽的地步了，你活着真没意思。

于是便写了遗书，投到楼下的信箱里。回来便找出一瓶安眠药，躺到床上，还没吃药便先设想自己的尸体被发现后，家人痛哭的样子，于是自己先感慨地大哭了起来。

我在想："我是人类中最温柔、最仁慈的人，而命运却这样残忍地对待我！"我索性一死，给你们看看。于是乎，哭得更悲壮了。

一把药片举到嘴边，最后只吃下去两三片，倒头睡了一觉。下午醒来，心绪已恢复平静，吃饱了饭，便去夜校上课了。

苦了那位同学。那时邮局的效率比现在高，他当天晚上回家便看到了我的信，读了第一行就往楼下奔，他姐姐在后面一个劲儿喊："别去！他不会自杀的。我早就看出他神经有点不正常。"那同学边跑边说:"不行,我一定要去!"

那同学是个胖子,挤上公共汽车,气喘吁吁地赶到我家,跑上三楼,立即狠劲砸门。继父被这砸门声吓了一跳,喝道:"谁呀,这么敲门?"

同学一个劲儿地喘,已说不出话了。继父打开房门,同学才呼哧带喘地说:"我,我是方刚,的同学,我,收到他一,一封信,他,想不开,要,自杀。他还,还好吗?"

继父平静地说:"他上课去了。你别信他的话,他动不动就闹着要自杀。"

转天,这位好友请了假,特意来看我,陪我说了一天话。那天,我的心情格外好。

像那样的"自杀",有过数次。每次作为狮子"犯病"后,与母亲争吵,我也会想到自杀。在我的潜意识里,我甚至将这自杀的原因归之于母亲,为了报复她对我的"不理解",仅仅是为了使她痛苦也想自杀。阿德勒说过,自杀必定是一种责备或报复。在每个自杀案中,我们都会发现:死者一定会把他死亡的责任归之于某一个人。

今天想来,我在通过自杀的威胁引起别人的注意,在被别人注意的时候,我的虚假的优越感会因此得到满足。

青春晚期的我,其实一直生活在危险的边缘地带。毕竟,在青春期的早期,我是个"问题少年"。

自由联想:我最早的记忆及分析

我的早期记忆之一:

电匣子里讲着一位叫作鲁迅的人,全是盛赞,具体用词已经记不清了。我好奇地问外祖母:"鲁迅是谁?"

"一位伟人。"她说。

"他是干什么的?"我又问。

"作家。"

"作家是干什么的?"

"写书的。"

"写书的都是伟人吗？"我穷追不舍。

"写的书好，便是伟大的作家，才是伟人。"

"做伟人有什么好处？"

"他们虽然死了，写的书却还有人看，别人常提到他们。而平常的人，死了之后，什么也不会留下。"外祖母很有耐心。

我在自己有限的思维空间里回味着外祖母的话：平常的人死了什么也没有留下，而伟大的作家死了却还常被人提及，像没有死一样。

我的早期记忆之二：

本书第一章中"我的早期性史"已详述，此处从略。

本书提及的我的许多早期情节，都是我成年后别人讲给我的，而不是我直接从自己记忆里提取的。我努力回忆，辨别哪些记忆确实真正是属于我自己的。我发现，我记事较晚，正像我说话较晚一样。前面两个图像交替出现在我的脑际，它们发生在我四五岁的时候，无疑都是最早的记忆，但何者更早一些，我已经说不清了。阿德勒认为，说不清本身便是一种判断，这也许意味着，在我的生命旅程中，这两个记忆糅合在一起，共同发生作用，难分彼此。

阿德勒认为，在所有心灵现象中，最能显露其中秘密的是一个人的记忆。记忆绝不会是偶然的；个人从他接收到的多得不可计数的印象中，选出来记忆的，只能是那些他觉得对他的处境有重要性的东西。早期的记忆特别重要，它显示出生活模式的根源及其最简单的表现方式，表现出个人的基本人生观雏形。从儿童时代起便记下的许多事情，必定和个人的主要兴趣非常相近，假如我们知道了他的主要兴趣，便能知道他的目标和生活模式。大部分的人都会从他的最初记忆中，坦然无隐地透露出他们生活的目的、和别人的关系以及对环境的看法。从中，我们可以判断：一个孩子是被宠惯的还是被忽视的，他学习和别人合作到何种程度，他愿意和什么人合作，他曾经面临过什么问题，以及他如何对付它们。

不要对人们回忆起的旧事确切与否担心。记忆正确与否，没有多大关系，记忆最大的价值在于代表了个人的判断："即使在儿童时代，我就是这样的一个人了"或"在儿童时代，我便已经发现世界是这个样子了"。

努力搜寻到我们最早的记忆，然后与现今的自我对照，对自己做一番精神分析，无疑是件很有趣的事情。

有了阿德勒的思想，再看我那两个早期记忆，自然有所不同。我后来立志成为一名作家，不能排除早期记忆之一的影响。按照阿德勒的解释，我想通过这个记忆说明："即使是儿童时期，我便已经是向往成为作家，想通过写作而获得不朽的人了。"我对死亡问题的关心，似乎又多了一条解释之道。而我的早期记忆之二则说明："即使在儿童时期，我便已经发现了自然的、无约束的性的乐趣，所以，我今天对性学研究的热情早在那时便有了基础。"

从这两个早期记忆，可以看出我现在生活模式的根源，我的主要兴趣所在，以及我的目标。而且，显示出我同他人相对疏远的关系，正如成年后的我一样。

为了进一步验正阿德勒的理论，我又询问了我的妻子——云子——的最早记忆。

云子说，她的最早记忆是三四岁时一组难分伯仲的画面，它们分别是：很喜欢她的邻居马婶坐在炕头儿上逗她玩，她把尿盆扣到了马婶的头上，引得大人们笑了起来；她坐在床上，大姐一边洗衣服一边教她背毛主席诗词；半导体开着，妈妈在缝补袜子。有意思的是，三个场景都发生在冬天，房间里被炉子烤得暖烘烘的。

我立即看出这组早期记忆与云子今日性情、生活的密切关联。她的记忆均涉及家人，即使是邻居马婶也像母亲一样疼爱她；都发生在家庭之中，而且是可以给人许多美好、温馨感觉的冬日暖屋中；记忆中的大姐和母亲都在做着家务；她与每个人都很和谐、亲昵地相处。今天的云子家庭观念很重，合作能力，特别是与家人的合作能力更强；她做家务时很投入，关心家人的苦乐，热爱温馨的家庭生活，渴望过闲淡、轻松、快乐的日子，没有社会压力，也不像我那样有太多的欲求。

我突发奇想，今天每结识一个新人的时候，都去问问他的早期记忆，然后在心中默默想想这个人是怎样的人，该走近，还是该走远。心理学可以帮助我们少犯许多错误。

好孩子—问题少年—好孩子

阿德勒在其晚年最重要的代表作《自卑与超越》中，谈及青春期问题、问题儿童问题、学校教育问题，等等。这些，都引起我对一些旧事的回忆。毕竟，我曾经是一个不折不扣的问题少年——今天认识我的人，恐怕没有人会想到这一点。

因为小学只读了四年，所以入初中时，我11岁。初中一年级过得很好，第一学期期中考试名列全班第七。班主任是位男青年，当时不到30岁，姓陈，教数学。教师总是喜欢学习好的学生，所以，陈老师对我挺好，像对朋友一样和蔼可亲，还经常表扬我。孩子们受到表扬，自然更为向上。

那年是我刚开始幻想远大前途的时候，画家、书法家、翻译家、数学家、气象学家，都是我在初一时接二连三冒出来的理想。受着这些理想的驱使，我学习极为努力，不再让母亲操心。这一年，是我做好学生的一年，不再有小学时的贪玩，也没有日后的胡思乱想，只是专心致志，头脑简单地一门心思学习。英语单词抄在小纸条上，上学、放学的路上背诵。

期末考试，我仍名列前茅。寒假时，陈老师家访，那时我们尚住临建棚，白天也需要点灯。陈老师来时，我的作业已经写完了，当时正在昏暗的灯光下预习新学期的课程。陈老师便极感动，开学后至少在全班讲了两次，大意是，有的同学家里居住环境很不好，大白天点着灯预习功课，可有些同学，作业都不认真完成。

新一轮的班干部和课代表产生了。我一心想给陈老师当数学课代表，即使退而求其次，我也想当英语课代表。我当时虽然还不懂心理学，却也凭直觉知道，自己做了哪门功课的课代表，哪门功课肯定会学得更好，也必须学得更好。但是，我却被安排当了政治课代表。这事让我十几年后想起来都懊恼，当时我觉得那个年轻的女老师似乎是高中毕业，正忙着考大学，教学只是应付。如果我当了英语课代表，我想成为翻译家的愿望肯定被巩固下来，即使以后再改变，也无疑会使我打下良好的英语基础，我后来的高考、托福考试，甚至于今天直接阅读英文书，进国际电脑互联网络，可能性都会更大一些。而且也存在这种可能，我的精力被吸引到自己当时极感兴趣的英语上面，学习的兴趣更浓，更可能不会在半年多后轻易地放纵自己，成为一个问题少年了。

初一下学期，我的学习成绩略有退步，但是，我仍然是一个好学生，仍在努力、刻苦地学习。

初二上学期，我的生活中发生了一件重要的事，一个男人进入了我的家庭，成为我的继父。

这件事并没有对我产生直接的影响。那时我对生父远未产生出今天这许多的怀念，而且我的思想更不可能有什么保守的成分。所以，12岁的我对母亲的再婚从一开始便没有任何抵触情绪，甚至有些高兴，觉得母亲有了伴儿，家里多了个人也热闹一些。而且，继父对我很好，常买水果和糖块儿给我，我的心里早已经偏向于他了。至少在这件事上，俄狄浦斯一点没有发挥作用。

后来有亲戚说，我十三四岁时的沉沦要归罪于母亲的再婚，这再婚对我的精神伤害很大，所以我才会成为问题少年。我自己最清楚，这说法又是一种有理的无理推断。

母亲曾经自责，认为我的"堕落"是我们住所的改变造成的。那年，天津大学的临建区正在拆除，母亲住到了继父在天津河北区的家中，而那里距我的学校路途遥远，我只能每周回家一次，平时，则和奶奶住在一起。母亲因此自责，说因为她不在身边，无法监控我，所以我才会堕落。

这，也许有一些关系，但绝不会是唯一的原因。

读初二时，我在初一时刻苦学习的那股劲头儿已经退却。我无法清晰地回忆起学习热情冷淡的缘由。

阿德勒说，青春期的所有危险，都是由于对生活的三个问题（职业、社会、性）缺乏适当训练和准备造成的。

我的"职业"是学习，我的"社会"是学校，而我的性意识，也确实在那时开始萌发，这与L同学的启发至关重要。在阿德勒关注的三个因素中，我更看重前二者。

很多年后我忽然想到，当年一个同学用在我身上的俗语很确切，他说我是——"烂土豆，经不住挎（夸）"。长期生活在自卑中的人，一旦遇到某种情境得以使他们走出自卑，获得虚假的优越感，便会比那些自卑感弱的人更容易自以为是，飘飘然地忘记了自己是个什么东西，于是，他们很快便会悲惨地跌下来。12岁时，我经历了这样的飘飘然与跌落，15年后的1995年，我再次飘起来、跌下去，这两次一升一跌，对我的影响都相当大。

12岁的我，学习成绩名列前茅，又常受表扬，找到了自从上学以来便从未有过的良好感觉。我开始自傲了，这使我外向的一面开始表现出来，爱说笑，上课常走神儿，和同学"开小会"。这是很令教师反感的，特别是当一个曾经是好学生的孩子出现这种情况时。这可能意味着，榜样的力量受到挑战，进而权威受到威胁。所以，任何社会中的统治者都会很看重榜样的作用，以维护他们的权威。在那个初中班级里，也不例外。

上课不听讲、说话，加上某次考试成绩的下降，使陈老师对我"另眼相看"。不知是因为想给曾经是好学生的我留一个面子，还是因为他确实对我的好坏毫不关心，他没有找这个12岁的孩子谈过一次话，只是沉默地在旁观良久之后，开始越来越多地批评他。

阿德勒说，教师要做的事情必须和母亲做的一样：和学生联系在一起，从心里对他发生兴趣，这是教师本身的合作能力。

现在想来，陈老师缺少这种合作能力，他只具有发现好学生的能力，而对学生个人没有兴趣。

陈教师的关注与表扬已经成为遥远的回忆了，我开始从他那里领受尖刻的批评，而这更冲淡了我对学习的热情，成绩进一步下降，陈老师的批评便更加尖刻，一种恶性循环开始了。

更甚之，陈老师开始寻找机会打我。初一那年，全班绝大多数的男生都被陈老师打过，我未挨打。现在，陈老师开始加倍地让我偿还了。

我最怕被他找去谈话，陈老师每次找我谈话都只有一件事：训斥，请家长。陈老师是条一米八以上的汉子，谈到激动的时候，便会突然狠狠地一挥手，打我一个嘴巴子。所以，每到他找我"谈话"时，我都很紧张地盯着他的手。有一次，他的右手扬起了，我本能地躲闪，他打空了。教师的权威受到挑战，陈老师从来都是弹无虚发的，于是，几秒钟后，他再次扬起手，我一低头，那大手再次从我耳边呼啸而过。于是那手沉默着地垂下去，似乎无精打采。我身高只到陈老师的腋下，所以距离那手的距离较近，我敏锐地感觉到，它平静的外表下面正在积聚着能量，等待时机，制造着一个阴谋。连着两次让老师的袭击落空，我心里也有些不是滋味，觉得有负于他，但是生理的条件反射不是我能够控制的。终于，那只手瞄准了我松弛的一瞬间，再度挥舞起来，我感到风声临近，向旁边一躲，又闪开了。我正沉浸在闪开的庆幸与让老师再次失败的负疚中呢，陈老师的另一只手却紧跟着追了过来，完全出乎我的意料，猝不及防，"啪"，我狠狠地挨了一下。再看陈老师，终于露出了满意的微笑。

我知道，今天的谈话可以结束了。

阿德勒说，最无能的教育方法是批评或责备学生，这种方法只能让学生找到更充分的借口来讨厌学校。他写道："假如我是个在学校里经常受到冷嘲热讽的孩子，我对老师们也会敬而远之的。我会避开学校，设法向新的情境另谋发展。"

那时，我与一位叫剑的男孩子关系开始密切，他是班里的末等生，我们常同来同往。他也是经常受陈老师批评的学生，我们是惺惺相惜，成为莫逆。忘记第一次是因为什么开始的了，但那最关键的一步终于走了出来：我们开始逃学！

能够朦胧记起的逃学起因可能是这样的：某个周一，我从遥远的河北区往学校赶，迟到了，窘于被批评，索性便直接去奶奶家了；某天，剑说，今天我想去看某部电影，你陪我吧；某天贪玩，作业没有完成，怕被批评，便不敢去学校了；某天，有对我最严厉的某老师的两三节课，讨厌见他，怕见他……能够设想出来的理由有许多，归结一点：一个重新被置于自卑感觉中的孩子对学校与教师的抵触。

逃学了，便需要有假的病假条交给陈老师。我开始模仿母亲的签字，将母亲随手写下的文字藏起，偷偷地复写、临摹。我得以一次次骗过陈老师，这使我更有勇气逃学了。不上学的滋味真好，我和剑去看电影、打滑梯、逛公园，过得着实快乐。

阿德勒说："顽皮难以管教的坏学生，大多数把学校视为令人不快的场所。而时时想逃学的孩子，他们并不愚笨，在编造不去上学的理由或模仿家长签字时，他们经常表现出很高的天赋。在学校之外，他们会找到志同道合的逃学孩子，从这些同伴处，他们获得了在学校里无法得到的赞赏。能够让他们感兴趣并让他们觉得自己有价值的圈子，不是学校，而是问题少年组织。从中我们可以看到不能被班上同学视为自己团体一分子的儿童，如何使自己踏上犯罪之途。"

值得庆幸的是，我和剑都没有走上犯罪道路，逃学只为贪玩，只为了躲避学校给我们精神上的压力。我们也曾遇到另外一些逃学的同龄人，他们或是强行索走我们身上的钱，或是已开始交女朋友了。与他们相比，我和剑的"问题"尚小。

但是，这已经足以使我失去昔日的好学生形象了。

某次逃学之后，我发现，我已经跟不上英语课了。我的心当时确曾震颤过，那一刻，我一定想起自己要当翻译家的理想，想起口袋里塞着写有英语单词的字条，边走边背的日子。然而，我没有抓住这难得的一次改变自己的机会，而是任由自己进一步滑下去了。人上坡很难，下坡真的很容易。

那一年，我旧时所有的远大理想都被尘封起来了，我过着吃喝玩乐的日子，真的变坏了！

真的要感谢命运，使我没有一直滑下去。

一次，逃学近一周，伪造的假条意外地被陈老师识破，他勒令我转天让母亲到校。坏学生最怕的便是请家长，我再次逃学了。因为事情是两个人一起做下的，剑的命运与我一样。我们商量了一番，既然学校和家都不能回了，出路只余下一条：浪迹天涯。

当年从未单独出过远门的我们是如此幼稚，我和剑的流浪计划竟然是：坐上一辆行程最远的公共汽车，直到终点，然后便到大山里采果子吃。在我们的头脑里，只要坐上那些通往郊区的长途汽车，便可以开始小说连续广播节目里那些东北抗联战士的生活。

两个十二三岁的孩子，躲在一处建筑工地的草棚里策划他们的壮举，那是一个冬天，我们又饿又困，竟都迷迷糊糊地睡着了。我的继父保留有一件日本鬼子当年穿的黄呢子军大衣，母亲将它改成了适合我身材的。此时，我和剑合盖着那件大衣，进入了梦乡。不知何时，我被冻醒了，睁眼一看，发现大衣没有了。天已经黑透了，外面冷风呼啸。我叫醒剑，正为丢失的大衣懊丧呢，忽然看到，草棚外面，十几个黑影呈扇形向我们包抄过来。

"是土匪！"我惊恐地说，脑子里还满是杨子荣（东北抗联英雄）的故事。

"怎么办？"剑也没了主意。

"逃吧。"我说。

于是我们撩开草棚的草门帘，冲了出去。

"不许动！""站住！"一阵呵斥，手电筒的强光打在我的脸上，我还没有明白发生了什么，胸前已经顶上了枪口……

真该感谢那些派出所干警，他们将我和剑从流浪儿的边缘拉了回来，使我的人生不至于过于落魄，也使我的母亲少些许多伤痛。

在那个建筑工地，晚上经常有一个流氓团伙集聚，警察们接到报告，布置了当天晚上的行动，结果是只抓回了我和剑。我想，很可能是我的大衣救了那些流氓，他们趁我们熟睡偷走了大衣，便忙去别处招摇了。

剑的家，正属那个派出所的管界。深夜两点多，警察把我和剑送到了剑家。剑的父亲说："方刚，你妈妈刚走，她一晚上都在找你！"

我的母亲呀！我的妈妈！

您的儿子是如此不孝！您含辛茹苦地拉扯着我们姐弟，但我竟是如此让您操心！伤心！

今天回首往事，我深深地羞愧。母亲，我今天再多的努力，又怎么能偿还您的恩情于万分之一呢？！

原来，陈老师估计到我和剑会再度逃学，便打电话通知了我的母亲。母亲当晚赶到奶奶家，等不到我，便在冬日里四处奔波，寻找。她去看了医院楼道里的长椅，在火车站的候车室里逐一看那些睡下去的人，去了所有她知道的我的同学的家。那天，母亲一夜未眠！

我的母亲呀！儿子实在有愧于您！

母亲挥舞着扫帚，大声地吼着，向我砸下来。母亲的喊声大，扫帚落下来时，却已经无力了。

我哭。母亲也哭。

许多年后，我才真正懂得母亲的哭。

那年父亲故去十年了。我已经从三岁变成了13岁，由一个乖孩子变成了一个问题少年，母亲还不该痛哭吗？她又不忍心真的责打这个自己的亲骨肉，怒其不争，怜其不幸，她又怎能不哭呢？

哭泣的母亲哽咽着："如果你爸爸还活着……"

父亲活着又怎样呢？我的堕落，只能怪我自己。

那次之后，我仍未彻底觉醒，只是因为不敢让母亲生气，才老老实实地去上学。功课是不可能赶上去了，我由班里的优等生变为中下等。

母亲借了舅舅在市中心的房子，将我接到一起住，每天督促我的学习。不久，我读初三时，母亲所在的设计院分配了房子。我们家从长春迁居天津五年，搬了11次家，到处打游击。母亲晚年经济条件好了，住房不断改善，换了一次又一次，一山望比一山高，甚至到外地旅游时，也常饶有兴致地参观当地的商品房。我想，母亲晚年对房屋这份强烈的兴趣与我们当年无处可住的经历有直接的关联。

初三时，我开始了自己的初恋，那次以凄楚结局告终的初恋已在第一章中记述。在学习上，我仍是中等偏下。最重要的是，我不再逃学，却偶尔旷课。如果能少上两节课躲回家，对我来讲是件极快乐的事情。我无法忍受一整天一整天地坐在教室里，正像我参加工作之后，无法忍受每天上班一样。所以，我后来总是逃避坐班的工作制，我想与当年的逃学、旷课不无瓜葛吧。

初二逃学时，需要钱，我便开始偷拿母亲放在家里的钱，开始偷拿奶奶那少得可怜的钱。剑在这方面比我强，他从不偷窃家里的财物，更不会偷窃他人的财物。而当我的小手伸向母亲辛辛苦苦挣来、存下的一点钱时，我已经变成了一个贼！

如果说，拿母亲的钱还不能构成犯罪的话，那么，我确实有过两次真正的犯罪记录，只不过，不是与剑在一起，而是读初三时，与另一个男孩子一起做的。第一次，从一个旧工棚敞开的窗子里顺手拿走了桌上的一只旧马蹄表。我无知地以为，可以到典当行换回几十元钱，一打听才知道，它最多只能卖三四块钱，便索性一扔了事了。

另一次偷窃是初三即将毕业时，忘记受了什么影响，我对古瓷器收藏产生了浓厚兴趣，开始想当收藏家。买了近十件清末和民国的瓷器，在当时是极便宜的，一个清康熙年间的蟋蟀罐只花了10元钱。可惜后来热情过去，便都在搬迁过程中散失了。一次，去同学家玩，看到公共阳台上有一个清乾隆年间的雕花瓷瓶，工艺十分精美。主人不识货，竟用它泡了黄豆，等着发酵后浇花用。这件宝贝被弄得又脏又臭，扔在阳台角落处，任凭风吹雨打。我立即动了怜香惜玉之心，当即倒掉里面的臭水，找张报纸一包，捧回家了。

回到家，正用热水认真清洗呢，猛烈的敲门声响起，警察来捉贼了。

原来，那座居民楼近来经常失窃财物，大家早已提高了警惕。有个坐在门口纳凉的老太太看到我大模大样地抱着个物件往外走，便尾随在后面，一直跟到我家，随后就去派出所报了案。

我招供了。管片民警是位二十岁出头的男青年，很文静，没有这个职业者中常见的那股蛮气、匪气。可能看出我不像个坏透了的坏孩子，对我极客气、友好。在我的恳求下，他竟然答应暂时不将这事告诉我妈妈，条件是：我必须好好学习，考上高中。

在案卷记录上，我签了字。我知道那张纸将永远存入派出所的档案，成为我生命的一个污点。所以，那之后几年内我一直做的一个白日梦便是：很多年后，我成为名人了，或是政治家，或是大学者，受着公众的推崇和爱戴。但是，那份少年时偷窃的档案记录一直是我的心病，这时有一个大侠出现了，把那份档案偷出来销毁了，使世人永远不可能知道它。我当时怎么会想到，十多年后，竟会自己写出这段经历，主动将其公之于众呢？而且，我同时还要公布许多可能更"见不得人"的东西呢？

一个人不同时期对于自己、对于事物的判断，真的可以有天壤之别。

今天回想起那位年轻民警，我对他满怀敬意与感激。他索走了我的全部瓷器与古币收藏，肯定了我喜爱收藏的业余爱好，说："这些东西等你考上高中后再还给你，现在，你要集中精力学习。"

接着，他便说了这样一句使我心灵为之震颤的话："有爱好虽好，但是，中国还有一句古话——玩物丧志。"

我久已麻木的心灵，被他这句话深深地触动了！

曾经有过的一个个宏伟志向，在我脑际闪过。

我不是要成为伟大的作家吗？

不是要成为伟大的翻译家吗？

不是要成为伟大的画家吗？

不是要成为伟大的气象学家吗？

在过去将近两年的时间里，我到底为自己的这些理想做了些什么呢？我不是已经很少想起它们，更没有实际做过努力吗？

我这是怎么了？

我还是我吗？

初三下学期，我开始写诗。我将自己的理想定位在诗人上。那些分行文字，成为我成长的见证，一个男孩子在青春期苦苦挣扎于阿德勒所谓的三个问题——职业、社会、性——的真实记录。我那时才开始猛醒：自己失去的时间太多了。

初三毕业后的那个暑假，我成为一个作家的理想开始复苏，并且再也没有沉睡过。我开始切实地为这一理想做着努力，读书、练笔，还参加了一个文学创作函授班。书店成了我最爱去的地方，直到现在，那里仍是我精神的安慰所。我知道，在过去的两年时间里，我的生命散失了。我只有更加倍地努力，才能实现自己的理想，把失去的时间抢回来。

1982年9月，我勉强升入高中。这便是成都道中学。中考成绩很低的学生，都到这里圆他们的高中梦。

那年，我将及15岁，对自己重复着孔子的话："吾十五而有志于学，三十而立，四十而不惑……"

我已经给自己定下了一个时间表，这个时间表一直影响到我今天坐在这里写作这本书。

开学一个月后，一个经过证实的消息在班级里流传：班主任张凤朝老师正在逐个找每个同学谈话。

又是谈话！我复陷于陈老师每次找我谈话所带来的恐怖记忆中，那只狡猾地寻找机会袭击我的大手又在眼前晃动了……

我是较晚被找去谈话的。张老师的办公室里只有我和他。

张老师个子不高，年近五十，微胖。一进门，他便先请我就座。我颇为紧张，记忆中从来没有坐在老师的椅子上的经验。局促地坐下来，先出了一身汗。更可怕的事情接着发生了，张老师竟沏了一杯茶水，递给了我！他真是一点不顾教师的威严了！惊异之余，我被一种更强烈的温融融的感受包裹了。

张老师先问了些家庭情况，突然说出一句话，把我吓了一跳："听同学说，你想当作家。是真的吗？"

我从小到大一直没改掉的一个毛病便是，脑子里想什么嘴里便说出什么，所以，自己整天被一个作家梦缠着，自然会对同学讲了。但是，自卑的我心里很清楚，在别人眼中，把一个三流高中三流学生的身份与"作家"这一理想放在一处，便成了一幅漫画。和同学吹吹牛尚可以，竟然传到老师的耳朵里，还被当面质问，我像一个罪犯，紧张得承认也不好，不承认也不好，面红耳赤，吭吭哧哧地僵在那里，手足无措。

张老师笑了："想当作家是好事呀，你害怕什么？你年纪这么小，就有远大抱负，是很难得的。我听说后，心里很高兴，一直想找你谈谈呢。"

我松弛下来。

"你还不到十五岁，从现在努力做起，一定会实现自己的理想的。很多大作家，在你这个年龄也还没有立志呢。"张老师认真地说。

第一次有成年人以这样的态度谈及我的理想，第一次有人让我感觉到，他相信我会实现自己的理想。我对教师紧闭多年的心扉，正在一点点敞开。

那天，张老师同我谈了很多，很久，一直谈到黄昏，教学楼里只有我们两个人了。张老师问什么，我便讲什么，大谈自己的种种抱负。在我求学生涯中，张老师是唯一一个与我进行过这样心灵交谈的教师。

张老师说："一个好作家需要多方面的知识，所以，除了语文课外，你也应该学好数理化和其他功课。"

我说："过去几年我丢下的功课太多了，听讲很费力。而且，明年分文理班时，我肯定读文科班，这一年再下太大功夫学数理化，没什么意义了。"

张老师认真想了想，说："那好吧。以后上物理和化学课时，你可以不听讲，私下看别的书。你也可以不参加考试，我会让你顺利升入高二。但是，将来高考时要考数学和外语，你无论如何也要尽可能提高分数。"

我没想到张老师会做出这样的决定，他自己就是化学老师呀，哪个老师会不想让学生学好自己教的课呢？他是班主任，怎么可以允许一个学生上课不听讲呢？

张老师说："你必须努力考上大学，这样才更有可能实现成为一个作家的理想。如果靠自己自学，虽然不是没有可能，但是太难了，要走许多弯路。所以，我允许你集中精力学习高考时要涉及的课程。"

几天后，物理老师对我说："张老师已经和我谈过你的情况了，我尊重他的意见，物理课你可以不上，不写作业，考试时我会睁只眼闭只眼的。"

我一直无法想象出来，张老师是怎样对别的教师解释这个学生的种种特殊待遇的。很快，所有同学都在传言，张老师对方刚格外"偏向"，甚至已到了不近情理的地步。"你们别再是亲戚吧？"有同学这样问我。

即使是我自己，在当年对张老师的特别关照也无法理解，甚至想，这是否与教师的身份不相符合。

读了阿德勒，我才忽然领悟了张老师种种非同寻常之处。那个年代，他肯定没有读过阿德勒，甚至可能很难读到西方的心理学、教育学。他完全凭着一颗关心、爱护学生的心，本能地察觉到对不同学生应该有不同的教育方式，而实行这些方式时，不应该有任何条条框框。为了学生的个性发展与人生进步，他宁可背些黑锅，做出一些常人无法理解的举动。

阿德勒说，如果教师想要吸引孩子的注意，他必须先了解这个孩子以前的兴趣是什么，并设法使他相信：在这种兴趣以及他种兴趣上都能获得成功。当儿童对自己某一方面满怀自信时，要在其他各点上刺激他便容易得多。

总结张凤朝老师对我的教育方法，正是这样的三个步骤：

（1）对我发生兴趣。其实，他对每个学生都做到了真正发生兴趣。

（2）发现我的兴趣所在，重视我的兴趣，鼓励我，使我自信。

（3）引导我对学业整体感兴趣，同时，也采取现实的措施，因材施教，免除我已经来不及补上的学业负担，使我能够集中精力于可能补上的功课，通过高考。

阿德勒还说，视觉型的孩子对运用眼睛的学科有兴趣，他们可能不愿意听老师的讲课，因为他们不习惯于运用自己的听觉。如果这些孩子没有用眼睛学习的机会，他们便赶不上别人。教师和家长难逃其责，他们没有找出使孩子发生兴趣的正确方法。"我的意思并不是要对这些儿童施以特殊教育，但是我们却应该鼓励他在其他方面也培养兴趣"。

张老师对我所做的与阿德勒其实是异曲同工。他对我实行了"特殊教育"，正是为了发展我的特长，走更现实的成才之路。

张老师其后的表现，便像是我的家长。他开始关心我在文科每门功课上的进步，每次考试后，他都急急地找到那几门功课的老师，查看我的成绩。对于语文课，更是格外关注。他同教语文的陈老师讲了我要成为作家的理想，陈老师便主动借文学名著给我，还让我逐期看《作文通讯》月刊，看同龄人的好作文。往往是，我写了一篇作文，陈老师先有长长的批语，张老师还要索去看，再写下他的批语。两个人的批语加在一起，每次都比我写的作文长出许多。

天津师范大学的毕业生一度来学校实习,张老师和陈老师又热情地向实习教师推荐我这个想当作家的学生,那位年轻的女教师姓于,她索去了我的全部作文,看后写给我一封热情洋溢的信,结尾一句是:"希望未来的作家行列中,出现一名新兵——方刚。"那封信对我的鼓励极大,我一直珍藏至今。

处于三位教师的鼓励之下,我的自信心倍增。我真的相信自己会成功,一定会成为一个作家。我的学习成绩与写作,都在快速成长着。那个问题少年,又开始成为一个好学生了!

初中那位姓陈的班主任,说过的一句话我一直未忘。初三即将毕业时,他对我说:"方刚,过去三年里,我看着你一点点往下滑!"遇到张凤朝老师后,我深刻地感到,张老师将滑下去的我,一步步扶了起来。

我知道我不能简单地责怪初中的班主任,我的堕落,责任不在别人。但是,教师的不同,对于一个孩子的成长,又是何等重要呀!

阿德勒说,假如老师对学生多关心一些,学生可能会受到激励而继续努力直到成功。当孩子成绩老是不理想,老师和其他的同学也都认为他是班上最糟糕的学生时,他自己可能觉得自己是无可救药的。然而,即使是最坏的学生也会有进步的可能,在许多名人中,我们有足够的例子可以说明:"在学校中屈居人后的孩子是可能恢复其勇气和信心并达成伟大成就的。"

显然,在这"恢复勇气和信心并达成伟大成就"的过程中,背后往往会有优秀的人才,包括教师。

阿德勒还说,有些孩子只有在受到嘉奖或赞赏时才肯工作。

1983年,成都道中学的化学老师张凤朝、语文陈老师、实习的于老师,共同帮助一个孩子恢复了勇气和信心。至于这个孩子是否能够取得伟大的成就,就要看他自己的了。

阿德勒说:"如果教师们都受了良好的训练,心理学家就不需要了。"

因为成都道中学高考升学率极低,高一结束后,张老师怕耽误了我,凭着私人关系,将我转到一所略好一些的中学——三十四中。那是1983年。

12年后,高中时我每期认真阅读的那本刊物《作文通讯》的常务总编,约我给该刊的中学生读者写一篇回忆自己中学生活的文章,我便写了成都道中学的三位教师。那总编讲,文章发表后收到许多读者来信,是少有的好效果。我告诉他，那些信，其实都是写给张凤朝等三位教师的。

阿德勒说，有三种情境——器官缺陷、被骄纵、被忽视——最容易使人将错误的意义赋予生活。阿德勒自己具有器官缺陷，而我成为问题儿童，与被骄纵与被忽视也许不无关系。阿德勒说，从这种情境中出来的儿童几乎都需要帮助修正他们对待问题的方法，以朝向较好的意义：训练他们更合作及更有勇气地面对生活。

在我的修正过程中，有我自己的努力，有母亲的努力，有那位民警的努力，也有高中时教师的努力。我真心地感谢他们。我与他们中的很多人失去了联系，无论今生是否再有缘相会，我都会默默地送给他们一份祝福。

梦理论

人的生活和行为都是受某种目标指引的，阿德勒认为，每个人都有个人独有的优越感目标，梦就是生活目标的某种反映。

弗洛伊德的释梦理论过于强调白天的心灵与夜晚心灵生活的对立，强调梦所遵循的法则与日常思维法则的不一致性。而在阿德勒看来，梦也是一种心理活动，做梦时的思想与白天的思想不是对立的，梦中所表达的愿望与白天所体验的愿望是一致的，否则便丧失了人格的统一性。

阿德勒说，如果一个人白天专心致力于追求某种优越感目标，他在晚上也会关心同样的问题。梦是生活风格的产品。梦使我们回到自己的人格中，再现了我们长期形成的生活风格和性格，以抵制现实和常识的压力与要求。梦往往坚定了我们的态度，有利于我们做出决定。

阿德勒说，如果梦见从高处向下摔，表示一个人自卑感占了上风，总是担心自己的失败，总感到自己处在危险的包围之中。如果梦见飞翔，则表明此人战胜了自卑感，勇于追求优越，可推测做梦者是一个雄心勃勃、奋发进取的人。

在关于荣格的介绍开始之初，我便引入了释梦手记005号，其中那个高处坠落的梦，似乎又在阿德勒这里找到了新的解释。我确实是一个自卑的人。更为奇妙的是，20岁前后我开始做一些飞翔的梦，但飞翔一段时间，我便立即意识到：我可能在坠落了。于是，便真的开始坠落，并在惊恐中醒来。现在想来，那是否正是我反抗自卑的梦中见证呢？现在的我，既不坠落，也不飞翔了。

阿德勒十分强调梦引起的感觉。他说："我们还留有梦所引起的许多感觉。梦的目的必然是在于它们引起的感觉之中。梦只是引起这些感觉的一种方法，一种工具。"我称这种感觉为"梦的情绪"。

阿德勒说："它（梦）全部的目的就是引起一种让我们准备应付某种问题的心境。在其中，我们会看到个人日常生活完全相同的人格。"

阿德勒提到，有许多人梦见过参加考试。对于这些人来讲，这种梦的意义是："你还没有准备好要面临即将到来的问题。"对另一些人，它可能意指："你以前曾经通过这种考试，现在你必须通过你目前这场考试。"

人们曾经以为梦能够对他们的问题提出解决之道。我们可以说，这种人做梦的目的就是想要获得梦的指引。

释梦手记009号：永远的考试

时间：1990年至1998年
梦境一：我正在紧张地读书，高考马上就要到了。
梦境二：我在考场里紧张地填写考卷。
梦境三：我离开考场，忽然想起还有几道题忘记答了。
梦境四：我被通知要去参加考试，我很焦虑。

分析：

类似与考试相关的梦在过去的几年间经常出现，情节很简单，甚至没有情节，仅仅是一个我坐在考场里的场景。共同之处是：我感到十分焦虑和紧张，并且都带着这种焦虑和紧张醒来，醒来后的心情很抑郁，引起的感觉是不安。

我准备参加英语托福考试，及参加高等教育自学考试期间，这样的梦似乎极少了。但是，当我在生活中不需要面对考试的时候，考试之梦却似乎一下子多了起来。最为奇特的是，连着两三年，每到7月全国统一高考之前的几天，这梦便会突然出现。

无须多想,我坚信这是高考在我心灵深处留下的阴影。

我曾经连续三届参加高考,并且连续落榜。显然,我没有投入相应的精力在学习上。高考落榜对我最大的影响是心理上的,成为一种持续的焦虑。

梦后的焦虑感,也许在提示着我对现实的焦虑,如果我不努力,我便无法通过人生的大考试。

按照阿德勒释梦理论来推理,我从这梦中得到指导,在现实的生活中更好地努力,通过人生随时面对的考试。而我在白天总是不断努力,不断进取,便是与梦境的统一。

追求优越感,仍是梦的主题。

释梦手记010号:油印出版物

时间:1997年2月18日3时许

梦境:

一个20岁出头的男青年,拿给我看一本油印的小册子。他偏瘦、偏高、戴副眼镜,我看着他觉得很舒服。

油印小册子是一家企业自办的刊物,大32开本,淡雅的如《读书》月刊般的封面,比《读书》厚一倍。男青年告诉我,他是这家企业宣传部的干事,每月编一本这样的刊物。宣传部只有他一个人,工作得很愉快。

男青年又说,他还给自己出过一本这样的油印诗集,从版式设计到配图再到印刷装订成形,都是他一个人做的。在印刷那本企业刊物的时候,他便混在里面一起印了,所以一分钱也没有花。

我极欣赏那本企业刊物,一份内部刊物能办到这个品位实在难得。我问男青年是否可以把那本刊物送给我,他当即便给我了。我欣慰地翻阅着欣赏它,深知具有收藏价值,日后是可以升值的。

关于这个梦境的记录以"朋友聚会"四字结束,但这简短的记录使清晨醒来的我已经无法回忆起关于这次聚会的详情了。

分析：

　　做这梦的当天，我便做了分析。

　　那个20岁出头的男青年分明是那个年龄时的我！正因为如此，加上外表的相像，才使我觉得"很舒服"。

　　那是我刚刚开始在写作上起步的时候，想找一份更适合自己发展的工作。到报社做记者是最大的梦想，但觉得这个梦想的实现还遥不可及，认为最切合实际的应该是一家企业的宣传干事，编一份内部刊物。我确实有过这样一个机会，但事情发展到关键时刻，因为那个单位的人际关系复杂我未能如愿。我事后倒有些庆幸，以我的个性，是无法适应那种人际关系的。

　　那时还时兴自费出书，而我已发表了一些文章，便曾认真动过自费出版生活散文集的念头，与内地和香港的出版社都联系过，甚至进展到了找印刷厂咨询成本的地步。然而当时我每个月的收入只有100元左右，最后只好放弃。

　　时间过了六七年，这一当年未实现的愿望却在我的梦里作为反映梦的本意的外像而出现。

　　我（也就是梦中那个男青年），做着自己喜欢的工作，无人际关系之忧，编着刊物，还未花钱便出了自己的作品集。事实上，我在14岁的时候也编印过自己的刊物，19岁时以结集复印的方式出过自己的"作品集"，自己完成整套程序，这些都成了梦的原料。

　　做梦的前一天，我曾与同事谈及一位收藏家，谈及刊物的封面设计，这些都成了材料。

　　做梦的前一天，我还在考虑自己的几本新著是交给哪家出版社出版的问题。一家是声望甚佳的高品位图书的权威出版社，却不可能给我很高的报酬，另一家可以给我很高报酬，却是很平常的出版社，而我最担心他们将书设计得品位太低。在我的梦中，以接近《读书》的样式出现的油印刊物，表达了我对高品位图书包装的向往。而我寄希望于那本油印刊物升值，则传达了我对收入的关心。

　　至此，我有理由认为，这个梦是关于金钱的梦。事实是，临睡前我还很认真地关心过股市的行情，算计过自己何时才能在北京买到住房。

我显然对自己存在着为了高收入而放弃高品位出版社出版自己著作这一念头的不满，我对收入的这种关心也与我的"超我"的要求相左，于是，对金钱的渴望欲求在我的梦里以诸多曲折的表现出现，直到最后，才显示出这个梦的真实意义。我不知道弗洛伊德将如何分析这个梦，他毕竟认为每个梦都与性有着必然的联系。在弗洛伊德的关于梦的象征研究中，书是被视作女性的。那么，我梦到与书有关的一切，是否可以解释为我的这个梦仍是一个性梦？只是，如果依照这一思路，我无法完成我的推理。

是我真的无法看清自己的无意识呢，还是这个梦真的与性无关？

做这梦的十天后，我进行了再分析。

十天前的分析，使我感到意犹未尽，将自己的愿望归结到获取金钱上，这无法令我自己信服。我绝不是那种将对钱的欲求压入潜意识的文人，我更无须通过这么复杂的置换来表达我的愿望。

我的联想进入到这样一个程序：20岁的我拥有的心情。于是，我立即茅塞顿开，为这个梦找到了最好的解答。

那是我刚发表作品的时候，虽然多是些"豆腐块儿"，但每一篇见报都会引起我极度的兴奋。我会将那报纸收集两三份，看了又看，晚上睡觉时放在枕边。还会认真地剪下一份贴到自己的作品剪报本上。因为担心这珍贵的剪报本遗失，我甚至曾将整本的剪报复印了五份，保存在不同的地方。我为自己发表的每一篇文章所陶醉，长久地沉浸在快乐里。那种感觉便叫作幸福。当我为自己的每一点进步欢欣鼓舞时，我生活得很有意义。

但是，现在的我呢？表面看来，我取得了20岁时不敢想象的成绩，已经出版了十多本书，近百家报刊做了报道，可谓功成名就。我不再收集发表自己作品的报刊了，编辑寄来的样刊，我甚至看也不看，更不用说保存、剪贴了。即使一本新书出版了，我体验的快乐也远远不如当年一篇百字小文发表的快乐了，我也从未将某本自己的书放在枕边睡去。我失去的快乐很多，却增加了许多重荷。我苦恼于如何才能进步得更快，而不再欣慰于自己的每一点进步；我总是看着前面的"路漫漫"而苦苦奋争，而不再陶醉于自己已经取得的成绩。我生活得仍然有意义，但是，我却丧失了从平常、细微之处体验幸福的感觉。

在梦里，今天的我面对20岁出头的那个我，觉得很美，很舒适，这无疑是对当年那种心境的向往的表现。本能的我，"唯乐"的本我，无疑更向往那种没有负荷，唯有快乐与幸福的时光。这一愿望被我深深地压抑着，如果说事业的成功是我最大的愿望，那么对昔日那份"唯问耕耘，不计收获"，沉浸在细小幸福中的心境的向往，则是被我压抑得最深、最苦的潜意识欲求。我通过这个梦，梦中昔日的我，昔日的我的种种快乐的幻想与尝试，实现了我的这个愿望。

我解开了这个梦，现实中的我被自己在梦中表达的愿望强烈地感动着。我向往着它，但是，我知道，我远远无法真的在现实中去实现它。我虽然无法实现它，但是，它已经成为我意识中的内容，我的一种理想境界，那么，它无疑将影响我现实中的生活与心情，逐渐有所改变。

解梦对人生的一种意义，也许已经在某种程度上实现了。

当我读过阿德勒的理论之后，忽然发现，这是一个十分典型的阿德勒主义之梦，按照阿德勒关于优越补偿机制的理论，与我白天生活的理想相对应，重新理解这个梦中的一些细节，似乎更贴切。这进行新解释的工作，还是留给我的读者吧。

同弗洛伊德进行比较

让我们最后再对阿德勒和他的个体心理学做一些回顾与补充。

阿德勒曾经是弗洛伊德坚强的支持者，当《梦的解析》受到普遍批评之时，阿德勒是最早起来捍卫这部书的人之一。这位维也纳的医生应用和宣传精神分析方法治疗神经症，并领导了维也纳精神分析家小组研究无意识在神经症中的作用。但是，他很快发现，弗洛伊德的神经症患者病因学和俄狄浦斯情结的观点，对神经症的产生、个体内部心理活动，以及人的心理发展都没有提供真正的说明。1911年，即在荣格与弗洛伊德彻底决裂之前，阿德勒便开始对人的行为的性制约论提出批评。这最后导致了他不得不与弗洛伊德精神分析小组脱离关系。阿德勒进而领导了那些拥护创立所谓的不受弗洛伊德的教条主义原则约束的、"自由的"精神分析的人。

弗洛伊德的性欲说的地位在阿德勒那里被"补偿机制"所取代，它们仿佛刺激着个体的生命活动，是人的一切活动，其中包括艺术活动的基础。阿德勒用在个体对缺陷感的心理反应过程中产生的主观态度，取代弗洛伊德客观的生物主义。

补偿仅仅是指明了人的活动的自我扩展的潜在可能性，而要想解释个体行动的方向性，还必须理解人的最终目的，这个最终目的，便是任何人活动都以此为目标的那个方向。

阿德勒一度提出"权力欲"的概念，认为人的补偿与超补偿的发展，同时受无意识的权力欲的支配。他说，超越和主宰别人的欲望是每个人的内部固有的心理发展的基本动力，自己身体素质孱弱的个体极力想用获得无限的权力来补偿缺陷感，同时无限的权力既是补偿手段，也是生活于现代文明的大多数人的目的。阿德勒在这里表现出与尼采的某些相似之处，不同在于，尼采的"权力意志"是人的创造性本能，而阿德勒的"权力欲"是人的心理发展的动力，是补偿缺陷感的心理机制。

后来，阿德勒又以"渴望超越"取代了"权力欲"。在他的著作中，还可以看到这样的思想，即渴望达到"个性的理想"是人的最终目的。到了晚年，阿德勒对人的最终目的提出一个新观点：他从"权力欲"开始，经过"渴望超越"，最后到"渴望完善"这一命题。

"渴望完善"是以个性的完善性、完整性和整体性为前提的，是人生活的最重要的部分，证明在个体发展过程中个体内部发生的进步的演化。阿德勒把渴望完善表达为"心理学原理"，即"没有它，生命活动就成为不可思议的"，还表述为"在个体和在人类的进步的意义上，渴望解决生命问题"。阿德勒相信，人认识自己的缺陷使他能够通过"渴望完善"的补偿而达到人的存在的最终目的，即作为每一个体的自我创造的"自我"。

阿德勒与弗洛伊德根本的区别正在于，弗洛伊德主张人的心理的生物决定论，而阿德勒认为心理的发展决定于社会环境。

阿德勒也像弗洛伊德一样认为，无意识欲望在人的生命活动中具有头等意义和决定性作用。但是，阿德勒认为，仅研究无意识动机还远远不够，要了解人的内部本性、它的生命活动的动机，就必须研究个体借以同周围自然界和社会建立关系的各种联系的总和，而人从小就同世界接触了。如果说弗洛伊德认为儿童的兴趣主要在自己，在自己的身体，那么，对于阿德勒来说，儿童的生活是与社会环境纠缠在一起的，与其说他注意自己，不如说注意他人。人不是孤立的人，而是与他生活的社会环境密切相关的。阿德勒试图了解个体内部世界和物的关系的外部世界相互作用的动态。

阿德勒也谈到了在资本主义文明中，人的性格的形成是由那些占主导地位的价值预先决定的，人渴望掌握大量的金钱，而社会道德首先去发展那些以促进增强财富和获得权力为目标的个性品质和性格特征是合法的。阿德勒因此自认，他与马克思的立场有着内在的联系。然而，很明显，他没有像马克思那样关注社会经济结构和人的个体—个性的存在之间的相互影响，而只是把注意力集中在说明为什么会产生歪曲的认识和个性对经济情境要求的错误反应上。

无论如何，阿德勒对于人类推索自身精神世界的贡献是不容低估的，他向前大跨了一步，把人看作社会化的人，人的生活是在社会关系的环境中度过的，而且不仅是在弗洛伊德着重注意的家庭关系中或荣格所指出的象征性的集体关系中度过的。

正是因为阿德勒对人的行为的社会决定因素的特别注意，提出人作为社会的人的独特观点，简明地说出了人生活的积极原则，因此，从他开始形成并发展了精神分析运动中的社会学化的倾向。我们将可以在霍妮、弗洛姆、罗洛·梅等人的身上看到这种走势。

一篇符合阿德勒思想的随笔：《挑战极限》

读到阿德勒关于"渴望超越"的论述时，我便想到自己对于超越的种种追求，而读到"渴望完善"的相关文字时，我立即想起自己曾经写过的一篇随笔——《挑战极限》，用词不同，讲的却是同一个道理。写这篇随笔时，尚未读到阿德勒这方面的论述，记录的只是我自己的思考与追求。我不能不再次感叹人类思维的奇妙之处，感叹阿德勒的求索意识。

原文：

人从幼年便热衷于各种游戏，却很可能不明白游戏的终极意义在于挑战极限。记忆中最早的游戏是捉迷藏：隐匿者想方设法藏得更隐秘，而寻找者则努力在最短的时间内将隐匿者找出来，两者都是在向各自目标的极限努力；弹球的游戏，是不断地向更高的准确性进军；扑克牌可以组合成无数的打法，它寻求的是一种永远胜利的极限；象棋、跳棋、军棋，对某一个对手的绝对的胜负似乎必然获得，但由于每一个人都是潜在的对手，所以仍然注定只有更好，而永远不会有最好。

成年人的体育运动是游戏的继续，并将对极限的挑战推到极致。跳高、跳远不断向更高的高度冲击，对手是神而不是人。赛跑的对手似乎是跑在同一个跑场里的人，但摆在前面的世界纪录却永远有被超越的可能。拳击往往会被认为是两个人的较量，但是，正像棋类运动一样，它永远具有被超越的可能。

同时，任何一项运动，又都是人类对自身体能极限的冲击，是对人类无法改变的身体的挑战。

魔术是对蒙骗技巧极限的挑战。杂技是对人类肢体能力极限的挑战。好的杂技无疑具有震撼人心的力量，人的肢体竟能被如此奇妙地加以扭曲，而人接应物体的准确性又发展到如此高超的境地，以我们的肉体凡胎实在是不敢企及的。舞蹈也是对肢体运动极限的挑战，芭蕾舞中一些传统的精彩动作成为约定俗成的喝彩对象，正因为它们在接近极限。

历险是一种形象地反映出来的挑战极限，当世界最高峰被征服之后，还有世界最长的河流，最大的沙漠；当环球航海成为现实之后，还有环球飞行、环球骑车、环球步行，甚至热气球环球漂流。即便这些壮举可以带来众多的现实意义，它那种超越自我、挑战极限的意义还是显而易见被置于首位的。

人类所有的纯智力活动也无非是在挑战极限，是少年游戏的继续。科学家挑战物质世界的极限，思想家挑战精神世界的极限，而艺术家则不断把人类对世界的反映推到更深层的极限。

不论是个体的伟人，还是作为整体的人类精英，他们至多只能企及某一阶段的高峰，而不可能使自己足迹所到之处成为他人永远无法望尘的地域。即使是今天尚无人能与之并肩的某一方面的顶尖人物，谁又能保证明天不被人超越呢？事实上，每个学者的工作目标，都是超越走在他前面的其他学者，正因此，学者才有他们存在的价值。

总会有无法超越的东西等在前面，绝对的极限是不存在的，就像谁也无法说出无限大的数字和无限小的数字是多少一样。于是，人类为之努力的极限便是一种无限，正因此，人类的努力也是无限的。

我们不妨设想一下，如果世界上只有一座山峰，只有一条河流，只有一种行驶方式，那么人类在完全征服之后又该做什么呢？

询问人类为何要挑战极限，这是一个幼稚得不需要回答的问题，同时也是一个深邃得无法回答的问题。所以一位著名登山家在解释他不断向新的险峰冲击时有过一个绝对聪明的回答，他说："因为山在那里。"山在那里，便是等着我们去登的。

如果不是有无穷尽的超越在诱导着我们，人类很可能还生活在树上呢。古猿的陆居生活便是一种对自身生存能力极限的挑战，它们竟成功地超越了树居的局限，而成为直立行走的人。

挑战极限是人类这一物种的特有属性，是我们的存在方式。人之所以为人，是因为他总在挑战极限。换言之，拒绝挑战极限者，不该被列入人的范畴。

我们有理由感谢幼年的游戏，它是人类发明的负载自己企盼的一种方式，也是一种操练，使人在幼年便适应不断挑战极限的生活，以便在成年之后将其扩展为一种生存状态。

对极限的追求，是人类进化的动力。

整个世界历史，是由挑战极限构成的。

挑战极限在这里演化成一道哲学命题。

第四章

赖希："马克思主义"的性革命

人格结构与"性格盔甲";自由联想:"打倒方刚!";"打倒方刚"之后;"马克思主义"的性革命;自由联想:我的性启蒙历程;自由联想:我的性观念成长历程;对我的性史的分析;释梦手记011号:放风筝与游泳;释梦手记012号:妓女。

在威廉·赖希这里，我的全部思想得以张扬。

注定孤独的内心世界，只能到书中去寻找知音，获取一种舒缓焦虑的平和。现实生活中的友人呢？能够理解我的全部，又能为我所理解，且有一份相互关爱之心的人，即使侥幸遇到一个，又难免被生活阻隔，哪里能够比得上随时需要，便随时可以翻开其著作，随时可以进入其精神殿堂的大师们呢？这，或许是对现代生活缺陷的一种无奈补偿。

许多大师都令我神往，成为我生命中难以或缺的组成。但是，我对他们的感情投注，多是弟子对师长的心情，跨越时空地演绎着一份恋父的情结。威廉·赖希的出现则不同了，从看到他第一眼起，我们便处于一种平等的交流状态。

赖希死后，其观点在20世纪60年代被西方社会普遍接受，成为性解放运动的重要依据，而其中，赖希被误解和利用颇多。

晚年的赖希，一直担心自己的理论被曲解。他还不断向神秘主义方向修正自己的主张。他把人的"生命能"看作是宇宙实体，并试图以此为基础去创立一种神秘主义理论，既能用在人的个体—个性的存在上，也能用在宇宙行星的发展上。他开始认为，把人从异己世界中解放出来的并不是性革命，而是人对自己的宗教命运的自我理解。赖希最后演变成宗教、神秘主义者。

人格结构与"性格盔甲"

精神分析运动在20世纪30年代到40年代曾出现两个方向：一些理论家所持的观点是研究人的发展的内在心理因素和生物学因素，另一些理论家则集中于分析人的活动的文化和社会方面的决定因素。赖希显然不属于这两派中的任何一方。

这位德国心理学家、社会批评家只活了60岁，卒于1957年。赖希所生活的时代，使他有可能成为"弗洛伊德主义的马克思主义"的主要代表人物。

如果说荣格和阿德勒同弗洛伊德发生分歧首先是因为他们不肯接受古典精神分析关于人的行为受性的制约这一原理的话，那么，赖希则把性的问题当作他的理论观念和实践活动的中心，甚至于，他比弗洛伊德走得更远。这位死后以其《性革命》一书而被人大加褒奖的精神病学家，试图考察个人，也考察整个社会关系，他把马克思主义同精神分析学放在一起组建他的思想。

弗洛伊德说，人的人格结构为：超我、自我、本我。

赖希说，应该是：表层、中间层、深层。

所谓表层，即"社会合作层"或"虚伪伪装的社会层"。在这里，人的真正面目隐藏在亲切、礼貌和谦恭的假面具之后，在现行的道德规范和社会法规面前，个体用虚假的社会性和虚假的自我监督掩护自己。它的宗旨在于控制人的本能冲动。

所谓中间层，即"反社会层"。它是各种继发性冲动的总和，其中包括粗鲁的、暴虐的、毁灭性的冲动。这一层相当于弗洛伊德的无意识、本能。当健康的本能冲动受到压抑时，才会形成这一中间层。

所谓深层，即由"天赋的社会冲动"构成的"生物核心层"。这层中包容着人的两种本能冲动，一是性欲冲动，二是自然的社会性冲动。人放射出这两种冲动时，将会表现出诚实、热爱劳动的、足以显示真诚爱情的本质。在赖希看来，个性结构最重要、最本质的部分便在于这一层，它说明人的天赋的、健康的基础。在深层中，人的一切欲望和冲动的表现即使具有缺乏理性的、自发的、无意识的性质，仍具有真正的人的性质。

赖希说："与弗洛伊德不同，我坚信人从其根本的生物性上就是善的和爱的，人并不是天生的反社会的动物。人的那些处于中间层的破坏冲动只是受压抑的力比多的衍生物。"所以，弗洛伊德所谓的"死亡本能""攻击本能"，在赖希看来，只不过是受压抑的性能量转变为破坏力量。

在赖希的理论里，深层的事物只有在它进入个性结构组织的中间层时才是变态的、非理性的，而在表层时就会巧妙地伪装起来，从而创造出人的特殊性格，证明侵略欲同现行社会秩序的可调和性。这便意味着，弗洛伊德的"自我"和"本我"在赖希这里被调了个儿，"本我"无害而有益，只有当其进入中间层时才是危险的。

赖希用了一个很重要的名词："性格盔甲"。

我肯定有一副"性格盔甲"，没有人可以没有"性格盔甲"，但是，我真的看不到它。

正如我一定像每个人一样有自己的"人格面具"，但我很难看清它。我不认为是自己不善于分析自己，原因只能有一个：我的人格面具并不强大，正像我的"盔甲"也不坚硬一样。

什么是"性格盔甲"呢？

赖希说，"性格盔甲"是自我对本我及外部世界的反应样式。由于人人都须对本我和外部世界做出反应，所以人人都具有"性格盔甲"。它表示了一个人存在的特殊方式，也可称为"自我的保护装置"。"性格盔甲"最初是用来针对外部的压力和威胁的，但当它成形之后，便主要用来对付内部危险，反对自身的难以抑制的种种冲动，于是成为压抑的代表，同时控制着由于受到压抑而产生的种种焦虑。

"性格盔甲"不仅具有生物功能，还具有社会功能，这就是使自己适应社会的需要，引导着人们按社会要求行事。无论在内容上还是在形式上，它都折射着社会的意识形态。正是因为"性格盔甲"的作用，意识形态得以移入个人的日常生活和思维形式中，"性格盔甲"实际上是意识形态着床的心理层。由于意识形态被固置在人的性格结构中，从而使观念体系变成一种物质力量，去加强和保护现有的社会秩序，去巩固压抑人性的剥削制度和权威国家。每个社会及其政治组织都有相应的"性格盔甲"作为依托。它不仅仅是将意识形态、态度和概念加于社会成员的事情，而是一件在人民的一切阶层中形成符合于现存社会制度的心灵结构的事情，一个社会的稳定在很大程度上是以"性格盔甲"为基础的。

然而，我们总是能够看到，社会中或多或少存在一些"性格盔甲"并不坚强的个体，对于这些人，最安全的方法是对他们严格控制，一旦有威胁到社会制度的可能便立即采取行动，并且多以法律为依据，而法律本身便是为"性格盔甲"服务的。

我不可能不对那些"性格盔甲"不坚强的人感兴趣，因为我本人的内心充满着叛逆激情。也许，研究"性格盔甲"的形成可以使我们认识到：自己的"盔甲"哪儿去了。

赖希说，支配人一生的"性格盔甲"是在家庭父母的监督和教育下形成的，家庭是形成个人"性格盔甲"的主要场所。赖希认为，家庭的经济职能已经被它的政治角色取代，它的主要职能便是创造成为支持整个社会的政治和经济制度所必需的"性格盔甲"。家庭何以能够有这样的职能呢？它在个人成长历程中的重要性决定了，它最便于把外在的强迫和束缚固置到人的性格结构中，通过一个潜移默化的过程使个人不知不觉地成为现存秩序的支持者。

中国人很关心"家教"，我想，所谓的家教便在充当着赖希所说的"性格盔甲"的建造工程吧？如此说来，那些被贬斥为"缺家教"的孩子，是否很可能在某种意义上更接近于无"性格盔甲"的状态呢？当然，家教的职能是多方面的，除了我们在这里否定的"性格盔甲"，还有很多我们必须肯定其价值的"盔甲"。

我一度被认为是一个极缺家教的孩子，当人们这样批评我的时候，会很自然地加一句"同情"的话："不怪他，他没有爸爸。"

人在童年期，自然冲动与社会加在这些冲动上的挫折，促成了"性格盔甲"的形成。"性格盔甲"归根结底是人在冲突的环境中为了保护自身而产生出来的，只要小心地解剖"性格盔甲"，便会发现，它确实与人们的童年经历密切相关。

我有哪些童年经历呢？我不能不努力回想。

"性格盔甲"大致相当于弗洛伊德所说的自我和超我。在评价它们对原始本能的压抑方面，弗洛伊德总的来讲持肯定、鼓励的态度。而赖希却极其憎恨"性格盔甲"，认为它是一种病症，是有害的东西，是对人的原始本能的控制，并且必将给人类带来巨大的灾难。

赖希运用他的理论对法西斯主义进行了分析，他认为，"青年国家社会主义者"有着一种特殊的"性格盔甲"，可称之为"独裁主义性格"。它使人通过受制于内心的权威来服从外在的、有形的僵死的权威。它使人对自由和独立有一种恐惧，既服从造反领袖，同时又对地位比他低下的人采取独裁主义态度。这种"独裁主义性格"就是法西斯主义的心理基础，法西斯主义只是人的普遍性格结构——独裁主义性格被组织化后的政治表现，是人为的机制和极权主义的深层心理倾向的外在表现。

法西斯主义是建立在压抑、扭曲的人性欲望的基础之上的。它的种族主义更是宣称，每个人都无意识地受性焦虑之苦，都压抑着自己的性冲动。好人把这种压抑视为高尚，视为确保自己获得安全、纯洁的可靠保证；坏人则把这种压抑视为疾病、不幸。作为前者的日耳曼人便要同作为后者的犹太人和黑人斗争。这一理论煽动着那些"独裁主义性格"的人，他们一般都无意识地压抑着自己的性冲动，在其人性中隐藏着禁欲主义的机制，此时，便很容易把情感方面的仇恨指向了犹太人和黑人。

而法西斯主义的家庭理论强调儿童必须服从父母，必须具有责任感，以此来培育儿童对极权主义的屈从和无意识倾向，并进而使之从屈从于父母的权威变为屈从于国家，屈从于"元首"希特勒。

消灭法西斯主义的途径，在赖希看来，便是性革命。人的未来取决于人类性格结构问题的解决。

当民主主义性格代替独裁主义性格之时，原先一直受压抑的深层中的性欲冲动和自然的社会性格冲动得以解放，健康的本能冲动不再受到压抑，它便不会窜到中间层变成邪恶的冲动，它们无拘无束，不断发展壮大。这样，当绝大多数人的心理结构都出现这样的变化时，就标志着人类已脱胎换骨，成为新人。新人是完全消除了"独裁主义性格"及其性压抑的人，是由"性欲冲动"和"自然的社会性冲动"支配的人，是把民主、自由观念"内在化"为自己的心理机制的人，这样的新人同法西斯主义制度是格格不入的。

自由联想："打倒方刚！"

方刚也值得别人花费气力"打倒"吗？

不仅值得，而且早在二十多年前便值得了。

水利电力部东北电力设计院的运动会进行得十分热烈，母亲却带着我先回家了。那是一个初秋的午后，我们都很累了。回到家，母亲便躺到床上休息。

就在这时，一阵很沉闷的乐曲声传进来，母亲一愣，立即说："快开半导体。"

一种新奇的感受通过半导体里的声音传导给我，一个女人在说："全党、全军、全国各族人民的伟大领袖、伟大导师……"

那一天，是1976年9月9日。

八岁的我，远未能真正理解死亡的含义，更无法理解这个非同寻常人死亡的特殊性。我仍想和母亲说笑别的事情，母亲却一脸严肃，严肃后面藏着恐惧，她说："出大事了。"

确实，毛泽东的逝世将当时的中国民众卷入一场恐慌中，从众多心理学大师那里，我们都可以找到理解这种心态的依据。这位国家领袖已经成为全体国民的精神之父，他们对他还有一种对待父亲般的复杂感情。他的离去，意味着长期以来的精神依赖的丧失。21年后，当另一位政治领袖去世的时候，全体国民的感情却已经很成熟了。在一个成熟的、现代化的民族心目中，父亲的形象应该是可敬的长者，而不该成为生命的靠山。

1976年的我，当然不会想到这些。

转天，我像每天一样去上学。8点钟上课前那几分钟，教室里照例乱作一团，同学们嬉笑追打。有同学像今天的孩子们宣布足球比赛结果那样大声地说："毛主席死了，你们知道吗？"立即又有同学说："我爸说了，毛主席不是死，是去世。"对于八岁的孩子们来讲，这便是关于那个重大事件的所有感觉与议论，当他们发现自己无法因为对这条信息的传播而增加炫耀的资本时，便转而在其他的侃谈中寻找快乐了。我也是一样，忘记了嬉闹的内容，只是沉浸在一种自由的、没有任何精神负担的娱乐里。

就在这时，教室门被推开了，班主任老师出现在门口。

我当时一定和同学玩笑得很开心，尚无法立即对教师的出现做出反应，而教师的反应却来得迅捷而猛烈。

她大喝一声："方刚，主席去世了，你还在笑！"

全班瞬时沉寂下来，我也呆呆地愣在那里，不知所措。

教师冲到我近前，紧逼一句："知道毛主席去世了吗？"

我低着头，嚅嚅地说："知道。"

"知道了，为什么还笑？！"教师已经满腔愤恨了，怒视着我，像怒对着一个反革命分子。

她是一位二十多岁的女教师，绝对未满30岁。作为我们的班主任，是全校有口皆碑的好老师。现在想来，她当时一定沉浸在对主席去世的悲痛中，身为红旗下长大的一代，她对领袖的感情自不必说。而正当她泪眼模糊的时候，竟然看到一个男孩子在嬉笑，革命感情受到加倍的伤害，又怎能不动怒呢？

"你说，为什么笑？"教师又追问了一遍。

我真的无法回答这个问题。笑作为一种正常的生理现象原本是不需要解释的，但当它被置于特定的背景下，你便绝对无法解释清楚了。何况是一个八岁的孩子呢？

教师不罢休，她将我拉到教室的前面，让我站在讲台旁，同她一起面对全班同学。她大声说："如果方刚今天不解释清楚为什么笑，他就得一直站在这里。"

当年我曾感到困惑，与我同时说笑的学生有很多，何以这位教师只注意到了我呢？只对我施以惩罚呢？成年后才想明白，解释只有一个：我的父亲是右派，我是"黑五类"的后代。像我这样的人，在举国悲痛的时候还笑，岂不是明显的挑衅行为吗？教师的阶级意识显然起了重要作用，所以泪眼里只能看到我了。

那天，我真的一直站在教室前面。

课间，没有教师的发话，我寸步不敢动。淘气的同学却围着我转，嬉笑着逗我笑，我忍住了。第二节课，仍是班主任的课。她进教室前，坐在前排的一个男生不断做鬼脸，使尽浑身解数逗我笑，我终于忍不住，计紧板的肌肉松弛了一下，露出一丝微笑。于是，教师一进教室，他立即汇报："老师，方刚刚才又笑了。"

教师冷冷地说："好，让他笑！他不是想笑吗，笑吧！"

全班哄堂大笑，我沉重地垂下头。

又到课间，不知是由谁发起的，五六个男孩子一拥而上，将在课上偷偷糊好的一个尖尖的白纸帽子扣到我头上。在那个年代，此种造型的帽子随处可见，孩子们做起来不会太陌生。帽子扣好了，又将我的胳膊反扭过去，一边一个人压着，前呼后拥，便向楼下押去。

课间时，楼梯上挤满了学生，那领头的男生便呼喊着："打倒方刚！""打倒反革命！""打倒地富反坏右分子！"伴随着嬉笑声，"打倒方刚"的口号喊成一片。那时的孩子们对这种呼号同样耳熟能详。我就被这样反押着，头戴高帽，在学校的操场里游斗了一番。这期间，一位头脑敏捷的同学还扯下了我的红领巾，说："他是反革命，不能让他戴红领巾！"

"打倒方刚！"有人领喊。

"打倒方刚！"应声一片。

上课铃响之前，我又被押回了教室前面。

这堂课是另外一位年岁略大些的教师的课，进门时，很惊异于我为何站在前面，便问："你怎么了？"同学们兴奋的声音响成一片："毛主席死了，他还笑，班主任让他站着反省。"

那教师什么也没说，开始讲课。下课后，他看了我一眼，仍旧一言未发，走出了教室。但不知为什么，他的目光让我感到温暖。

中午放学后，同学们一哄而散，我仍孤零零地站在教室里。班主任早有交代，没有她发话，我不许动。

我竟不记得自己当时有饥饿的感觉，只记得憋尿。憋急了，便偷偷溜出教室，想去厕所。楼道里空无一人，但厕所在楼下，我担心自己在返回之前被班主任老师发现，便犹豫着不敢去。但尿实在已憋得痛楚难忍，我被逼得窜进教室对面的教师办公室，立即看到了门边的废纸篓。我发现了最好的解决方式，既可以排尿，又可以在听到有人来时立即跑回教室。于是，我站在那里，提心吊胆，却也淋漓尽致地解决了问题。

二十多年后的今天想起来，我这被迫而为之的解决方式，是否有着某种象征含义呢？

记不清几点了，教师吃完饭，回到教室，说："你回家吧。"

风波过去，再无人提起这件事。那位教师，那些同学，在历经二十多年的岁月之后，肯定都已将当时的情景忘得一干二净了。这对于他们，不过是一件小小的事情，微不足道。而对于我的影响，却伴随一生。

当年，我对这件事的感觉十分平淡，而在十五六岁之后，我却总是不由自主地回忆起这件事，每次忆起，都会生出一些新的感叹与思考。我不止一次在文章中写到这件事，几乎对我的每一个朋友都谈起过这段经历。然而，除我之外，没有人能够真正意识到那半天的经历对我的重要。

很多年后，我总记得自己的学校生活是从1976年开始的。这错误的记忆显然是在试图说明什么问题，莫非，这次事件使我很快成熟了，以至于此前的那一年无足轻重到可以从生命中抹去？抑或，对那个年月的记忆太深刻了，而使此前的岁月变得模糊？

"打倒方刚"之后

现在想来,我应该为自己在那场影响数亿人的风暴结束之日仍有一次忝列其中被"打倒"的机会感到光荣。毕竟,我这个年龄的人,很少有蒙受那样"恩宠"的机会,所以,我们便也失去了一次认识自身与社会的机缘。

今天,我与自己的同龄人谈起"文化大革命",他们往往会觉得那是上一个世纪的历史。

如何理解我的那段经历对我精神世界的影响呢?如果是赖希,肯定会关心当年我的家庭对这一事件的态度。

我回到家,对母亲讲述了学校里的屈辱。

母亲立即气愤地责难:"你这个不懂事的孩子,怎么敢笑呢?昨天不是告诉过你了吗,毛主席去世是件很重要的事。毛主席是全国人民的伟大导师、伟大领袖,是我们的大救星。他老人家不幸逝世了,全国、全世界人民都沉浸在万分悲痛之中,痛不欲生,我更是泣不成声,你怎么还有心思笑呢?你这是大不敬!是犯罪!老师处罚得对,我还要加倍地罚你,今天晚上不许吃饭了,现在就站到门后的板凳上去,站两个小时,看你还笑得出来吗?"

于是,我真的再也笑不出来了。伟大领袖去世的意义被我完全领悟,伟大领袖以及国家的重要性也被我完全领悟,母亲成为国家的代言人,按社会利益对我加以"整肃",我成为国家声音最忠诚不贰的守护者,成为遵从的典范……

以上一切都是一种假想,我的母亲没有像我在前面描述的那样表现,否则,20年后的今天,将是另一个方刚生活在这个世界上。

我的母亲当时做了些什么呢?

许多年后,我对老母亲讲起这件旧事时,她竟然说:"你当时为什么不告诉我呢?"

我说:"我当天就告诉您了。"

母亲说:"不可能,你绝对没告诉我。否则我一定会去找学校,他们怎么可以这样对待一个孩子呢？！"

我肯定地说："我当时真的告诉您了。您只是叹了口气，沉默了很长时间，什么也没说。"

"不可能。"母亲仍然否认。

近些年，我才一点点悟通母亲的遗忘。母亲当年听了我的诉说后，一定很心疼她的儿子，一定十分激愤，但是，以母亲当时的身份，以当年整个社会的风气，她是绝对不敢去学校为我讨回一个公道的。她如果去了，只会自取其辱，甚至引来更多的麻烦。我无法回答的那个问题，母亲同样无法回答："主席去世了，方刚为什么还笑呢？"今天的母亲可以说："他还是个孩子，不懂事。"但在当年，邻家一位年仅五岁的男孩儿在路边大便后，随手撕下一张大字报擦屁股，便被公安局带走了；母亲的一位同事，因为写了句"笑把萝卜当肉食"而被认为污蔑老百姓没有肉吃投进大牢。母亲还能去说什么呢？

一方面，母亲不能采取任何举动保护她的儿子，另一方面，母亲又痛苦于儿子受到的不公平待遇。缓解这一痛苦的唯一出路，便是遗忘掉这件事，像从来没有发生过一样。母亲便这样做了，她是无意识完成的，正如弗洛伊德所揭示的那样。

在赖希的理论里，家庭替社会在其下一代的精神中增加一副"性格盔甲"，教养孩子们成为社会秩序的遵从者与维护者。我显然有幸没有处于这样的家庭之中。

父亲早亡对我精神世界的影响再次显现。在家庭中，父亲对孩子的成长发挥着主要作用，他代表着理念、道德、权威，孩子由他管教，所谓"养不教，父之过"。而母亲，更多的是一个呵护者，代表着安全、温暖、宽容，她在许多方面是与父亲相对的，所谓严父慈母。作为一个在单亲家庭里长大的没有父亲的孩子，我享受着母亲的爱护，却没有受过父亲的管教与责难，所以，从某种观点看来，我在成长中所受的影响与教养是不完善的。母亲总是纵容我，这种无父亲家庭中普遍存在的纵容，被认为对孩子是有害的，不利于他们的成长。今日普遍流行的单亲家庭容易出现问题儿童的观点，同样由此派生。所谓"缺家教"，更多指的是这种缺少父亲的"家教"。

但是，单亲家庭对孩子的另一种影响却被生活在东方文化下的我们长期忽视了，那便是：没有父亲的孩子也较少承受传统规范的束缚。这种"束缚"的缺少，从不利的一面讲，便是缺家教，出现"问题儿童"。从有利的一面讲，便是可能使孩子的性情更加自由，更少承担禁锢，更能发挥作为一个生物个体的潜力。而每一个尊重心理学成果的人都不该否认，这种自由的、没有文化与传统禁锢的生命体更具活力与创造性，更可能成为杰出的人才。单亲家庭的问题也许仅仅在于，如何使之变弊为利，母亲如何发挥自己的力量，很好地引导这些孩子。

我可以毫无愧疚地说，在我们这个单亲家庭中，母亲的两个孩子——姐姐和我，如今都无愧于这个家庭，都已在各自的领域中有所建树，成为其同年龄中的卓越者。至于说到我一度成为"问题儿童"，读者也将看到，那不是通常意义上的"问题儿童"，而且为时短暂，且有特殊因由。母亲并非精通心理学与教育学，母亲在娇纵我们的同时，又通过自己的行为树立了一种榜样，于是在无意识中完成了对孩子的精神影响，这正所谓"身教胜于言传"。

当我回首人类思想史的时候，忽然意识到，许多人类思想的精英，都较少受代表着社会行使"奴化"职能的家庭的影响。他们或是背叛了专制的家庭，或是生活在民主家庭中，甚至其家庭本身便是极具背叛性的。于是我又不能不进而推想，即使父亲没有早故，我亦不会成为一个社会常规的奴隶，因为我的父亲便不是这样的奴隶，我的父亲便是一个背叛家庭中长大的背叛的精灵。

命中注定，威廉·赖希所谓的那种家庭，不可能存在于我的生命中。这同样反证着另一个结论，这种家庭的存在，对于许多个体生命的影响确实至关重要，赖希的理论，有其深刻、透彻、科学之处。

赖希说，个性的两种基本性格区别在于：一种是被个体所生存的文化和社会条件造成的神经症性格，另一种是健康的性格，它证明个体自由地、自然地表现其天赋的社会性。

我愿意换一个角度对自我的可能性与现状进行分析。因为我相信读者肯定会想到一个问题：何以我的母亲未代替我的亡父行使父亲角色对孩子的影响。毕竟，我的母亲是一个很传统、对社会规范十分遵从的女人；毕竟，许多单亲家庭中，父母都代替另一方行使了其职能，从而使家庭仍发挥着赖希所说的对"性格盔甲"的塑造工作。

最简单的解释是：我的母亲真的十分娇纵我，这种娇纵与她认为我自幼丧父、十分可怜密切相关。但更深层的解释是：我的母亲虽然表面上是社会权威的维护者，并且她自己也认为这样，但是，作为一个知识分子，她又不可能不具有某种也许连她自己都意识不到的叛逆性。作为主体的中国知识分子，总是不可避免地与当时的社会发生冲突。这，也正是知识分子的使命使然。我的母亲16岁便背叛大银行家的父亲，离家出走，赴京求学，她的血液中，又怎么可能完全是一种顺从的基因呢？更何况，母亲毕竟与父亲相恋、相处十多年，父亲生命中那卓然独立的因子，又怎么可能不影响母亲的心灵呢？特别是当父亲亡故之后，母亲更有充分的理由，无意识地接受父亲的许多东西。

我在十五六岁之后才越来越多地回忆起那被"打倒"的光荣，完全是因为，我在那个年龄开始思考很多事情，我的思想与情感正在以最快的速度向属于我自己的坐标前行。在影响我的诸多因素中，那段经历无疑是一个代表，它最形象地说明着，人是如何成为遵从者或背叛者的。

在我承受这种不公正待遇的时候，我并没有感觉到痛苦与激怒，八岁的我尚不具备判断是非的能力，而且对那位班主任以教师这一权威身份做出的处罚心存敬畏，多少可能会觉得自己做错了一些事情。但是，我毕竟是无辜的，无法清楚地看出自己错在何处，我的母亲也未加重对我的否定，只是沉默，而沉默是一种无言的安慰。所以，这一事件潜伏在我的心灵深处，在我若干年后开始思考自身与社会的时候，它又活跃起来，成为我判断外界的一个媒介。

十五六岁的我，回忆当年的事件，倍感愤怒与痛苦。愤怒于那个时代的种种悲剧，痛苦于一个八岁孩子所不该承受的不幸。此时，我已脱离自我的局限，那个仅仅因为微笑便被老师处罚的孩子所以蒙受不公正待遇的弱的象征，让我的情感引向那施加不公正的时代与社会。

我的人格走向，越发清晰了。

我成年后对种种事物的种种态度，经过十五六岁时对八岁时经历的重新判断与评估，打下了根基。

1995年，吉林人民出版社即将出版我的四部书稿，3月，我赴长春最后一次校稿。这是我1977年3月离开长春后的首次"回乡",时隔18年。昔日有三位男孩儿的邻家与我们相处甚好,我去做客,在邻家二哥的陪同下,我又到了当年的老宅,虽然那幢楼房已经拆除,但紧邻其旁的同样式、同结构的楼房仍在,令我感慨万千。我又到了魂牵梦绕多年的老虎公园,早已无昔日的寂静,正在被改造得像一个儿童乐园。沿着当年上学的路,我又走到留下诸多幼年与少年足迹的幼儿园和小学,它们仅一墙之隔。

我不止一次产生这样的幻想:生命将终的时候,循着自己人生的历程,做一次全面的旧地重游。像我这样的人,真的既渴望,又经不起这样的旧地重游呀!

刚看到那所小学的大门,我全身的血液便沸腾了,近而又凝固了。整个的我开始进入一种非我的状态,我行走在今天,却生活在昨天。操场依旧,松树依旧,运动器械依旧,我的心依旧。我仿佛又看到自己被人群围着,胡编故事以获取优越感。

邻家二哥领我进了教学楼。人的形象记忆竟会如此清晰,18年了,我清楚地认出这幢二层楼里的每一寸土地,回忆起我在每一寸土地上留下的经历与情感体验。我曾坐在哪里开全校大会,哪里的墙面曾贴出由母亲代我画的批判"四人帮"的漫画,我一年级时上课的教室、二年级时上课的教室,以及老师的办公室,歌唱团的演练室,举办"批林批孔"展的教室,封存"封资修"图书的办公室,我无须回忆,便都一眼认了出来。自然,被班主任老师罚站,以及我小便的地方,也使我产生往事近在眼前的感觉。我走进当年上课的教室,立即判断出自己当年坐的位置,便请邻家二哥为我照了一张相片。

有意思的是,今日的校长仍是当年的校长。在邻家二哥的提示下,他清楚地回忆起我的父亲。毕竟,当年都是一个设计院的员工。听他回忆那一刻,我更感到自己在跨越时空。

我问到了那位因发笑而处罚我的教师,她已经不做教师了,在邻家二哥父亲的公司里谋职,与他家很熟。

我对邻家二哥讲起当年被处罚的经历,他显得很紧张。其实,我对那教师哪里又有万分之一的责怪呢?我只是在感叹岁月的流逝、人生的无常。如果能够见到那位教师,我愿意诚心诚意地表达作为一个学生的敬重。我和她都是小人物，我深知小人物命运的可悲。如果她能回忆起当年对我的"处罚"，我相信，她定会摇着头露出一丝苦笑。

那教师，也该是年近五旬的人了。只是不知道，她的儿女是怎样的性情，毕竟，他们有着一位曾经对社会规范极为遵从的母亲。

"马克思主义者"的性革命

赖希认为，精神分析与马克思主义有许多相似之处：精神分析使宗教幻想破灭，正在破坏着资本主义社会的精神基础和道德伦理准则，导致对资产阶级的价值的重新估价，有助于人们从不可遏制的自然力控制下解放出来。

正如马克思主义以其社会学观点表明对经济规律和少数人剥削多数人的现象的深刻认识，精神分析也表明对于社会的性的代替的深刻认识。赖希试图将弗洛伊德对个体的关注与马克思对社会的关注结合起来，使马克思主义社会学和精神分析相补充，作为分析社会结构和个性结构的辅助性学科而彼此相关。毕竟，精神分析可以揭示社会条件、经济结构和思想因素对人的内部心理的发展和对于个性性格形成的影响。这种结合的结果便是，赖希所关注的精神分析的社会意义得以呈现，一种新的学说诞生了。

赖希认为，20世纪的资本主义与马克思主义产生时的背景已经有极大不同，所以，理解社会经济过程和社会过程的决定性因素应该是个性结构、人的性格，他是在家庭生活中发生冲突情境的基础上来揭示它们的。赖希称自己的社会理论为"性经济社会学"。

赖希把自己对人的观点扩展到社会生活的社会、政治和精神领域中去，依照他的观点，社会上各种不同的政治和思想派别以及各种社会运动，都是与人的心理水平、个性的结构层次、人的性格结构相适应的。

赖希对马克思的革命理论进行了补充，他认为，社会革命中最重要的是性革命，性革命的成功可以使一切个人与社会问题迎刃而解。

赖希把家庭中对性的压抑看作是一种政治反动的基础，所以他很自然地把消除政治上的反动同消除性压抑、解放天赋的性欲、消除虚伪的性道德视为当务之急，呼吁真正的人的爱情表现。

在他看来，消除惩罚性的道德，就必须破坏父权制家庭的基础，与此同时还需摧毁产生人的病态的神经症性格的种种根源。为了实现这一目的，仅有政治手段是远远不够的，赖希号召进行性革命，他认为自己的主要理论与实践任务便是论证性革命的必要性。性革命是实现个体在道德上和经济上获得解放的"真正人"的革命的必要基础。

在赖希看来，对实现这种革命的要求是强烈的和迫切的，这不仅因为专制社会及其父权制家庭压制人们性欲的自然流露，从而产生各种不同的歪曲理解爱情的形式，而且还在此基础上产生了人的行为的反社会型和侵略型，产生了个性性格的病态结构和有可能成为产生保守思潮、政治反动和社会反动基础的疏远关系。

弗洛伊德认为，神经症是人的心理的病态分裂，是对无意识欲望的畸形满足，这种满足说明对无意识的本我和有意识的自我的人为的调和。而赖希认为，神经症和个性的神经质，不是个体的个别病态表现，而是人的共同的病态现象，是人在具体的历史和社会生活条件下的病态现象。

说到神经症形成的根源，赖希直截了当地说，是因为人的正常性生活在生理上和心理上受到压抑。当个体表露性欲被看作是人的天赋之爱的病态表现时，人类性的自由与幸福无从谈及，生理与心理受到扭曲。

赖希认为，人的健康和疾病取决于性能量释放可能达到的程度。神经症的心理器官与健康的心理器官的区别在于，前者保持着持续不断的未被释放的性能量。如果说弗洛伊德理论的特点是把自然主义观点同主观唯心主义观点结合的话，那么赖希则彻底地坚持着自然主义方向，把整个心理过程都归结为人的机体发展和发挥机能的物理学规律和生物学规律。赖希将自己治疗神经症的方法称为"生物物理学生命能疗法"。

赖希说，人的一切偏离天赋的社会性都明显地表现在资产阶级文化及其道德伦理上调节人的性生活之中。资产阶级文化鼓励发展的不是个性的深层，而是个性的中间层次，因此，必须消除对人的私生活的现有的调节并号召全面实行性革命。

赖希所说的革命主要是针对人自身的内部世界，人成为人的希望，不在外部，而在于揭示个体本身的内部本性上，在于个体本质力量的自我发展上。这要求人认识到资产阶级文化对自己天赋情欲压抑的消极方面，意识到靠专横的道德调节个体生活不可能保障两性爱情的自然表现。于是，人才有可能重新建立自己的道德规范。

赖希批驳了资产阶级的所谓道德，认为道德不应该是与人性对立的，而应该是与人和文化、个性和社会协调一致的。

赖希说，因为性压抑的存在影响了人成为受性欲冲动和自然的社会性冲动的健康的人，所以，革命就是要消除人的性压抑。而性压抑首先是由社会、家庭造成的，所以，要消除性压抑就必须改变家庭、社会用于压抑的一系列措施，如强制性的教育、训练等；而社会、家庭对人的本能冲动的压抑又是同对人的政治压迫和经济剥削联系在一起的，所以，必须把改变对人的原始本能冲动的压抑同推翻对人的政治压迫和经济剥削结合在一起。也就是说，马克思主义的"宏观革命论"必须用"微观革命论"补充，使革命运动具有双向的性质：一方面推翻资本主义的国家和资产阶级的财产关系，另一方面改变家庭、社会培养人、教育人的方式；实现外部世界的革命化，改造群众意识的内部结构，改造人的性格结构；组织起反对统治阶级的权力和制度的斗争，削弱性压抑对成年人的影响以及阻止它在青年人中的发展。

赖希这样论述性革命的意义：

> 首先，性革命能带来性健康，而性健康就是人的自由与幸福。在现存社会里，绝大多数人的性生活都是不健康的，这主要表现在某些人感到性生活过分神秘，对自己实行禁欲主义，而有些人对性生活则太随便轻狂，对自己实行纵欲主义。性革命就是要创造条件，把这两种都不健康的性生活引入健康的轨道，使人们对爱情生活真正感到满意。根据人的人格结构的"三层式"论，存在于人的心理最深层中的主要是性冲动，性冲动是人的最深层的本质。人的本质的实现就是人的幸福，由此可推论性本能的实现就是人的幸福和自由。
>
> 其次，性革命能成为新社会的"助产婆"，能创造新的社会形态。统治阶级肆无忌惮地奴役人、压迫人，靠的就是通过压抑人们的性本能来创造出为保护自己所需要的那种性格结构。即使性压抑是统治阶级用于维护自己统治的主要支柱，那么一旦性革命推倒了这根支柱，整个统治机构便也土崩瓦解了。性革命在破坏旧制度的过程中还会建设新制度。必须反对弗洛伊德笼统地把性本能说成是"反社会的""破坏性的"，以及把性

高潮的实现同人类文明对立起来的观点。弗洛伊德的这种理论的正确性仅限于说明性抑制，全面地为某种文化（即家长制文化）提供了心理基础，但这不适用于阐明一般的文化的形成。通过性革命释和出来的能量，完全可以建设一个新的社会形态。

赖希所谓的性革命，包括以下基本内容：维护性权利；提倡性自由；反对性混乱；禁止性犯罪。

他认为，人们在日常生活中必须把性生活的欢乐置于更宝贵的地位，破除性神秘感，对性问题进行更为公开坦诚的讨论，力争从性生活中得到更大乐趣，使爱情生活变得更富激情。人们必须把性行为作为目的而不是作为手段，必须把生育与性行为分开。结婚自由，离婚同样自由，均由是否有感情决定，是个人的私事。赖希同时说明，性革命绝对不是性放纵与性犯罪，对于后者他是坚决谴责的。他认为，卖淫、强奸，都是由于性压抑造成的以强迫性为特征的性犯罪。

赖希总结了苏联建国早期社会主义性革命的失败经验，提出了一些开展性革命的建议。其中，他提到要清除造成性混乱的各种因素。

赖希说，要坚持维护人的性幸福这一基本目标，明确保证人的性幸福的一切前提和要素。要把性革命变成群众运动，每个民众都是性革命的主要承担者。与他的家庭观念相呼应，赖希认为建立性生活的新秩序要从改革儿童教育开始。性压抑是从儿童时期开始的，所以性革命也须从这里开始。性革命应以改变传统家庭的职能为基点，它所面临的主要问题是，造就新型的家庭结构，禁止成年人的权威性格倾向在青少年中的发展，而我们已经知道，这种权威性格倾向是通过父母的潜移默化作用来实现的。

自由联想：我的性启蒙历程

性知识的获取，在我是较晚的；但我的性意识，却觉醒得很早。我不知道这是不是一种悲哀。我同样拿不准的是，自己今天对性学研究的热情，是否正是由这种悲哀促成。

一　失衡的性环境

我三岁那年，父亲便去世了，我是和外祖母、母亲、姐姐一起长大的。完全女性的生活圈子，并没有对我的性意识产生什么不利的影响。性心理学家讲述的那些极端例子，诸如易性癖、同性恋等，都没有在我身上出现。

现在分析，我想这可能是因为生活中我作为男性的自我性别确认很早便完成了的关系。我是一个男孩子，而外祖母、母亲、姐姐是女人，这一意识的明确与强烈使我在四五岁的时候便知道什么时候应该回避异性。虽然家里全是女性，我却没有在女性存在的场合裸体，包括洗澡的记忆，更没有看到过女性的裸体。

记得五岁那年，邻家的一个同龄男孩子小便后袒露着生殖器从厕所跑出来时，使我十分惊愕，因为院子里正有许多女人。我不明白他何以如此不知"羞耻"。在那么幼小的年龄，性禁忌已经深入我的骨髓了，这无疑是我的悲哀。

我何以这么早产生男女有别的强烈观念，只能归之于幼儿园里男女分班的影响，而不可能是家庭的关系。事实是，我没有从家庭里受过任何有关性的教育。

没有父亲，便没有男人对男人的性知识传授，以至于带给我一些令人啼笑皆非的事情。一直到16岁，我从来没有有意识地翻开包皮清洗外生殖器。十四五岁的时候，我发现自己的包皮里有许多白色的污垢，我当时竟以为那是精液，是宝贵的，便很小心地将它用包皮盖住。直到16岁那年，一位同学寄宿在我家，临睡前认真地清洗被我无意间看到了，才恍惚地懂得，那是应该洗掉的。从那以后，我才每晚清洗生殖器。不幸中的万幸是，我竟没有因此得病。

其实，没有父亲的家庭，同样应该不至于有这样的事情发生。一个已经16岁的男孩子，完全早就应该从书本上更多地了解自己了，但是，在那个时代，我们又能寄希望于什么样的性知识读物呢？即使是个别得以看到的读物，往往也在传达着不完整，甚至是错误的信息。

二　自慰

关于性活动的最早记忆，是与自慰联系在一起的，而这可以追溯到我五岁的时候。仍能朦朦胧胧记起，似乎是某次无意间对生殖器的触摸带来了快感，于是，便继续玩弄下去，直到达到高潮。那时显然不可能有真正的勃起和射精，性器官硬邦邦的，高潮的表现是与射精相似的全身悸动。这是自己与自己最便于进行的游戏，而且那份快感也绝不是从其他游戏中可以得到的，于是，它对我而言很快成为习惯。弗洛伊德关于儿童时期便存在性欲的理论，可以在我身上得到验证。

弗洛伊德曾说，许多少年因为手淫被长辈斥责而在他们心灵中造成的阴影，成为他们日后性罪恶感甚至性障碍的根源。我是幸运的，从来没有人发现我的自慰，一直到青春期，我都是以坦然的心境面对自慰的。我的性格内向，绝少同伴，自慰便成为我最好的伙伴。几乎每天晚上，我都在自慰过后的倦怠中进入睡眠，这甚至成为我对抗失眠的一种方法。

进入青春期后，开始关心性的事情，初二时上"生理卫生"课，老师总是让大家自习。于是，那课本里的事情成为许多同学谈笑的内容，而我看着女人生殖器的解剖图，只是感到恐怖。事实是，那本教材给我最深的印象，是它对手淫的谴责。以至于我一度将自己视力的退化、学习成绩不理想，都归于自己的手淫"恶习"。我因此试图戒除手淫，但我很快发觉，这是极难的。事实是，试图戒除带给我很大的痛苦，而尽情地享受手淫却带给我无比的快乐。我为什么要放弃快乐自找痛苦呢？就这样，我放弃了戒除手淫的努力。

关于手淫无害的知识在读高中时便从报纸上获得了，今天我真的很感谢那位作者，他告诉我，手淫最大的害处是对于手淫有害的担心。我获得理论上的支持，便轻松地对待自慰了。而到了二十五六岁，对性学发生浓厚兴趣之后，我读了大量的性学书籍，便开始以一种审美的眼光看待自慰。

三　艰难的求知之旅

十岁左右，我羡慕同学家养有下蛋的母鸡，便幻想自己将鸡蛋孵出小鸡来养。我选定一枚鸡蛋，每天放学后将它放在怀里。十天后，鸡没孵出来，蛋已经臭了。我问外祖母，为什么母鸡能做到的，我做不到。外祖母解释说，那是因为还有公鸡。我又追问，公鸡怎么帮助母鸡。外祖母解释说，公鸡在鸡蛋上踩一下，才可能孵出小鸡。

真正的性知识都是从同学那里得到的。读初一那年11岁，同一个长我两岁的男同学每天一路上学，他偷偷告诉我，曾偷看父母亲晚上在床上的事。我当时无法理解，人睡觉有什么好看的。

12岁的时候，看过一部日本电视剧，其中有一个丈夫褪去妻子衣服的镜头。第二天，我将自己的困惑讲给那个同学：为什么那做丈夫的要欺侮他的妻子？我的无知被那个同学笑话了好久，也就是在那天，他告诉了我男人和女人间做的事。但是，这对我仍很朦胧。

真正了解女性外生殖器的状况，我已经18岁了。一位长我一岁的同学，和女朋友发生了关系，便向大家炫耀。这时，我才知道女性的外生殖器官与尿道是两回事，而此前，我一直以为女人像男人一样，外生殖器兼作排尿的。

后来开始偷偷听电台的"午夜悄悄话"广播，这是一个性知识节目，惊异于他们竟能这样公开地谈论床上的隐秘。而在今天看来，那个节目介绍的知识很肤浅。

一次书展中，看到本厚厚的《性生活夜话》，当时便想买，终于没有勇气买。第二天再次去，鼓足勇气买了下来，却像是偷了本书似的。那一年，我已经19岁了。而那本书，今天看来，仍只是一些最基础的知识，而且有许多陈腐的观点。但对于当时的我来讲，无疑已是很过瘾的了。

四　性爱知识来自实践

一直到与异性发生性关系之时，我对于女性身体的快感获得还只停留在各种书上讲的"女人快感来得慢"这一点上，便以为只要延缓射精，就可以带给她快乐。以至于直到半年后，女伴才真正有过一次自称为高潮的体验。

结婚几年后，我关于女性快感的全部知识可以说完全是从实践中自己悟出的，妻子可以从性生活中享受到极度的快乐了，这在很大程度上得益于我对自己性伴感受的格外关心。与一些常对我讲起性生活不和谐的朋友相比，我们是幸福的。但是，仅靠男人的感觉，就真的可以完全了解女人的性感受吗？仅仅通过性生活的实践，女人便真的可以完全了解自己的性欲求吗？

1995年，我读到了《海特性学报告》（女人卷），我才知道自己有多么无知。不要说一个男人，即使许多女人，终生也未能深入地了解自己的身体，不知道怎样才能使自己获得更高级别的真正肉体快乐。

我发现，海特书中所提到的许多技巧，我已经在实践中使用了。作为经验的获得，它浪费了我很多时间，而如果我在性行为开始之初便能看到这本书呢？

我发现，也有很多性的感受是我以前没有注意到的，或者发现了却本能地回避了。我本是一个很关心女性感受的人，却也在无意中或潜意识中为了自己的感觉牺牲了女性的感受，而且自认为女性并不需要那样的感受。

妻子是很满足了，但她本来可以获得更多的快乐。而之所以未能获得，责任主要在我身上。但我不是没有爱心的人，我只是无知的人，我的无知，责任又在谁呢？我后来听许多男人和女人对我讲，海特那本书如何深深地启发了他们，改变了他们的生活。提起海特的时候，他们像提及一位救世主。

五 一点感想

如果从自慰算起，我对于自身性感受的挖掘可谓有一个久远的历史了。即使是我这样很注重把握自己与性伴双方性感受的人，而且是对性学有广泛涉猎的人，今天仍不敢说自己真的悟出性的全部真谛了。那么，更多的读不到性学书籍的人呢？更多的不懂得体味、挖掘自己与性伴的性感受的人呢？他们在性行为中的许多不尽如人意之处，其实已经从各地的性咨询诊所中暴露出来了。

今天的我，渴望能读到《海特性学报告》的男人卷，但是，据说这本书未能获准出版。[①]即使是已经出版的女人卷，也招惹来种种麻烦。科学的普及，就真的这么难吗？人类对自身的了解，会是有罪的吗？人类从自身获得快乐的权利，还有什么值得怀疑之处吗？

我想，有些人是出于善意的考虑，担心未成年人看到这样的书。但是，即使如此，这样的书也必须有。

我自己的性启蒙历程，便是一个很好的例证。什么时候，知识的河床干涸了，个人便只能在黑暗的愚昧状态下摸索，不仅丢失了许多美丽的风景，还面临众多的险滩，而一旦我们真正能了解自己，便可以体味到更多的快乐，人生也因此变得美好。

性是人生一个美好的方面，美好的性可以使人生焕发出灿烂的光彩。人类史及人类学已经屡屡揭示，性知识的禁忌严重的时代，整个社会往往也处于一种黯淡的调子中，更不要提什么文化与科技的繁荣，中世纪便是一个例子。

---

① 此书写作后一两年，《海特性学报告》男人卷、女人卷、情爱卷均已陆续出版。

自由联想：我的性观念成长历程

求索者的思想应该永远处于成长之中，更何况，是对性这样一个十分复杂、争议颇多的问题。但是，回首我自己迄今为止的性观念成长旅程中的一波三折，我相信，其意义绝不仅仅是针对我个人的。

一 主流观念的压制，本能探求的痛楚

不论我们是否情愿，从我们存在于这个世界的第一天起，我们便受着主流观念的左右。在我们尚没有能力进行独立的思考和判断时，这种观念便被灌输给我们了。像我的同胞一样，在我的性观念产生之初，便很自然地接受了这样一些思想：性是见不得人的隐私，谈论性是羞耻的；性交应该是婚内的事情，非婚性行为是见不得人的；性行为是一男一女性器官的交合，除此之外的性行为都是变态，甚至是大逆不道的；性欲是一种低下的欲望，至少不是像饮食欲、睡眠欲那样正常的生理欲求；一个过分张扬性欲的人是病态的、色情的、可耻的，甚至是邪恶的。

我便带着这样的观念开始面对与性有关的一切，开始了自己的人之初。

所以，我曾经因为自慰感到过不安，曾经因为性幻想而深觉羞愧。青春期的我曾以为自己有了最见不得人的秘密，一旦被别人知晓，便只有含羞自杀一条路可走了。

从13岁到18岁，我曾经默默爱恋过数个女孩子，但从来未敢挑明自己的情感，因为我深信：以自己的年龄，拥有这样的感情是一种罪恶。恋爱应该是到法定婚龄之后的事情，老师和家长告诉我们：早恋是要受到惩罚的。但是同时，我又真的没有办法阻止自己不去想那些美丽的女孩子。我更加深信自己不是一个好男孩儿。

今天，回首往昔，我深为自己失去的惋惜。虽然那些感情的幼稚显而易见，但问题的关键在于：我竟没敢面对自己的感情。我便很羡慕今天青春期的男孩儿和女孩儿，他们受的"性欲可耻"的教育要少得多，更能自信地面对自己的感情。

成年之后，那些主流的性观念仍根深蒂固地存在于我的头脑中，但与此

同时，我却总能感到体内的欲求和这些观念的冲突之处。我无法战胜那种种欲求，于是便常做出与主流观念相左的事情。我因此一度认为，自己不是一个正派人。

二　激情指使下的反叛，以及种种缺憾

随着年龄的增长，我对于自己那些"不正派"的欲求开始渐渐采取一种接受的态度。我庆幸我接受了自己，这形成一种自我保护机制，否则我的精神必将陷于分裂。另外，与性无关的一些个人生命中的经历，渐渐形成了我叛逆的习性。

第一次转变是在1994年，也就是在这一年，我完成了《同性恋在中国》一书的采访和写作。今天我必须承认，自己当初选择这个题目进行写作，不无猎奇的心态。但是，这一年的工作却彻底地改变了我。这绝对是一个最具挑战性的话题，采访和写作过程中，我以往所有的性观念都受到一次毁灭性的冲击。

我目睹了太多的同性恋者的痛苦，感受着主流文化对他们的压力，传统性观念对他们的扼杀。许多同性恋者都是很好的人，他们当中一些人闪烁出卓越的人格魅力，他们中许多是人类智慧的精英，他们唯一的不同之处便是性倾向上的少数人，这种不同其实对别人根本构不成任何伤害，但是我们的主流观念却在伤害着他们。于是，完全靠着一种激情的指使，我在书中写道：同性恋者不是罪人，不是病人，我们应该以平等、宽容的态度对待他们。

如果说此前，我对传统性观念的反叛还局限于欲求，还远未能做到理直气壮。那么此时，我发现，传统性观念将人类置于普通的痛苦之下，它关心的是"存天理"，代价则是"灭人欲"。

我的观念开始转变，同样在那一年，我又写了《艾滋病逼近中国》《中国人的情感隐秘》等书，开始对传统性观念进行多方位的挑战。而更为重要的，这种挑战与否定也在我的内心进行。

我深深感到，只有当我们面对活生生的具体蒙受苦难的个人时，对人类的关心，才能使我们不再相信什么权威。

然而，这种转变的不足之处也显而易见。那便是热情有余，理论不足。因为缺少真正的思想完善，使得我的文字时常出现自相矛盾之处。一方面，我在大喊平等与解放，另一方面，又在行文中对同性恋者多有歧视与不公。香港一

位性学者后来出了一本书，其中用二十多个页码批评我那本《同性恋在中国》对同性恋者的伤害。而我自己更是一度曾在传媒中声明自己不是同性恋者，今天想来那是极幼稚、可笑的举动。因为既然同性恋非罪非病，我又有什么意义做这样的声明呢？我的声明本身不正好暴露出我内心深处没有平等地看待同性恋者吗？不是正说明我担心被别人误认为是同性恋者而"丢人"吗？

何以好心办了坏事？我明白，是因为我仍然戴着有色眼镜看问题，旧的性观念已经深入我的骨髓之中，我虽然自以为在否定它，那挥舞着的否定的臂膀却仍受着它的牵制。我深知，要获得真正的公平，必须彻底换换脑筋。

三 读书，思考

米兰·昆德拉曾经说过，现代愚昧已经不是意味着无知，而是意味着流行观念的无思想。

不再接受流行观念的鼓噪，而静静地去阅读，在阅读中进行独立的思考——除此之外，我们还有别的成长方式吗？

1996年，我在出版了12部长篇纪实之后停笔了，不再写纪实了，转而专心读西方的思想著作。许多人不理解我的这一选择，我失去了很多名利。但是我知道，自己必须完成一次更新。

我如饥似渴地寻找一切能够找到的西方性学著作来读，弗洛伊德、海特、罗素、霭理士、金西、马斯特斯和约翰逊，以及其他许多名不见经传的性学著作。进行这一系列阅读的时候，我每每大喜过望，拍案而起。我的许多百思不得其解的困惑，我的许多灵与肉的挣扎，都在这里得到了解放。我觉得自己耳聪目明了，那蛰伏在我心灵深处的旧的观念大厦，正在一点点土崩瓦解。

性是一个触类旁通的问题。当阅读解开最初的困惑之后，我的更深层的困惑会接踵而来。对人类困境之出路的寻找，是所有大思想家关注的问题。我的阅读由性学著作扩展，涉及哲学、历史、心理学。我开始相信，真正伟大的作家，不论他使用哪一种语言，进行哪一个领域的创作，他们都无一例外地将对人类痛苦的关注作为首选目标。

事变、时变。大思想家的阐述必须与当前中国的具体情况相结合，与阅读者自身的困惑与思考相结合，才能最终闪现理性的火花。我一边阅读，一边思考，正是在这一过程中，我感觉到了自己的成长。

我相信，性的问题不是一个孤立的问题，而是与人类整个的生存状态密切相关。对性困境的解决，对人类性欲求的尊重，也将是对人类生物本性的尊重，对人性的尊重。从性禁锢下解放了的人，也终究可以从任何一种禁锢中解放。我们失去的是锁链，得到的却将是整个世界。

我觉得自己这时才真正理解了鲁迅先生那句话，他说，中国的礼仪道德，满纸写的都是"吃人"二字。

四　责任感驱使下的写作

我很自然地接受了人本主义哲学的主张，人是第一位的，存在的就是合理的。每一个人都应该成为目的，而不是作为手段。如果有哪种观念、习俗、道德、礼法与人的快乐之路相左，那么，我们不是应该压制人的欲求，而是应该重新审查这观念、习俗、道德、礼法。

观念为人所立，就应该为人所利，否则，我们便要打倒这观念，树立新的观念。人应该成为自己的主人，而不是成为观念的奴隶。

1997年新年，一位很熟悉的老大姐约我谈心。她是一个40岁的女人，对我吐露自其学生时代便开始的一段隐秘恋情。因为不被礼法观念容纳，历时尽20年，这段恋情仍只藏在她心中。当时，我们坐在麦当劳餐厅临窗的座位，听着她哀婉的诉说，看着街上熙熙攘攘走过的人群，我生起一种极为沉重的思绪：芸芸众生，多少人为情所困，为情所恼。我们的人生这么短暂，我们来到这个世界，如果不是在短暂的生命里程中体味人生的种种美妙，不能按自己本来意愿过自由、快乐、健康的生活，却要压抑自己的种种欲求，为所谓的礼法而活着，我们又活之何用，活之何乐呢？！

我是幸运的，得以因困惑而思考，因思考而明智。那么，尽自己所能，讲自己所知，给别人一些帮助，使他们能够尽早走出困惑，享受快乐自由的人生，不正是我应该努力做的事情吗？

随着思路的明朗，我开始知道自己的使命所在。

我想，我将努力做些事情。于是，我开始了一系列关于性问题的写作，将更人道的观点通过有思想、有远见、有胆识的传媒来传递。我知道，自己的许多想法还远未成熟，但在这样一个无思想的时代，每一个知识分子都无权安静地等待，做所谓"独善其身"的静心修炼了。还是让我们一边工作一边成长吧!

我想告诉每一个读者的是：重新审查、确立你的性观念，不要带任何先入为主之见。去观察活生生的人，去体会他们的痛楚与希冀，直面自己的心灵，尊重自己的本能欲求。领会人类思想的成果，不带任何包袱。打倒旧的观念，树立以人为本的核心思想。

什么时候，当我们不再受传统的左右，而只是坦诚地面对自己的心灵时，我们的精神就将体味快乐与幸福，我们的人生才能真正焕发光彩。

对我的性史的分析

我没有父亲，没有父性权威的奴役，没有家庭权威，也就没有国家权威、领袖权威。同样，我的家庭也没有压抑我的性欲求。我是庆幸的，得以自由摸索、发展自己对于性的种种困扰与追求。而这一切，又影响着我关于性的观念，当我作为一个没有性压抑的"新人"存在时，我的整个生命都处于一种包括赖希在内的许多思想家所希望的真正的人的状态。所以，我对于人生、社会等问题的认识，便也是一种新人的认识。

我是一个健康的人。

我是一个充满活力的人。

我是一个创造力高度发展的人。

回想青春期时期曾有过的焦虑，分明是性压抑的结果。而那份神经症，也因为性欲的解放而不治自愈。

身体并不因为我们观念的解放而获得自由，时至今日，我仍时常感到自己生命深处的压抑与噪动。

从理论上，我似乎早已看透性与爱的所属，对于生命的脆弱、两性的无助、人无路可逃的孤独都谙熟于心。但是，这种看透与看开却无法阻止肉体的欲求，人的肉体按它固有的轨迹行进。也许，我还远未做到真正的成熟。

会感到难言的沉闷，渴求宣泄。我知道，那是性欲的煎熬。

一次美好的性，确实可以焕发出无穷尽的光彩，使我的精神更有力量。我能够感受到创造力的高涨，以及生命的种种开朗状态。但是，这种境界是极难觅求的，我亦不会任由自己去追求。

听我宣讲过性主张的朋友，往往不会相信我更接近于一个"禁欲主义者"。在一般人看来，我一定是个"纵欲主义者"，怎么会想到，整天谈着解放一切的人竟没有做到解放自身。

我深知性解放的重要，而且在这个浮躁的时代"解放"的机会又俯拾即是，但是，我总是躲开一个又一个机会。在诱惑与"浪漫"近在眼前，伸手可及，甚至不需伸手也自行靠拢过来的时候，我总是转过身，或置若罔闻，或干脆逃掉了。

我这是为什么？

平心而论，我的"禁欲"并非仅仅因为对云子的责任，因为我首先反对关于婚姻的种种"道德"说教。我逃跑，是因为我想逃跑。一方面，我的生理让我靠近，另一方面，我的心理又让我逃了，最后胜利的，往往是心理。纵欲的结果，将是一幕悲剧，在我接触这悲剧之前，我便已经本能地意识到它的存在了。也许，人的集体无意识中，也埋葬着对于性纵欲的渴求，以及对这种渴求的逃避？

即使被视为性革命先驱者的威廉·赖希，也强调了性节制的重要。看来，所有的思想家都在追求同一件事情。

在罗洛·梅的章节中，我还将更深入地分析自己的这种逃避。

释梦手记011号：放风筝与游泳

时间：1997年3月1日8：20

梦境：

我、妻子和我们的一个朋友（男）一起去某度假村。到度假村需要走一段向上的山路，我们刚到路口，便有一个农村少女跟在我们后面，手里拿着许多很漂亮的风筝。少女说，买一个风筝只需要3元钱，还可以领我们绕小路进入度假村，而无须买门票。

我想买一个送给妻子，因为她一直想放风筝。妻子却说不要，但我们还是跟着那个少女走入一条左侧的羊肠小路，由那里到她的家中。少女家中有许多漂亮的风筝，我看中了墙上挂的一个蜻蜓状的彩色风筝。妻子仍表示不愿买，说，把天津家中那个风筝拿来好了。我说，不知什么时候回天津了，等拿来时，也许天气变了，无法放风筝了。

我走上前去取下那个风筝，发现近看时它竟是一条幼女的内裤，花花绿绿的，很短小。我决定买下它，而这时，妻子不耐烦，已经和那个朋友先往前走了。我拿着风筝，顺着那条小路往前走，知道这便是少女讲的那条可以绕过检票口的路。

我爬了一段山路，发现自己走到了一个山崖的尽头。旁边有一个小屋，一位中年妇女坐在门口，我想自己已经进到度假村里面了，这个妇女不会是检票员，便大模大样地走了过去。我到了山崖边上，往下看，是一片望不到边际的游泳场（海滩？），可以看到很多人穿着泳衣在游泳。我知道妻子和那位朋友一定在里面，但是我看不到他们。

坐在小屋门口那个中年妇女这时走开了，我急忙走进小屋，看到游泳者的衣服都寄存在这里，我紧张地翻找着，终于看到了妻子的衣服，便更加确信她在下面的浴场了。

我顺着山崖向浴场走去，小心地迈下了第一个台阶，水已经漫过我的脚面了；我又轻轻下了一个台阶，水漫过小腿，忽然，一个大浪打过来，将我整个吞没了。我感到很冷，亦十分惊恐……醒来时我发现自己全身冷得打抖。

分析：

这天我一个人在北京，睡觉前曾想念妻子，想她为我做了很多，我却很少为她做什么，心里便有些内疚。

妻子一年前在天津的时候便买了一个风筝，一直想让我陪她去放，我因为没有兴趣和心情，更舍不得时间，便一直没有满足妻子的这个愿望，那个大红金鱼的风筝便也一直挂在墙上。迁居北京后，时常看到有人放风筝，情人节那天的下午，阳光灿烂、气候温暖，我经过天安门广场的时候，看到许多人在放风筝，便也萌动了和妻子来广场放风筝的念头。后来曾对她提起，她当时说："那还得把天津的风筝带来。"我说："在北京买一个好了。"

但是，虽有这个计划，却一直没有时间实施。

妻子婚前曾十分喜欢游泳，婚后也一再让我陪她去，但同样是因为缺乏心情、兴趣和时间的关系，加上我完全不会游泳，所以从未陪她去过。妻子曾和单位里的几个男女同事去过一家游泳馆，但那也是两三年前的事情了。

因为睡前对她产生过的内疚情绪，所以，梦里出现了要送她风筝，便很容易理解为一种愿望的达成了。躲过检票口省下几元钱的情节，与其说我真的关心那几元钱，不如说钱在梦里通过仿同作用置换了我真正关心的事情——时间。我既尽职尽责地陪妻子做了她想做的事情，又没有付出时间（度假村的门票钱），岂不是尽善尽美吗？而妻子之所以一再拒绝我买风筝给她，很可能说明我无意识中的确希望妻子不再想去放风筝，这样我便无须为了尽职责而勉强自己。但是，妻子竟去游泳了，她投入到这另一个我未能满足她的愿望的行为中，无疑说明梦中的我很清楚地知道，妻子仍持着她那些美好的娱乐的欲望。另一个男人的存在，无疑是对我的威胁，我在警告自己：如果你不能满足妻子的愿望，你便不是一个好丈夫，可以被取而代之。

这个梦中另一个主导力量无疑是性的欲求。"3"这个数字、爬山、幼女内裤、穿泳装的人，以及我趁守门中年妇女不在而进入的"房子"，我在房子里翻找衣服，这些情节都与性密不可分。出现在我和妻子身边的那个男性朋友，在我与妻子谈恋爱之前也曾对她表示过好感，其隐喻也是不言而喻的。

我是不会游泳的，事实上，我数次尝试游泳都以刚进入水中便全身发抖，脸色惨白而告终。在梦中，我渴望和妻子在一起，便一阶阶尝试着走入水中，这样小心翼翼说明了我的恐惧，是否也在说明：我渴望陪妻子去满足她的愿望（游泳、放风筝），但仍有些不情愿呢？

终于，那恐怖的浪头席卷了我，我全身瑟瑟发抖了。我是在对陪妻子游泳这一行为表示忧虑，还是唤起了此前几次在水中颤抖的记忆？

有意思的是，当我醒来并感到全身发冷、打抖时，房间里暖气很足，我盖着一床棉被又压了一条毛毯，以往是会感到热的，完全没有发冷的理由。因此，我无法想象是身体的冷引起了梦中的冷，而有充分的理由相信是梦中的感觉引起了现实中生理的变化。

这个梦中另一点值得思量的是，在我前一天晚上睡觉之前，还曾躺在床上翻看弗洛伊德的《梦的解释》，再次读到过"3"、爬山象征性交，房子象征女性子宫等文字。我的困惑便由此产生了：到底是这些事物的确拥有这样的象征含义，还是因为弗洛伊德关于这些象征的阐述已深入我心，从而在梦中"排演"了一回？这其实与精神分析承受的另一个质疑相符：有学者认为，精神分析医生在对病人进行精神分析中发现的那些"无意识"因素，与其说是实际存在的，不如说是被医生诱导出来的，从而有了"医源性"（由医生造成的）而非"病源性"心理疾病的说法。

释梦手记012号：妓女

时间：1997年4月29日4：05
梦境：

一个战败的将军由一个士卒跟随落荒而逃，逃到山崖边上。追兵来了，二人背对追兵而立。将军说一句话，士卒则模仿将军的声音大声重复一遍将军的话，给敌人的感觉便是将军在声若洪钟地呵斥追兵。追兵远远地站住了，看二人镇定自若，恐怕前面有埋伏，不敢前进，退兵而去。

将军和士兵走出山崖，却看到一个下坡，下去后是一个巨大的洞口。二人走进去，是一个很长很宽的黑黑的地下通道。

进入地下通道的是两个二十多岁的男人，不再是军人。两个男人在前面走，一个青年女子在后面追赶，两个男人十分害怕，加快了脚步。女青年追了上来，拦在他们前面，索要财物。两个男人有些可怜她，便将身上的钱都给了她。女青年对男人A说："我看你挺好的，如果有兴趣，就让我报答你吧。"于是走到一个草垛后面，仰靠在草垛上，褪掉裤子，男人A站在她对面与之完成性交。

许多过路的人都看到了他们的行径，一个老翁塞钱给男人A，男人A便让他也同青年女子性交了。此时竟有许多人排队等候与那个女人性交，男人A便像是她的"老板"似的，收钱，排次序。先后有许多男人与那个女子性交，当男人们都心满意足地离开后，那女子艰难地从草垛上下来，男人A蹲下看她的阴部，看到一个敞开的黑洞。

整个过程中，那站在一旁的男人B都怀着羡慕的心情，甚至有些嫉妒他的同伴的运气，遗憾自己未能像他一样与那个女青年建立这种亲密关系。

二男一女该走了，他们的面前是一道门，打开门，竟是一堵砖墙，无路可去（他们有些着急，在焦急中，我感到自己的意识进入了梦境）。

男人A从山洞里走出来，回到家中。他是一个军人。

男人家中的大客厅里，等着他的妻子竟与在山洞里卖淫的女子相貌完全一样，但显然又不是一个人。还有两个男孩儿在场。

女人说，正在等他回来商议小儿子的入学事宜。男人冷冷地说，你的心思不在我身上，如果你真爱我，美国不是有所可以寄宿的××中学吗？那才是咱们儿子该去的地方（男人清楚地说出了那所中学的名字，但醒来后的我记不起来了）。

女人什么话也没有说，两个人冷冷地僵持着。女人很有钱，而男人却很穷。两个男孩子要去睡觉了，男人对小儿子很好，对大儿子却很冷漠。男人还给小儿子一个很大的香蕉。大男孩可能是女人前夫带来的，或是她的私生子。

分析：

这是一个性梦。

做这梦的前一天，我刚读了《日本文化中的性角色》一书，其中有专门的章节介绍日本妓女的生活。我不能否认，这使我不由自主地产生了一些关于妓女的联想。于是有了这个性梦，当然，也存在一些与性无关的原材料。

战败的将军和士卒的出现，是因为我这段时间一直很着迷地看着电视连续剧《东周列国志》，那里的争霸与斗智情节，导致了我梦中的这个情节。那场面极类似于空城计，又似张飞立马横刀于桥头大喝。

那黑暗的地下通道，很可能是女性阴道的象征。追过来的女人，意味着妓女的主动。两个男人对妓女的恐惧，也许是我心中对嫖妓行为一直有种既想尝试，又有许多恐惧情结的两难心境的反映。所以，那个追过来的妓女一开始只要钱而不是赤裸裸地卖身，便使两个男人的心情轻松下来，生出许多同情来。

我以为，那两个男人，其实是我自己在梦中分化成的两个人格，正好体现了现实中我的矛盾心境。男人A是我的猎奇、探求的一面，男人B则是我相对保守、禁欲的一面。

当女青年向男人A表示喜爱并情愿"献身"时，因为加进了"喜爱"从而淡化了卖淫的纯交易色彩，男人A便很自然地进入了角色。男人A成为拉皮条的，正是他的色欲特色的充分展示，也表现出对群交的幻想。而我的另一半——男人B，对男人A则只能是既羡慕又嫉妒了，他实际上是羡慕和嫉妒那种可以全身心放松地与妓女乱交的行为。

二男一女即将离去时，却发现门后是一面堵死的墙，他们无路可去。这可能是缘于我近来的另一种思考。我一度认为性行为可以完全与感情脱离，与妓女的绝对交易性的性交是无可厚非的。但是，读了罗洛·梅的《爱与意志》后，我也在思考：对于无感情的性行为，姑且不考虑所谓的道德评判，而只考虑性的快感，它也很难达到灵与肉那种双重的结合。于是，一个想法渐渐形成：完全排除情感的性行为，最终将只能是"无路可走"。

整个梦中，最令我无法解释的是男人回到家中，与妻子和两个男孩儿在一起的情节。

梦境发展到这一情节时，我的意识已经开始进入梦中，我在观察着梦中人物的行为，同时做着判断。梦中的我对于这对男女的微妙关系也很困惑，曾想，这是一对军婚夫妻，丈夫外出时妻子与别人生了年龄略长的大男孩儿，丈夫知道这一情况，却出于很多现实的考虑忍下了这口气。但他对女人显然不会有真的感情了，当面对小儿子的入学问题时，他才会说出那番话。而女人通过与别的男人的不正当关系，一直很有钱，这便也可以解释何以她和地下通道中那个妓女相貌完全一样了。男人对两个男孩儿的迥异态度，也是很好理解的了。需要说明的是，他给小男孩儿的那个大香蕉，无疑是阴茎的象征。这便使这最后一个情节与整个梦的主题联系在一起了。但是，我还是无法解释这情节出现在我梦中的原因，也许，这是我对待嫖娼问题的矛盾心境的又一次揭示？毕竟，这一情节中，作为我的分裂成两个人格的男人A和男人B又都融合在一起了。

第五章
霍妮：普遍焦虑

一个女人；普遍焦虑：我何以总是被人欺负；我的白日梦；防御机制：屈从、攻击、自我孤立；对一则随笔的心理学背景分析；理想化自我及其他；乐观主义；历史的局限，个人的局限；释梦手记013号：妻子的焦虑（一）；释梦手记014号：妻子的焦虑（二）。

一个女人

我对女人中的智者有一种格外强烈的敬慕与推崇，日常生活中有思想、有才华的女性总是更容易让我产生爱慕，而那些载入历史的智慧型女人，我更是向她们遥遥地传递着崇敬。

可惜，这样的女人太少了。无论在历史上，还是在生活中。

弗洛伊德会将这种对智慧女性的向往归因于恋母情结。我的母亲便是一位智慧女性。

精神分析学的历史中，竟同样有这样一位女性闪耀着光芒，而我刚刚接触到她的著述，便立即找到了共鸣点：对弗洛伊德阳具嫉羡说的否定。

在弗洛伊德那里，女性都是阳具嫉羡者，因为发现自己没有阴茎而自卑。她们甚至在童年时期会站着小便以模仿男性。霍妮认为，弗洛伊德的这些论述是大男子主义的，他把女人都写成了被动的、受虐的、自恋的，这种女性观不过是"女性生殖器是一个大伤口"这种古老神话的翻版，是地地道道的阳物中心说。霍妮则不同，作为一个女人，霍妮对女性自尊的维护自然天成。她从社会文化中去寻找神经症的根源来替代弗洛伊德的性压抑理论。性是神经官能症的结果，而非原因。她认为恋母仇父的现象在幼儿发展过程中是存在的，但这种现象不是弗洛伊德所说乃由于幼儿的性欲，而只是由于父亲教管过严而母亲宽慈的缘故。霍妮说，妇女的精神病症是对男子占统治地位的文化因素所带来的固有精神压力的明显反应。

霍妮于1885年出生于德国汉堡，1913年获得柏林大学医学博士学位，随后投身于卡尔·亚伯拉罕的门下，而后者是早期的弗洛伊德主义者，弗洛伊德最著名的学生之一。霍妮在那里接受了为期五年的精神分析门诊训练，她对弗洛伊德的肯定毫无疑问是占主导地位的。但是，其后的人生发展，使她很快超越了弗洛伊德的观念。

在十余年的临床门诊中，霍妮从自己的病人身上，越来越明确地感到弗洛伊德的许多主张是站不住脚的，对弗洛伊德的本能论及建立于其上的女性观深为不满。1926年，霍妮尚未退出古典精神分析阵营，但已经开始十分尖锐地批评弗洛伊德建立在阳具嫉羡基础上的女性观了。弗洛伊德自然会听到这一来自女精神分析学家的声音，而这个女精神分析学家，其后对精神分析事业的贡献远远超过了他的女儿安娜·弗洛伊德。

1932年，霍妮应邀到美国从事学术活动，担任了芝加哥精神分析研究所副所长。两年后，霍妮转入纽约精神分析研究所。1937年，对霍妮本人和以其为首的社会文化学派的精神分析来讲都是一个重要的年头，这一年，霍妮出版了《我们时代的精神病人格》一书，首次提出要了解神经症患者的人格，必须考虑他的社会背景和文化模式；1939年，霍妮又在《精神分析的新道路》一书中提出，社会影响在神经症焦虑中起着决定性的作用。

1942年，霍妮的社会文化学派的精神分析学思想已经完全成熟了，对古典精神分析的不满，使她最终完全脱离正统精神分析研究机构，而成立了全新的美国精神分析研究所。至此，与古典精神分析分庭抗礼的"新弗洛伊德主义"阵营完全形成了。

霍妮的其他主要著作还有：1942年出版的《自我分析》、1945年出版的《我们的内在矛盾》、1946年出版的《神经病与人类成长》、1967年出版的《论妇女论文集》。

照片上的霍妮是一个长脸形的白种女人，很短的卷发，大眼，大嘴，浓浓的眉毛。并不漂亮，但有一种威慑性很强的力量。

普遍焦虑：我何以总是被人欺负

霍妮提出普遍焦虑这一概念，而这构成了她全部学术思想的出发点和轴心。霍妮说，我们对一个人的认识越是充分，我们就越是能够识别出那些可以对症状、自相矛盾和表面冲突做出解释的矛盾因素来。但这样的情况反而会变得更加令人困惑不解，因为矛盾的数量和种类众多而纷繁。在所有这些各不相同的冲突下面，是否掩藏着一个基本的冲突，即是一切冲突的根源？从远古以来就有对人格的基本冲突的确信。在现代哲学里，弗洛伊德在这个论题上作了开拓性的理论研究。他首先断言，在基本冲突的双方中，一方是不顾一切追求满足本能的内驱力，另一方面是险恶的环境——家庭和社会。险恶的外界环境在人的幼年便获得内化，自此以后，便以可怕的超我出现。霍妮不否认这种对立在神经症结构中占有举足轻重的地位，但她对它的基本性质持不同的看法。霍妮不相信欲望和恐惧之间的冲突能够解释神经症人内心所受分裂的程度，或能够解释足以毁掉一个人一生的那种结果。神经症患者的愿望本身就是四分五裂的，这比弗氏想象的远为复杂。

霍妮认为，个性内在冲突的产生和人总是感到所谓的根本焦虑有关。而这种焦虑同人的绝望和孤立无援感有联系，异己的自然力量和社会力量是与人对立的。人与人之间普遍存在着冷漠、对立、疏离和怀疑，这往往会使人体验到一种孤立无助的失意与惶感。而生活在这样一个潜伏着敌意的世界里的人，难免从儿童时代就会形成一种基本焦虑，并由此埋下了日后产生神经病的隐患。

霍妮所说的根本焦虑很像是阿德勒所说的人同敌对世界发生冲突时所体验到的"缺陷感"，这使我重新想起曾以缺陷感理论为指导，对自己少年时的一些经历及其对成年的影响做了自我心理分析。也许，我同样可以用我的理论做同样的心理分析。比如，不妨回想一下自己年幼的时候，根本焦虑在那时便已经存在了。哪些事情使我感到过恐惧、焦虑，同时不能忘记，基本焦虑与基本敌意不可分割地交织在一起。

今天，想到夜色降临后的城市，我会立即想到浪漫的情侣、通宵的酒吧、繁华的商业街，以及种种温馨的感觉。但是，未成年时，夜晚的城市只会使我感到恐怖。

我一直无法确证，我对于黑暗的恐怖到底从何而来。如果问荣格，他肯定会说是集体无意识。黑暗对祖先意味着威胁，而这种感情色彩便一代代传递给了我们。

但是，我无法确信。

不确信是因为我有另样的证据，从记事起，我的外祖母便不让我在黑夜里外出，所有故事中最恐怖的情节，也多出现在暗夜。我被告知，黑夜中可能潜伏着坏人，他们总在寻找小孩子，挖走心脏卖钱，如果我遇到他们，便有性命之忧。

于是，便有了那次刻骨难忘的恐惧。是我今天能够回忆起来的最早的一次惊恐体验。

那年我四五岁时，一个极平常的夜晚，约七点多钟，家人正在吃饭。忘记是为了什么，我一个人走到院门之外，惊惧地发现正有两个男青年分别站在院门的两侧抽烟。看到我，他们竟都向我走了过来。我大惊，掉头便跑，一身冷汗地跑进家门。我说，有人要杀我，要把我的心挖出卖掉。我当时对此坚信不疑，外祖母竟不信，笑了笑，未多理睬。那一恐怖场面，很长时间以后想起来我仍后怕。

我的恐惧是如此强烈，一方面因为外祖母关于黑暗的种种告诫，另一方面在我当时的印象中，抽烟的都是流氓。现在想来，那可能是院内的两个男孩子，只是想靠过来和我说几句话，我未能在黑暗中辨出他们，却立即将他们当作坏人了。

害怕黑暗，不是集体无意识，根源在于自幼便被灌输的对黑夜的恐惧。这能够怪罪我的外祖母吗？那正是中国最混乱的时期，她所居住的那幢民房外面，几年前便发生过枪战——一支造反派和另一支造反派间的武装冲突。外祖母将她的不安全感、恐惧感、对立感、焦虑感传递给了我。

幼童是不懂得危险的，必须吓住他们，才有利于他们的安全。

但是，如果这个世界是安全的呢？还需要吓唬孩子们吗？

这个世界是不安全的，所以孩子们被吓住了，所以他们同时也有了这样的印象：这个世界是不安全的。

推而演之，在我记忆未及的幼年，是否有过因缺少食品感觉饥饿所产生的焦虑感呢？

且慢，这些确实是焦虑的表现，但是否有更为真正的焦虑呢？我让自己的思维进一步延伸。

从幼儿园大班时起，我的身边便开始出现了强者对弱者的欺凌。一直到小学，到初中，我总是弱者。

总有一两个男孩子，体格健壮，勇猛强悍，无所畏惧，盛气凌人，以欺辱弱小的同学为乐。无须任何理由，他们只是热衷于打人，寻找着机会出手，在蛮力的实施中体验快乐，从别人的痛苦中获得自尊与自信。

印象最深是读初中时，我所受无端的殴打最多。我那时体弱、瘦小，坐最前面几排。下课时，忽然有人从身后猛击一下我的头部，随后是得意的哄笑。我不敢表示愤怒与反抗，那将招致更严重的殴打。强蛮总是指向弱者，而弱者如果无力抗争，最安全的方式便是忍受。但这忍受无疑助长野蛮，我便成为固定的攻击取乐目标。如果哪天没有受到威胁与殴打，回家的途中我便倍感轻松与快乐。但是，转天上学的路上，还会有担忧相伴。

被欺凌的弱者还有一条出路：向更强的强者寻求保护。

我没有父亲，没有坚强的后盾，从幼儿园第一次偶然被蛮横的小伙伴欺辱起，便一直容忍，这，可能是使我不断成为攻击目标的重要原因。我总是被警告，如果向老师举报，我将受到更严厉的惩罚。这警告几乎是不需要的，每一个处于弱者地位的孩子都畏惧强力，自然也会想到，没有人能够一直跟在身后保护他们，为了避免更大的伤害，最好的办法是保持沉默。如果他们没"修炼"到这种地步，便也不是真正的弱者了。

成年后，我经常表现出对强力的反叛，对不公正事物的强力愤慨和欲与之决一死战的冲动，很大程度上便是基于对年少时顺从态度的反叛，但有时在许多事情上听从别人的劝诫，最后还是选择中性的调和，又可能是弱者心态的存留。

需要说明的是，那本应该提供保护的教师，一度加入蛮者的行列，对我进行殴打。这便好比一个小国，原希望借联合国的力量得以避免强国的欺凌，却受到了联合国的打击。我至今想起那位初中班主任的许多作为，都很愤怒，无法原谅他。以武力惩戒犯错误的学生，在他是一种习惯，显然视之为正确的教育手段。旷课打嘴巴子、考试不及格打嘴巴子、上课说话走神儿打嘴巴子，甚至留长头发也要打嘴巴子（那时长发被视作小流氓的标志）。我是在开始逃学之后，才被这位姓陈的数学教师不断打嘴巴子的。他从未避讳这点，总是在教室里面对全班同学，或在办公室里当着众多教师，打我的嘴巴子。

我一直无法原谅那位教师，我相信自己绝对不是一个坏学生，最多是一个有很多缺点的学生。如果说一些学生的欺凌是年幼无知，但一位当时已经三十多岁的教师，还奉行这种"教育手段"，我不知该做如何评价。最直接的一个结果是，我一直憎恨数学。虽然初一时我的数学成绩名列前茅。

我又想到了自己的另一段经历，便是1976年，毛泽东去世之后，我成了被批斗的"小反革命"。我的老师和同学，都视我为敌人，我处于一个到处都在说谎的世界，而我如果想自然、真实地生活，就会受到伤害。我确实被伤害了。

少年的我，对毛泽东绝对是无比热爱的。我说不清热爱的理由，只是因为，我自幼被以各种方式告知这是伟大的领袖、伟大的舵手、伟大的统帅，万寿无疆的人物，所有人都热爱他。说不清热爱的原因，这热爱便应归入社会心理学所说的"从众"中。

即使在毛泽东去世后，我因为笑而经历了那次冲击，也丝毫没有动摇我对他的热爱。我的笑，毕竟不是针对毛主席的。教师的惩罚，年幼的我也远未能认识到其荒诞与可耻。那时，我是很主流的，而主流是不需要思考的一种状态，极适合八岁的年龄。

正是怀着对伟大领袖的无比热爱之情，我将自己家中的一张毛主席画像做了加工。当时到处都是加了黑框的主席画像，我因此知道，死者的相片加黑框，是一种敬重与爱的表达。我便用了半瓶墨水，自己做了这件事情。我将那张歪歪扭扭涂得一塌糊涂的画像贴在墙上并对它深深地鞠躬。

我的母亲回来了，没有想象中的夸奖，却十分恐慌，斥责我不该做这件事情："你涂成这样，让别人看见还得了！"

我不知道何以会这样。我是出于一片热爱之心。

母亲关紧了房门，偷偷地烧了那张画像。她的脸色万分严厉："千万不要告诉别人，不然我们就要大祸临头了。"

母亲将烧后的纸灰，倒入污水池，放水冲掉了。做这事的过程中，她一直显得很紧张。

当天晚上，母亲告诉我，一个五岁的小男孩儿，在墙角大便后顺手扯下张大字报擦屁股，被公安局抓走了。直到今天，我仍搞不清那个五岁男孩儿的遭遇是事实呢，还是母亲担心一向口无遮拦的我说出当日家中发生的事件，而编来恐吓我的。可以肯定的是，母亲的目的达到了，八岁的我知道，这是一个需要对别人格外提防的社会，祸从口出。

按照霍妮的理论，我意识到外部世界的危险，便会采取措施躲避这危险。我采取了什么样的措施呢？

霍妮强调稳定成长，在她看来，稳定成长对完整的个人是不可缺少的。我是否稳定成长了呢？我又是如何稳定成长的呢？我采取的种种防御机制，是否是神经症的表现呢？

我的白日梦

冲突开始于我们与他人的关系，而最终影响到我们整个的人格。人际关系有巨大的决定性，注定会规定我们的品质、为自己所设目标以及我们崇高的价值。所有这一切又反过来作用于我们与他人的关系，因而它们又是相互交织在一起的。神经症是人际关系紊乱的表现。

霍妮说，儿童感到在一个潜在地充满敌意的世界里，他是孤立无助的。外界环境的各种不利因素均可使小孩子产生这种不安全感。小孩子被这些使他不安的状况所困扰，自己摸索生活的道路，寻找应付这带有威慑性的世界的方法，自然会采取一些策略帮助自己克服孤独和不安全感。久而久之，当这种策略成为其人格的一部分时，也就自然成了其对待焦虑、降低焦虑的一种防御机制。他无意识地形成了自己的策略，也发展了持久的性格倾向，这些倾向变成了他人格的一部分，霍妮称之为"神经症趋势"。

在1942年出版的《自我分析》一书中，霍妮列举了十种这样的策略，包括对友爱和赞许的需要、对社会承认、权力、抱负等的需要。到了1945年，在《我们内心的冲突》一书中，霍妮则将其概括为趋向人的活动、反对人的活动、避开人的活动三种顺应类型。

当我面对蛮力同学的欺凌时，我同时也面对三种选择：

选择一：以其人之道还治其人之身，以武力诉诸武力，以蛮横挑战蛮横，对那些欺凌我的同学和老师进行还击，打出一片天下，使得人人畏我，不敢惹我，成为班内新的小霸王。

选择二：服输认软，不仅逆来顺受，而且向所有强者低头、讨好、献媚、取宠、乞怜。甚至成为他们的走狗，唯命是从，同他们一道去打击其他弱小同学。

选择三：躲避、回避、忍让。但这需要达到某种心理平衡，能够在凌辱面前保持内心的自尊，表面顺从，实质上不顺从。这，需要到自己的世界中去寻找平衡。

我显然选择了第三种出路。这一选择决定着我的今天。

我开始更多地沉浸到自己的世界里，我可以幻想，在幻想的世界里，我是强者，是君主。

我在幻想的世界里寻找快乐。

当我受到欺凌后，一离开当时的场景，我便立即使自己沉入这幻想中。在幻想的世界里，我变成了力大无穷的勇者，精通武术，刀枪不入。那些恶浊之人一旦袭击我，便用强力将他们弹回去，他们使多大劲儿打我，便受到多大劲儿的反击。我保护弱者，打击强蛮，替天行道，伸张正义。

小学时，学校组织去看动画影片《大闹天宫》。我已经看过一遍了，路上便进入了幻境。幻想自己是孙悟空，在空中飞来飞去，满足自己的种种愿望。

我与幻想中的人物对话，不知不觉中已经坐到电影院里了，我完全忽视了现实世界。身边的同学告诉老师："老师，方刚又自己和自己说话呢。"大家都笑着看我，我才猛然意识到了，很窘，红了脸。

那次观影，又为我补充了许多关于孙悟空的知识，我便得以更深入地沉浸到他的世界中，有更丰富的素材可以加工我的幻境。一边观影我便一边进入自己的幻境了，而回学校的路上，我更是沉湎其中，不能自拔。

我幻想自己成了君主。

所有的人都奉我为君，我是当仁不让、被人们交口称赞的帝王。

我组织了一支武装队伍。最初只有几个人，后来队伍越来越大，设有几十个军。与我要好的同学都被我封为了军长，他们对我绝对忠诚不贰。我们攻城掠寨，最后统治了这个国家，其间的每一次战斗，都详细地在我的头脑中勾画了出来。所依据的，仅是一些战争故事。

成为君王之后，我开始了进一步的扩张。我要统治全世界。

家中床的上方，有一张世界地图。我经常站在那地图面前，连说带比画，进行着我的霸权征战。亚洲、欧洲、北美洲、南美洲、大洋洲、非洲，我不断扩大自己的领地，同时与强国结盟，进行携手扩张。我总是节节胜利，有时为了使这幻境显得更现实，我也会安排一两次失败，但都会东山再起，反败为胜，直到世界的版图归于两种色彩——我的国家，还有那个与我结盟的强国。此时，我的敌人只有一个了，那便是我的盟国，我对其进行了武力打击，虽然艰难，最后仍然取胜了。我统一了世界，成为最伟大的君王。我的家人和同学，甚至邻居，都开始身兼要职，管理这个统一了的大国家。

自从班主任老师加入欺凌我的人群之后,一个经常出现的幻象是:20年、30年之后,我已经是一位伟大的作家了,甚至是诺贝尔文学奖的获得者,举世著名。人们以见我一面为荣,我受着特工人员的保护(这幻想与那些蛮力同学对我的欺凌直接关联),一举一动都是新闻。这所学校知道我曾在这里学习,便想尽一切办法想请我回来做次报告。他们派这位班主任老师去请我,他在我面前毕恭毕敬,对自己当年的错误一再检讨。我大人不计小人过,原谅了他。我回到这所学校时,前呼后拥,一大批记者追在我后面照相,我表现得十分谦虚……

我便总是这样生活在两个世界里。我的身体行走在街上,我的思想漂在云端。长大后的我知道,那叫白日梦。

最早的性白日梦也是在初中出现的。那时的我不被女孩子爱,幻想自己是个大地主,家里养了一群漂亮女人,还幻想是个大富豪,在某座山中有个隐秘的别墅,里面藏着众多用直升机接进去的漂亮女人,供我尽情淫乐。

这些幻想是如此令人毛骨悚然,但成年后的我远没有成为这种人。我爱好和平,也爱护女人。每个人心中都埋藏着兽性,而我已经在幻想中将其满足了。

这种内心大戏排演最多的时候,是初中。

我总是一边幻想着一边自言自语。上学或放学的路上,是我进入幻境旅行的最佳时间,我边走边幻想边自言自语。旁人看到的只是一个瘦小的男孩子口中念念有词,低头走路,却不知道,我的内心世界正波涛汹涌,甚至正进行着第三次世界大战。

由家到学校,需要步行25分钟。出家门时,我便进入自己的幻境,到学校门口,我便从幻境中退出,进入现实境界。但相关的信息已经存储在我的大脑里,待到放学,未及出校门,我可能又回到幻境中了。我可以接着中断了的情节,继续进行,就这样,几天下来,另一个世界的我便已经完成大业了。

我的世界总在不断变化。这个月是称王称霸的君主,下个月可能是伟大的科学家、文学家,再下个月则很可能是一位班主任老师,面对不同的学生,以不同的方法因人施教,获得学生、家长、学校的一片称赞。情节的曲折与细致,今天回想起来也自觉惊异,事实上,那时的我已经开始创作了。

成年后，偶尔看到街上自言自语低头走过的男孩子，我会立即想到那时的我，想到这可能又是一个在自卑、欺凌中长大的男孩儿，沉浸到自己的幻想世界中寻求快乐，只是不知道，他成年后是否会很好地利用自己的这一劣势与优势。

我很难说清自己何时不再需要逃到幻想的世界里，各时期的幻想特点也不完全一样。

小学、初中，甚至高中，幻想都是不着边际的，几乎毫无实现的可能。需要说明的是，读中学时，我比现在的中学生要年幼得多，我11岁上初中，16岁高中毕业。成年后，即18岁以后，只偶尔进入那种持续的幻境状态，幻想的世界不再是一出大戏，而往往只是一种向往，或一个情节。比如，不再是如何一步步成为世界的霸主，而是成为大作家后的种种光荣。幻想中的情节简单化，不再曲折离奇，也不再需要去演绎它了。随着年龄的增长，幻境越来越少出现，出现时长越来越短，而且都是可以通过努力实现的了。

1995年，我的成功感开始稳定了，我已经确信自己是个作家了，而且一定能够继续不断提高自己。这之后，我的幻境便完全隐退了。即使偶尔冒出些幻想，也很难说清它到底是幻想呢，还是对未来的向往，因为这些"幻想"绝对是可以实现的，而且许多在不久之后便真的实现了。

生活中其他方面，也会有一些幻想冒出来，同样是实现可能性很大的，如果不能实现，也是机遇问题。

就完全没有那种绝对不着边际的少年时的幻想吗？又似乎有过一两次，但我已记不清了。它出现在精神冲突剧烈的时候，感到痛楚，无所适从，于是本能地自动退到少年时的幻境中，获得平衡。但总是相当短暂，只有几分钟。而且自己头脑很清楚，有意识地纵容这幻境，以尽快恢复平静。

但是，从某种意义上讲，少年时的幻境在我成年之后延续。它影响了我成年后的性格，或者说，我的性格在那里便形成了。

事实上，即使在当时，我便已经开始将自己的幻想一点点付诸努力，以便使它们变成现实。我想当画家、书法家、气象学家、动物学家、发明家、诗人、作家，并且都为之付出过努力。

我想，如果我不是被置于这个不安全的世界当中，不是自幼年便感到它对我的危险与压迫，自然便不会通过幻想的方式获得解脱与平衡，自然也不会希冀着干出一番大事业，自然也没有幻想，便也没有为这幻想实现所付出的努力。也许，我要感谢命运的残酷了。如果我在父亲的羽翼下长大，我现在可能是一个极没有志向的人，过着庸碌的生活。

霍妮说，每个人只有靠自己，才能发展自己所具有的潜能。然而，正如其他生物一样，人也需要那种由橡树籽长成橡树的成长环境。如果孩子从小得不到应有的爱护与锻炼，孩子就会缺乏归依感与同在感，而取而代之的是不安全感与莫名的恐惧，此种现象即基本焦虑。这是一种处于自己所认为的敌对世界中，而产生的一种被孤立或无助的感觉。为了逃脱这种基本焦虑，孩子们逐步采用了自我理想化的方式来解决个人冲突。当孩子长大之后，他的自我理想不再满足于内心的愿望满足，而开始将这种愿望向外表达，这种进一步的驱动力便叫"探求荣誉"，它包括三个组成元素，即追求完美、神经官能症式的雄心、战胜他人的需求。

在我看来，我所做的一些努力，在阿德勒看来是挑战自卑，在霍妮这里便是反抗基本焦虑，或探求荣誉。

防御机制：屈从、攻击、自我孤立

霍妮曾说，同一种人格可能产生多种应付环境的倾向。年少时形成的三种应付环境的倾向，在长大之后，当应付环境的时候如果彼此冲突，便会招致神经症。这，便是霍妮所谓的神经症的根源。

内在不相容或背道而驰的神经机能倾向，不可避免地会导致神经症，而内在矛盾是由对自身、他人矛盾性态度与价值的不稳定所引起的。一旦想不通，这种已定型的复杂性格结构，就会产生对自己周围环境作典型的病态反应的伸展开来的强迫性行为大网。

霍妮认为，基本冲突具有分裂的力量，神经症患者就在它的周围设了一道防线。这样不仅把它挡在视线之外，也把它深深埋藏在那里，无法将它以单纯的形态提取出来。结果，冒出表面的主要是各种解决冲突的试图，而不是冲突本身。将个体分为几种类型来观察，每个类型的人都有某种因素占据主导地位，而该因素也代表患者更愿意接受的那个自己。我们把这些类型分为屈从型人格、攻击型人格、孤立型人格三种。

屈从型人格表现出所有"亲近"人的特点，他对温情和赞赏有明显的需求。热衷于参与别人的生活，接受别人的影响。他的自我评价取决于别人对他的评价，因为这种人不善于独立思考。这种个性的价值取向围绕着对别人的同情、和善、爱的准则形成，其生活特征是试图以取悦别人来解决个性的内部冲突。

这些需求具有强迫性、盲目性，受挫后便产生或变得颓丧。他认定他对温情和赞同的渴望是真诚的，但实际上他的这些需求笼罩着对安全感的贪得无厌的渴求。这一错误不仅后来给他带来巨大的失望，而且增加了他的总体上的不安全感。与这些属性重叠交叉的另一种特性是，回避别人的不满，逃避争吵，躲避竞争。这些态度不知不觉地逐渐变成明显的压抑感。他除了把上述品质理想化以外，还有对自己的某些特殊态度。第一，深感自己软弱无助；第二，认为别人理所当然地比他优秀；第三，无意识地倾向于以别人对他的看法来评价自己。所有这一切形成了他的一套特殊的价值观。这些属性中暗示着一整套思维、感觉、行为方式，即暗示着一种生活方式。屈从型病人实际上把自己的攻击倾向压抑着。表面上对人非常关切，实际上缺少兴趣。他更多的是蔑视、无意识地强制或利用他人，控制和支配他人，想胜过他人，报复他人。屈从性的多数属性都有双重性，患者严厉压制自己所有攻击性的总倾向，有两个目的：他的整个生活方式不能受到威胁，他的人为的统一不能被破坏。

攻击性类型的特征是，它认为人皆"恶"，生活就是一场大搏斗，任何人无不争先恐后，只有强者生存。这种个性的根本需求是用一切手段取得对别人的统治。这种态度外表更多时候有一层掩饰：礼貌周全、公正不阿、待人友好。事实上这是虚饰、真实感情和神经症需要的大杂烩。攻击型患者的需要带有强迫性，这是由他的焦虑引起的。他感到，为了个人利益而顽强奋争是第一条定律。由此产生了控制别人的首要需求，其手段数不胜数。他只能赢不能输，遇事推诿他人，没有过失感。攻击型患者给人的印象是他毫无压抑之感。但他的压抑并不比屈从型的少，他趋向于不仅拒斥真正的同表和友好，也趋向于拒斥这两种品质的变种：屈从和讨好。

基本冲突的第三种类型是离群独居的需要，是对他人的回避。渴望一种富有意义的孤独，绝不是神经症的表现。只有当一个人与他人的关系中出现了难以忍受的紧张，而孤独主要是为了避免这种紧张时，想独自一人的愿望才是神经症表现。

这种个性不想介入社会、不遵从别人的意见，也不顾及既定的规范。

自我孤立型的内心需要：在自己与他人之间保持感情的距离。从表面看他们还是可以与人相处，但当外部世界擅自侵入他划定的圈子里时，他便焦虑不安，这就是他需要的强迫性表现。这种需要和品质服务这一主要目的：不介入。患者表现出压抑一切感情的总倾向，甚至否认感情的存在。感情越是被克制，病人就越有可能理性需要。

嬉皮士也具有类似的个性，然而，他们的回避是由于精神空虚所致。而这种空虚在冷漠或乖张的自我保护的假面具掩饰之下。

意味深长的是，在所有东方哲学中，孤身独处都被看作是达到精神的更高境界所必需的基础。作为人的自愿选择，被认为是达到自我完善的最好途径。但神经症孤独是内心的一种强迫，是患者唯一的生活方式。

神经症自我孤立试图通过回避而达到解决冲突的目的，它是患者用以对付冲突最极端最有效的防御手段。但这不是真正的解决冲突，只要继续存在着相互矛盾的价值观，他是绝不可能获得内心平静或自由的。

在工作中，攻击型的人高估自己的能力，以为凭自己的意志必能征服一切，于是他的兴趣广泛，生龙活虎，但做起事来虎头蛇尾；屈从型的人自贬能力，处处被矛盾的"应该"所驱使，宛若被锁在笼子里的鸟一样，烦躁不安地鼓翼振翅；自我孤立型的人对"强制"颇为敏感，虽不会因此显得无精打采，但却缺乏进取心，处处表现迟钝。

我是否具有上述神经症的表现？我一时难以回答。

我似乎具有三种类型的一些特点，特别是自我孤立型的特征，而且也会偶尔感到一些冲突。但我无法使自己相信我是一个具有神经症倾向的人，我很自由、自然、舒适地生活着，感到舒畅，内心平静而且自由。对于工作，我兼具了三种特征之所长，而去其短。我想这也许便是正常人的表现，而不是内心世界的一种强迫。

霍妮在着手研究人的心理冲突性和分裂性时，提出这样一个命题：冲突情境不仅是神经症患者内部固有的，也是任何一个人内部所固有的。她认为，个性内部冲突本身并不能证明个性的病态偏离，因为它是人的生命活动不可分割的一部分。确认人的这种特征有助于揭示个性类型的特点。

霍妮曾强调，有冲突并非就是患了神经症。正像在我们与环境之间经常发生这类冲突一样，我们内心的冲突也是生命不可缺少的组成部分。正常人和神经症患者的冲突区别主要在于，正常人的冲突的对立面，远不及神经症患者的差别那么大。个性的正常的冲突可能是有意识的，而神经症的冲突是无意识的。

这类冲突的种类、范围、强度，主要决定于我们生活于其中的文明。如果文明保持稳定，坚守传统，可能出现的选择种类是有限的，个体可能发生的冲突也不会太多。但是，如果文明正处于迅速变化的过渡阶段，此阶段中相互根本矛盾的价值观念和极为不同的生活方式并存，那么，个人必须做出的选择就多种多样而难以定夺了。生活在我们这个文明社会之中的人，必须经常进行这样的选择。在这些方面，我们有冲突。但最令人吃惊的是，大多数人根本没有意识到这些冲突。

对一则随笔的心理学背景分析

原文：

迁居北京，是为了这里的思想与文化。除了书店里的学术著作外，还有书店外面的思想精英。我因此幻想进入一种迥异的生活：一周的读书、写作之后，周末聚会于酒吧、茶舍，与真正的智者进行思想的碰撞与交流。

到北京之后，我很快发现，过去使我对这座城市产生种种美妙幻想的那一两个友人，仍是唯一可以进行真正交流的朋友。向往中的高朋云集，仍是不可企及的。相反，即使与公认的名人、学者交谈，我也经常感到一种难以沟通的抑郁，以至于很快便不愿结识任何人了。到北京购买好书和结识智者两个目的，自己先放弃了一个。

后来，那一两个可以进行真正智慧交流的友人也移民了，我便更加孤独。

几年前曾经可以聊个通宵的朋友，见了面，唠家常还好，一旦涉及思想，便出现交流障碍，最严重的时候，我觉得我们使用的似乎不是一种语言。

绝对不是我的智慧与才识有多么超拔，我清醒地知道自己的肤浅。

然而，仍然找不到可以谈话的对象。

后来便迷上了一位性学教授的讲座。逢他的课，我凌晨五点起床，摸黑走到郊区的公路边，搭上最早进城的公交车，赶到市里去。两个小时之后，我才能够坐进他的课堂。仅仅是为了那些可以从讲义上看到的文字吗？我无功利之图，又何必劳此身心。人到30岁，真正被一位学者吸引，那吸引他的绝对是学者的人格魅力了。听这位教授才华横溢、恣情纵性的讲座，我的心灵处于最美好的高峰体验中。面对深层的精神共鸣，我理解了伯牙与子期的快乐。逢那教授因出差而停课时，我便感到焦虑。

一位朋友不理解，说，你接触的人知识层次都很高，怎么会少有知音呢？

我用一年的时间才搞明白，自己的孤独是一种与主流社会格格不入的孤独。

如果说几年前，对主流社会的背叛还仅是一种个体生命基因本能的话，那么，这几年间，被生活、阅读与思考牵引着，一步步有意识地彻底完成了这一背叛过程。

主流文化的根深蒂固，也许不仅是中国社会的特点。但是，这种文化对中国大众制约之顽强，甚至对知识分子控制之严格，远远超出我年少时的想象范畴。许多很有才识的人士，即便不断有离经叛道的思想出现，骨子里仍是崇尚主流文化的。

认识到孤独的根源，便更感孤独与伤痛。

人类个体的悲哀在于，总会向往被社会公认的种种荣光。非主流人士也是平常而脆弱的生命，这样的不平之心如果不是导致背叛自我，向主流社会投诚，其烦躁与抗拒便只会加剧不满。不满也许是好事，因为越不满，我们对主流文化的斗争便也越强烈。而这种斗争，如果不是急于个人功利，而是落足在以新文化代替旧文化基础上的，其必将加快社会的进步。

人类社会的发展，总是非主流派战胜主流派使自己成为主流派，同时又开始压制新产生的非主流派，并被其一点点打倒的过程。

只是，一个战斗的非主流人士时刻都应该清楚地意识到，你已经不属于这个时代，而生活在下个世纪的思想里。走在你前面的人，已经不多了。高处不胜寒，你怎么能够不感到孤独呢？

背叛本身便是一种快乐，你获得了自由的生活，便不再要平常人的快乐了。

这个世界已经开始讲理了，不会将非主流人士送上十字架，以火焚之。众叛亲离又算得了什么呢，至于被骂作"流氓"、神经病，不正是一种褒奖吗？

选择了一种叛逆的人生，便注定孤苦，也注定了另一种幸福。

分析：

这篇短文，作为我的系列随笔"北京话题"中的一则，写于1998年1月22日。当时更多地沉浸在对主流文化的思考中，所以落足点便是主流与非主流。现在冷静一想，到北京之后，非主流人士也颇接触了一些，但是，我仍然选择回避。

我哪里是真的向往高朋满座呢？一年中有一两次，便足以满足我的需求了。骨子里的我，是向往独处的，不愿同人交往，最怕不速之客。

北京是一个"侃爷"的世界，酒吧里云集着各种各样的人物，各种类型的俱乐部也颇具诱惑力，而文人间以种种因缘出现的聚会连成一串。我偶然的介入，同样会感到一种闲聊的放松，夜生活的轻松，但是，仍急急地逃避了。为了自己的工作计划，同时，不也是真的更喜欢避开众人吗？我从别人那里能够感受到的快乐，总是短暂而表面的。

但是，我的渴望孤独不是神经症的离群索居。我自认为是一种富有意义的孤独。虽然与人相处时，我也间或会感到紧张，但是，这紧张是微乎其微的、极少出现的，它可能是我少年时进入幻境、回避他人的起因，但不再是我今天独处的神经症表现了。

神经症患者的内心需要是，在自己与他人之间保持感情的距离。我却没有这种需要。我通过独处获得精神的升华，完善自我。同样，我也可以以非独处的方式生活在这个世界上。我没有神经症患者的绝对化。

理想化自我及其他

霍妮通过对个性结构的一组定义表达了自己的思想。"实我"是某人在某一特定时间内所拥有或表现的一切总称：身体的或心灵的、正常的或神经官能症的。理想化的自我乃是存在于无理"想象"中的影像，或按照自负体系之指使我们所应该成为的影像。真我乃是一种趋向个人发展与成就的原始力，借着此种力量，若能免于神经官能症的桎梏，则我们可再次达成完全的认同。

神经官能症患者往往勾画出一个理想化自我，来获取心理平衡。在生活中，理想的幻想与有限的"实我"之间永远存有很大的差距，心理症患者惧于面对此种差距，而潜意识地向世人提出了要求，在想象中认为自己高人一等，与众不同，且具有不劳而获的优越感，于是将一切责任推诿于他人；然而，建立于自己意念中的一切要求，却导致了有关生活方面的许多惰性，而使他们生活在虚构的世界里。

理想化意象是创造一种患者自以为其是的意象，它有一种静止的性质，不具有真正的理想的能动性，因此与正常的个性存在的真正的典范和价值是全然不同的。它取代了基于现实的自信和自豪，否认冲突的存在，使对立物显得协调了。

理想化形象取代了个性的实际的自我确认，是真正的思想代替物，执行着把现存冲突划一的职能，但是，它太脱离现实了。

我在幻想世界里是君主也好，孙悟空也罢，都无伤大雅，如果成年后我再以为自己是君主，或自以为可以让众人尊崇，或者，我再以为自己是最伟大的作家，却写作平平，便是理想化意象作祟的神经症患者了。而现在的我，为自己树立了一种典范形象为目标，正视实我，发展真我。所以，我不是神经症患者。

神经官能症患者在"探求荣誉"的过程中，坚持自己虚构出的完美形象，并在潜意识里告诉自己："忘掉你那些实际可耻的行为；这才是你该做的；成为理想化的自我乃是首要之事。你应该能够忍受一切，能了解一切，能喜欢每一人，能够永远精进。"——这只是他内心指使的一部分而已。因为这些指使乃是坚决不变的，所以霍妮称之为"应该之暴行"。

人们内心世界常有"我应该如何如何"的独白，比如我为了理想的实现也会对自己有许多要求，但神经官能症患者的不同之处在于，将这种内心指使性的独白变成一种强迫性的东西。此种强迫性的心理需要，势必与现实发生冲突，于是人们在此种冲突下惨受挫折、失望、自恨等暴行。

神经官能症患者处心积虑建立起理想化的自我，同时又以此种绝对完美的自我来衡量自己的实况。于是，现实的丑陋与有限，不停地干扰他飞向荣誉，同时又给他带来各式各样的自恨。概要地说，自恨有六种样式，即对自我冷酷的需求、残酷的自责、自卑、自摧、自苦与自毁。自恨能使人格的裂缝更为明显，此裂缝即由理想自我所创造的。它意味着一种战斗，这乃是每一个神经官能症患者的主要特征：他在与他的自我战斗。实际上有两种不同的基本冲突，其一即在于自负系统本身之内，它是介于夸张驱力与自谦驱力间的冲突。其二乃是介于整个自我系统与真我间较深的冲突。

与理想化形象一样，外化作用也是一种个性可能采取的解决个性内部冲突的方法。

外化作用，是这样一种倾向：患者将内在的过程感受成好像是发生在自身之外，于是便认为是这些外在因素导致了自己的麻烦。与理想化行为相同的是，外化倾向的目的也是回避真实的自我。但不同的是，理想化行为对真实人格的再加工总还处在自我的疆域内，而外化倾向意味着完全抛弃自我。简言之，患者可以在他的理想化意象中求得逃避基本冲突的庇护所；但是，当真实的自我与理想化自我的差别太大，精神的强力再也无法承受，他便再不能从自己得到什么依靠，于是，唯一能做到的便是逃离自我，把每一事物都看成发自外部。外化作用本质上是一种自我消灭的过程。结果外在冲突取代了内心冲突，尤其是大大加剧了最早引起神经症的冲突，即人与外部世界的冲突。

乐观主义

霍妮认为解决人的内部冲突是完全可能的，这是她的乐观性，与弗洛伊德的悲观性形成对照。

霍妮确信人内在固有的、促使个体先天素质实现的、积极的创造力量。如同荣格赋予人"追求个体化"、阿德勒说人"追求完美无缺"一样，霍妮认为人生来就具有自我实现的追求，这种追求就是无法遏制的发展内部潜力的需求。这种追求人的发展的目标，决定着个性的价值定向和个性发挥功能的方法和行为方式。

确实，自我实现问题是霍妮理论的中心，她试图揭示人的本质内核，这种本质内核构成个性的独特性，它应当在个性潜在的先天素质"自我实现"的过程中得到全面的发展。

霍妮将个性结构划分为真实自我或经验自我，理想化自我或现实自我等这样一些内容的心理构成。真实自我，即个性在自身存在的现阶段具有其肉体的和精神的本质特征，具有健康的与神经症的发展潜力。理想化的自我是个性在非理性的想象中的自我，或者是个性根据其内部的神经症的追求而应成为的自我。现实自我是人的个体发展所借以实现的原动力，人的活生生的、唯一的个性中心，是每个个体都期望在自身中发现的自我。针对神经症患者而言，现实自我则可以被说成是可能的自我，跟不可能达到的理想化的自我相反。

霍妮主张通过揭示理想化的自我及其解决内在个性冲突的各种神经症尝试，在个体真正的人的发展中，在发展个体的实质力量获得自我方面，帮助个体。

她说，人的内部具有自我发展的创造力，分析家的帮助应当是激起患者的积极力量。治疗病人的目的，就是消除人格中那些造成冲突的状态，帮助患者自己去改造自己，去意识到他真正的感情和渴求，去发现他自己的价值观，使他在真实感情和信念的基础上与他人相处。每一种神经症实际上都是性格障碍。如果把神经症看作患者围绕着基本冲突建立起来的保护性防御工事，就可以粗略地把分析工作分为两大部分。一是详细检查某个患者为解决冲突所做的无意识的努力，以及这些努力对他整个人格的影响。二是对冲突本身进行处理。这不仅指使病人意识到他的冲突的大略情况，还包括帮助他看清这些冲突是怎样在具体发生作用的。

心理疗法的任务就是要帮助神经症患者认识自己的理想化形象及其职能，并且向人们指出这种解决冲突的尝试并不会导致预期的结果。在这个疗程中，希望首先寄托在个体身上，寄托在个体认识解决个性内部冲突的虚幻的方法的能力上。治疗目的的最全面的界定是：争取人格的整体性。即是说，没有虚饰的假象，感情真诚，把自己整个的心融进自己的感情、工作、信念之中。只有冲突被消除，才可能接近这一目标。

确实，治疗的目的是帮助病人面对内心的矛盾而使潜在完善的人格得到解放。如果能够理解某一特殊原因是神经症病人的全部动因的话，就能把他治好。个人无论如何必须把对自己负责看作是一生中的积极动力并承担对于别人的责任。他必须建立自己的价值体系并将它们运用于生活中，通过这样来实现自我主宰。自发感情的产生不仅需要能够自觉控制，而且也要能把它真实表达出来。治疗的最为全面的目标是实现毫无做作的、全心全意地生存，一片真诚，完全地全神贯注。这些目标完全可能取代神经病患者的错误观念与各种可行的理想，这正是因为实现进步是完全可能的。

在热情、真诚与文明的情况下，真正自我作为自我主宰的认识与建构性变化的稳定中心，它不仅可以产生与他人的免于强迫的自发和自信的关系，也可产生内心的一致与平和。相互敬爱就会取代卑屈地接受他人的爱的愿望。人类已经历过的过去所表现出的大势以及人类历史都表明人类一直不倦地在追求能对世界与自我了解得多些，追求更为深刻的宗教体验、精神力量与更伟大的道德勇气以及在一切方面的更大成就与更为美好的生活方式。霍妮认为，凭借着人所可能拥有的才智与力量，人类是能够使还不存在的事物变成现实的。在每一特定的时代人类都能实现他所要或他能够实现的东西。人类虽要受到限制，但这些限制并不是牢不可破与不可变更的。

历史的局限，个人的局限

正如弗洛伊德的思想的形成，在您所处的时代是一种必然。霍妮那些独特的思想的建立，也是她所处时代的必然。对弗洛伊德的生物学观和本能论的不满，已经使霍妮走上了新的道路，而移居美国后，她的思想获得了更快的发展。20世纪30年代的美国处于大萧条时期，令他们困惑不安的不再是维多利亚时期的性问题，而是就业、工资等经济和社会问题。这些原因最终促使霍妮沿着阿德勒开辟的道路，将社会背景、文化因素以及人际关系对人的心理和人格发展的重要性提到了首位，并与略晚于她的沙利文、弗洛姆等人相呼应，逐渐形成了美国化的精神分析学派——社会文化学派，即新精神分析学派。论述文化与神经症的关系问题是霍妮后半生一系列著作的母题。她的贡献主要在两个方面：一方面看到了社会文化对精神症形成的重要性；另一方面，提出了神经症的相对观。不仅行为的正常与否取决于文化的正常与否，而且行为是否正常的标准也因文化或亚文化而异。比如，懒惰闲逸在贵族看来是理所当然的，但对于处在上升期的新兴资产阶级却是不正常的。

自然，霍妮也有她的缺欠，比如说，当她反对弗洛伊德的阳具嫉羡说之时，又以子宫嫉羡取代阴茎嫉羡，说明她仍深受弗洛伊德的生物决定论影响。霍妮并不是取消古典精神分析方法论的基础、原则和假定，而是将其现代化。霍妮自己也说，她的理论探索的目的并不是取消作为研究个性和文化的方法、了解和治疗精神症的专门方法——精神分析,而是给它提供文化与社会的方向。

有一些学者认为,霍妮未能就文化力量如何与神经症患者的相互作用提供认真的说明,未能对社会进行批判性的分析,而只表达了对抽象的文化的不满。在治疗主张上,她被认为过分强调了个人自我认识和自我改善的重要性,而忽略了社会文化条件超出个人所能控制的因素。有人说,她提倡的消除冲突情境的方法是不可能奏效的,因为无法保证当个体认识到一种解决方法的虚构性后而不转向另一种同样虚幻的解决方法。此外,在任何情况下,结果都是人对现存的文化与社会现实的适应,而不是人的生存的外部条件的改变。

每个人,即使是最伟大的思想家,也都无法摆脱时代和个人的局限。

释梦手记013号:妻子的焦虑(一)

时间:1997年三四月间的一天,妻子提供的梦
梦境:

　　我在一个楼道里走着,楼道里的装修特别漂亮,有很高级的洗手间、电梯间。这是一家特别好的公司,我刚刚结束面试,已经被录用了。我很高兴地走着,看见了以前一家日资公司里的一位女同事。她问我,公司怎么样。我说好极了,比你的公司好多了。

　　转天早晨我去上班了,在大楼门口看到了我的小学老师,他们夸我:"多聪明能干,到这儿上班来了。"我刚要进大楼,看见了四五个那家日资公司的同事。我立即意识到:刚刚录用我的这家公司,一定又是那家日资公司老板办的公司吧,没想到换来换去又到了他的手底下。

　　我立即告诉自己:"这不是真的,这是在梦里。"但我仍然很着急,便醒了过来。

　　(梦中还有许多细节,但当时没有受过训练的妻子回忆不起来了。)

分析：

妻子曾在一家日资公司工作过，其间发生了很多不愉快的事情。她离开那家公司后，发展得很好，成为一家报纸的骨干编辑。但是不久前，这家报纸却换了主人，妻子失业了。

做这梦的前几天，妻子正处于一件复杂的与别人的纠纷中，她心情很不好，常做噩梦。妻子曾对朋友说，不愿意和别人交往，自己在家待着最舒服了，不想去上班了。但是，就在做这梦的前一天晚上，和几位朋友吃饭的时候，大家都劝她出来工作，并建议她到几家正在招聘的报刊应聘。

妻子的这个梦便是在这一背景下出现的。

她在一家理想的公司应聘成功了，向昔日那家日资公司的同事炫耀自己的工作。妻子每次回小学的时候，老师们都称赞她的话也在梦境中出现了。但是，第二天早晨，她却不幸地发现，原来自己仍在那个讨厌的日资公司老板手下，于是惊醒。表面看来，这是一个焦虑的梦。她不怀疑以自己的能力能够顺利应聘成功，她的担心在于，在那新的单位里会陷入不愉快的心境中。

这个梦中最有价值的一个细节是，当妻子意识到自己又到了日资公司时，梦中的她对自己说：这是梦，不是真的。于是，妻子不必去上班了。弗洛伊德对这种"梦中梦"有过专门的解释，他认为这正好符合了"梦是愿望的达成"的主张。

在做出上述分析几天之后，我又对妻子的梦做了进一步的分析：

妻子告诉我，重返那家日资公司的情节已经无数次地出现在她的梦中了，每次出现，都与恐惧的心情相伴。无疑，在日资公司工作时不愉快的境遇，对妻子影响是很深的。

妻子还说，在这个梦之前，还有一个梦也曾无数次地与恐惧相伴着出现。那是一个少年时受到骚扰的梦。

妻子读小学四年级的时候，是班长，同时又是大队委员。她那个年级的学生上学都晚，通常是八九岁才入学读书。所以读到四年级时，便进入青春期了。

妻子在一班，六班都是学习差的学生，自由散漫，极难管理。其中有四五个男生，不知为什么开始和妻子过不去了。妻子放学回家的路上，要经过一条胡同，那几个男生经常出现在胡同里，手拉手将胡同堵死，拉着妻子不让她过去。妻子回忆说，他们并不骂她，也不说下流话，只是嬉笑着。她向左面走，他们便往左面堵她；她向右面走，他们便也跟到右面。有时，妻子能顺利地冲过去，有时，她不得不从他们的胳膊下面钻过去。

妻子还说，那几个男生专门和她过不去。这可能是因为她是班长，又是大队委员，在学校里很显眼的原因吧。

那几个男孩子的行为对年幼的妻子心理影响很大，但她又不敢告诉老师和父母，因为她知道那些男孩子受到责罚后会变本加厉的。每天放学前，妻子都很紧张地盘算着如何才能躲过他们的骚扰，如果她的班级下课时，六班还没有下课，那是最好的了。而如果六班先于一班下课了，妻子就会更加紧张。

我们不难理解这件事对一个十多岁少女意味着什么，事情过去十多年了，妻子仍经常做这个被男孩子们拦住的梦。

因为妻子无法回忆起做这个梦时的背景，所以我们也无法判定这个梦境的每次出现预示着什么。是焦虑？还是愿望的达成？

我所思考的一个问题是，被伤害的经历对女性身心的影响。妻子对我讲述的另两个经常重复出现的梦，也是对创伤经历的回顾。到目前为止，她已经有四种经常重复的梦境了。妻子说，她不记得有过什么使自己快乐、兴奋的梦，更没有过在笑中醒来的梦。妻子的人生中一定也曾体验过其他更为强烈的情感，但何以总是被伤害的梦缠绕着，一次次地出现呢？这足以成为更深入的心理学思考的开端。

释梦手记014号：妻子的焦虑（二）

时间：1997年4月25日17时，妻子提供的梦

梦境：

我从一处窄窄的高楼梯上下来，十分黑，我感觉眼睛不好使，看不见下面的楼梯。到了楼梯的底端，便无路可走了。只是另一个向上的楼梯，在比我高一米的地方，我迈不上去。

我发现自己在一个商场里，一会儿过来一位小姐，温柔地抚着我，说："向右走，太黑了，您慢点儿。"我认出她是国际商场办公室的一位小姐。

我终于到了平地上，周围也亮了起来。那小姐说："对不起，让您着急了。"我由衷地夸她态度好。

我出了商场，看到右面有一个窗口，在出售红色半袖T恤。我想给方刚买，但想量量尺寸。通往窗口的仍是一个高而细窄的陡楼梯，我终于到了窗口，却发现里面已经没有T恤了。我感到受了愚弄，十分气愤，大骂售货员欺负人，并去找人来抓她。

我走到一座监狱门外，看到大批人正在被向里押，其中有我中学时的女同学，我为她们感到难过。

醒了，很不舒服。

分析：

妻子自称，经常做这种上下楼梯的梦。楼梯总是很高、很陡，下时无路可走。毋庸置疑，这缘于生活中的不安全感。

具体在这个梦中，可能还有另外一些引子：想为我买一件半袖T恤衫；想去看国际商场办公室的一位朋友；刚买了一双皮鞋，不合脚，上下楼艰难；睡眠时未解文胸，勒得喘气不舒畅等。

但是，十分显然，这个梦里充满了恐怖、焦虑，每个读者都可以从中看到这种种迹象。

妻子做这种梦已有两年左右了，这段时间她的生活和心情确实有许多不够顺畅之处。到了1997年下半年，她便没有再做过这样的梦，因为她的生活有了很大改变。

记录和分析这梦时，我的心情是抑郁的。以至于不能做详细的逐个细节的分析了。对于妻子精神世界的困扰，我是有很大责任的。我感到内疚。

爱一个女人，可以从关心她的梦做起。

第六章

沙利文：人际关系

自由联想：母亲的背影；人际精神病学，我的恋母情结的最新解释；自由联想：父亲是人际关系的失败者；沙利文、父亲、我；错觉与"自我系统"；关于沙利文的另外一些认识；释梦手记015号：遇刺；释梦手记016号：调查失踪案；释梦手记017号：吉星入梦；释梦手记018号：报复。

自由联想：母亲的背影

那个女人推门进来时，我正在和自己玩。

我没有玩伴，只能和自己玩。五岁，我已经做白日梦了，但那时梦的范畴过于狭窄。

女人顾不得放下大包小裹，便张开双臂拥我于怀，咧嘴笑着，一遍遍唤我的名字，"刚，刚，刚……"

我被这个女人的友好迷住了，也对她笑，甜甜地叫着："阿姨好。"

女人的笑容立即僵住了，脸上的肌肉古怪地扭动着，很长时间才恢复镇定，轻声说："叫妈妈。"

母亲对于幼年的我来讲，是一个背影。

我是由外祖母带大的，母亲带着姐姐住在另一个城市。父亲自杀之前，我大部分的时间便跟外祖母过。

外祖母是个沉默的女人，很少说话。她的父亲拥有百顷宅地，她自己曾是满洲国一位大银行家的太太，使奴唤婢。而到我和外祖母住在一起时，她只靠儿女们每月寄来的35元钱过日子，每天仍抽一包烟，喝一杯酒。烟只能抽一毛多钱一盒的"大港"，酒只能喝每瓶一块多钱的"二锅头"。

每天午睡醒来，外祖母便在桌上铺开一张旧报纸，磨墨，润笔，写上几个漂亮的隶书。只这时，还能看到些贵族的遗风。以外祖母那个年龄，而写一手好字的女人，凤毛麟角。

外祖母从不和邻里谈天，我想，这可能缘于她当年的傲慢与矜持。

外祖母甚至很少和我说话，她的孩子都是奶妈带大的，外祖母一定觉得和小孩子谈话很滑稽。

母亲说，这便是我讲话晚的原因。

三岁，我刚会叫"妈妈"。所以，我怀疑父亲从未听我叫过"爸爸"。

直到上学，我仍奶声奶气，无法咬准很多字词的发言。"红小兵"的"兵"，我读"绷（bēng）"，"明天"，我念"萌（méng）"天。

发育的迟缓也有一个好处。十六七岁，最抑郁的时候，我得以有个安慰自己的理由："贵人语话迟"，你终成大器。

外祖母不知何时站到女人的身后，"小刚，这是你妈妈，叫妈妈。"

"妈~妈~"我怯怯地叫着。

吃了母亲带来的饼干，在母亲怀里坐了很长时间，我才适应了：她是我妈妈。

母亲的担心是，下次见面的时候，我还会叫她"阿姨"。每次长达数月的分离后，我都认不出她。

然而，这是最后一次了。

五岁的我不再单纯被动地感知分离，我要阻止这种分离。

那以后的几天里，我的双眼总是紧张地追踪着母亲的身影，观察着她的一举一动，捕捉任何一个可能意味着离我而去的迹象。

"妈，你不走行吗？"我问母亲。

"不行，妈要工作。"

"带我走吧。"我央求着。

"妈一个人，带不了你和姐姐。你长大后，就能总和妈在一起了。"

"我现在就要和你在一起。"

"刚，乖。妈也不愿丢下你，实在没办法。"

母亲背过脸去，很久后我才懂得，母亲不想让我看到她的眼泪。

母亲绝口不谈走的事，我却能清楚地听到那越来越急促的钟声，在催促她。我加强了监视。

母亲趁我午睡的时候走了。醒来的我四处张望，不见母亲，柜子上没有母亲的旅行袋，门口没有母亲的胶鞋，床头却有母亲留给我的一袋饼干。母亲走了！

我大叫一声，一跃而起，将试图拦住的外祖母推了个趔趄，冲了出去。

外祖母事后说，当时的我像头疯牛，两眼瞪得溜圆，力气大得惊人，嗷嗷怪叫着扑下楼。

我青春期的"犯病"，似乎可以追溯到那时。

我在街上飞快地跑着，那是一个夏天，我只穿着拖鞋和内裤。我知道母亲去火车站要先坐8路汽车，我一路大叫着"妈，妈"，跑到汽车站。那里没有母亲，我顾不得许多，沿着汽车的路线追赶着，拖鞋早掉了，稚嫩的小脚被碎玻璃扎破了，我浑然不觉。我要追上我的母亲！

看不见汽车的影子，看不见母亲的影子，我开始抽泣，继而泪流满面。我呜咽着，叫着母亲，一路追赶下去。

许多路人站住，惊愕地看着我。

我终于追到了母亲。母亲不得不送我回来，赶下一班的火车。

我于是明白，母亲终究是要远去的，不以我的个人意志为转移。

但那以后，我见母亲的机会多了一些。母亲在长春，为了见我，她需要付出很大的努力。我相信母亲怕见到我那疯狂追赶的样子，所以，她每次离去时，都故意选择我熟睡的时候。其实这已经没有必要了，我正在一点点接受母亲必然离我而去这个事实。母亲自以为悄然地走了，其实，假装睡着了的我一直在偷听她的每一个响动。母亲的脚步声移到楼下时，我会腾地跃走，扑到窗户前，向楼下寻找母亲。

我看到的是母亲的背影。

母亲沿街而行，那时尚年轻的她十分矫健，步履匆匆。她的背影便也小得很快，终于，在街角一闪，不见了。

泪水又在顺颊淌落，我强忍着不喊住母亲。

母亲走了，她的背影永远烙印在我的生命里。

母亲的背影作为我生命中的一个永恒景象，是与离别、伤痛、孤独、丧失、被抛弃等凄凉的感觉相连的。成年后的我才渐渐懂得，生命原本便是一次孤独的伤痛之旅，离别与丧失是人类最根深蒂固的感受，因为生命本身便是一次走向丧失的过程，而与世间万物的离别，原是一种必然。上帝在我幼年的时候便通过母亲的背影向我昭示了这一切，但是，我不可能真正理悟它。甚至于，我无法肯定母亲的背影对成年后的我构成的影响，是否与上帝的本意相符。成年后，对分别的敏感与恐慌一直潜藏在我的意识深层，只是它的指向已扩展到很广泛的领域，而不是局限于儿子对母亲的眷恋。一方面，我渴望与友人的聚会，另一方面，我又害怕这聚会之后的分离。贾宝玉似乎有过"聚了又散"的悲叹，即便这体味相同，其根源又是否会完全相符呢？

恋爱的时候，与心爱的女人分手后，我会痴痴地看着她的背影，直到淹没于人流中，仍努力地辨别那服饰的指针。普通朋友的聚会之后，我也会看着他们远逝的背影，目光一如二十多年前那个俯窗少年的执着。我从这背影中，既体味着凄凉，又感受着美丽。如果仅仅是丧失的悲伤，恐怕对背影的凝眸也不会如此久长了。那么，丧失何以会有美丽的光泽呢，也许，我将他们一律幻化成母亲了吧？

我想，这是我的恋母情结。多年后有读到此书初版的读者说，这或者是幼时未处理的分离焦虑。

在我的婚姻中，恋母情结的存在，也许可以从这里找到证据。

"沙利文会对您的分析很感兴趣"。忽然，弗洛伊德博士出现在我的面前，微笑着说。

人际精神病学，我的恋母情结的最新解释

亨利·斯台克·沙利文是美国精神病学家，他与霍妮和弗洛姆，同属所谓"新弗洛伊德主义"。在20世纪30年代，在哲学、社会学和心理学对人的活动的文化因素展开研究的同时，对互动作用——即交往、个体之间的社会的相互作用——问题的研究也日益迫切起来。一些理论家开始研究个性与其周围社会界的相互关系、个体之间在它们的共同的活动的过程中的相互联系，以及人为了回答具体社会情境而生的行为反应。沙利文便是特别重视这一问题的学者中的一个，他创立了"人际精神病学"，又称"精神病学的人际理论"。如果说霍妮感兴趣的是人的一切行为的文化制约性，那么沙利文则将自己的研究用于人的人际的存在，从人们交往过程中所形成的人际联系和人际关系的角度，对个性进行考察。如果说，导源于精神病学临床实践的精神分析学说，在弗洛伊德和荣格那里已经开始从个体的立场出发去探寻社会文化因素对人类心理过程的影响，在阿德勒和霍妮那里进一步体现出朝向社会科学或社会心理学的走向，那么，沙利文确确实实地进了一步，他干脆在精神病学和社会心理学之间画上了等号。

霍妮、弗洛姆都是德国人，接受过欧洲的传统教育，沙利文和他们不同，他是土生土长的美国人。所以，他的观点的形成不仅受了弗洛伊德的精神分析学说的影响，更受到美国本土的精神病学、哲学和心理学各学派的影响。沙利文把自己的所有注意力都集中在"人与人之间的关系"上，他认为，自出生之后，每个人都和他人处在不断的相互作用中，理解他人的态度

并产生反应。这些复合的经验是生活形成的力量。沙利文说，在某种重要的意义上，人们就是他们的经验。

沙利文摒弃了弗洛伊德的一些观念，否定了弗洛伊德的本能论和性欲的作用的假设，自然，对于具有生物继承性的预先决定人的活动的、万应机制的恋母情结，更是加以否定。"人际精神病学"顾名思义，沙利文强调的是人际关系对人的影响。他也许并不完全忽视生物学的因素，但他把注意力集中在人的心理发展的社会决定因素上。沙利文认为，考察个体之间的联系和关系具有特殊意义，因为在他看来，真正的个性只有在与别人交往时才能表现出来，个性永远不能离开它所生活的人际关系的复合体。

弗洛伊德和沙利文在恋母情结上的差别在于，弗洛伊德认为恋母情结是每个人都与生俱来的，而沙利文则认为，只有在特定的人际关系中，恋母情结才有其出现、存在的可能。这使我想起俄国学者马林诺夫斯基，他对太平洋中一个处于母系氏族社会的群岛考察后，也提出了许多反对弗洛伊德的恋母情结普遍性的证据。而我灵魂深处的"母亲的背影"，沙利文如果有知，会说："瞧，方先生的恋母情结不是与生俱来的，而是与他幼年时期经常丧失母亲的关怀、爱抚、呵护相联系的，他与外祖母生活在一起，而外祖母甚至很少同他说话，更不要说代替母亲的职能了。方先生在与母亲短暂重逢的快乐后，恐惧于母亲的离去，并将其演化成一个强大的情结，是极好理解的事情。归根结底，是那个特殊的岁月，因为父亲的早故，母亲无力同时将两个孩子带在身边造成的，这便是一个特殊的人际关系，这一人际关系作用于方先生的生活中，形成了他的恋母情结。在成年后，他的这一情结转移到恋人甚至朋友身上，通过对背影的敏感表现出来。而如果方先生的父亲还活着，一家四口没有因为经济或政治的原因被迫分离，方先生幼年的人际关系呈现另一种状态，他的恋母情结是否会出现，便是需要重新加以考察的问题了。"

沙利文特别强调儿童日益增长的"分化意识"（即将自己与别人区分开），以及正在发展中的时空定向。在进一步的模式中，"分化"是清楚明确的。于是，"相当精确的交流"就能开始了。他开始更加完全地参与复杂的关系网络，正是这种网络使人成其为人。

但是一个重要的问题是，沙利文反对了弗洛伊德恋母情结普遍性，但他的人际精神病学也面对一个重要问题：人际联系是否具有普遍性呢？也就是说，人的生活中是否任何时候都存在着人际关系？如果不是这样，那么他的人际精神病学便也不具有普遍性了。

沙利文也意识到了这一点，事实上，个人许多时候确实无法意识到自己作为人际关系的存在。比如说，当我们阅读图书或看影视作品的时候，人际关系便具有幻想的性质。但是，沙利文指出，人际关系总是以这种或那种形式存在于人的活动中，而不管他是否意识到了这一点。因此，沙利文才有理由说，一切心理过程就其性质来说都是人际间的心理过程，他也才能够得出一个重要的结论：为了了解个体的本性和内心活动，了解人的生存特点，必须研究人际间的情境，人就是在这些情境中流露自己的感情和情绪、暴露自己活动的倾向性的。

沙利文将自己的理论建筑在心理生物学、文化人类学和社会心理学各学科的衔接点上，他不是想研究个体的人的机体或具体的个性的社会威信，而是要研究人际间的情境，研究人际关系。所以，当他提出精神病学的人际关系理论后，也就同所谓以弗洛伊德为代表的古典精神分析固有的生物主义分道扬镳了。

需要说明的是，沙利文也保留了生物学原理，他的人际理论框架有三个原理：共存原理、机能活动原理和组织原理，无一不是汲取自生物学原理。他只是把生物学原理直接归入精神病学人际理论中罢了。

自由联想：父亲是人际关系的失败者

母亲告诉我，父亲是人际关系的失败者。

父亲对社会和人类似乎有一种反叛情绪。妈妈讲，姐姐五岁那年，一家三口逛街。姐姐在父亲的怀里说："我要去动物园，去看猴儿。"父亲用下巴示意着周围熙熙攘攘的人群，不屑地说："满街都是猴儿，看吧！"

那是1966年，在当时，父亲仅因为这句话便可能落难。一种最自然、最合理的推论是：将全国人民比作猴子，是对人民群众的恶毒攻击，也是对人民群众的领袖的恶毒攻击，猴子的领袖会是谁呢？30年后，我开始写作《动物哲学》一书时，一位朋友看过几页，说："你有一种反人类倾向。"我对"反人类"一词理会不深，便也不敢自称为"反人类主义者"，相反，我倒觉得自己是深爱人类的，正像我相信骂人为猴的父亲，也是深爱人类的一样。

父亲将人民群众指责为猴子的时候，母亲吓得左顾右盼，拉着父女俩匆匆逃离。但是，让母亲更为记忆犹新的恐怖是，父亲有一天指着当时一位"伟大人物"的画像说："这个老王八蛋！"母亲立即面色如土，她知道，父亲的生命完全可能因为这一句痛快淋漓的咒骂而魂归西去。不久之后，很多人都开始怀疑，那"伟大人物"的确是个"王八蛋"。

当父亲带着他刚毅、正直、倔强和无所畏惧的性情走进那家设计院的时候，他最后被谋杀便也成为那个时代的一种必然。

是的，父亲是被谋杀的！

1997年的"十一"，我回天津陪母亲过节。晚年闲居的母亲开始忆旧，晚饭后的闲聊谈到父亲，一点点深入。父亲已经走了26年了。母亲找出珍藏的父亲当年的笔记本，她一定想，该把它们交给我了。

那是父亲工作后自修时用的几个笔记本，密密麻麻整齐的小字，像是印刷体。前面几页抄着常用的公式和数据换算表，还有几个复杂的图表，精细得让我怀疑父亲是如何将它们画到那32开的纸上的。我首先想到的便是自己对父亲的背叛，这个笔记本将我的背叛行径照得黑白分明。我哪里可能写出这样的字迹呢，最起码的工整也离我甚远。我性情急躁，字迹飞舞，自己也往往无法认出。我可以用电脑掩饰书法的拙劣，却无法避免缺少一份精细之心对事业造成的损失。我不可能做父亲那样的工作，即便是写作，我也必然因为精益求精、细致深入之心的缺乏，在急于求成的秉性面前失去许多提升自己的机缘。我背叛了父亲。

但是，父亲同样是急性子呀！但是，急性子的父亲分场合、分对象使用他的性子，至少在这个笔记本上写字、画表时，他温情脉脉，细致入微。我继承了父亲的形，却背叛了他的魂，我的背叛便更为恶毒与嚣张。年仅30岁的父亲，被一些人视为水利电力部东北电力设计院管道设计专业的顶尖人才，自然有其基础与背景。

父亲才华横溢，性情自由，又蔑视权贵，鄙夷趋炎附势的小人，他的人际关系可想而知。从1957年开始，历次运动都未对父亲网开一面，他成为年轻的"老运动员"。

许多关于父亲的故事，母亲讲过一遍，又讲一遍。

在运动冲击的缝隙，父亲仍执迷于他的专业研究。他写出一本小册子，对管道设计工程中常用的一种专业方法进行了全新的改革，提了自己独到的发现。二十多年后，当母亲出版她主编的百万余言的《城市供热手册》时，父亲发明的方法仍被作为重要的技术被全国的专业人士采用。

二十多年前，一天下班后，父亲将正在写作中的手稿留在办公桌上。后来，有充分的证据表明，父亲的顶头上司当天偷偷看了父亲的手稿，抄走了一些重要数据。几个星期后，那位上司拿出与父亲同样的论文，作为成果报送。

那是一个危如累卵的年代，稍聪明一些的人，便会选择沉默。性命尚且难保，还有什么"著作权"呢？但是，父亲的性情注定他奋起抗争，而且以激烈昂扬的方式抗争，大骂自己的顶头上司，闹得整个设计院沸沸扬扬，任何对剽窃者的保护都成为不可能的事情。母亲保存着最后得以出版的那本小册子，在作者的署名中，那位上司的名字列在父亲名字的后面。

父亲和那位上司，都是胜利者，又都是失败者。几个月后，又一场运动袭来时，他们都成为"走白专道路"的典型，成为"追名逐利"的"小资产阶级的代表人物"，受到人民群众的"公正审判"。如果父亲在那次"人际关系"的危机面前保持沉默呢？如果他进而微笑着将自己的成果献上，主动署上领导的名字呢？也许他可以免掉一场横祸，却将不再是我的父亲了。

关于父亲是人际关系失败者这一历史问题，我仍存有疑问。毕竟，许多父亲当年的同学、同事、亲属，对我谈起父亲的时候都说："这是一个难得的好人。"我可以将这理解为"伟人之所以成为伟人，是因为他们已经死了"，但是，许多同样死掉的故人，却无法从我们这里获得如此一致的赞誉。

父亲按着他自己的性情做事情，于是，他便既会有朋友，也会有敌人。他的人际关系是一个敞开的网络，朋友肯定是多数，即使当时不敢站出来称自己是方正伟的朋友。

人们不再轻易相信别人，处处暗箭，人人自危。但是父亲仍一如既往，仗义执言，敢爱敢恨，大义凛然。父亲人际关系网中的黑点，只是与当权者、卑微者相对时，才显现出来；而那些坦然地生活着的人，必然与父亲有某种灵魂的息息相通。但是，那也许是少量的黑点终于累积起来，杀死了父亲。父亲人际网中光亮的部分，根本没有力量发挥作用，拯救他于水火。

一个人的个人性情，他的人际关系，真的可以杀人吗？我是否出于一份恋父之心，夸大了父亲性情与人际在他死亡事件中的作用？

我唯一可以说的是：历史在某些时候，就是以常人无法想象的、常理无法包容的方式，对人进行谋杀的。

沙利文、父亲、我

沙利文在人际关系的背景上考察人的动机行为机制时，声明抛弃了弗洛伊德的关于人的活动的性的制约性论点，自然，也抛弃了个性意识的病态分裂的性的病因学论点。他提出一个新的词汇，叫作"精神动力"，并且说，精神动力是决定个体心理活动的重要因素，是生命有机体的相对稳定的动能型。与他的人际精神病学相吻合，精神动力表现在人际关系的特殊过程之中。

那么，沙利文是否认为，离开人际关系便没有精神动力了呢？问题是，沙利文首先认为人不可能离开人际关系。在沙利文看来，每个人——随时随地处于人际关系中的人——的内部心理生活都有大量的精神动力，如升华的精神动力、强迫观念的精神动力、忌妒心的精神动力、焦虑的精神动力、自我的精神动力、分裂的精神动力等。只有当进入一种人际关系中，这些精神动力才在不同的个体那里根据特写的社会情境和生活经验，以不同方式表现出来。也就是说，每个人的人际关系不同，他身上的精神动力及其表现形式便也不同。个性行为的总方向及其活动，取决于这些精神动力的结合。

沙利文一直没有给精神动力划出严格的明确界限，可以把精神动力理解为人际关系中发生的一个过程，还可以把它理解为个性的"一个部分"，其机能被看作是依赖于人生存的社会条件的一个整体。对精神动力解释的多义性，时而还有的不确定性，使这一概念可以扩展到完全不同的现象上，它可以被看作是一种"定式"或"本能"，还可以看作是无意识欲望和完全可以意识到的人的感情表现。

沙利文注意的焦点是焦虑。他认为，人有两个主要的目的或动机，即对满足和安全的追求。在起源上，这两种动机基本上是生物学的，但它们是由父母直接和间接的抚养（例如评价）塑造成的。因此，原始的生物学材料受文化上的限定，并造成了环境和遗传的难以分解的融合。他相信，生理学总是和社会心理学相联系的，当童年的冲突在个人的动机和文化所赞许的行为模式之间发生冲突时，焦虑便出现了。焦虑导致了身体的表现。相反，纯粹的生理需要（例如胃的挛缩和饥饿）也孕育着焦虑。因此，身体和文化及其派生物无法摆脱地纽结在一起。我们完全是生物——社会的生物。无论沙利文感兴趣的焦虑来自何方，它终究是正在发展的人格之关键，是人格破裂之源。它总是在人与人之间关系的背景中起作用。

沙利文把精神动力同在人际交往中产生的人的需求作了比较。根据沙利文的意见，个性中的许多冲突的情境，都是由于人的需求和满足需求之间的不相适应产生的。结果，仿佛形成着所谓的"分裂的精神动力"，它事先决定着个体在人际情境中的病态的和危害社会的行为。在沙利文看来，造成个性内部心理紧张的主要根源有二：一是在现存社会条件下生命有机体的需求同满足这需求的方法之间的不协调；二是个性对自己生存其中的社会和人际环境的焦虑。这后一个根源给个性造成最危险的"紧张"状态，这是由于人际联系和人际关系失调所致。

我再一次想到了父亲。

当父亲生活于20世纪五六十年代的中国时，他不可避免地同时面临着沙利文阐述的两种心理紧张的根源。在父亲的生命中，升华的精神动力无疑如我今天一般占据着主要位置，但是，个人升华的欲求与整个社会沉沦的现状形成强烈的冲突。父亲的种种需求，即使是过一种最平静、安详的基本温饱的生活的需求，也不可能得到满足。父亲那样的个性，无法不对自己生存其中的社会和人际关系倍感忧虑。父亲最后的自杀，可以在这种"分裂的精神动力"中找到依据。

那么，我呢？我身处的社会，与父亲的时代已有天壤之别，我甚至时常庆幸自己生逢其时。但我想，父亲也一定庆幸过自己生逢其时。我对父亲即使有再多的背叛，我们对于主流的背叛却必然是一致的。不然，我又何以会经常地体味到与周围社会的不协调，以及自我欲望在现存社会中受到的强大抑制呢？

进而一想，沙利文所说的这种焦虑，似乎从人诞生之日起便陪伴着我们每一个人，并且将一直跟随我们到生命的最后时刻。这种焦虑最初是由母亲传给孩子的，孩子既感到需要母亲的关怀和抚爱，同时又时刻担心可能会失去母爱。"焦虑"渐渐成为个性的极重要的特征。因此，揭示促使这种感觉消除的保护机制，就成为人际关系理论的任务。沙利文是否完成了这项任务呢？

沙利文提出了一种解决方案，作为一个精神病学家，沙利文进行心理治疗的主旨本质上是使个体适应于社会环境。

沙利文的人际精神病学确认了人的需求的形成和社会满足人们需求的方式之间的矛盾。这位美国精神病学家还试图确定个别个性的需求与整个社会需求之间的依存关系。沙利文也注意到，社会普遍存在的道德败坏、冷漠态度和个体的内部心理障碍。在他看来，分裂的精神动力狂郁精神病，个体的妄想性表现，都是由于人对自己的天生的缺陷的认识产生的，这与阿德勒个体心理学关于补偿缺陷感的学说有相似之处。一位苏联的心理学家指责沙利文说，他把对个性焦虑的分析转到研究内部心理过程、各种情绪的精神动力，包括恐惧、愤怒、憎恨、忌妒等这一层面上，至于对社会联系、个性之间的关系、社会交往的形式等问题的研究，则轻描淡写一带而过。社会的弊端及其在个体意识上的反映，实质上并未触及，也就是说，沙利文没有改造社会、改造社会的不合理的人际关系的意图。

有人认为，沙利文并不想向人们揭示社会中生存条件对个体的危害性，而是努力使上述的那些不利于维持个体之间的可以忍受的关系的定式被消除掉，以使社会交往过程中的困难被减少。也就是说，他在想使个体适应社会，而不是改变不适合个体的社会。这，其实也正是古典精神分析、分析心理学、个体心理学都表现出来的不足，但是，此时却被我格外清晰地认识到，并且伴随着一种愤慨的心情。显然，这是因为我将它与父亲之死联系在一起了。

一个个精神分析学大师们，他们面对的是精神病人，但是，我面对的是受到与精神病人同等压力，并最终选择了死亡的一个人，而且，这个人是我的父亲。我仿佛听到一个声音在告诉我：父亲的自杀原本是他自己的过错，是他自己不能有效地调节个体的需求与社会所能给予的需求之间的矛盾，所以，他是自杀的，不是他杀。这，与当年父亲所在设计院革委会对父亲之死下的结论完全一致。

那么，我呢，我的身体内流淌着父亲的血，我对这个世界有太多的不满，我在以我的方式，在我力所能及的条件下进行着我的奋斗，我想改变这个世界上所有不公平的非正义存在，想使这土地上的每个人都能以更自由、自在，更"本我"的方式生存。我做了哪些呢？我的人际关系，又怎样呢？

我自己在人际关系中一直是随心所欲、不谙人情世故的。记得我在报社工作时，一位同事私下给我起外号叫"骄傲的脑袋"，因为他们觉得我过于骄傲，待人接物自以为是。这其实是一种误解，我只是不太会看别人眼色而已。

我庆幸自己没有生活在父亲的时代，所以，当我采取父亲所采取的方式本真地生活时，我没有受到太大的打击。

我真的没有受到太大的打击吗？

毕竟，我最终被迫离开自己热爱的那家报社，强大的压力使我艰于呼吸；毕竟，此时的我虽然同时为几家刊物编稿子，但更接近于一个自由撰稿人，我同任何人、任何机构都没有真正的隶属关系。我获得了自由，也付出了代价，不会像平常人那样有个"组织"，同时拥有"组织"的各种实惠。但是，我必须放弃了，才能得到。我又想，如果父亲生活在今天，他也一定会放弃很多，但是，当时的他没有选择的权利，所以，他只有死路一条。

错觉与"自我系统"

弗洛伊德博士曾经宣称，人们必须从宗教的错觉重压下解脱出来，沙利文同样要从错觉中解放人类，但是，他所关注的不是人们的宗教观念，而是人们对于物质世界的东西、社会威望，以及作为个性在社会中取得成就的、象征人的人格化的威力的信仰。在弗洛伊德时代，宗教确实是一副重轭，而在沙利文的时代，宗教的位置已经被金钱及其衍生物取代。

沙利文能够看出自己生活的社会的非理性，他因此得以发现，在非理性的社会存在中，物质福利的取得被理解为生活中的自我确定，是个体稳定生存的唯一可靠保障，个性内心世界在丧失着，就用幻觉的价值来填补。换句话说，非理性社会在促使人产生错觉，这错觉渐渐成为人的个体——个性生存的真正价值的代替物。个性本身也变成某种错觉，即变为一个消灭差异的个性。

所以，沙利文认为，人的个性不过是一种假设，是人们在人际——最好称之为面具——交往中所必需的各种面具的总和。在沙利文看来，社会面具也好，个性的个体性也罢，都是一种错觉。就连人本身都未察觉到自己在资产阶级社会中个体性的丧失，这只是因为在其精神生活中形成了一种所谓"有选择的疏忽大意"的特殊机制。而这"有选择的疏忽大意"，就是弗洛伊德所说的"压抑"，是那些我们经常掩盖的或不想要的感情。因此，个体只是看他想要有的东西，而不去注意真正的现实：错觉已被他当作现实。

那多数人想要的东西，便是金钱及其派生物，这便是错觉。

个性生存的这种错觉，又被沙利文与个性的焦虑感联系在一起考虑。他进而提出，发现一个"自我系统"，来防止个性加重焦虑感。这一"自我系统"因此又可以被称为"抗焦虑系统"，它是消除焦虑感或者使它缩小到最低限度的个性行为的确定模式。所以，"自我系统"在"人际精神病学"中是作为个性独特的保护性机制而存在的，与阿德勒的"超额补偿"很相似。不同在于，"超额补偿"与人生存的社会条件没有直接关系，是对人固有的缺陷感的反应，而"自我系统"是同社会的非理性性质和人际关系联系着的，它正是个性形成和社会化过程中建立的，并逐渐表现出来的。"自我系统"的使命既然是通过消除和淡化个性的焦虑感稳定人的正常活动，因此与弗洛伊德所说的"超我"有类似之处，它们的使命都是根据受外部制约的社会现实来纠正人的动机行为。

但是，"自我系统"与"超我"还是有区别的，甚至于，与阿德勒、荣格、霍妮等人的"自我"概念也有区别。在后者的理论里，自我是一种典范，达到这一典范，意味着个性得到了真正的发展，是个性发展的最高目标。而"自我系统"，则是对现实的适应机制，其主要任务是使个性以相应的社会价值为方向。

但是，人际精神病学的主旨是把个体磨得适应社会条件，姑且不考虑这是否符合人道主义，至少，并不是每个人都做得到。

沙利文曾说，只要使个体摆脱潜在的、莫明其妙的欲望，人就会了解自己内心世界的活动过程和社会生活中人际情境的重要性，就能毫无痛苦地"加入"到现有的文化和社会结构中。

父亲不会"加入"。

我也不会。

我们注定是"自我系统"未充分建立起来的叛逆的精灵，自由，悲壮。

关于沙利文的另外一些认识

沙利文是位医生,他的全部理论都起源于诊所中的实践。正是在诊所里,沙利文首次赢得了荣誉。弗洛伊德认为,对精神分裂症进行卓有成效的治疗是不可能的,但是沙利文发现他能够影响精神分裂的病人,他根据我们都有"共同的人性"这一前提坚持己见,获得了团体治疗的新技术,这也对他的人际关系理论的形成具有重要意义。正是基于此,沙利文得出"自我"是骗人的这一结论,更精确地说,"自我"只不过是一个壳子,把人的全部经验包括在内,并引起人与人之间的关系。弗洛姆便攻击沙利文说,他受美国生活社会化的影响太深,以至于改变了个体的本来面目。但是,这些指责并没有吓倒沙利文,他在自己的诊所里(他的顾客很少有富人和有产阶级)保护病人们人格的碎片,复原其人格的完整性。了解了这些思想的起因,也许有助于理解沙利文。

沙利文是一位踌躇满志的人,却备尝个人和金融上的失意,以及轻微的精神分裂症插曲。他本人的生活为他对焦虑的关注增加了一首哀婉的歌。这种情况也许有助于解释沙利文对人类经验共性的深沉感情。在第二次世界大战前后相当长的一段时间内,沙利文致力于将其倡导的以人际关系说为核心的精神病学,应用于解决与战争有关的社会心理学问题,具体涉及宣传、社会动员、领导、士气、反犹主义等。作为一个正直的人,沙利文对和平的热望和对战争的痛恨是斩钉截铁的;大战期间,他四处奔走、大声疾呼,号召精神病学家与社会科学家投身和平事业。这是他在动荡的最后岁月中的晚年生活的重要标志,这也是医治疯狂的年代里整个社会的精神病症的一种力所能及的努力。

释梦手记015号:遇刺

时间:1997年2月21日8:10
梦境:
我在一所学校演讲,和学生们交朋友。男生A和男生B

打了起来,我自觉具有权威,便上前劝架,说:"给我一个面子。"并表示愿和他们"像男子汉一样平等相待"。但是,男生A却说:"我先把你捅了。"我不相信他真会伤害我,即使我有某些不对的地方,仍然具有一定威望,受到他们的敬重。但是,男生A竟然真的拿出刀子捅入我的腹部,接着又把刀子扎入我嘴里搅拌了几下。我想自己应该疼痛难忍了,却发现并不剧痛,腹部也没有流血,只是嘴里有一堆碎肉,有些不舒服,可又不想吐掉。我想打电话报警,对伤害我的人绳之以法,但不知为何终于没有打那个电话。

我和母亲的干外孙在家里,他今年八岁了。我让他和我一起去医院看伤,但他忙着看武打片,我便任他躺在床上看电视,嘱咐他锁好门,除我之外别人叫门不要开。

我来到楼下,发现我母亲家正在搬家,舅母、表弟来帮忙,姐姐也在,还有一个人全身缠着纱布站在一旁。我对舅母含着泪说:"你儿子捅了我二十多刀,把我的嘴也捅烂了。我答应他捅,没想到他真会捅我。"但是,舅母和表弟对我的指责却无动于衷。

姐姐的脸很冷漠,对我说:"捅也捅了,你随便吧。"我难过极了,转身走开,偷偷地哭泣着。姐姐在后面说:"你如果愿意的话,我可以养着你。"我发现自己变成了一个步履蹒跚的老人。

我仍在伤心地痛哭,并在哭泣中醒来。

分析:

做这梦的前一天晚上,我从北京赶回天津,因为转天早晨祖母便要做肠内肿瘤的切除手术了。我下火车后先去了医院,姐姐在陪伴祖母。祖母已睡下,我和姐姐聊了一会儿,聊得很愉快。我也曾住在这所医院做手术,便有许多痛苦的回忆与担忧。我还知道,舅母和表妹曾来陪伴祖母。

我做这个梦的时候,距离祖母的手术只有一个多小时了。我的腹部被捅一刀的情节,无疑是祖母即将接受的手术的替代。那个全身缠满纱布的人,传达着我的恐惧与忧虑。而手术前后的陪伴，正如搬家一样需要人手，表弟在梦里替代了现实中的表妹，和舅母一起来帮助我们。

我的体质差，事情多，担心在这次祖母住院期间不能很好地尽职尽责地护理，舅母都来帮忙，更增加了我的心理负担。于是，这一忧虑表现在梦中，便成了姐姐对我的不满与指责，因为她是祖母住院期间的"总指挥"。我受到前一天还谈得很愉快的姐姐的埋怨，便伤心地哭泣了。

在姐姐那句"可以养着我"的话，以及我变成老人的情节中，我的梦境的关注再次转到对祖母的担心上，我其实已经成了祖母的替代，姐姐在劝祖母（我）放心。

这个梦使我想到梦的预兆问题，事实是，我在那次护理期间的确曾经让姐姐不满过。这是否能说明梦具有预兆功能呢？显然不能，只能说明我的担心并不是多余的。

另一个问题便是哭泣，我醒来的时候仍在哭泣中，泪水哗哗地淌。这一方面可以解释为梦中情节的刺激，表达我的担忧；另一方面是否如一些科学家所解释，人体每隔一段时间便需要通过流泪排出一些多余的物质，而我在醒着的时候的确很久没有落泪了，于是身体便自然调节，使我在睡眠中落泪。这种情况并不是第一次出现，我半年左右不流泪，便会在梦境中哭醒一次。

这个梦中还有许多情节没有解释，诸如两个吵架的男青年，我以权威身份的劝阻，我被刺伤，我口腔里的碎肉，我放弃了报警，祖母干外孙子的出现，表弟对表妹身份的替代，我对表弟的指责等。这些情节被此梦中另一个愿望的实现紧紧联结在一起，我将它们分析得很清楚，但是却不能在这里写出来。

释梦手记016号：调查失踪案

时间：1997年2月27日5:00
梦境：
  我领着四个亲属去一个市场。他们分别是我的母亲、舅母，我的表弟，以及另一个男子，似乎是我的舅舅。
  市场在一个运动场里，一个个小贩的摊位排成长方形。
  下起了细雨，人们纷纷离开市场。我有大便的欲望，从运动场的一个石门出去，面前是空旷的山野，没有人，我蹲下来大便，但仍十分紧张，担心有人来。雨淋在我的身上，我没有解出大便，起身回到广场（运动场）里，发现摊贩和顾客都已经散尽了。

我知道自己将母亲、舅母安排在某个石柱后面，找过去，却发现她们失踪了。我想起表弟和舅舅在市场内的另一个地点等着我，找去，也不见了他们的身影。我当即意识到，这两组亲人都被坏人抓走了。但是，他们的东西还在那里。

为了解救他们，我开始了一系列调查。那个自由市场突然变成一家高级商场，一个个洁净、整齐的柜台，零散的顾客。我在和身边的顾客谈话，请他们回忆看到的情况。我认识到这一失踪事件的背景很复杂，有黑社会的势力参与其中，我多少有些担忧，却并不畏惧。商场即将关门了，我忽然间想到要将在场的每一个人都拍下来，于是手持摄像机在商场里奔跑起来，飞快地摄下所有的人。我有使不完的劲儿，充满朝气，梦里也觉得自己是那样的年轻、健康。我知道，我已经有了证据，可以将那些绑架我亲属的人送上法庭。

我看到M穿着售货员的服装站在一个柜台后面。现实中的M是一家国家级大报的记者。我对M的售货员身份并不奇怪，和他打招呼，他诚恳地说："一会儿我们一起回去吧，可以好好谈谈。"我意识到终于到了我们开诚布公地摊牌的时候了，M是整个失踪事件的关键人物。他家和我家紧邻着，我一边等他下班，一边仍向从身边走过的顾客进行着调查。

突然有人告诉我："警察来了。"我却看到一队消防队员。身边的人说："他们也管失踪的事。"但是我对他们能否公正、认真地对待这一事件颇为怀疑，以试试看的心态向其中一位队员报了案。出乎意料，他十分和蔼、热情，向我寻问详情。我不断重申："我拍下了今天出入商场的所有人，罪犯一定在他们中间。"我希望他能想到通过看录像，发现嫌疑犯。

分析：

如果说梦是愿望的实现，那么这个梦则是三个愿望的实现。事实上，这三个愿望都能在前一天找到依据。

在这个梦中，许多几乎已经被我忘记的往日情节被回忆起来了，一些与我的三个愿望无关的情节也出现在梦里（也许它们与愿望有关，而我未能破解）。为了分析的方便，我先将一些无关或次要的情节的出现加以解释、排除。

第一个愿望：健康。

做梦之前的几天，我正在医院陪伴刚刚动过手术的祖母。我的体质不好，一疲劳便有反应，那几天，我的胸部和右下腹均隐隐作痛。这两个症状以往劳累时也出现过，前者检查是胸膜炎，后者一直没有查过。那天睡前与家人谈论过的我的健康，以不足30岁的年龄便有许多病，很令我自己担忧，甚至想过能活到多少岁的问题。临睡前，我决定第二天早晨去医院检查。

那个长方形的市场，是此前半个月我去买过鱼的北京的一个早市，情形完全如梦中所见，只不过不是在运动场，而是在一块空地。住在天津这几天，我一直没有吃到鱼，而我是极爱吃鱼，又极相信以鱼为主的水产品对健康的益处的。那个专门为了买鱼而去的早市出现在梦中，便不足为奇了。它之所以在梦中变成运动场，我想是因为我从来不锻炼身体，自己也知道这无疑影响了我的健康，于是运动场出现在梦中，表达我对体质和运动的关心。

至于想大便又无法解决的情节，无疑是由于我腹部疼痛引起的。梦后醒来我并未感到疼痛，因此它极可能是睡前疼痛的记忆在梦中发挥作用，表达我对疾病的忧虑。值得一提的是，那个面对山野蹲下大便，又担心被人看见的情节，我曾在约八年前体验过，当时我作为谋职的自然博物馆的一名工作人员随考察队到天津蓟县八仙桌子自然保护区进行动植物标本的采集，其间真有那么一次急不可待中的尴尬经历。至于何以会下小雨，我很难解释，会不会是因为当年我蹲在溪边"解决问题"，有溪水溅到身上的情况？

有意思的是，那天早晨天津确实下起了如梦中一般的小雨，我也确实如梦中一般挨淋了，感受完全一样。但是，我不太相信预兆的说法。

引起我最大关注的是那个奔跑着摄像的情节，梦中那个头脑敏锐、行动迅捷的"我"，留给我的印象格外深刻。事实上，我从来没有这样奔跑着工作的记忆。而且，"我"在整个梦中都显得格外精力充沛，洋溢着青春的活力。在此，这个梦实现了它"愿望的达成"，即我拥有年轻、健康的身体，可以无所顾忌地工作。

第二个愿望：摄像机无故障。

需要补充的是，我的松下牌摄像机买来后没用几次便坏了，修过一次后又已坏了一年多了，目前正在修理部。因此摄像这个情节，不也正满足了我的另一愿望，即拥有一台可以放心使用的摄像机的愿望吗？

第三个愿望：排除干扰我工作的势力。

这里涉及一个我不方便在此说明的重要事件，事实上它影响我的心情很长时间了。

M在梦里成了C的替身。C和M在同一家报社工作，不同的是，M是该报北京本部的记者，而C是该报驻天津记者。M自然不可能住在我家附近，而C的的确确和我母亲住在同一个住宅小区，两幢楼相距不足20米。C除了记者身份外，另有一个鲜为人知的身份，正是因为这个隐秘的身份，他曾在1995年末和1996年初对我构成伤害。我迁到了北京，而在1997年2月却得知，他仍没有放过我，再次对我构成同样的威胁。我确实如梦中一般"有些担忧，但并不畏惧"，事实上，我只是担忧自己的工作受到影响。

有意思的是，M同样从事我所做的那件受到C妨碍的工作，而且M对我很友好，对我的工作给予过称赞。我用M来代替C，便不是无的放矢的人，显然我的潜意识里也希望C像M那样对待我。

C并不知道我已经清楚他的那个隐秘身份，而我一直期待着条件成熟的时候当面揭穿他的真面目。事实上，做梦的前一天，我从C家楼下经过时，还曾想起他带给我的许多麻烦，做着和他面对面"摆平"的白日梦。所以，记者M在梦中变成售货员便不难理解了，这正是C那第二重身份的表现，而M约我回家时一起走，以便谈些问题，这正好实现了我那个有朝一日当面揭露他的愿望。

母亲、舅舅、舅母的出现，是因为他们很清楚C带给我的麻烦，并且一直很为我担心。而表弟的出现，则是因为前一天我曾想起一些与他有关的事，加之他又是舅舅和舅母的儿子，总能同时见到他们。失踪事件中，那四位亲属实际上成了我的替身，他们曾表示担心我有类似的命运，而失踪分两次被发现，正说明C先后带给我两次麻烦。

我在梦中进行调查，掌握录像、访谈等资料，希望找到失踪的亲人，正如我在现实中一直记录着整件事情的始终，希望有朝一日大白于天下。我平时最爱看侦探题材的影视剧，所以自己在梦中也表现得像个电视中的侦探似的。梦中的我感到事件复杂，甚至有黑社会势力的参与，是因为现实当中，距离我揭穿C所需要的条件还相去甚远，而我亦深知，C只不过是一个走卒，他是为更强大的势力服务的。

消防队代替了警察的职能，使我联想起约六年前，我住在六楼的时候，一件自己很喜欢的衣服被风刮落到楼下的树梢上，想了很多办法也取不下来。当时妻子建议找正在楼下训练的消防队员帮忙，她保证说那些消防队员真的可以"超越职能"地帮助我。我在梦中希望有警察帮助我，是因为现实中的我寄希望于有朝一日主流势力可以接受我，而对C及其代表的势力给予否定。但是我深知这将是很遥远的事情，所以梦中的我也对那些消防队员是否能帮我破案持怀疑态度。至于消防队员的热情相助，则无疑是我那个受到主流社会认可的愿望的实现。

自由市场何以变成了即将关门的商场，我无法解释其中的含义。但我联想到这样一个情节：1996年12月24日，即圣诞之夜，我曾去北京的老福爷百货商城，当时已经过了下班时间，但因为是圣诞节，他们延长营业一小时，还在一楼举行了小型的圣诞音乐会及与消费者联谊活动，给我印象较深。而其后不久，便看到北京电视台的问题报道，记者在关门前10分钟暗访北京几大百货商场，其中多数已停止售货，而少数几家商场（似乎包括"老福爷"）的营业员却坚守岗位，照常为顾客服务。这个节目我早已淡忘了，却在梦中复现，而且M等售货员当时的表现正如一家严格管理的现代化百货公司应该见到的。

在这个梦中，许多淡忘的情节，如在自然保护区的"急便"、即将关门的百货公司的出现，正好佐证了弗洛伊德的理论：现实中不可能想起来的旧事会在梦中出现。所不同的是，弗氏讲的是少年旧事，而这个梦里最远也只是八年前的旧事。

弗氏说梦是愿望的达成，但他一直认为一个梦只是一个愿望的达成，而我在这里却分析出三个愿望的实现,虽然它们的轻重不同。那么,是否我没有分析出来,这三个愿望可以再归结到一个愿望呢?

弗氏说梦中的愿望都将归结到性上,而我却看不出这个梦与性有什么关联。

在这个梦中,白天的见闻与思想错综复杂地交织在一起。其中第一个和第三个愿望是我白天出现过的愿望,而关于修好摄像机的愿望当天似乎并没有想起过,也许是几天前愿望的实现?抑或是这个愿望当天曾在瞬间进入我的思想,但我自己没有把握到它?或者,是梦的情节演化到当时的地步,还我在梦中自行联想的结果?

释梦手记017号:吉星入梦

时间:1997年3月9日7:10

梦境:

我在位于六楼的天津老宅里,忽然看到窗外有许多星星飞过,立即站到阳台上。

无数的星星与我近在咫尺,形成一条长长的银河,在我面前快速地飞过,但我仍能看清它们的面貌。星星们色彩斑斓,有些是一道道彩色的条纹,有些则是一种亮丽的色彩,这些星星组合在一起漂亮极了。最大的有澡盆那样的直径,最小的则有鸡蛋大小,而最多的,则是足球大小的星星。星星们多是圆的,也有个别奇形怪状的。有的星星长有人脸,有表情。我的母亲也站在阳台上,一个有表情的星星停下来,向她笑着,似乎在和她说什么。母亲脸上笑得乐开了花,用手轻轻拍着那个星星。

我惊喜莫名,大声叫着妻子。妻子从另一个房间赶过来,突然,一个有着深色条纹的星星从敞开的门冲进了屋里,我正担心它是否会将地砸漏,却见它已很安全地落到妻子脚下。

我仍在看着星星们的长河,兴奋地笑着。

我醒来了,醒来的我仍咧着嘴笑着。

醒来后，我至少用了两秒钟的时间才反应过来：我不是在天津家中，而是在北京租的民房里。但那梦境中的奇妙境界仍深深地诱惑着我，我继续睡去，同时想象着那个景色……

分析：

前一天晚上，我从电视新闻中得知，转天将出现日全食，许多天文学家都跑到漠河去开会，以便在这一最理想的地点观测这次日全食，中央电视台还将现场转播实况。与以往的日全食不同，当这次出现日全食的时候，2400年一遇的海尔波普卫彗星的长尾将清晰可见。

也就是那几天里，我和妻子谈到该要孩子了。而这个梦，无疑便是生子愿望的实现。

梦里的星星，便是孩子。成群的星星从我们面前飞过，即使不使我们感到恐惧，至少也应该感到惊异，而我在梦中的感情则只是兴奋。那些有表情的可爱的星星，分明是一张张娃娃的脸。我的母亲高兴地拍着一个星星，就像拍着自己孙儿的头顶一样。

中国传统文化中，有这样的说法，吉星入梦，象征着妇人怀孕。于是，我潜意识中储存的这一形象此时也进入梦中，成为扑到妻子脚下的那颗星星。

释梦手记018号：报复

时间：1997年3月18日9:00

梦境：

我的太太生了一个男孩儿，我很疼爱他。却突然发现，这个男孩是被别人偷偷调过包的。我的亲生儿子——一对双胞胎——终于又被送还给我。我发现，那个调包的人是我的一个老年男性亲属。我很愤怒，骂他，还打了他，怒斥道："如果不是看在亲戚的面子上，我要到法院控告你。"

分析：

我很清楚孩子出现是怎么回事，睡觉前我还在和妻子谈论该计划着生个孩子的问题，于是便在梦里完成了"愿望的达成"。

我之所以记录这个看起来很简单的梦，完全是因为那个老年男性亲属。

我此时住在租来的房子里，与房东住一个单元内。我习惯于晚睡晚起，通常九十点钟起床。而这天早晨，正当我酣睡的时候，却多次被房东吵醒。第一次是七点钟，此后一直到九点，我就没有睡踏实过。我显然很不满。

房东是个六十多岁的退休老人，他便被我在梦中通过"仿同"作用变成了我的那个亲属。他将我的孩子调包，使我有机会打他、骂他。我其实是借此发泄对不断打扰我睡眠的房东的愤怒，对他进行报复，完成了这个"愿望的达成"。

第七章

弗洛姆：人道主义理想

与本章无关的释梦手记019号；妻子梦到了儿子；世纪同龄人；自由：我渴望，我又逃避；人类的五种根本需要；自由联想：特别时候的睡姿；自由联想：旧日随笔《渴望回家》；自由联想：一段关于自己写作位置的思考备忘录；一个梦境与我的恋父情结（释梦手记020号：C教授）；梦之外的事情；社会潜意识、人道主义伦理学、不健全的社会；自由联想：做一个真正健康的人；性格类型学：生产性与非生产性；自由联想：生产性人格；占有还是生存；重视普遍象征的梦理论；释梦手记021号："新我"的预言；释梦手记022号：击剑手；释梦手记023号：阴谋；释梦手记024号：妻子关于老虎的两个梦。

与本章无关的释梦手记019号：妻子梦到了儿子

时间：1997年5月21日午后

梦境：

  我找到一家出版社，帮方刚联系出书事宜。那家出版社很有意出版方刚的新书，我从大楼里出来，正好看到方刚，便告诉了他。他问是哪家出版社，我说是××出版社，方刚说，和他们闹过不愉快的事，不愿意合作。

  我们进了一个公园，爬到一个小土山上，站在那里说话。山上有一个四五岁的小男孩儿，引起了我的注意，他在说一些很专业的话，什么"人道主义的感情色彩注入道德伦理系统进行理想与健全社会的创建……"之类。我看到这么小的孩子这样说话，觉得十分有意思。再看，觉得很面熟。便问他："你妈妈叫什么名字？"

  男孩子说："孙华。"又接着用学术名词说开了绕人的话。

  方刚开始和男孩子说话，也是满嘴学术名词，那孩子竟然都能听懂。自然，我没有听懂。

  我拿起一块石子，男孩子说："这叫状态。"我松手，那石子掉到地上，男孩子说："这叫过程。"男孩子的样子十分可爱，我又捡起那石子，做了一个转动的动作，说："这叫电脑读盘。"

  我醒了，十分欣喜。

分析：

  午睡的梦，许多很杂乱，条理不清。这可能和睡眠质量不高有关系吧？这天，妻子是在睡去又醒来几次后，才做了这个梦的。

  关于出书的情节，表现了愿望的达成——帮我找出版社，也表现了忧虑——我最终未能与那出版社合作。这只是梦的过度，此梦的关键情节在后面。

午睡前，我和妻子刚刚有过一次高质量的性生活。妻子又期盼着一个孩子的降临，所以，便有了梦里那个可爱的男孩子。

男孩子的母亲名叫"孙华"，与妻子的名字孙云何其接近。而那个男孩子满口学术名词的谈吐，是我平时一些表现的再现。当我那样说话时，妻子总是觉得很可笑，听不太懂。在梦里，那个男孩子竟与我如此相近，不是我的儿子又是谁的？男孩子用到了与弗洛姆有关的一些名词，是因为不久前我同她谈过弗洛姆的思想，给她留下了一些印象。

妻子玩石子，男孩子的旁白，仍然是对我一些讲话方式的模仿。而妻子复捡起石子，做转动之动作，说"电脑读盘"，既是对我的嘲讽，也是对男孩子聪慧的褒奖。

妻子做梦都想有一个孩子了。

世纪同龄人

阿德勒、霍妮和沙利文开创的新精神分析运动，在20世纪40年代出现了一位新的领袖，他的影响远远超出了几位前辈，独领风骚三十余年，成为20世纪下半叶精神分析学当之无愧的大师。他，便是世纪的同龄人埃里克·弗洛姆。

弗洛姆出生于德国的法兰克福，就是那一年，弗洛伊德的《梦的解释》问世。1922年，弗洛姆获得哲学博士学位，转年入慕尼黑大学和柏林精神分析研究所研究精神分析学。1929年，弗洛姆进入法兰克福精神分析研究所和法兰克福大学社会研究所，成为法兰克福学派创始人之一。1933年，弗洛姆移居美国，先后执教于多所大学，1971年移居瑞士，并于1980年在那里病故。

对弗洛姆一生影响最大也最令其崇拜的是两位犹太世界的伟人：弗洛伊德和马克思。弗洛姆认为，弗洛伊德站在人本主义立场上，捍卫了人的自然权力和需要。但他同时也意识到弗洛伊德将无意识本能的作用绝对化，不可避免地忽略了社会文化因素对人的人格和行为的影响。而弗洛伊德的局限，在弗洛姆看来，正是马克思的卓越之处。马克思将启蒙运动时期的人道主义和德国唯心主义的精神遗产同经济的、社会的实际状况联系起来，从而为一门有关人和社会的新型科学奠定了基础。弗洛姆一生所致力的事业便也可以推断了，他试图将这两位大师的思想取长补短，合作一处，以马克思强调社会经济因素的历史研究来补充或改造弗洛伊德的生物学和心理学理论。

无论弗洛姆的综合工作是否成功，有一点是可以肯定的，他的社会心理学较之阿德勒、霍妮和沙利文有了长足的惊人发展，对制约人类行为的诸种因素的探寻超出了家庭的范畴。不仅像弗洛伊德那样以父、母、子的家庭内部三角关系认识人，同时也以社会的人为认识对象。

阿德勒等人虽然也抛弃了弗洛伊德的过多生物学色彩，但他们对社会文化因素的理解仍未跳出家庭的圈子，基本上都将社会文化因素归结为家庭内部的人际关系、养育方式以及其他母子间的互动形式。而弗洛姆有了根本的差异，还看到了家庭与整个社会的密切关系，提出："家庭是社会的心理媒介。"

因此可以说，弗洛姆要将整个社会纳入精神分析的研究视野。

弗洛姆最重要的著作有，1941年出版的《逃避自由》、1947年出版的《为自己的人》、1950年出版的《心理分析与宗教》、1955年出版的《健全的社会》、1956年出版的《爱的艺术》、1959年的《弗洛伊德的使命》、1976年的《占有还是生存》等。

自由：我渴望，我又逃避

按照弗洛姆对人类历史的看法，现代人正处在走向自由的途中，我们摆脱了前个人主义社会的束缚，却未能获得个人自我实现这一积极意义上的自由，这就是说，人的理性、激情、感觉和潜能没有得到充分表达。自由给人带来独立和理性，同时也使人孤立无依，导致了焦虑和无能为力的感受。

我们每个人都渴望自由，同时，又有一种逃避机制在发挥作用。一方面，逐渐长大的我们可以日益自由，发展和表现自己，不受原来约束他的那些关系的妨碍，但另一方面，我们也日益脱离了提供安全保障的那个世界。正是这两种趋势之间的差距，产生了无法忍受的孤立与无权力的感觉，这种感觉导致的精神机制，便是弗洛姆所说的"逃避机制"。

如果人类个人化过程所依赖的经济、社会与政治环境不能作为个人化的基础，同时人们又已失去了给予他们安全的那些关系（束缚），那么这种脱节的现象将使得自由成为一项不能忍受的负担。这时便可能产生了有力的倾向，想逃避这种自由，屈服于某人的权威之下，或与他人及世界建立某种关系，以摆脱不安之感，虽然这种屈服或关系会剥夺他的自由。

自由带来两样事情：日益地感到有力量，同时日益地感到孤独、怀疑、猜忌，以及因此而生的焦虑。我们变得更加独立自主，而且不满现实，喜爱批评，但同时又觉得更狐单无依，并产生一种惶恐不安的心理，感受不到幸福。

克服孤独感的方法有两个：一个是靠自己与世间的爱与工作，很真诚地去表现情绪、感觉与智能；另一个是后退，放弃其自由，并努力去克服与外界隔离造成的孤独现象。这种逃避的特点是强制性的，完全放弃自己的个性与完整性，这并不是导致幸福与积极的自由的解决方法，目的只是减轻焦躁不安、避免恐慌，但实际上这并不能解决问题，只不过是一种自动与强制生活的产物。

心理逃避机制是指个人放弃其独立自由的倾向，而希望与自己不相干的某人或某事结合起来，以便获得他所缺少的力量。通常这种逃避机制最鲜明的表现是企图服从与支配他人，无论虐待狂还是受虐狂，都想使个体从孤独及无权的情况下解脱，对个体的孤独无法忍受，因此毫不忌惮地想除掉这个负担——自己。

逃避自由者企图使自己更强大，或是能够加入到这种强大势力中去，这种力量也许是一个人或一个社团，也许是上帝、国家或一己之良知。一旦成为强者的一部分后会感到无比的强大、永久与光耀，这个人必须放弃自己，放弃所有与自己有关的如骄傲、实力，甚至于独立的人格与自由。

弗洛姆说，民主制度最大的威胁不是来自外部，而是产生于我们自己社会中的一种堪称独裁主义温床的现象，这便是个人觉得不重要和无权力。我们的社会里，一般而言，情感是不受鼓励的。在感觉和思考方面，人们失去了创造力，在意志的行为方面，人们也失去了创造力，这种情形说明一项事实——现代人在幻觉中生活，他以为他的思想、感觉和意志是属于自己的；在这种过程中，他失去了自我，而一个自由人的真正安全却必须以自我为根据。人类失去了自动行为的能力，是法西斯主义可以实现其政治目的的根本原因。

破坏也是弗洛姆提及的逃避自由的方式之一，毁灭世界是想使自己不受外界力量摧毁的最后一种奋不顾身的企图。虐待狂欲借统治他人来增加自己的力量，破坏则欲借消除外界的威胁来增加自己的力量。此外，还有几种逃避现实的心理机制，一种是全面退出世界，以至于世界不再成为一种威胁；一种是在心理上扩大自己，以至于相形之下外面的世界变得渺小了。

弗洛姆深信，一定有一种积极自由的状态存在，积极的自由在于整个完整的人格的自发活动。达到这种自发性的一个前提要素是：须使人格保持整体性，而且是不能分割的，须消除理性与天性之间的划分。借着人类的自发行为，自由带来的两个现象——个人之诞生及孤独的痛苦——便化为乌有了。积极性的自由就是充分实现个人的潜能，以及使个人有能力积极自发地生活。

人类的五种根本需要

与基于对自由与逃避的认识相关，弗洛姆对人类的生存处境进行研究之后，提出了生存具有五种根本需要的观点：

第一种是联系的需要。脱离了自然状态和动物状态的个人必须建立起一种新的联系方式取代从前那种受制于本能的联系。人可以用顺从的方法、控制世界的方法、爱的方法等方式建立起这种与他人的联系。

我用什么方法进行了联系呢？显然，是爱的方法。

第二种是超越的需要。人不能安于其被动的生物性（生死不由自主、本能不由自主），他必然要设法超越存在的偶然性和被动性。这种需要，既可能迸发为创造的需要，也可能迸发为破坏的需要、毁灭的需要。

我是怎样满足自己这种超越需要的呢？也许，收入本书第三章的随笔《挑战极限》无意中成为我心灵的读白。

第三种是寻根的需要。寻根的需要是精神上寻求安顿的需要。弗洛姆认为，所谓的恋母情结，根源于这种寻根的需要，每一个成年人都渴望帮助、温暖与保护，渴望母亲曾经给予过的安全感和实在感。最极端的形式，是返回母亲子宫的渴望。弗洛姆因此说，乱伦禁忌并非因为性，而是为了帮助人独立，不让他们总依赖在子宫情结中。

自由联想：特别时候的睡姿

我侧身而卧，蜷作一团。
我的精神很疲惫，我的心刚刚受了伤。
我渴望立即入睡，睡眠可以帮助我重新振奋。
又忍不住想：如果就这样死去，永远没有了烦恼，不也是很好吗？

以上是我精神受伤、感到孤独与不安全时常常产生的状态和感觉，用弗洛姆的论述分析，蜷作一团不正是我们在子宫里的状态吗？我渴望返回子宫，返回母亲的呵护中，以寻找安全。入睡是一种逃避，死亡则是返回大地母亲的怀抱，同样可以找到根。

自由联想：旧日随笔《渴望回家》

写作时间：1996年11月1日

原文：

满28岁之后，竟经常体验一种自认为该属于中年人的心态。最显著的是身心的疲惫，其中心灵的疲惫有过于身体。于是便总想到"回家"这个词。

人在不同的年龄，涉及同一个词语时绝对会有不同的感觉，赋予这个词的情感色彩便也各不相同。"回家"二字对我而言，曾意味着与小伙伴玩耍的快乐被打断，也曾意味着一种束缚。

十多年前，那个激情如火的年龄，挣脱家庭的想法一度是我全部精神世界的主题。时常痛苦于没有人能够理解自己；而最不理解自己的便是母亲，对代沟这个词格外敏感。渴望一个只属于自己的住处，过一种完全独立的、自由的生活。甚至想背一个行囊，漫走天涯，只要能离开家人就行。家庭是思想的牢笼，离家出走是我那时最美丽的梦。记得我曾给西藏一家报纸写信谋职，只要求一领草席作为住处。

后来终于有了自己的一处住房，虽然每周最少去母亲那里两次，精神却已开始彻底的漂泊。漂泊十多年后，"回家"却在不知不觉中成为一个温馨得使我精神酥软的词汇。

回家首先还是回自己的家。沉迷于一个人待在房间里，足不出户，不接待任何来访甚至电话的境界。笔会的邀请还是接受的，到最美丽的城市，住最豪华的宾馆，过吃喝玩乐的生活，但是，一个星期过后，便开始渴望回家。任何时候回到家，都觉得整个身心舒适无比。

对"回家"这一情结的更深领会，还是在1996年的秋天。我做了一次手术，出院不久便是中秋节了，我却仍需卧床。那天晚上，母亲来电话说，要来看我。这让我有种不安，总是我去母亲家里看母亲，母亲专程来看我尚未有过。母亲说："中秋节总得一起吃顿团圆饭呀。"她便叫了姐姐，母女二人坐出租车过来，在邻近的饭馆点了菜，端到我的床头。

三个人边吃边聊，聊的竟都是些姐姐和我小时候的事情。忽然想，距离上一次只有我们三个人坐在一起吃饭的时候，至少已经14年了，那时姐姐还没有出嫁。母亲曾带着一对儿女，度过多年艰辛却也幸福的生活。我们成年后，先后离开母亲的家，又建了自己的家，每次聚在一起都是匆匆的，谈的是工作、生活中的杂务，而少有这种完全没有实际内容的，只是闲散而纯粹属于亲情范围内的真正的"唠家常"。

那个晚上过得很温馨，我仿佛又回到了姐姐出嫁前、我离开母亲独居前的岁月，那些我们三人一同度过的一个个傍晚。回忆也是幸福的，但当年想的只是独立，将母亲和姐姐双重的呵护视作束缚。

在这个难忘的中秋节，我在这个世界上最早结识的、与我血脉相通的两个女人，坐在我的病床边。我感叹说："我们三个人原本是一体，后来分开了，现在又复归于一体。"姐姐笑了，我相信她的心底一定有相似的感受。那么母亲的感受呢？对她而言，儿女们哪里曾经真的离开过她一时一刻呢？做儿女的，漂泊得再远，也漂泊不出母亲的心。

那天，母亲和姐姐在夜里11点才离去。我关上房门，鼻子突然酸酸的，泪竟涌了上来。此时，我被这样一个念头牢牢地抓住了：今夜别离之后，我们三人还有再聚的时候，但当人生终点的别离到来之际，我们哪里还有再聚的希望呢？想象着母亲和姐姐先我而去，将我孤零零地留在这个世界上，恐怖的感觉袭击我的心，我竟全身战栗了。

我总是会为欢聚后的别离伤感，朋友间相聚的时候也是一样，我害怕时间过得太快，害怕在友人散尽后面对空室回想相聚时的场面。此时我意识到，日常欢宴的散去不是最可怕的，人生的欢宴过后才是冰冷彻骨的孤寂。

想这一年间，竟写了许多篇关于母亲的文字，亲情脉脉。一位搞心理学的朋友说，这是一种恋母情结的表现；另一位同样搞心理学的朋友却说，这是人届中年一种普遍的"回家"心态。28岁的我，真的人届中年了吗？

又想起，手术前在母亲家养病一周，心安理得地不读书、不写作，过得十分惬意。若在一年前，我会因为无所事事的状态痛苦得撞墙的。表面看，我有生病和电脑不在身边的客观原因，而实际上又何尝不正需要这些借口来安慰自己渴望懒散的深层心态呢？每天吃着母亲做的饭菜，和母亲相伴，潜意识里不是已经陶醉于这种复归于童年和少年的生活状态吗？

也许这就是每个人都将经历的人生，为了自由与未来，带着种种理想和幻想离家出走，在辉煌与毁灭之间跋涉，然后于身心疲惫之际，向往童年，渴望回家。与其说我们要回的是自己的居室，或是带我们来到这个世界上的父母的家，不如说我们渴望回到生命的家，心灵的家。只有在那里，我们才是绝对安全与轻松的，因为我们被万千种呵护包围着，而无须独自面对世界进行挑战。

真的很累了，真的很想回家。

分析：

几乎不需要任何分析，写作这篇时尚未读弗洛姆对弗洛伊德也认识不深的随笔，今天看来岂不处处流露着逃避自由、寻找根、回到母亲身边等种种"恋母情结"的表现吗？"身心疲惫际，向往童年，渴望回家"，说明着外面世界的不"健全"，母亲身边才最安康。

对随手写下的文章做心理分析，是件奇妙无比的事情。正因为写作时的随意，对自己精神世界一知半解甚至毫无洞察的状况，才更能成为人类精神共性的参照。

第四种是认同的需要。认同的需要是一种获得自我身份感的需要。人必须能够感到，他自己就是自我行动的主体。理想的状态应该是，个人独立思考，从独裁主义的压制下解放出来，认识到"我"是自己力量的中心和行动的主体，并以这种方式来自已。但只少数人能够实现这一理想，人们普遍寻找代替真正个人身份感的替身,而国家、宗教、阶级以及职业提供了这种身份感。"有时,这一需要比肉体生存的需要还来得强烈。人们宁愿冒生命危险,放弃自己的爱,舍弃自己的自由,牺牲自己的思想,为的就是成为群体中的一员"。

我想,我已基本接近理想的自我认同状态。

第五种是定向的需要。这是认识和理解的需要,同时也是行动和献身的需要。"人不仅需要某种思想体系,也需要为之献身的目标;有了这个目标,他的存在以及他在世界上的地位才具有意义"。

自由联想:一段关于自己写作位置的思考备忘录

记录时间:1997年10月

原文:

北京让你感到,人类精英的集聚。你时常会发现,所有的位置都让别人占满了,你似乎已经无事可做了。寻找位置对于人生的意义,绝不仅仅是名誉、地位,甚至成功。确实常见为了名利而专找"偏门"的人士,但如果只为个人的利益,没有一种对生命与人类的忧患,哪里是能够取得真正的大成就呢?

寻找位置的价值在于:你这一生是否活得有自己的意义,是否空走一趟,或是否在重复、复制别人。至少,这种人生的意义感支配着我的全部生活。否则,我知道自己将毁灭于对死亡的恐惧。

我需要赋予自己的人生以意义,这意义将是,我做了这件事情,是只有我能为现在的社会与未来的人类做的。我应该自信:我所选择的工作将是填补了一项空白,并且可以做得相当好,超过所有人。如果开始的时候没有这份自信与向往,哪里还能真的做成呢?又哪里还有获得生命的独特意义呢?

同样是做学问。人类智慧的田园发展到现在,已经没有容个人栽种大树的土地了,我们今天所做的,只是在前辈大师的大树上发展自己的枝蔓。而个人一生的努力,在这个信息的时代里也不再可能成为一棵大枝,不可能成为大枝上的小枝,甚至于,如果你能够为自己所投入的某个学术领域,倾终生精力而增加一片叶子，你便已经是天才、大师了。但往往是，绝大多数人只能成为一点养分，或者叶子的一个植物细胞。这是人类的幸运，却是学者个人的不幸。谁让我们处于一个知识爆炸的时代呢？

巴尔扎克那样的大师不可能有了，弗洛伊德也不可能有了，爱迪生、爱因斯坦都成为历史人物，即使有他们的克隆人活在后世，也不可能取得那样大的成绩了，不是个体的问题，而是社会已经进入到整体大步前进的阶段。

这绝对是一件相当令人痛苦的事情。

一个将生命意义视为对人类有独到贡献的人，更将为此痛苦不堪。

自幼对文学的痴迷，却清楚，自己的性情与心绪不可能成为一个文学家了；近年对学术的推崇与着迷，又使我曾怀过一个学者的梦想。但是，知道以自己的年龄和自己的底子，更不可能成为一个真正的学者了。如果不能直接接受西方最新的学术信息，便不可能站到学术研究的前沿，而如果没有精通的英文基础，通过直接阅读最新学术成果，也不可能接受最新的信息。

继续在写过很多，又驾轻就熟的纪实文学中下功夫？终觉得不过瘾，不能最充分地施展并发展自己的才能。

找不到自己的位置，便也找不到生命存在的意义。

与一位做学问的朋友谈自己的苦恼，朋友说，你不是一直在做着一件事情吗？通过作品对大众进行两性新观念的引导，嫁接学术与大众？中国最缺少的就是这样的作家，而适合做这件事情的人太少了。

于是豁然开朗了，想自己这几年确实主要在做着这件事情，而且越做越好。

一位学者朋友更是在信中鼓励：中国最缺少学者型的作家，你已经做过的一些事情是有重大意义的。

自然，这过程中需要你放弃很多。

我对学术成果多领域、多学科的涉猎，加上通俗写作的基础，二者的结合，不正可以为最广大的读者敞开一扇新的窗户吗？

写了大量有关两性问题的文章，平均每天都会有读者来信，看到许多人因为读自己的文字而走出困境，获得一种更自由、更本真、更自然的人生状态，便很欣慰。这也许就是我此生的位置了：帮一些现实的读者。

有时又想，如果真能帮一个人摆脱文化的重扼，获得本真的人生，岂不是相当于超度了这个人吗？这样一个个超度下去，岂不是积了很大的德吗？此生积德太多，来生成为大师，被写进人类的精装史，也未尝可知呢。

因为有死亡在前面等着我们，所以我们没有办法不想为什么活着，怎么活着。

分析：

我在通过寻找位置，获得定向的需要。而我的联系的需要、超越的需要、认同的需要，不也都从这份工作中获得了某种满足吗？正因为如此，一份事业才可能成为一个人终生为之奋斗的目标。

一个梦境与我的恋父情结（释梦手记020号：C教授）

时间：1997年5月19日

梦境：

  天津，鞍山道与西康路交口处，似乎有某种奇特的事情正在发生。我说不清是什么事情，只是感觉到一种外力在控制着风向、天气，甚至决定着交通是否安全。我意识到，这种力量无疑来自C。

  有两个男子和我在一起，一个中年人，还有一个青年人，我们正站在那个发生着奇特事件的路口。我说，咱们一起去看看C教授吧。

  中年男子说，去就去吧，正好路过。

  我想到，这位中年男子的家也就是我家，而C教授的诊所，确实在我们回家的路上。

  C教授正在诊所门口迎着我们，看到他们两个人，便转身带入屋中，没有看我。C教授穿着一身皮衣，为了让他注意到我的存在，我说，您穿这身衣服很帅气。

  C教授平淡地说，现在是冬天，我还不够帅。言外之意，他到了夏天更帅气。

  四个人在C教授的诊室里坐下来，C和我们谈天，毫无傲气，极平和。我环顾室内，其熟悉的环境令我心动。我换了一个位置，坐到沙发上，更好地看室内的陈设，想到曾在这里度过的日子，以及当时种种温馨的感受，心里忽然很不是滋味儿，内疚感强烈，便惊醒了过来。

分析：

对于这个梦，我的分析不可能仅仅停留在梦的意义上，而将扩展到我对C教授的种种复杂的私人感情的精神分析。

C教授，七十多岁，是位著名的心理咨询专家，我们曾经过往甚密。他是个极谦和的人，对晚辈如对平辈，对我这个二十多岁的年轻人一直称为"朋友"，亦师亦友。而且，在我人生的一些重要事件上，给过我重要的帮助。

但是，我对他，除了敬重之外，亦有些不太赞同的地方。这不太赞同之处，有公，亦有私。甚至，我会在某些问题上强烈地反对他。

做这个梦的背景是，我来北京后，已经很久没和他联系了，他寄来了我约的稿子，因为种种原因，未能编发；他来信，我也未及时回复。

我在内疚中醒来，半睡半醒之中，我在想，回天津的时候一定要去看C教授，在他诊所近处那家餐厅请他吃饭，像当年那样。另外，还要尽快处理C教授的稿件等。无疑，当我的意识疏忽了的时候，我的潜意识在通过这个梦发出信号：别太忘恩负义了。

梦中的中年人其实是我自己，中年人的家和我家在一起，便是明证。我经常领一些有求于C教授的人去他那里，那梦中的青年人，也许就是又一个慕名求助者吧。

从发生奇异事情的那个路口到我的家，必须路过C教授的诊所，所以，中年人在梦中说"顺路"的话，没有错，这句话的出现，也表明我对C那里的一种复杂感情，想去，又不愿承认是因为敬慕他而去，只是因为"顺路"。

我感到C教授的力量在控制着风力等，是因为对于从全国各地投奔他的那些病人，他确实又是决定他们心理风暴或安全的力量。

C教授在门口迎接我们，他态度的谦和自然，都是我每次去他那里能够感受到的。

C教授虽然年逾七旬，确实很有学者风度。这种风度很可能使我有些嫉妒。我因为自己对C的许多不敬而自责，所以他在梦中会对我从未有过的冷淡，梦里的我为冲淡这种气氛，也因为愧疚，便借评论着装与他搭话。

C表示，他夏天更帅气。这使我想起前一年的夏天，我的许多孤独、愁苦的时光，都是在C心理诊所度过的。

那个房间里的陈设确实是我所熟悉的，随着我的内疚之情弥漫，我便也在梦中触景生情，最终情难自控，醒来了。

我似乎解释了这个梦，但我清楚，这远远不够。这个梦的背后，还隐藏着什么？何以我既对C教授心怀敬仰，又对他有诸多垢责？何以我会置他曾给过我的种种恩泽于不顾，而在心理上远离他？何以我会对他怀有一种嫉妒、敬慕与敌视复杂交织的情感？我又何以会如此内疚？

当我对这一切坐下来慢慢分析，我又进一步认清了自己。

梦之外的事情

弗洛姆在讨论人的寻根需要时说，寻根需要是一种深刻的需要，它既可以退缩为对母亲的固恋和对父亲的崇拜，也可以成熟为母亲式的良心和父亲式的良心。母亲式的良心主要表现为爱、平等与宽恕，父亲式的良心则表现为正义、理性和纪律。我的自我感觉再次提供着良好的自我判断：我是拥有母亲式的良心和父亲式的良心的人。

提到父亲，我没有办法不想到：自己对于生父的种种追念。我对父亲的追念，以弗洛姆的视角观察，可能是寻根需要的另一种表现。而父亲精神对我的影响，岂不也在完善着我的"良心"吗？

寻找父亲，便不仅仅是找根，而是找"良心"。"良心"所在，便是我的父亲，我的根。于是，我内心深处对父爱的渴望，及恋父情结的表现，便似乎有据可依了。

在C那里，我可以缓解自己的心理抑郁。

我喜欢到他的诊室去，和他谈上几句，或者仅仅是坐在那里，看他诊病。

1996年春夏之际，C教授的诊室是我最重要的去处之一。

结识C，是1994年初，为了写《同性恋在中国》去采访他。接触多起来，却是自1995年的岁末，我个人生活中遇到了一些麻烦。

不是我去求助于C的，C得知了，忽然打电话过来，说："你为什么不来找我？我是最适合帮助你的人。"

C果然是最能帮助我的人。这是他的职业。

他帮助我时，没有当作一种职业行为，他这样向别人介绍我："这是我的小朋友。"他年长我四十多岁。

我是一个精神的溺水者，无依无靠，死死抓住一根漂过的浮木，缠着它不松手。这浮木果然救了我。这浮木便是C教授，他为自己晚年选择了专救精神溺水者的工作。我感到精神状况不好的时候，便随时会去他那里，从我的住处到他的诊所，只需要骑十分钟自行车。我打断他的工作，往往会谈到很晚，许多话都可能是上一次谈过的，这是所有精神溺水者的弱点。我担心惹他心烦，担心他的婉拒，但是，他总是给以最热情的回报。帮助别人解脱精神困境时，这位七十多岁的老人表现出一种高度愉悦的状态，许多时候，我相信已经接近高峰体验的边际。这便是生命的奇妙之处，他热爱自己的工作，所以他会有施展不尽的能量，他会劳作着而快乐无比。

那段时间，加诸我的困扰一个紧接一个，我溺水的精神便也浮起又沉下，沉下又浮起。而期间，C教授的存在，无疑是至关重要的。从来没有人能够如此理解我的思想，许多时候不需要我自己解说，他已看到我的困境所在，并且一语道破关键。我们之间没有任何交流的障碍，相反，他是我遇到的第一个可以立即进入最自由交流境界，并且思维最靠拢的人。无论何种奇异的念头，他都立即理解，并且立即做出最佳反应和建议，而这反应和建议又总是与我的精神世界最靠拢，能够被我立即接受。

这位老人的精神世界跨越了任何一种我们可能想象得到和想象不到的界限，他以自己的全部身心接受着这个世界上所有人的感受。而涉及观念与思想，当时二十多岁的我面对他时，也常常感到落伍。

我的精神在他那里学会了游泳，潮水再涨上来时，不是感到恐慌，感到无助，而是以游戏的心态戏水了。

但我仍经常去他那里。一种人格的魅力招引着我，我知道自己此后的人生走势将深受他的影响。

有这样一个人，当你遇到困难时，会去找他，他解你于困窘；他了解你的内心，与你有着接近的感受；你敬重他的才识与人品，视其为一种崇高。

这个人对我们意味着什么呢？

至少对我而言，他意味着父亲。

C给我的感觉，完全是一个父亲。

迁居北京后，再去看C教授，再去体验心底对他的那种牵挂，我更清楚地意识到，这是对父亲的感情。

对这感情最便捷的解释是，病人对心理医生的移情。而在我这里，显然另一个原因更为重要：我没有父亲！我渴望有一个父亲！我总会对给我以特别关照的人产生一种对父亲般的感情！

我一直在寻找父亲。

我也确实遇到过这样的父亲。

夏华先生，《天津工人报》一位老编辑，我的第一个发稿编辑。几年的文字之交，我们的谈话从来没有超出过稿件的范畴。逢年过节，我也只是寄去一张贺卡，没有旁人想象的物质往来。他对我的赏识与厚爱，我却能够时常感觉到。他总是为我创造各种成长的机会，发稿一年后，1990年初，他介绍我到这家报社实习，这对于当时的我而言，是极大的喜事。虽然因为一些人际的关系（我总是在人际问题上受到损伤），我不到两个月便结束了实习，但那之后，我们间的精神沟通似乎更为密切了，虽然，仍没有私人往来，仍没有过多的交谈。

这其实是我最向往的一种人际关系，一位长辈，完全出于一种对晚辈的欣赏、爱护，默默地给我以关照、提携。这，不正是父亲对儿子的关怀吗？在自然博物馆工作时，天津市文化局的一位领导也给过我同样的关怀与提携，在内心深处，我同样将他视作父亲来敬重。

一次偶然的机会，一位与夏先生过从甚密的长者和我聊天时，忽然说："夏老和我说过，他对你有一种对干儿子般的感情。"我当时几乎震住了。心灵间的默契，竟可以如此奇妙。

1993年夏天，夏华先生去世了，仅仅60岁。我是在一个饭桌上听到这个消息的，好半天不知所措，低着头一口口慢慢地吃饭。饭毕，众人起身，刚走出餐厅，我便再也抑制不住泪水，在大街上呜咽起来，继而泪流满面，痛哭流涕。

夏先生出殡那天，按习俗，儿女们要行跪拜磕头的礼节，而同事朋友只需鞠躬。夏先生儿女们磕头后，我立即紧跟上去，向夏老的遗像跪下，认真地磕头。

我送别了父亲。

对C教授，却是一种更为复杂的感情。按理说，我们接触更多，他对我的精神影响更大，但是，我却能够明显地感觉到自己内心深处有一种否定他的欲望。如果有人能够看到我对C教授的"两面派"，一定会觉得我是个伪君子，势利小人。一些场合，我对C教授推崇备至，大加颂扬，公开声称自己视他为父亲，对他有一种恋父情结；另一些场合，我又对他颇多微词，包括对他的工作加以指责。两种表现时，我同样很真诚、很热烈。只是，指责他之后，我会很快后悔，甚至内心疚痛，多日不能原谅自己。但是，时过境迁之后，我可能还会指责他。

我这是怎么了？

冷静的自我分析之后，我一点点看清了自己潜意识中对C教授的复杂感情。

首先，他绝对是我精神上的父亲。从来没有哪位长辈能够与我的精神世界如此契合，我能够从C教授身上感受到如许多的灵魂共振。1995年末，我写作《中国"雨人"之谜》时，便已无意识地认其为父了。

在这本1996年由广州出版社出版的书的第152页，有这样一段话："解放初，年轻的C在南京求学……C很偶然地和一位奥地利人聊了起来。这一聊就聊出了缘分，这位奥地利人在南京教大学，C后来拜师于他的门下，整整学习了两年。而这位奥地利人，就是弗洛伊德的一位很著名的弟子。"C教授在晚年于很多场合声称自己是"弗洛伊德的嫡系徒孙"，借以抗议一些不正常的学术争论，表现了一位学者带有讥讽意味的反击。我接着写道："在许多场合，C教授都称我是他的学生，我也知道自己在许多事情上都的的确确是他的学生，因此，当C教授对我讲过有关弗洛伊德的那个故事后，但凡有人攻击我的作品表现出的对性的'超前观念'时，我便笑着应答：这不怪我，我是弗洛伊德的嫡系徒曾孙。"

虽然是一个玩笑，但"徒孙"与"徒曾孙"的称谓，明显揭示出我当时已有视C教授为父亲的潜意识。

这个老者确实太接近我的父亲理想了。对生父的有限了解，已经在我的思想里塑造出这样一个形象：敬业、勤奋、博识，对人世间美好事物充满了向往，对丑恶现实总是勇敢而无情地打击，他追求真理，并为真理献身。而这一切，在C教授的身上都能够清楚地看到。另外，我和C教授又互为影像，我有着与他同样的勤奋、同样的敬业、同样的反叛精神，对真理同样的热爱与同样的献身意识。我知道，C教授的今天便是我的明天，我将演绎他的人生轨迹，换言之，他也预言了我的人生走势。

这绝对是一种危险。他与我是如此接近，我因此对他更增加了对父亲的爱，但同时，也使我感到被取代的恐慌。

以上种种，似乎犹有未尽之意。我终于接近了问题的关键点：C教授是否真的存在那些受我指责的缺点呢？人无完人，他肯定是有一些的，这便很可怕了。我的潜意识会问自己：你是否有这些缺点呢？他是你的"父亲"，你是与他如此相近的人，如果他有，你怎么会没有呢？事实是，我清楚地知道自己也有同样的缺点，或者说是人类共同的弱点。C教授提示着我这些弱点的存在，我因此看到了人类的"肛门性"、有限性，而这正是我最怕的。每个人都不愿意看到自己身上存在的与理想自我相左的事物，我否定C教授的同时，得到某种安慰，似乎我自己是不具备这些弱点的，或者我已经在自己身上彻底否定了这些弱点。

再一种解释：当我作为一个精神溺水者去向C教授求助时，当我视其为父亲敬重时，我已经生出某种依赖心理了。而我又是一个曾经习惯于依赖因此现在也最害怕依赖的人，我便开始通过否定来反抗自己刚刚萌发的依赖情绪了。

还有一种解释：我与C教授间的许多共同之处，影响了我对独立性的追求。个体的人之所以面对生命的无意义而能够生存下来，很大程度上是因为他相信自己的独特性，欣赏自己作为一个独一无二的个体而存在。如果我和C教授是可以重叠的，那么我生存的意义便受到了质疑。我是一个如此关心生存意义的人，最便捷的方式便是通过否定C教授，来肯定自己的独一无二性与生存意义。

正因为C教授最接近我的父亲理想，最接近我的偶像形象，与我的精神世界最契合，所以我才会时常严厉地反对他！

想通了上面这一切，我便无须也无法再对C教授加以反抗和贬斥了。这之后，我对他只余下了深深的敬重。与此同时，那份恋父情结也不再顽固。

因为，我知道自己真正在寻找和完善的是什么。

我寻找的父亲，其实是一种归依，一种被关怀、呵护的安全感，是一种关于真理与正义的理想。

社会潜意识、人道主义伦理学、不健全的社会

弗洛姆的一生，学术活动遍及哲学、伦理学、社会学、心理学、宗教学等各个领域，作为精神分析医生达几十年，而所有这些活动，都是围绕着他为自己设定的一个中心目标而展开的，这就是奠定一种人道主义伦理学，促成一个健全的社会。

人道主义伦理学在弗洛姆那里，表现为以心理分析为理论基础的一套社会道德实践规范。

弗洛姆认为，人类社会到目前为止一直没有实现真正的人道，社会的利益远未等同于全体成员的利益，迄今为止的社会都还没有达到健全的社会。

弗洛姆提出"社会内在的伦理学"和"普遍的伦理学"这两个概念，前者指任何文化中的这样一些规范，这些规范所包含的禁律和要求只是为该特殊社会的功能运转和生存维系所必需。对任何社会来说，其成员服从这些准则是该社会生存所必需的。社会内在的伦理学把伦理道德看成是社会维持其现存秩序的一种功能和手段，基本特点是以社会作为道德的标准，是一种服从社会的伦理学。

普遍的伦理学指那些以人本身的成长和发展为目的的行为规范，基本立场是坚持道德的标准不应该根据一个人是否适应于他的社会来决定，而必须根据社会是否适应了人的需要来决定。

作为法兰克福学派的一员，弗洛姆的伦理学始终具有社会批判的强烈色彩。人的解放、人的自由、人的全面发展，是判定社会是否健全、进步、道德的唯一标尺。弗洛姆主张，站在普遍的人类价值的立场上批判地估价自己

所处的社会，主张个人必须对社会保持一定的距离和清醒的批判意识，一个人的道德高低不在于他与社会保持一致的程度，而恰恰在于他与社会保持距离的程度。他反复强调，要站在人类、人道、人性的立场上看待问题。

人道主义伦理学是促成健全社会的一种手段，同时又是衡量一个社会是否健全的最高标准，只有在健全的社会中，人道主义伦理学才能建立起来。弗洛姆对这一社会理想的实现抱有信心，与弗洛伊德的悲观主义形成对照。

人道主义伦理学的最高理想和最终目的，就是要使社会内在的伦理学全面地体现出普遍的伦理学原则，使社会的人最大限度地实现和发展普遍的人的全部潜力，使个人和社会的意识最充分地开掘出个人无意识和社会无意识的内容。而这个过程，也就是人的解放、人的自由、人的全面发展的过程。

弗洛姆说，个人人格是指个人所具有的全部特征，而社会人格则仅包括一部分特征，这些特征是一个团体中多数分子的人格结构的基本核心。对一个正常的人而言，人格的主观功能就是：引导他从事自己认为实际上需要做的事情，并由于做了这件事，在心理上得到满足。

"社会始终与人性相冲突，始终与对每个人都有效的普遍伦理规范相冲突。只有当社会的目的变成与人类的目标相同之时，社会才不再摧残人，不再产生恶。"弗洛姆说，特权集团的利益与大多数人的利益是冲突的，特权集团把强加在全体社会成员身上的规范作为每个人生存所必需的规范。本来只是某一特殊社会利益所需的规范，就被赋予了人类存在所固有的普遍规范的尊严，从而具有了普遍的适用性。

弗洛姆认为，这种"普遍规范"根本没有真正的合法性，根本算不上一种真正的伦理规范，只是一种虚假的意识形态。可悲的是，大多数人却总是以这种没有合法性的伦理学作为善恶的标准，这样，那些力图改变社会秩序的努力，通常总是被旧秩序的代表称为不道德的。人们称追求自我幸福的人为自私，称力图维护特权的人为尽责，称服从为无私和忠诚。

弗洛姆说，以往的社会不同程度地压抑了人性，以致人迄今未成为真正的人。

弗洛姆提出"社会潜意识"这一重要概念。

他说，每个社会都根据自身那些伦理规范过滤着每个个人的思想、情感、经验，也就是说，它不仅规定了人们应该做什么，不应该做什么，而且规定个人应该想什么，不应该想什么，应该有这样的观念或情感，不应该有那样的观念或情感，更严重的是，它不仅规定个人应该或不应该想什么，甚至还决定了个人应该怎样想和不应该怎样想，亦即它不仅规定了思想的内容，甚至还规定了思维的方式、逻辑的方式以至语言的表达。在一定时期，不能通过"社会过滤器"的思想就是不可思议的，当然也就是不能言传的。

"不可思议的就是不能言传的，而且语言中也不会存在用以表达它们的词语……语言本身受到社会对不符合其结构的某些经验进行压抑的影响，由于被压抑的经验不同，语言本身也便存在差异，因此某些事物也就不能用语言来表达。"但是，不能用"逻辑"来思维的东西，不能用"语言"来表达的东西，显然也就是人所无法"意识"到的东西，它们只能被压抑在无意识的领域中。而"社会大多数成员共同受到压抑的那些领域"，就构成了社会无意识领域。在弗洛姆看来，社会内在的伦理规范所规定的社会禁忌，加上语言、逻辑，这三者共同组成了社会过滤器，其功能就在于：规定哪些思想和情感将被允许达到意识的层次，哪些思想和情感则必须使之处于无意识之中。

弗洛姆认为，每一个人本来都是普遍的人、完整的人，因为每一个人都代表着全人类，在他身上具有人的全部潜能，人类的使命就是去实现这些潜能。但是，由于社会过滤器压抑了个人大量的思想和情感，它们只能埋在个人的无意识中而不能被意识到，所以个人作为社会的人始终是不完整的。在意识层面上，个人总会带有社会造成的种种局限性，唯有在无意识的层次中，个人才抛开了社会强加的种种限制，因此，无意识的人才是完整的人。

弗洛姆一生都对自己生活于其中的社会进行批判，先是纳粹德国，后是欧美资本主义国家，他认为它们的社会内在伦理学都是权威主义伦理学。在纳粹，权威主义伦理学表现为一种公开的权威，而在欧美，则是一种更危险的匿名的权威，亦即每个人都非常自然地服从着金钱、市场以及大众媒介等的绝对支配力。而这，比前者更可怕。

弗洛姆说，20世纪是一个重消费的社会，我们被消费操纵着。消费刺激着生产，生产扩大着消费。为了扩大生产，现代企业和现代社会不断开发新的消费需要，而不管这些需要对人是否有益。消费将人物化了，人成了社会这个庞大的消费和生产机器上的齿轮。

弗洛姆并非一概反对消费，而只是反对那种与人的真实需要相去甚远的消费，在这种消费面前，人迷失了自己的方向。人们被社会潮流和广告商的宣传拉着走。更大的问题也许是，爱也成了一种消费，消费者必须频频更换对象，才能刺激起新的消费欲望。人与人之间的一切关系都成了消费和交换，每个人都是一包东西，人人都想使自己卖上更好的价钱，同时与那些价格稍高的人打交道，以便寻找获利的机会。

消费主义使现代人追求享乐，主张及时行乐，能够精明地计算利害得失，但在重要的事情上，如生与死、幸福与痛苦、情感与思想上，则表现出惊人的无知。

弗洛姆的人道主义伦理学主张善就是肯定生命，展现人的力量，美德就是人对自身的存在负责任。而权威主义伦理学主张，服从是最大的善，不服从是最大的恶，不可宽恕的罪行就是反抗。

权威主义伦理学否定了人有识别善恶的能力，价值规范的制定者总是一个凌驾于人之上的权威，人道主义伦理学强调只有人自己才是规定善恶的标准。

弗洛姆在《为自己的人》一书中提出自己的性格学，划分了生产性性格和非生产性性格，无非是说明人道主义伦理学和权威主义伦理学的不同在人心中的不同内在化。

自由联想：做一个真正健康的人

弗洛姆的上述论述使我产生一丝恐惧：我是否是一个异化社会中异化了的人呢？

如果我读书，想的却是读书之后可以用读到的东西写什么书，读书便也成为交换的一部分，进行着效益核算，这还算读书吗？如果我写作，想的却是著作出版后可以增加自己的身份与地位，甚至得到经济回报，我不也是作为一个异化了的人，在异化的社会中进行着异化的工作吗？

面对一个休假的诱惑，面对一次旅行的向往，我总在不自觉地想：我做这些是否值得？我因之而将少写多少文字？这时的我，是否也是一个异化了的人呢？

工作不仅应该是有用的活动，工作本身也应该给人以充分的满足。但是在重消费的社会中，这已经是难以见到的了。

当我进行任何创造性的自发活动，比如看书、旅游、社交之时，我自身内部会发生某种变化。有了这种经历之后，我便不再是先前的我了。而在异化了的享乐形式中，我心中什么也没有发生，我消费了这个或那个，而我自己则没什么变化，留下的只不过是一些对所做事情的记忆而已。

时时警惕着，做一个真正健康的人。

性格类型学：生产性与非生产性

弗洛姆说自己的性格理论与弗洛伊德性格理论的主要区别是，性格的根本基础并不在各种类型的力比多中，而是在特殊的人与世界的关系中。人借以使自己与世界发生联系的取向，构成了他性格的核心。性格可以被定义为：把人之能量引向同化和社会化过程的形式。从遗传学角度来说，个人性格的形成取决于他在气质和体质方面之生活体验的影响，这些体验包括个人体验和文化体验。

人虽具有相同的生存处境和共同的心理需要，但为满足这些心理需求所采取的方式各不相同，而方式的不同则直接反映了人的性格结构的区别。

弗洛姆的性格类型包括：非生产性取向和生产性取向。

非生产性人格是一种内在潜力未获完全发展的性格特质，具体分为以下四种：

（1）接受型。具有这种性格结构的人，相信他的一切物质的和精神的需求，其唯一获得的方法是从外面取得。他们表现出"唯命是从"的特质，一旦离开了别人的帮助，他们就会寸步难行。他们对任何事情只能说"是"，不会说"不"，判断能力的萎缩使他们更依赖于他人。由于他们并不是主动的生产者，当然不可能达到超越。同时又由于他们企图通过使自己从属于他人而得到"联群"，所以在这一过程中，他们必然会推动自己的独立性，而这样的联群也并不能使他们真正解脱孤独。

（2）剥削型。具有这种性格结构的人也认为一切好的东西都是外在的，一个人光靠自己不能创造出任何东西的。他们不希望像接受礼物一样从别人那里取得东西，而是力图利用强迫或诈骗的手段，把别人的东西占为己有。这种人实际上也把超越的希望寄托在他人身上，也没有真正发挥出自己的内在潜力，从而也不能真正使自己从被动的角色变为主动的角色。他们通过把他人置于自己的统治之下所建立起来的联群，也并不是一种理想的人际关系方式。

（3）囤积型。具有这种性格结构的人，对于获取外界的东西缺乏信心，他们的安全感建立在囤积和节省的基础上。在同别人的关系上，他们对已建立起来的关系牢牢守住不放，不想做任何改变或发展，结果是日益疏远他人，自己越来越孤独。这种人企图通过守住已有的东西，而不是通过创造出新的东西来维护自己，到头来只能使自己越来越缺乏创造性。

（4）市场型。具有这种性格结构的人往往把自己当成商品，在人格市场上加以拍卖，并以交换价值作为自己个人的价值。为了寻到一个谋生的职位或获取更大的成功，他必须在人格市场上赶时髦。从表面上看，具有这种性格结构的人在维护自己，在对超越的需求方面获得了成功，但实际上，由于他们拼命使自己变成了别人所希望的模样，使自己同个人内在本质分了家，所以他们维护的是虚假的自我，满足的是虚假的需求。他们不但把自己当作商品，而且把别人也当作像自己一样的商品。发生关系的双方都不能如实地展现自己的力量，而只是展现他们的可出卖的虚假的自我。人的自我同一感与自尊一起被动摇了，他所表现的只是："我就是你所需要的。"

弗洛姆说："西方思想的伟大传统中，人关于自己的知识、心理被看作德行、正当生活及幸福的条件，而现在，它却退化为在市场研究、政治宣传、广告中，用来为更好的操纵他人和自己服务。""从入小学到大学毕业，学习的目的都是尽可能多地收集资料，这些资料主要用于为市场需求服务"。

自由联想：生产性人格

1996年底，我到北京不久，去见一位曾经火爆一时的名人。这位名人是以反对另一位名人而火爆起来的，他们的争论点是：近年在中国普遍受到关注的某种科学，是真是假？我见的这位名人，一开始也是大喊真的，后来在民众开始发生质疑之际，掉头喊假了，到处"揭伪"，成为传媒的热点人物。

未见其人时，我对他也是颇敬重的，见了面，一谈话，那敬重感便没了。中国传媒普遍在做着什么事情，也便很清楚了。

和他同时在一起的一位三十多岁的男子，对其言听计从，崇拜无比，所思所言，与那名人如出一辙，仿佛是人家的翻版。递给我的文章，也都是吹捧那位名人的。我们交换名片时，他递给我的名片上的头衔是——"×××评传写作组组长"。×××便是那位名人。

事后，一位同事看了那名片，笑着说："你是幸运的，他给你的名片上没印着'×××评传写作组副组长'。"

那位"组长"是某大报记者，作家协会会员，是一个厚道的老实人。几天后，我打电话向他约稿，但是，他谈的还都是那位名人，所想写和能够写的文章，仍然都是关于那位名人的。

我很沮丧，也觉得很可笑。

现在想来，"组长"很可能具有弗洛姆所说的接受型人格，而×××呢，不能排除市场型人格的可能。

具有生产性人格的人，与上述四种人都不同，他们把培育和发展自己的所有潜力作为唯一的目标，使自己所有的其他活动都从属于这一目标。他们以生产性来对付生存的两难，来满足对超越和联群的需求。这种人通过生产性的活动和思维超越了他们自己所在的世界，同时也超越了自我。通过生产性地爱，与他人建立起了既能保持自己的完整性，又能逃脱孤独的理想的关系，凭借爱的力量突破了那道把他们与别人隔绝开来的屏障。

自我分析，我确信自己具有生产性人格。我对人生意义的探求，对事业的追求，对权威、世界、他人的或远或近的态度，不都是这种生产性人格的作用吗？

生产性是人运用他之力量的能力，是实现内在于他之潜力的能力。生产性这个词是与创造性，尤其是与艺术创造性相联系的。真正的艺术家确实是最令人信服的生产性的代表。但是，一个人没有创造某些可见物或可传授物的天赋，他仍能生产性地体验、观察、感觉和思考。生产性所创造的最重要的对象是人自己。

人存在的矛盾是，既要寻求与他人的接近，又要寻求独立；既要寻求与他人结为一体，同时又要设法维护他的唯一性和特殊性。只有生产性，才能解决这一矛盾。进行独立思考的写作，使我既独立，又与人接近了。

但是，我就没有任何非生产性的表现吗？显然并非如此。

弗洛姆说，没有一个人是完全生产性的，也没有一个人是完全非生产性的。在生产性取向占统治地位的性格结构中，非生产性取向并不具有那种当它们占统治地位时的消极意义，而是具有了一种不同的、建设性的性质。每一个人为了生存，都必须能领受别人的东西，获取东西，节省和交换东西。他也必须能听从权威，引导他人，独处及表现自己。只有当一个人获得东西和与他人相处的方式在本质上是非生产性时，这种领受、获取、节省或交换的能力才会转变成为对接受、剥削、囤积或市场的需要，并成为占统治地位的获得方式。在一个生产性占统治地位的人身上表现出来的非生产性社会关系形式——忠诚、权威、武断、公平，在一个非生产性取向占统治地位的人身上，就会变成服从、统治、撤回、破坏。因此，根据生产性在整个性格结构中所占的程度，任何非生产性取向都具有积极和消极这两个方面。

自我分析，同样一些特点，在我的身上和非生产性人格者身上，可能有完全不同的表现。比如：在接受取向方面，我是领受而非被动，是谦虚而非无自尊心，是理想主义而非不切实际，是信任而非轻敌，是温柔而非多愁善感；在获取（剥削）取向方面，是积极而非剥削，是主动而非好生事端，是能提出要求而非自私自利，是自豪而非自负，是有冲动而非草率行事，是自信而非自大；在囤积取向方面，是节俭而非吝啬，是含蓄而非冷淡，是谨慎而非焦虑；在市场取向方面，是有目的而非机会主义，是能变化而非反复无常，是年轻而非幼稚，是目光远大而非胸无大志，是有效率而非过分积极，是好奇而非不机智，是理智而不唯理智论，是能适应而非无辨别力，是容忍而非冷漠，是慷慨而非浪费。

占有还是生存

弗洛姆认为，人有两种生存方式：占有的生存方式和生存的生存方式。

重占有和重生存是人对生活的两种根本不同形式的体验。这两种基本的生存方式，是对于世界及其自身所采取的两种不同的价值取向，是两种不同的性格结构，占主导地位的性格结构将决定着一个人的全部思想、感情和行动。

在重占有的生存方式中，与世界的关系是一种据为己有和占有的关系，在这种情况下，"我"要把所有的人和物，其中包括自己都变成"我"的占有物。在重生存这种生存方式中，我们要区分生存的两种形式：一种是"占有"的对立面，这种形式意味着与世界的一种真实的联系；另一种形式则是"外表"的对立面，即与具有欺骗性的外表相反，强调一个人的真正的本质及现实性。

我们的社会是一个完全以追求占有和利润为宗旨的社会。因此，重生存的例子是极为罕见的，绝大多数人都把以占有为目标的生存看作一种自然的、唯一可能的生活方式。所有这一切都使得人们特别不易理解重生存的生存方式的特性，也不理解占有只是诸种价值取向中的一种。作为人，我们的目的就是从重占有的生存方式中解放出来，从而达到完满的生存。

我们的社会是建立在私有财产、利润和强权三大支柱上的，在这样的社会里，自我、他人、一系列的物，甚至情感、思想、信念、习惯都会被体验为一种占有物。这个以利润为取向的社会成为重占有的生存方式的基础。

重占有的生存方式是从私有财产中派生出来的。在这一生存方式中，在我与我所拥有的东西之间没有活的关系。我所有的和我都变成了物，我之所以拥有这些东西，因为我有可能将其据为己有。可是，反过来物也占有我，因为我的自我感觉和心理健康状态取决于对物的占有，而且是尽可能多地占有。在这种方式中，主体与对象之间不是一种活的、创造性的过程。这种生存方式使主体和对象都成为物。两者之间的关系是死的、没有生命力的。

重占有的生存方式和以财富与利润为目标的价值取向必然会产生对强力的要求，即对强力的依附性。在这种方式中，对于一个人来说，幸福就在于他能胜过别人，在于他的强力意识以及他能够侵占、掠夺和杀害他人。而在重生存的生存方式中，幸福就是爱、分享和奉献。

重占有的生存方式也可以进一步划分，占有也包括一种功能性的占有。它是满足我们的基本需求所必需的，也可以称为是生存性占有，这种占有是维持生存的占有，不会与生存发生冲突，与生存发生对抗的是那种重占有的性格。

重生存的生存方式在今天对于大多数人是陌生的，它的先决条件是：独立、自由和具有批判的理性。其主要特征不是积极主动地生存。这种主动性不是那种外在的、身体的活动，不是忙忙碌碌，而是内心的活动，是创造性地运用人的力量，是一种没有异化的主动。创造性在这里的意思不是造就某种新的、独创的东西，它主要不是人的活动的产品，而是指活动的特质。

重占有的生存方式并不是人的根深蒂固的本性，事实是，重占有与重生存同时存在于人的本性之中。除了占有倾向之外，人还存在着以奉献、分享和牺牲为乐的生存倾向。这种意愿来自人生存的特定条件，特别是因为人有通过与别人结为一体而克服自身的孤立感这种需要。

重占有，是今天的社会性格。但社会性格也是变化的。

一般个人的性格结构和他所在的社会的社会—经济结构是相互作用的，这种相互作用的结果就是社会性格。一个社会的社会经济结构造就了其成员社会的性格，使其想去做他们应该做的事。同时，社会的性格也影响社会的社会—经济结构。

弗洛姆对资本主义社会重占有的社会性格进行了抨击，提出一种"新人"的社会结构特征：为了全面地生存，愿意放弃一切形式的占有；意识到彻底的独立性；具有充分展现自身和参与的能力；以奉献、分享为乐；尽可能将贪欲、仇恨和幻想降到最低程度；努力培养和发展自己爱的能力以及批判的、非感情用事的思维能力；觉悟到自己和别人个性的充分发展是人生的最高目标；具有生存于自然之中的整体感；认识到自由并不是可以为所欲为，而是一个实现自我的机会；幸福地生活在自身活力不断增长的进程中。

自我检省，我认为自己基本是符合这一新人标准的。虽然时常也表现太多的不足，但是，当我违背上述标准的时候，我便感到精神的不愉快。

举一个最简单的例子：我向往金钱，但不会为金钱而牺牲原则。我希望以我有兴趣的、能获得自我成就感的写作来获取金钱，但是，我不可能为了获取金钱而进行我无兴趣的、无法获得自我成就感的写作。我通过写作而生存，也通过写作去占有，但是，生存是第一位的，是全部的价值取向与情感动力，而占有是附加的，是顺便得到的。

重视普遍象征的梦理论

弗洛姆的释梦学是建立在对弗洛伊德和荣格学说的综合基础上的，带有明显的折中调和倾向。他说："我把做梦定义为睡眠状态下的心智活动，梦可以是我们心灵最低下、最无理性及最高尚、最有价值作用的表现。"

所谓最低下、最无理性,是弗洛伊德的态度,而最高尚、最有价值是荣格的理论。

弗洛姆说,梦是由象征构成的,富有诗意,使用一种对所有时代和所有文化都基本通用的象征性语言。"象征语言是一种其内在经验、感受和思维犹如外在世界的感官经验和事件一样表现出来的语言。它与我们白天习惯的言谈逻辑不同,它不受时空范畴支配,而由热情与联想支配。因此,它是人类唯一的共同语言,是不同文化和有史以来各个时代中都相同的语言。它本身含文法和结构,如果我们要真正了解神话、童话和梦的意义,就必须了解象征语言。"

弗洛姆视象征为某些能代表其他事物的东西,他将象征分为三种:习惯的象征、偶发的象征、普遍的象征。

习惯象征是由一种社会习俗形成的固定象征,如语言文字、图案等。偶发象征是象征与被象征的东西之间的关系完全是偶然的,例如有一个人,在某个城市有一段悲伤的经历,那么这个城市若在他的梦中出现,则代表了一种悲伤的象征。习惯象征和偶发象征有一个共同点,就是象征与它所象征的事物间缺乏内在联系。

弗洛姆格外重视普遍象征,它是一种象征和它所代表的事物间含有内在关系的象征。例如火代表权力、力量、光荣,更多地具有激动、冒险、快速、兴奋的性质;而水则代表平静、徐缓和无穷尽的潜能。普遍象征根植于人类的身体感觉及心理特征上,是人人共有的象征,超越了个人和特殊团体的局限。但即使如此,也不能僵死、固定化。弗洛姆进一步提出"象征的辩证法",就是同一种象征,在不同的条件下具有不同的含义。比如就太阳的作用和意义来说,北方国家和赤道国家的感觉就完全不同。

很多普遍象征都具有多种含义,如炉中的火与失火的房间,意义自然不同。同样,峡谷的象征也具有两面性,身处群山环抱的峡谷之中,使我们产生不受外界威胁的安全感和舒适感,但也可以成为禁锢我们的牢笼,象征桎梏。此外,个人不同的经历也对象征产生着影响。

作为具有人文主义和历史主义倾向的精神分析学家,弗洛姆的释梦多站在历史、社会、文化、人道的立场,继续表现着他与马克思主义的联系。

释梦手记021号:"新我"的预言

时间:1997年4月24日5:30
梦境:
　　在一个像井一样的装置的入口处,我脱掉外衣,钻了进去。我立即便隐姓埋名消失了。这使我觉得很轻松。
　　一个女人在寻找我,街上留着我的衣服。有人告诉她,我并没有消失,如果真的消失,留下的将是一张人皮。
　　装置变成了一趟列车,我换了一身别人的衣服,上了车。列车长知道我的真实身份,但他承诺将为我保密。我知道,原来的我将消失,若干年后,一个新我将出现。
　　我看到一对双胞胎男婴,有人告诉我,那便是我的化身,他们将长大,成为我。

分析:

　　对于这个梦,如果按弗洛伊德的方式加以解析,则又是一个典型的性梦。那像井一样的入口,便是子宫的入口。我脱掉衣服钻了进去,象征着性交,也可以理解为重返母亲子宫的原欲。那寻找我的女人,以及人皮,都可以同性联系在一起。而列车,则是阴茎的象征。性交将导致对方怀孕,于是,我的孩子(那对双胞胎男婴)将成为"新我"来取代终将衰老、死亡的"现我"。

　　但是,我显然不能认同于这个解释。无论梦前、梦中、梦后,我都未感觉到性欲的干扰。而且,做梦的过程中,我也没有通常做性梦时的快感,而伴随着一种沉重、抑郁的感觉。醒来之后,我仍被压抑的心情左右。我当时立即意识到,这个梦与我事业上的困境有关,而不能套用弗洛伊德以性本能理论为基础的象征模式。

　　这时我正在读荣格的著作,就在梦醒的那一天上午发生的事情,使我不由得不将这个梦与荣格关于梦的预言功能的解说相联系,从而更加证实了这是一个以事业困境为主题的梦。

那天,我与我的著作权代理人通了电话,得知几本新书的出版进行得很不顺利。虽然主要的阻碍是客观的,但我仍不由得在自己身上找原因:如果我写得更精彩,更出色……一年多来我一直采取一种心境,即不问收获,但问耕耘,默默读书,修炼、完善,发生一些质的飞跃,待若干年后推出力作,再创辉煌。当遇到挫折时,这种心境便更强烈了。我想,虽然与一年多之前比,我淡泊名利了,也不那么急于求成了,但仍远远不够。我又何妨急于推出新书呢,那些书暂时出版不了,正好可以让我有机会慢慢将它们修改得更精致、完美。

回想早晨的那个梦,我便想,它是否是一种预言呢?我的无意识已经事先得知了我今天将得到一些不利的消息,于是,它便将我将要产生的想法在梦境里预演了一遍?

我脱掉衣服,也就是抛掉了我此前具有的一切成功的荣耀,以最原始的心态进入那个"井口"。这"井"仍不妨被理解为母亲的子宫,意味着我要像一个胚胎那样重新成长,作为过去的我"隐姓埋名"了,作为一个新我却在不久的将来诞生。这"井"同样不妨理解为我进入的一种"隐居"的状态,不被人知,不为人识,自己在"井"里修炼,为了日后将以全新的面目获得新生。

可能会有人关心我,寻找我,但也只能见到我留下的旧衣了,这旧衣便是过去成功的象征。但我并不会真的永远消失,除非我死亡(留下人皮)。

我更衣上了一趟列车,意味着我换掉过去的旧装,开始一个新的旅程。列车长应该就是我自己,我知道我仍存在,但我不会向别人强调这一点。若干年后,旅程结束时,一个创作面目全新的我将出现。而那两个男婴,是否便是我的精神的象征呢?至于他们何以是双胞胎,我无法解开这是否是另一个象征。

此梦中的象征,用弗洛姆的眼光来看,将有多少普遍象征、偶发象征、习惯象征呢?

释梦手记022号:击剑手

时间:1997年5月4日3:30

梦境：

　　我的妻子是一个运动员，先进典型，而我作为记者在采访她。

　　她是一个击剑运动员。我看到，她的两个腕关节和两个踝关节都已青紫、瘀血。她说，这样已经很长时间了，因为每天都要紧张地锻炼，不能休养，所以一直没有好。

　　我担心这样下去会出现骨折，劝她好好休息，劳逸结合。

　　她泪眼涟涟地说："你哪里懂得我们运动员的心情呀！"

分析：

　　我的妻子不是什么击剑运动员，但是她的左脚踝关节确实在三个月前扭伤，因为得不到很好的休养，所以直到今天仍然青紫着，有瘀血，走路多了便感觉很疼痛。她既是一个好妻子，也是一个好儿媳，担当着很多杂事，使我省去分心分力，可以专心地读书和写作。就在这天临睡前，她还在计划着转天要办的事情。转天，她将去五六个地方，办很多重要的事。我此时正在病中，不能分担她的劳务，心里很不安，于是，便有了这个梦境。

　　我显然担心她的脚伤，以至于这脚伤在梦中扩展为四处。她踝关节刚扭伤时，我曾经担心会是骨折，这担心又在梦中出现了。她讲每天都要锻炼，其实是在现实中每天都有很多家务要做。她有时会责怪我不能充分理解她对家人的关怀，以及她情愿自己辛苦，换得别人的轻松的心情，以至于，梦中的她倾诉时也是眼泪汪汪的。

　　至于妻子何以变成一个击剑运动员，可能是因为击剑运动员锻炼时四肢都处于运动状态的关系吧。而且，我前一天还在新闻中看到了乒乓球的比赛，联想到运动员的身体状况，而乒乓球比赛的动作与击剑比赛的动作有些相似。自然，这一情节也可以按照弗洛伊德的象征理论得出迥异的推论。

释梦手记023号：阴谋

　　1997年5月初，我连续几天做了一些我无法轻易分析出动机的梦。我只能将它们搁置下来。但是，当有一天，我将它们放在一起进行联想时，它们的动机便一点点显现出来了。

需要说明的是，这些梦中因为掺杂进了许多前天生活中的原始材料，它们的主题被分散了，掩盖了，这便是它们难以破解的原因。而将它们联系到一起时，那个共同的主题——阴谋、间谍，便显露出来了。

梦中运用了大量象征，但这些象征不具有普遍象征和习惯象征的含义，而完全是我个人的偶发象征。我放弃对此梦进行解释，哪位聪明的读者能够帮我解开它呢？

梦境一：

一所中学里，三个男生不满英国教师的严厉，策划反抗。

他们计划着激怒教师，他肯定会发脾气，这样学生们便可以借机宣布罢课，然后起诉英国教师侵犯了他们的名誉，并借助传媒将事情闹大。

行动前，学生们先找人将自行车改装成带篷子的马车，以备使用。

这时，他们见到了北京一家发行量很大的报纸报道他们已经起诉英国教师的消息。

一个学生打电话给那个教师，通话的时候，借助一种高科技方式，在电话中便把那个教师谋杀了。

梦境二：

中国国家主席江泽民和俄罗斯总统叶利钦举行会谈，会场外戒备森严。我听到三个男人在秘密商议，分别到莫斯科不同的珠宝市场，散布珠宝即将涨价和跌价的谣言，以引起市场的混乱。

三个男人刚离开，我便报告了身边的俄罗斯警察。现场没有警车，一个警官拿出对讲机呼叫，几秒钟之内，数十辆警车云集，又分头离去。仅三五分钟后，警察们便回来了，分别押来了那三个男人，他们每个人都负了伤，淌着血，被带走了。

我很担心，因为还有两个人物没有出现。就在这时，警察又押来了两个男人，他们都没有负伤。我迎上去，他们两人高兴地同我握手。我告诉身边的警官，这两个人是我们自己的间谍，打入了敌人内部了解情况。我还对警官讲，现在应该将他们同那三个人关到一起，以便进一步执行秘密工作。

梦境三：

几个男人在我身前身后，挟带着我一起走进一个工商所。

这群人中领头的那个，很有领导风范，像大人物一样和工商所的所长握了握手，拍了拍他的肩，神态和举止完全是上级领导接见下属的样子。我知道，他在冒充市工商局局长，而且冒充得很成功。

工商所的人敬给我们每人一支外国烟，我吸着，觉得很香，不由得连连称赞。我的同伴说，我是一个每天抽一盒烟的烟鬼。桌面上摆着查获的一些假烟、假花生、假糖果，我认真地看着，惊叹着做假技术的高超。手里的烟还有很长一截，我便将它捻灭在烟灰缸里。

那个冒充市工商局局长的家伙还在和工商所所长谈着话，我和几个同伴到室外过风。一出房间，我便对他们说："不好，得赶紧逃跑！"接着便向他们解释何以要逃跑，我说，因为我肯定已经暴露了。首先，一个每天抽一盒烟的烟鬼不会连那种洋烟都没抽过，因此也就不会那样大惊小怪地连声称赞烟的味道好，而且，一个烟鬼绝舍不得把那样长的一截烟扔掉。另外，作为工商局的工作人员，我不会没有见过那类假货，因此没有理由对那些假烟、假花生、假糖果如此新奇，看了又看，还惊叹做假技术的高明。所以，我肯定已经暴露了，所以我们要立即逃跑。

我的同伴说，不能跑。我们还要继续骗取工商所人士的信任，让他们领着我们去一家工厂。我建议说，既然如此就别等着在工商所蹭饭了，现在就去那家工厂，以免夜长梦多。我的建议被采纳，当时是上午11点，我们立即返回房间，把这个决定通知我们的头儿。

那些人之所以一定要带着我，是因为我有记者证，可以给他们带来方便。

释梦手记024号：妻子关于老虎的两个梦

时间：1996年8月，某天午后
地点：天津旧居
梦境一：

我躺在床上睡觉，房间的窗户开着。一切都同我睡觉前房间的真实情况相符。

天空很高，蓝天，白云，美极了。

一只老虎从天而降，从蓝天白云中向我扑了下来。

那老虎毛色漂亮极了，十分好看。我毫不惊慌，被它的美震住了，兴奋、欣喜。

老虎扑近了，我在喜悦的心情中醒来。

时间：1997年11月下旬某天
地点：天津妇产科医院病房
梦境二：

我在街上走，看到一扇门，便推开走了进去。

一个很大的房间，里面有些黑，我看到很多动物。有巨蟒、有狮子、有大象、有各种鸟，很多很多。我一点儿也不觉得害怕，只是想：这么多动物在一起，怎么也没有臭味呢？

这时，从里面走出一只小老虎。不是爬行，而是后腿站立着走了过来。它漂亮极了，我毫不恐慌，惊喜地看着它。小老虎走到我身边，前爪拉着我的手，说："走，我给你热包子去。"

我欣喜得很，笑着醒了。

分析：

这两个梦，是妻子自己解析的。经常听我讲梦、释梦，她也能够自己分析一些梦境了。事实上，最权威的释梦者，只能是做梦人自己。

做第一个梦时，我们已经下决心要孩子了，但未能立即怀孕。妻子便做了这个梦，醒来后她说：这预示着我将在虎年生下孩子。这里，她运用了习惯象征释梦：老虎入怀。一方面，中国民间认为老虎入怀是生下虎子；另一方面，虎又与生肖中的虎年对应。

事实是，虎年将至，妻子果然怀孕了，一切如她一年半前的预言。但妻子需要保胎，住进了天津妇产科医院，在医院的病床上，她有了这第二个虎梦。

那天，我们送去一饭盒包子，让她转天中午在住院部的电热炉上加热了吃。妻子自己不能下床，便需要请病友代劳。她十分不愿意求人帮助，有些为难，这情绪便带入梦中。进入一个昏暗的房间，按照弗洛姆的普遍象征，说明心情不好，看不到前途。而如果是按弗洛伊德的理论，可以将那个房间解释为子宫。小老虎——她自己的孩子——挺身而出，帮助她解决了热包子的问题。小老虎，再次作为习惯象征出现：自己的虎子。

这小老虎是如此漂亮、如此可爱，妻子又怎么能不在睡梦中笑醒呢？

第八章
由一组同主题梦进行的心理分析

释梦手记025号：部长是我的亲戚；释梦手记026号：探讨合法性；释梦手记027号：给客人拍照；释梦手记028号：售楼小姐；释梦手记029号：新城的诞生；释梦手记030号：邻居与装修；释梦手记031号：上班；释梦手记032号：女播音员的家；释梦手记033号：后悔；释梦手记034号：通向家的道路很崎岖。

下面的十个梦境，记录于1997年3月至7月，它们有一个共同的主题：购房。

1996年底到北京后，我一直租房居住，与房东同处一宅，诸多不便。更何况，我又是一个极渴望独处的人，读书与写作也提出了这种要求。伍尔德说，写作的女人需要一间自己的房子，写作的男人又何尝不是如此呢？租来的房子里没有家的感觉，而家对一个人的精神健全是十分重要的。只有处于自己的家中时，我才能找到那种最能滋养自己精神的心理场。

安居才能乐业。我必须买下一套房子，建一个自己的家。

反复看房，再三权衡，最后，原则上选择了北京市北部郊区昌平的一个小区。选择它的理由很简单：便宜。我能够承受。

当时，这个叫作西湖新村的小区最初的一批房子正在建设中，尚未交工。我买的是期房，这是价格低廉的一个重要原因。当然，我也要为之承担风险。最大的风险是，经过了解，我确信这个小区的开发、建设与出售在当时未得到北京市有关主管部门的批准，也就是说，我很可能最终无法得到产权证，花了商品房的钱，却只能享有居住权。更甚之，对于非法建筑，北京市政府曾采取过推倒夷为平地的整治措施，我不能不考虑这对我意味着什么。

与之相关联，房屋的建筑质量、日后的物业管理等，均成为有理由担心的问题。小区开发商提供的种种承诺难以取信于我。

虽然价格较低，但仍要我这个小文人倾家荡产，还需要卖掉天津原来的旧宅。这是我人生中最大的一次投资，弄不好会成为一次惨败。它占据我精神中的分量，便可想而知了。

仅止于此，还远不足以解释下面这一组梦境。我们将看到，这组梦境中透着强烈的焦虑、恐惧与逃避的愿望。正是从对这组梦境的分析中，我看到了自己极度脆弱的一面，依赖性的一面，人格的不完整性。

人是自恋的动物，我们总会对自己的弱点视而不见，而在特殊时期的一些特殊梦境，却可以帮助我们认识自己，从而得以自我完善。我要感谢这里的梦境，虽然，对它们的揭示曾一度使我十分痛苦——没有谁愿意看到自己的脆弱性。但我一直记着：精神分析从来便不会是一件令人愉快的事情，但它可以使我们认识关于自己的真理。所以，我最终得以公正地完成了对下面梦境的自我分析。

释梦手记025号：部长是我的亲戚

时间：1997年3月某日

梦境：

一个像是会议室的场合，桌面上铺着一大张宣纸，建设部部长正在那里题词。我知道这是在给一家房地产公司题词，便凑到前面去看。

部长题词完毕，有人给我们做介绍，对我说："他是你的亲戚。"虽然没有说清楚是什么亲戚，我还是很高兴。我和部长握手，他对我也是很亲热的样子。

分析：

得到建设部长题词之荣幸的小区，在开发与出售的手续上，自然是不会有任何问题的。不久前，我去北京市商品房市场，便看到一家开发商挂出了这位部长的题词，但是，他们的房价也很够"级别"，我是无法问津的。

做这个梦时，我正迟疑着没有决定是否购买西湖新村的房子。部长是我的亲戚，而且对我很亲热，这便意味着：我可以向他详细咨询有关西湖新村的情况，得到最权威人士的肯定或否定，使我的投资不至于成为一个水泡。

释梦手记026号：探讨合法性

时间：1997年3月某日

梦境：

我和一群人坐在屋子里讨论着。我知道他们是房屋土地管理局的工作人员。

我和他们讨论着西湖新村小区建造与销售的合法性问题，他们告诉我，西湖新村小区绝对是非法项目。我和他们争论着，拿出西湖新村小区提供的各种文件材料，他们不屑一顾，说，这些文件本身就是非法的。

我极为沮丧，又争论说，即使是非法的，已经建好了，我也花了钱了,总不应该把我赶出来吧。他们对此无话可说。

分析:

梦境里的情况几乎同样发生在现实中。母亲和妻子一起去过北京市房屋土地管理局,那里的工作人员肯定了西湖新村在当时未得到开发与销售的合法授权。我们希望了解的是,除了可能得不到产权证,无法买卖或出租外,我们是否还会受到其他影响。

我当时的想法是,作为消费者,我们同样是受害者,总不至于没收我的房产吧?管理局的人员最后无话可说,相当于默认,使我得到了愿望的达成。

释梦手记027号: 给客人拍照

时间:1997年4月初某日

梦境:

在西湖新村小区我的新房里,有许多客人来访。我在为大家拍照,跃层楼梯是一个很重要的背景。

分析:

做这个梦时,已经决定买下西湖新村的房子了。

那是一套三居室的跃层结构,我极欣赏这种复式建筑,即使在有了孩子之后,我也可以躲到楼上自己读书、写作,而将干扰降到最低限度。

在新家接待客人,这是一个何其美妙的向往呀。这个向往先在梦中实现了,10个月后,1998年2月,又在现实中实现了。

释梦手记028号: 售楼小姐

时间:1997年4月29日晨

梦境:

我被告知,4月28日不能交款了。想到错过这个大吉之日，我心急如焚。

（我急醒了，意识到是梦，再度入睡。）

售房处的一位小姐打电话给我，问我交款时为什么没有亲自到。她的语气很亲昵，像我们之间有某种默契似的，这使我很高兴。我在解释未到的理由，她则似乎遇到了难事，想向我倾诉，话未出口却先哭泣了起来。我顿生爱怜之心，急急地说："别走开，我马上就到。有话见面慢慢说。"

我打了一辆出租车，赶到售楼处，却见售楼小姐们正在锁门，那位小姐推着自行车正要离开，她已经恢复了平常的样子，很干练、很热情、很洒脱。

我说，咱们找个地方谈一谈吧。她便将自行车推到路边，我们站在那里。我希望她仍像在电话里那样将我当作一个值得信赖、很熟识的朋友，谈她的苦恼。但是，她却像没有打过那个电话似的，好像也没有任何苦恼，说着一些不着边际的客套话。我很失望，醒了。

分析：

这几年，我越来越感觉自己远离一个唯物主义者了，对于神秘现象有某种崇敬，写作《中国"雨人"之谜》一书时，我便多次谈及：我们今天斥之为迷信与反科学的事物，很可能是最科学的，只不过因为人类的认识能力尚无法企及那样的高度罢了。到北京后，接触了一些西方超心理学的东西，对灵魂世界多了些关注，更不像是一个唯物主义者了。

那时，我备有一份中国旧式的皇历，上面标着有哪天是吉日，哪天不吉，应该做什么，不应该做什么。因为有了对将购置房产的种种担心，所以，我将签合同、交款的日期，都特意安排在"宜出财""宜置产"这样的日子，后来搬家时，也安排在了"宜迁徙"的大吉之日。1997年4月28日，便是这样一个大吉之日。那天，我臀部粉瘤切除手术后在天津养病，母亲和妻子去北京交钱了。我再三叮嘱，一定要在28日付清款项。

梦中那位售楼处的小姐在生活中确实存在，我对她很有好感，并且也直接告诉过她这种感受，仅此而已。她出现在我的梦中，似乎是我最亲近的一个朋友，因为她对小区的前途肯定心中有数，所以，这至少可以满足我的两个愿望的达成：亲近她的愿望，获得关于购房的安全感的愿望。

当我们在梦中见面时，那种熟识感消失不见了，则与现实相符。

释梦手记029号：新城的诞生

时间：1997年4月30日

梦境：

很久很久之前，一个小村子的平静被打破了。不知由何处来了一群奴役者，强迫村民们在地里耕种，剥削村民。

一个男人在秘密召集村民，准备起来反抗。

野地里，人们在议事，高高的芦苇遮挡着他们。有人在放风。

团结起来的人们，在那个召集者的领导下，进行反抗了。他们不再给奴役者做事，只做自己的事情。很奇怪，他们没有遇到任何干涉，那些强暴的奴役者也无影无踪了。

村民一点点富起来。村子里盖起了一排排房屋，人们在平分土地。

有人开始侵占别人的土地。这时已经有了村长，他似乎便是当年组织反抗的那个男人。村长颁布法令，于是侵占邻居土地的现象得到好转。

不久，村里来了工厂主，让大家在工厂里干活儿。众人都很乐意到工厂做工。

工厂主在打井，井水出来了，人们都来接水，一片欢腾景象。后来，水又被引到每一户人家，村民们的生活更方便了。

又过了一些时间，村长决定卖地引资，靠出售土地，使村子进一步繁荣起来。

不久，一座座厂房建起来了，昔日的小村子已经面目全非。

村子的南方，有一个城市。那个城市也在不断地向北扩大，最终，与村子连在了一起，村子成了那座城市的一部分。

有话外音说："今天我们城市中那些名为'××村''××庄'的地段，便是这样由村庄一点点发展起来的。"

分析：

在签了购房合同、交了款之后，对房屋产权的担心已经被推得很遥远了，而另外一些涉及居住与生活的具体问题，则成为我考虑的对象。

上面这个梦可以说是我做过的梦中最奇特的一个了。它的形式极为少见，类似于一部史书，一反梦境中常见的描写手法，以叙述手段为主，同时穿插一些细节，成功地截取了几个横断面，展现了一片土地由荒芜到都市的历程。

这个梦是如此复杂难解，以至于我在梦醒后用了一天的时间都未能解开它。我只是联想到前一天临睡前看过的一个电视片，介绍一个少数民族，长年处于原始社会，近些年才随着外部世界步入现代社会。我很自然地想到，梦中村落的出现，受到了那个少数民族村落的影响。而梦的叙述形式又与那部电视片的叙述形式相仿，同样是介绍一个村落的发展历程。因此，我似乎可以解释对奴役者的反抗等情节了。

约一两个月之前，我曾一边阅读一边思考人类建立真正平等的理想途径，其间读到弗洛姆的一些主张，而平分土地、颁布法律，似乎可以理解成这种思索被原始村落唤醒，出现在梦中。

但是，我无法解释后面的情节。即使是电视片中的那个少数民族，也远远没有达到大建工厂，与城市连为一体的地步。

释梦能够带给释梦者无穷的快乐，必须满足几个条件：第一，梦一定要复杂，不要让释梦者一看便懂，而需要体验"山重水复疑无路"的感觉；第二，这个梦中隐藏着一两处能够贯穿全梦的契机，藏得极深，却又终究可以被聪明、刻苦的释梦者发现，达到"柳暗花明又一村"的境界。总之，太容易解释与无法解释，都将破坏释梦的情趣，只有当人于不可能为时而为之，又成功了，那才会体验到无穷的快乐呢。这个梦，便让我有如此的享受，以至于我解开它后，逢人便讲，称其为意境如此玄妙，障碍设置之精巧绝伦令人叹服。其实，这种感受只有释梦者自己会有，听梦的人，因为立即看到了结果，无法体会你陷入困境中的心态，自然也不会体验你冲出困境后的狂喜了。

一整天的困惑不解之后，在那天晚上，一个词语像一道闪电击中了我灵魂中的某个暗区，立时，像多米诺骨牌一样，一个倒，便一串都倒了，这个梦的真实意义，立即在我面前暴露无遗了。

那个牵一发而动全身的关键词汇，存在于梦境最后的话外音中："今天我们城市中那些名为'××村''××庄'的地段，便是这样由村庄一点点发展起来的。"

"××村"！这便是问题的关键。那个不断发展壮大的小村子，便是我即将入住的"西湖新村"。

这个梦，仍是我的购房系列梦的一部分。

此前的所有铺垫，都是为了使"愿望的达成"更加隐晦。

西湖新村所在的土地，几年前还是一片农田，但是，现在一幢幢楼房盖起来了。镇政府的规划是不断引资、发展，于是有了卖地建厂等情节。周围的建筑不断增多，越来越繁华是必然的，而西湖新村确实在北京市区的正北方，亚运村以北。几年前，亚运村还是一片荒地，如今，那里已经十分繁华了。城市扩大化是一种必然，如此两边都在发展，夹在西湖新村与北京市区之间大片的荒地、农田，无疑不断缩小，西湖新村所在地区作为北京的卫星城不断发展，自然会形成连在一起的态势。

另一个证明"××村"是西湖新村的佐证还在于，我在天津的住所名为西湖村，只少一个"新"字，而那里不到20年前也曾是一个村子，如今，却变成市中心了。天津市区的地名"程林庄"等，也曾是当年作为村庄时的称谓。我曾将西湖新村与西湖村类比，于是，在梦境中，最后那句话外音便很自然地将二者联系在一起，又用西湖村的现实提醒向我提示西湖新村的未来。

还有一个重要的细节。西湖新村的饮用水和24小时供应的洗浴热水，都将是自行开采的地下水。梦里那个工厂主打井的情节，也正好与现实对应。

我通过这个梦，再次实现愿望的达成——远郊的房子并不会带给我太大的不便，它会通水的，而且，随着道路的改善，城市的发展，它将来距市区会越来越近的。

这个梦，因为偶然得解，所以我十分得意。我甚至想，这个梦的难解是否也是为了增加我自己解梦的乐趣呢。开始解梦已经几个月了，解了几十个梦，精彩的也有十多个。我的释梦水平也在不断提高，时常一觉醒来，回忆梦境，甚觉平乏，倦于记录。于是期望更为隐晦，难度更大的梦，而这个梦的出现，岂不也是一种愿望的达成吗？

释梦手记030号：邻居与装修

时间：1997年5月10日

梦境：

我到西湖新村看房，发现我的房子的两边的单元均已有人入住了，各是一个老太太。

我到露台上，发现露台地面的砖铺得很不规整，东扭西歪，十分难看。

分析：

我担心小区里住户太少，影响安全及附属设施的建设与提供。而两户老太太的入住，无疑可以缓解我的这种担心。

房子外面有一个20平方米的露台属于我，在梦中，它的地面铺得不好，表现了我对建筑质量的担心。

顺便一提，我半年后搬入时，我所在的那个门洞只有一家入住，确实有一个老太太。不知道这是巧合，还是某种神秘的预言。

释梦手记031号：上班

时间：1997年5月19日
梦境：
　　我由西湖新村家中出来，骑车去上班。30分钟后，我到了单位，每个人惊叹于我只用了这么短的时间。

分析：

　　此时，我已得到消息，只要西湖新村小区补办各种手续，交些罚款，便可纳入合法开发的轨道，而我作为一个消费者的利益没有受到损害。同时，我所购置的房屋，还获得了建筑质量的"市优工程"称号。在对房屋产权、建筑等担心一点点消解之后，我则开始考虑它的位置对我生活的影响了。

　　这个小区已经接近小汤山了，属于北京的上风向，没有任何工业空气的污染，唯一的问题是：距离市区太远了。好在，这里已经开发多年，周围有三十几个小区，公共汽车在西湖新村小区门口设站，交通仍属便捷。购房前，我测算过，从小区坐公共汽车，最多一小时可到北京市内二环的安定门地铁站。

　　但是，毕竟是郊区，毕竟住惯了市区，所以，我注定会有上面这个梦。

释梦手记032号：女播音员的家

时间：1997年6月5日
梦境：
　　我、妻子、一位旧日文友，一起去中央电视台一位女播音员家，准备采访她，还有一篇稿子要给她看。

　　路上，我对文友说，去我家坐坐吧。妻子说，别去了，太远。

　　播音员家住在一条胡同里，胡同边坐着许多人，我们边走边问，终于找到了她家。播音员的母亲出来迎接我们，说，她刚走，呼她回来吧。

我仿佛刚发现，此时是中午，我奇怪地想，播音员中午怎么还有时间回家呢。中央电视台在北京城的西面，而她的家，却在北京的东面。

我们打过传呼才5分钟，播音员就回来了。她忘记带包了，所以正好回来取包。我们开始谈稿子，播音员讲，她想出版自己的四卷本文集。时下演艺人、电视人纷纷出书，我便也没什么惊奇的，帮她出促销的主意。

分析：

文友是天津的文友，他的出现意味着对于外地，特别是天津的亲友来讲，去我家将不是很方便。这从妻子那句"别去了，太远"的话中便可以听出来。

播音员的家虽然是胡同里的平房，很简陋，但处于市区，很方便找去。

我一直担心搬进郊区后，整个小区住者寥寥，不安全。胡同里那些坐着乘凉的人，正是与我的这个担心对应的。

人已经走了，却可以一个传呼找回来；单位在城西，家在城区，中午还可以回来休息、吃饭，其方便自不必说，对应的则是我的郊区生活的不便。

新的时期，关于住房的同主题梦便有了新的关注热点。

至于播音员想出文集的情节，因为我的系列随笔在当时出版遇阻，所以才联系到公众人物出书之便。

去采访、给播音员看稿子的情节，还是因为那位文友，他常拿稿子给我看，并且想采访一些人。

释梦手记033号：后悔

时间：1997年6月18日

梦境：

我和妻子一起去看即将交工的房屋，门极窄，我进不去，妻子勉强挤了进去。我们逐项检查，妻子说，没想到防盗门的钢条是假冒伪劣产品，另外许多设施也都不合格，还没有产权证，不如不买呢。

我心绪杂乱，醒来了。

分析：

此梦的寓意显而易见，仍表现着我的担忧，不需要过多解释了。

值得注意的是，已经交款一个半月了，我仍做这样的梦。对此，将在后面的综合剖析里提及。

释梦手记034号：通向家的道路很崎岖

时间：1997年7月4日

梦境：

新房交工了，我和妻子很高兴地去。我们是骑自行车去的，很快便骑到了郊区。

我们发现，要进入我们自己的小区，必须先通过别的小区，而那里，正在建新房，许多座旧房还没有拆除。我们不得不推着车，在废墟和建筑材料间择路而行。

翻过一座土堆，我们发现自己处于一幢千疮百孔的旧楼的楼上，而楼梯已经断裂了。我们极小心地顺着断裂的楼梯向下走，稍微的疏忽都可以失足摔下去。楼梯下面出现一个陌生人，在他的帮助下，我们得以顺利落地。

要到我们自己的住房，还有一段崎岖。

分析：

我原以为7月便可以装修我的新房，8月便可以入住。但不久前与售楼处的小姐联系，得知水电未通，道路未修，要等到7月底才可以拿到钥匙，这样，最快也要9月入住了。

这个梦，表现的是我想入住的急迫心情与现实的矛盾。

我们之所以会骑自行车去看房，是因为我已完全接受远距离的现实，自觉虽是郊区，但交通很方便，已经不再担心路途之遥了。

我是在1997年11月底迁入位于北京昌平平西府镇的西湖新村住宅小区的，那时，我已经在北京市区租住一年余一个月了。入住后，物业管理很不错，进城也远比想象的方便，何况每星期只需要进城一次便可。

上面记录的梦境，只是我从动心购买西湖新村的住房到10月开始装修期间的有关梦境的一小部分，在那两百多天里，全部涉及这套房子的梦境不会少于30个，绝大多数过于简单的愿望达成之梦，便没有做记录和分析。不同阶段，面对不同的问题，梦境便也体现着不同的思想，迟疑着是否买房的阶段，梦最多，到交了款，梦便一点点少了，开始装修之后，几乎不再做关于房屋的梦了。精神分析学家关于梦的论述，我们可以从这组梦中找到许多对应。

这组梦对我个人最大的意义在于：它们使我深刻地认识到了自己软弱、依赖的一面，而促使我有意识地锻炼、改善自己。

遇到大事，我的焦虑在梦中表现得淋漓尽致。时而渴望与权威接近（"部长是我的亲戚"之梦），时而幻想与有关人士（"售楼小姐"之梦）建立一种更密切的关系，而更多的时候是身陷一个又一个焦虑中不能自拔（"邻居与装修""新城的诞生""上班""后悔"等梦境）。

我不是想着怎样以自己的努力解决这些问题，而是在焦虑的状态中生活。虽然个体的力量确实极难解决这些问题，但我至少可以在做出决定之后便不患得患失，而以更健康的心态坦然接受可能面对的一切，然而，我的所有表现都令我自己失望，是我的弱点的一次大曝光。

最重要的也许是，通过对这组梦进行深入分析，我看到了自己对母亲的依赖，缺乏独立性，缺少独自承担责任的意识与能力。

回想起来，我幼年丧父，母亲对我格外疼爱、关怀，许多应该由我自己去做的事情，她都替我做了。在这种温情与呵护中长大，我体验着爱与温暖，但也缺少处理事物、与他人和社会打交道的能力，并因此影响了我成年后的人生走势。这在我此前涉及的自我分析中多已提及，但我一向认为，随着年龄的增长，特别是为写作而进行的采访生涯的锻炼，我已经摆脱了对母亲的依赖，已经成熟起来了，而这组购房梦却告诉我：我做得还远远不够。

即使在工作、成家之后，母亲的呵护也一直伴随着我，只不过习以为常，往往意识不到罢了，意识到时，又会很烦，想摆脱母亲的呵护。但是，到北京生活，才算真正离开了母亲，开始以一家之长的身份面对社会了，而购房这项大的举措，更将我脆弱的责任与能力推到前沿，接受曝光、考验与磨炼。

细心的读者会从前面的释梦文字中发现，购房过程中两次重要的活动我都没有在场，而是由母亲和妻子同去的。一次是到北京市房屋土地管理局做咨询，另一次是到购房处交款。虽然我有充足的不去的理由（如手术后卧床养病），但是认真地面对自己，我发现，潜意识中的我是极渴望逃避的。至少，4月28日并不是唯一一个适合交款的吉日，但在做此安排时我潜意识中的逃避欲望显然发挥了作用，我想逃避又不愿意承认，而日期的安排正好使我获得逃避的冠冕堂皇的理由。我不去，便也无须承担责任，而将责任完全推给别人，特别是我的母亲。

母亲在我的记忆与感觉中总是最具智慧，能够最好地承担一切、处理一切的。躲在她的身后，我感到安全。

特别值得一提的是，在购房阶段，母亲做出的决定，我又总是想也未想便表示反对，而事后认真进行理性衡量后，还是选择了支持。对此做精神分析的结果是极为有趣的：我在逃避责任，但同时我也直觉到了这种逃避，认定它是不应该出现的。我的超我对逃避责任的自我很不满意，于是，我通过反对母亲的决定来表现我的独立意识，表现我并不是顺从者，而是能够独立判断与承受的。但是，我并不真的具备这种能力，所以只能是一种尴尬的两难表现。

对母亲决策的依赖，是恋母情结的一种表现，但显而易见，这不是基于弗洛伊德性本能的恋母情结，而可以在精神分析学的社会学领域找到更多的解答。

意识到了自己的问题，便不可能不开始反抗，并改变自己。到了10月底，妻子因为怀孕保胎而回了天津，我一个人面对装修、搬家等需要做出决策的事情，虽然远不及购房的重要性，但是，也毕竟是我第一次需要独自面对这么多事情，做出这么多决定。我是以一种兴奋的心情投入决策的，与装修队、物业部、家具厂等各色人进行大大小小的交涉，解决了诸多问题，最后一个人指挥着搬家公司把北京市里的一套家当搬到了西湖新村。

我的兴奋心情，其实正是对有一个机会独自承担责任的兴奋。我渴望改变自己，使自己变得成熟，而同时，装修、搬家的责任毕竟不是太大，不会产生什么严重后果，正可以供我试试身手。

梦境对于人生的意义，这组购房梦便是一个明证。

只是，将届30岁，我才完成了这样一次自我成长的过程，想来是很惭愧的。

第九章

阿多尔诺、埃里克森、卡茨、萨诺夫、舒兹、马尔库塞

阿多尔诺的"权威人格";自由联想;同一性与八个人生阶段;自由联想:任务;"态度"与精神分析学;基本的人际关系取向;自由联想:独处;自由联想:背影;自由联想:叛逆的英雄;马尔库塞理论中的精神分析。

到弗洛姆为止，精神分析学的顶尖大师便已经纷纷亮相完毕了。

事实上，第二次世界大战结束之后，精神分析学便已经不再有昔日的无上辉煌了。虽然仍有一些优秀的人物涌现，然而，精神分析学明显地开始与其他学派相融合。我们能够经常地在其他思想家的著述中看到精神分析学的影响，作为一个独立流派的它却不再明显地发挥作用。一方面，纯粹的精神分析学家对现代社会心理学的发展已不再有先前那样巨大的影响；另一方面，与社会心理学有关的各学科学者对利用精神分析学的一些原则来解释各种社会心理学问题，表现出越来越浓厚的兴趣。

心理学的发展日新月异，作为一种了解自我、对自己进行心理分析的手段，人们有理由更多地推崇精神分析。同时，也不该排除另外一些可能并非纯粹精神分析学家的心理学家为我们提供的种种可能。在此书其后的章节中，我们将涉及他们当中的一些人物。需要说明的是，这些人物并不都是20世纪下半叶国际心理学界的顶尖思想家，他们之所以得以走进这本书中，完全因为他们的思想更有助于我们认识自己，或者说，我更多地在读他们的著述中产生共鸣，引发自身的种种回忆与思考。

同时，一些精神分析手段，也应该更多地用来自我实习。除了自由联想、释梦外，比较容易被普通读者掌握与操作的，也许当属观看一部影片后的自我反省了。所以，从前一章节开始，便出现我做自我分析的专门章节。

本章，我们便对一些利用精神分析学成果推展他们思想的学者加以简要的介绍。我个人的自由联想介入较少，但这正可以为读者提供进行自我分析的更大空间，相信不同的读者会从不同的思想家那里找到他们感兴趣的东西，进行自己的自由联想，做心理分析。

精神分析与社会心理学的融合，使其作为一种自我分析手段的便利性降低。

阿多尔诺的"权威人格"

第二次世界大战之后，众多有良知的人士对这场战争进行了深入的反思。其中，阿多尔诺等人进行的权威人格研究独树一帜，他们从精神分析的某些原则，如童年期经验出发，综合运用现代社会心理中的各种实证方法，对法西斯主义出现的社会心理前提进行了有益的探索，对其间个体的心理也进行了分析。

阿多尔诺1903年出生于德国一个犹太人家庭，后成为法兰克福学派的核心人物。法兰克福学派分三个主要时期：30年代的欧洲时期；30年代末至50年代的美国时期，此间主要理论家迫于纳粹的反犹政策流亡美国；50年代后的联邦德国时期。阿多尔诺是后两个时期的代表人物。

权威人格的研究最早由美国加利福尼亚大学伯克利分校进行，阿多尔诺在该校任职期间加盟。1950年，出版了《权威人格》一书，主题是：考察特定的个体为什么极易受到法西斯主义和反犹主义的影响。

研究由两部分组成。构成第一部分的假设是："个体对政治、经济和社会持有的信念经常组成一内容广泛且连贯一致的范型……而且个体的这种范型是其人格深藏着的倾向的反映。"具体到反犹主义倾向，则认为它并不是某种孤立的现象，而是一种更为广泛的意识形态框架的组成部分。实际上，不仅反犹主义，包括与其有关的法西斯主义和与法西斯主义对立的民主主义，都与一个人潜在的人格有关。研究者挚信，这些态度倾向是与潜在的，且经常是原始的和非理性的情感需要相联系的。如果按弗洛伊德的话来表述，便是死的本能是法西斯主义的主要情绪来源，生的本能是民主主义的情感来源。

在阿多尔诺等人设计的一份法西斯主义人格测量量表中，包含着九个变量因素，它们是：因袭主义、对权威的屈从、权威主义侵犯、反内心体验、迷信和成见、力量和韧性、破坏和犬儒主义，以及投射倾向。这些变量设置本身，便可以使我们对研究者关心的法西斯主义形成的权威人格背景有所体察。

权威人格研究的第二部分是：权威人格的起源和发展问题。弗洛伊德理论对研究者的影响在此是显而易见的，他们重视从童年早期经验中探寻人格的起源，偏见被解释成是在家庭互动的动态过程中萌发的。具体说来，父母对自己地位的过分焦虑导致了其自身基本上是权威主义的双亲行为：对孩子冷酷、严厉、生硬。孩子对父母既恨又怕，既怀不满又无法直接发泄。如此，只能把这种使人受挫的权威合理化，同时把不满和敌视态度投射到他人或其他群体身上，如投射到犹太民族这样既弱小，地位又低的群体身上。这种投射能够使对他人的侵犯合理化、合法化，结果便使人在同他人的交往中产生了固执的偏见。

阿多尔诺于1969年去世，他对权威主义人格的这一研究也存在着不足，如偏重于认为它是一种心理现象，而忽视了社会性。但是，它毕竟以实证性的方式说明了家庭和双亲在儿童人格发展中的地位与作用，并推动了其他学者沿着这一方向，进一步探寻人格与社会态度的关系。

自由联想

阿多尔诺虽然是针对引发第二次世界大战的法西斯主义背景进行这一研究的，但有关结论无疑也可以推而广之。赖希称之为性欲压抑的结果，阿多尔诺则到双亲的态度上找根源。

从此前章节的有关自述中不难看出，我个人毫无疑问没有权威人格，甚至具有叛逆人格。我曾将之归为遗传基因，而以阿多尔诺的观点，显然与幼年时成长的家庭环境有关。前面提及的做父母的那些表现，在我的家庭中从来都不存在。相反，母亲对我的娇纵使我有些任性。

但是，阿多尔诺的研究成果，足以引起一些父母的警惕。

同一性与八个人生阶段

埃里克森生于1902年，具有犹太和斯堪的那维亚双重血统。这样的双重身份使他在童年时期经历了两种不同的人际与心理体验。也许，这位日后以同一性及其危机成名的心理学家，在那时便已经不得不尝试着从两者之间产生出一种生活式样，从同一性混乱中形成一种概念。

埃里克森得到了弗洛伊德之女、精神分析学家安娜·弗洛伊德的赏识，又得到露丝·本尼迪克特和玛格丽特·米德等心理学家的帮助，迅速成长。1950年，他出版了《童年与社会》一书，随后又于1959年出版了《同一性与生命周期》、1968年出版了《同一性：青年期和危机》等重要著作，发展出不同于弗洛伊德的自我心理学，并进一步提出了以同一性为核心概念的自我的心理社会发展渐成说。

在弗洛伊德的理论体系中，自我的职能是在不侵犯超我的道德要求的情况下，寻求满足本我冲动的现实途径。这实际上等于说，自我是软弱无力的。埃里克森不同意这种说法，提出自我在人格发展中起着重要的作用，这一重要性主要是整合功能。他说："自我这一概念表示个人统整他的经验和适应动作的能力。"这样一来，自我被视为人格发展过程中的中心过程，它是人的过去经验和现实经验的综合，能将人在进化过程中的内心生活和社会任务两股力量综合起来，引导心理性欲向合理方向发展，造就着个人的独特命运。

在确定了自我的核心地位之后，埃里克森将包括自我和人格发展在内的整个生命周期描绘成一个完整的心理社会现象。在这一生命周期中，人在八个前后相继的阶段上，体验着生物的、心理的和社会的事件，体验着作为每个发展阶段之特征的独特的危机。

这八个阶段是：

第一，婴儿期。相当于弗洛伊德所说的口腔期，时间从出生到一岁半，经历的心理危机以及由此而来的特殊任务是获得信任感和克服不信任感。

第二，儿童早期。相当于弗洛伊德所说的肛门期，时间是从一岁半到三岁，经历的心理危机以及由此而来的发展任务是获得自主感，克服羞怯和疑惑感。

第三，学前期或游戏期。相当于弗洛伊德所说的阴茎期，时间从三岁到六岁左右，经历的心理危机以及由此而来的发展任务是获得创新感和克服愧疚感。

第四，学龄期。相当于弗洛伊德所说的潜伏期，时间是从六岁到12岁，经历的心理危机以及由此而来的发展任务是获得勤奋感和克服自卑感。

第五，青春期。相当于弗洛伊德所说的生殖阶段，即性器官期。时间在12岁至20岁之间。对青春期的论述是埃里克森心理社会发展理论的重要部分，这一阶段包括了他最著名的概念：同一性和同一性危机。

同一性是指，一种熟悉自身的感觉，一种知道个人未来目标的感觉，一种从他信赖的人中获得所期待的认可的内在自信。尽管埃里克森将自我的同一性分为个人同一性和心理社会同一性两个部分，但他主要的精力放在对后者的论述上。在他看来，心理社会同一性是与一个人生存于其中的社会所具有的传统价值产生关联的过程。这种看法使他大胆地将个人体验到的同一性危机与整个社会经历的历史性危机结合起来。

通过前四个阶段，儿童了解他是什么，能干什么，了解了自己所能扮演的角色。在第五个阶段，他必须把先前各阶段的自居作用整合为个体的完型，从而为他迎接未来生活的挑战做好心理准备。一旦做到这一点，他便获得了自我同一性，并能顺利步入成年；反之，则会造成同一性危机，即形成同一性的混乱。埃里克森认为，美国青少年表现出的许许多多的骚乱和侵犯现象，都可以用同一性混乱来加以解释。

埃里克森论述的后三个生命阶段，是弗洛伊德未涉及的。

第六，成年早期，持续时间在20岁到24岁之间，其经历的心理危机与主要的发展任务是获得亲密感和避免孤独感。

第七，成年中期，约至50岁，主要是获得繁殖感而避免停滞感。

第八，成年晚期，从50岁至寿终正寝，其发展任务是获得自我完满感和避免失望感。

埃里克森将自我从本我的奴役下解放出来，使人免于成为生物力量的被动玩偶。他从自我的发展而不是性的发展来勾画人格的进程，将人格的发展从精神分析的童年期决定论的框架中推向人的整个生命全程，有效地纠正了古典精神分析注重生物因素和童年期经验的理论偏颇，这为精神分析和社会心理学的发展注入了新的活力。

自由联想：任务

自我反观，我较好地完成了婴儿期的任务，但是，儿童早期、学前期和学龄期的任务却完成的不太好。我获得了信任感、创新感、勤奋感，却未具备自主感，未能克服羞怯和疑惑感、未能克服愧疚感，仍然具有自卑感。而这些都影响到了我日后人格的成长，这从前面章节的自我分析中不难看出。在青春期，我的同一性整合的尚比较理想，这为我日后同一感的进一步完善，特别是成年早期进入健康的状况，意义重大。

回首自己的成年早期，我确实顺利地完成了获得亲密感和避免孤独感的过程；而我此时正处于成年中期，我想，所谓的获得繁殖感和避免停滞感，于我而言便是不断地提高自己，不断地写作，正如我现在所做的事情。

"态度"与精神分析学

　　态度是什么？美国心理学家卡茨和萨诺夫说，态度是一种"关于某些对象或事物的认知和情感过程的稳定或相当稳定的组织"。1954年，他们发表了共同署名的文章——《态度改变的动机基础》，试图通过操纵涉及动机过程的各种变量来研究态度。

　　两位学者认为，对某事物的态度体现了各种动机来源，并划分出三种与决定态度形成和改变的动机力量有关的基本变量：检验现实并寻求意义；奖励与惩罚；自我防御。所有自我防御是指个体保护内在冲突的需要，这显然沿袭了弗洛伊德的有关理论，将态度假设为对进入意识的，但不受人欢迎的动机进行防御的有效手段。

　　卡茨和萨诺夫证明了可以改变态度的四种方法：一是从认知对象和其被觉察时所处的整个参照框架入手；二是因为人们具有获得社会赞许和避免社会责难的需要，故可以通过实施社会奖励或惩罚改变态度；三是从自我防御力量入手，通过采用宣泄和直截了当的解释来改变态度；四是可以通过疏通动机的来龙去脉改变态度。两位学者后来又分别进行了大量研究，进一步发展了他们关于态度的理论。卡茨说，态度是个体以赞成或反对的方式对其世界中的某些符号、对象或方面进行评价的预备倾向；萨诺夫说，态度是以赞成或不赞成的方式对一类物体做出反应的倾向。

　　卡茨更多地从动机入手研究人的态度，他说，态度的基本功能有四种：一是工具的、调适的，或曰功利性的，即一个人对某事物的态度能够满足他趋利避害的享乐主义倾向；二是自我防御的功能，使人能够保护自己、回避有关自身的消极事实或外部世界的严酷现实，具体的手段是文饰作用、投射和移置作用；三是价值表达功能，使个人能够从表达适合于自己的个人价值和自我概念的态度中获得某种满足，这种功能的发挥有赖于个人所持有的信念、自我同一性和自我形象；四是认知功能，这是以个体对其置身于其中的世界进行有效组织的需要为基础的，换言之，通过寻求意义和理解，态度能够使个体的知觉和信念更好地组织起来，并由此为个体提供既清晰明了又连贯不辍的认知。

萨诺夫更加注重态度的自我防御基础，他认为，态度所具有的自我防御机制，具有保护自我使之免受内外部威胁的功能。以偏见的形成为例，当个体无力摆脱外部环境的威胁时，就会在其内部发展出某种敌视力量，这种力量被向外投射与某个弱小而又有突出标志的群体成员（一般是少数群体成员）联系起来，一种具体的、针对某类人的偏见就形成了。这样看来，偏见这种消极否定而又不甚公正的态度，是个体在受到外部威胁而无法排遣时常见的一种心理反应。

基本的人际关系取向

舒兹，美国心理学家，生于1925年，他提出人际行为的三维理论，而这一群体社会心理学理论，是从精神分析学角度入手建造的。人际行为的三维理论，可简称为基本的人际关系取向，其核心为四大假设。

假设一：人际关系是以包容、控制和情感三大需求为前提的。

包容指的是人们之间的联系，被排斥或被包容，有所归属，与人相处，有包容之后，才能有控制；控制涉及人们之间的决策过程，指的是权力的影响和权威的范围；经历上述两个过程后，人们之间才可能建立起情感行为，它指的是两个人之间密切的个人情感，尤其是各种不同程度的爱与恨。

在舒兹看来，人际需求在许多方面与生物需求极为类似。不同在于，生物需求调节着有机体与物理环境的关系，而人际需求调节着有机体与人类环境的关系。这两种需求在得到满足时，会产生有利结果，如果发生或多或少的偏离，就会产生不利结果。比如，生物需求的满足匮乏，会使有机体患病直至死亡，而人际需求的满足匮乏，会使有机体的精神崩溃。当然，有机体在特定的情境中，有时能够适应这种满足匮乏。例如，那些在童年时代人际需求未获满足的儿童，能够形成特定的适应方式对待这种匮乏。

自由联想：独处

不同的人对人际需求是否会有所不同呢？抑或，我的渴望独处，是因为我童年时代人际需求匮乏的结果?

假设二:人际关系具有连续性和相对继承性,成年人的人际关系乃是童年时代这种关系的继续体现。

舒兹依据的是恒常性原则和同一性原则。按恒常性原则,当个体感到自己在人际情境中的成人地位类似于他在童年与双亲关系中所处的地位时,他的成人行为就会指向他在童年时代对待双亲的行为;按同一性原则,当个体感到自己在人际情境中的成人身份类似于双亲在与他的关系中的身份时,他的成人行为就会指向双亲在其童年时代对待他的行为。显然,在舒兹这里,社会互动是一种必须习得的技能,而其中的绝大部分取决于童年时代的经验。

自由联想:背影

再次想到母亲那远去的背影,那背影后面的我,感到了自己的孤独,自己被抛弃了。这便是我童年时期的人际关系?又想到了父亲,我一直在记忆的内外追寻着父亲,我是否意识到了,他也是离我而去,并且一去不再复返了呢?

童年这一父母离我而去的关系"连续""继承"到我的成年,也许可以从我的恋爱故事中得到检验和证实。

所爱女人的背影远去,这使我想到了自己童年时期与母亲关系中的位置,我的成人行为便与童年时代对待双亲的行为接近:感到痛苦,想挽留;而如果我远离自己所爱的女人,我便成了那远去的母亲,我会像当年的母亲那样,感到痛楚与流连。

是这样的吗?

假设三:如果一个群体(N)的一致性大于另一个群体(M)的一致性,那么,N的目标成绩将超过M的目标成绩。这实际上在说,群体成员的一致性越高,群体的成绩越高。

成对的人或成对的群体之间的这种一致性,是通过上述人际需求的三维因素包容、控制、情感来衡量的。一致的群体具有四个特征：在他们的人格结构中存在着一种一致的范型；对于需要最小量的时间压力和合作的任务来说，他们是多产的；他们能够比较有效地选择有能力的成员到合适的位置上；他们也能够通过将最合适的人安置在权力职位上，而达到充分利用成员的智慧和能力的目的。

假设四：由两个或两个以上的人发展出的某种人际关系或曰构成的某个群体，总是依循着相同的顺序，而其解体也同样有相同的顺序依循。舒兹为这种群体整合和群体解体分别提出了原则。

群体整合的原则是：每种人际关系或群体在形成过程中，都要经历包容、控制、情感三大阶段。包容阶段涉及个体是留在还是离开群体的问题；这一问题解决之后才能过渡到第二阶段即控制阶段，此时涉及群体成员的责任和权力分配；情感阶段则直接涉及情绪的整合问题，否则群体就无凝聚力可言。群体解体的原则是上述阶段的倒置：先是不满情绪蔓延，再是成员不负责任、领导丧失威信，最后是分崩离析。

舒兹将精神分析某些原则运用到现代社会心理学中，但未能克服其局限，反而使建立在本能化基础上的古典精神分析理论接触社会文化因素时，暴露出更多的局限与不适用性，有心理学家认为，舒兹忽视了人际关系是特定时代社会经济关系。

自由联想：叛逆的英雄

对上述群体理论的验证是十分容易的，我们谁没有过以某种形式与他人合作的经历呢？工作单位人际关系的优劣，往往会在工作成效上得到最直接的表现。

我们不妨设想一下一支反叛军队的兴衰，这样的例子如宋江的聚义，如李自成的起义，实在俯拾即是。一群叛逆的英雄，通过了包容、控制、情感三个过程，成为一个群体，他们体现了一致群体的四个特征，人事得力，能够各尽其职，取得极大的发展，甚至获取了政权。这是他们整合的过程。而其解体的过程，也在历史的大幕后一遍遍上演了。

马尔库塞理论中的精神分析

马尔库塞是美国政治哲学家，生于1898年，卒于1979年，法兰克福学派著名左翼代表人物，犹太人。在长达半个多世纪的学术生涯中，对马克思主义和弗洛伊德主义做出自己的阐释。作为一位伟大而深刻的思想家，他的社会批判理论成为20世纪60年代美国学生造反运动的哲学纲领。代表作品《理性与革命》《爱欲与文明》《单向度的人》等，对资本主义社会进行了强烈的批判，对理想世界的建立做出向往与追求。

《爱欲与文明》一书，对弗洛伊德理论进行了借鉴与发展，试图从哲学上理解弗洛伊德的精神分析学说，以便更加突出地强调他的哲学和社会学观念的"革命"的一面。如果说精神分析运动的参与者，从阿德勒到弗洛姆都竭力使弗洛伊德学说上有文化和社会学的方向，那么，马尔库塞则认为，弗洛伊德的精神分析本身就其深度是哲学和社会学的。从这一观点来看，可以说，他批判了新弗洛伊德主义时代所有代表人物。

马尔库塞认为，人的心理研究是马克思主义的空白，所以要以弗洛伊德主义为基础进行社会改革。而他格外关注的，是弗洛伊德的本能受到压制的理论。

马尔库塞同意弗洛伊德关于一定压抑是文明得以维系的必要之看法，但他也提到了这种压抑的弊病。

他写道：文明以持久地征服人的本能为基础，人的本能需要的自由满足与文明社会是相抵触的，因为进步的先决条件是克制和延迟这种满足。本能的变迁也是文明的心理机制的变迁，动物性的人成为人类的唯一途径就是其本性的根本转变，弗洛伊德称这种转变为从快乐原则到现实原则的转变。人类在快乐原则支配下通常不过是一般动物性的内驱力而已，但随着现实原则的建立，他变成了一个有机的自我。但从此以后，无论是人类的欲望，还是人对现实的改变，都不再是他自己的了。它们被人所处的那个社会组织起来了，而这种组织压抑并改变了人的原初的本能需要。压抑是一种历史现象，而使本能有效地屈服于压抑性控制的，不是自然，而是人。

自我的主要功能是协调、改变组织和控制本我的本能冲动，以使其与现实的冲突降到最低限度。自我废黜了无可辩驳地支配着本我过程的快乐原则，取而代之的是可能提供较强的安全感和较高效率的现实原则。

马尔库塞自己的创建在于，他认为，本能压抑早已实现了它的历史职责，西方人也已解决发展技术能力以使人人得以生活在自由和尊严之中的问题。在当代资本主义社会中，显然存在着大量多余的压抑。马尔库塞说，改变了的社会不再建立在压抑行为原则之上，它将取缔过多压抑之必要，从而将人从异化劳动中解放出来。

他写道：在成熟工业文明的理想条件下，劳动全部实现了自动化，劳动时间减少到了最低限度，成熟文明中优厚的物质财富和精神财富使得人的需要得到满足，这样可供转入必要劳动的本能能量的量将微乎其微，爱欲即爱的本能将得到前所未有的解放。

马尔库塞说："现在本能的压抑主要不是产生于劳动之必要，而是导源于由统治利益实行的特定的社会劳动组织。也就是说，压抑将是额外压抑。因此消除额外压抑本身将导致人类生存成为劳动工具的社会组织，而不是导致劳动的消除。一种非压抑性的现实原则的出现就将改变而不是破坏劳动的社会组织，因为爱欲的解放可以创造新的、持久的工作关系。"

他又说："在社会关系方面，由于劳动与工作开始重新以满足自由发展的个体需要为目标，肉体不再被用作纯粹的劳动工具。在力比多关系方面，对肉体的肉欲化禁忌则将相应放松。由于力比多的这种扩展导致所有性欲区的复活，因而也表现为前生殖器多形态性欲的苏醒和性器官至高无上性的削弱。整个身体都成了力比多关注的对象，成了可以享受的东西，成了快乐的工具。"

马尔库塞构建了一种崭新的人的理论：人摆脱了多余的压抑，能够进行解放，并且依靠人人得以幸福的理想建设崭新的社会。

第十章
弗兰克：意义意志

丧失意义的日子；与意义和父亲有关的自由联想；纳粹集中营的访谈记录；继续探究父亲的死亡。

丧失意义的日子

衰老的阳光挤过厚厚的窗帘，更加软弱无力了，像一个罩满灰尘的病态灯泡，有气无力地把屋子抹成灰色，便趴在那儿气息奄奄了。

又一个冬日开始了。

我慵倦得甚至懒得翻身，任身体埋在席梦思软床的凹陷里，目光茫然地扫过屋顶，停留在角落处的蛛网上。

我对蛛网的构成与外观发生了兴趣。凭着动物学知识，我知道蛛网是一种极精巧的建筑，少年时，我曾在盆花的枝叶间见过雅致的蛛网，留下美好的记忆。但此时我居室里的蛛网却是另一番样子，它极容易被误认成一处积淀的尘埃，不成形状，几根粗细不同的丝挂满灰尘，脏兮兮地或粘在墙上，或像虫子一样垂下来。蜘蛛的益虫形象也被这网破坏了。

我对蛛网的研究似乎是在无意识状态中进行的，我的思维时而执着于蛛网，时而又不知飘向何处，并且随时又可能回到蛛网上。我最后得出的结论是：房间里的蛛网，确切的称谓应是"灰网"。从生成时序上讲，先是蛛网，后是尘垢，但从存在意义上讲，先是尘垢，再是蛛网。

这项研究约耗费了我三四个上午。这期间随时都可能有电话打进来，我会在电话铃响的一瞬间变成另一个人，尘垢和蛛网烟消云散，床对面的镜子里坐起一条汉子，眼睛在镜片后面闪闪发亮，开始冲着话筒大声抱怨、咒骂、申诉，或者，明知无望却仍探问出路。

深受挫折的我，已经无法从自身获得心态的平和，本能地寻求外援。

谢天谢地，那是一段很短的时光，不足一周。我很快又从自身找到了意义。

1996年1月中旬，阴影已经罩到了我的头顶。2月，来自全国许多省市的信息证实了一个卑劣的情节。因为太多的障碍，我只能违心地隐晦掉那个情节，由于它的存在，我的事业立刻从巅峰坠入谷底。

情节的卑劣已让我无话可说，手段的恶毒更胜一筹，而最令我痛惜的是，某些丧失独立思考能力、奴性十足的传媒人士助纣为虐。一时间，我成了众矢之的，倍蒙诟责，天昏地暗，难见光明所在。

我对自己说，你应该埋头写作，云散之后是晴天。

但是，隐居者的创作，是因为他坚信终究有一天，他的劳动会产生意义。如果将一个诗人送到遥远的星球，只他一人生活，永无返回地球的希望，也永远不会有人再到这个星球上来，他还会写诗吗？

当时的我，便看不到前途与希望。乌云压城，似乎是一场旷日持久的暴雨，持久到足以将世界淹灭，而我绝不会是登上挪亚方舟的幸运儿。

我无疑夸张了形势的危峻。作为一个文人，我所生存的时代已有许多会被前辈视作奢侈的自由。但是，这毕竟是我经受的最大一次人生挫折，更重要的是，它到来的时候，正是我踌躇满志、得意忘形、不知天高地厚的时候。反差巨大，对心灵的冲撞便也巨大。

我看不到写作的前途。

我看不到人生的前途。

我开始怀疑生命的意义。

对我而言，上面这个三段式是一个必然的逻辑过程。

我在席梦思的凹陷里度过每个上午，又在茫然中度过每个下午，然后，早早地蜷着身子，进入梦乡，回到母亲的子宫里，或跨越到死亡状态。

那些打断我对"灰网"的专注的电话，其中绝大部分给我以精神的支持。使我的精神在沉沦不足一周后开始振作。所谓劝慰只是一种形式，最终的崛起完全取决于自我，但处于困境中的人少不了这种形式。

"这一切对于真实的你不会构成任何伤害，甚至，更证明了你的意义"。电话里的声音说。

"可是，谁能确认这些呢？"我说。

"相信历史，时间能够解决一切。"

"我能够等待。但如果需要20年、30年，人生最富创造性的时光过去了，这等待与付出又有什么意义呢？"

"绝不会那么远的，最多三五年，也许更短。"

类似这最后一句话的劝慰对我的影响很大。事实上，我比电话里的声音更清楚这一切，但是，我仍依赖于这声音。人的脆弱，人对群体认同的需要，竟是如此强大。

"表面上是坏事，也可能变成好事"。电话里的声音听着很舒服。

"祸兮，福之所依；福兮，祸之所伏"。在此之前，我已对自己多次重复这样的话了。

弗兰克在我的耳边说了一句："意义意志占了上风。"但我当时没有听到他。

但有一种重要的心态，完全是因为别人的开导才缓释的。那便是：复仇。

对于那无辜加害于我的势力，从一开始，我便产生了强烈的复仇欲望。但是，我迟疑着是否实施。我必须承认，影响我实施的最重要的原因便是：畏惧。畏惧那势力会进一步加害于我。

现在想来，我毕竟是父亲的儿子，我的血管里流淌着他的血液，而这血液，原本是争强好胜，勇猛好斗的。成年后，许多时候，我都表现出好斗的精神，得理不让人，受了屈辱更是要强烈反抗。但是，我从未产生过欺辱别人的念头，无意中伤害了别人，内心也会隐隐作痛。回想父亲当年，又何尝不是如此呢，他总是先礼后兵，当他还击时，从不犹豫，更不手软。我的还击，总是手软，总是犹豫，以至于最后往往放弃了还击。我一方面继承了父亲的衣钵，另一方面又对他有所背叛。我曾以"更善良"来宽解自己，但这实质是一种自我安慰，所谓"更善良"，至少于我不敢还击伤害时，确实是一种怯弱。

我仍然是父亲的不孝之子。

父亲是乡村里长大的孩子，在那片广阔自由的土地上，他是大将，而在种种压抑与奴役中长大的我，是小卒。

我是父亲的儿子，我更是社会的"儿子"！

与意义和父亲有关的自由联想

发丝倒立，眉毛紧拧，眼睛向外凸着，身体向前倾着，每块肌肉都愤怒地变成武器，随时可能弹射出去。我暴跳如雷，怒吼声充斥了那个简陋的个体旅社，冲撞着屋顶和墙壁。

1990年8月的一个雨天，安徽黄山脚下，我又成为一头狮子。

事情的起因已经忘记了。在那种荒郊野店，到处都埋伏着足以使你暴怒的事物：对钱财的骗取，对尊严的掠夺，对生存质量的肆意践踏。

成年后，作为狮子的我也会偶尔呈现于公众面前，而不再像青春期时，仅仅表现在家里。从绵羊到狮子，我只需要一个短短的点火索，几秒钟的燃烧期。

　　这一次，我的对手是两名壮汉，以及盘在臂膀和前胸上的文身青蛇，自然，作为店主，如果动起手来，还会有一哄而上的喽啰。然而，狮子是无所畏惧的。

　　我的威势将所有人震慑住了，当我停下怒吼喘息的时候，房间里只有那台劣质电扇的嗡嗡噪声。

　　一条青蛇吐着信子，"你小心点，在这地界，我找人整你像整只臭虫"。

　　青蛇吐信子时，本应恶毒凶猛的，但这条信子却吐得有气无力，像条纸做的大虫，只能给自己一个面子。

　　狮子不让它有这个面子，"借你两个胆！你试试看！我等着！"

　　青蛇趴到地上，蜷着身子，向角落滑去。

　　另一条青蛇扮演白脸，"算了算了，我们认倒霉，照你说的办"。

　　狮子大获全胜。

　　狮子的恐惧开始在一个小时之后，它的怒气过去了，心态平静了，孤零零地躺在客房里，窗外是漆黑的山野，夜风在林间打着呼哨，狮子才开始意识到，它是一头离开自己地界的孤独的狮子。那些关于杀人夜与纵火天的故事，也开始在狮子的头脑中浮现。

　　狮子的头发一根根柔顺下来，骨骼在变软，身体在缩小，牙齿和利爪也开始向食草动物的风格迅速转变……

　　终于，狮子又变成了羊。

　　变成羊的狮子将门锁紧，将武器放在枕下，在惊惧的梦境中进入天明，便早早地打点行装，回家了。

　　这便是一个对父亲有所继承又有所背叛的狮子。

　　如果是我的父亲，他可能会把战斗持续到第二天，痛打落水狗。

　　当1996年的那次伤害降临时，一个反击计划迅速在我的头脑中形成。在这个计划里，我扮演了一个勇士，我显然将付出更大的代价，但真理将得以弘扬。我跃跃欲试。

　　劝慰先到了："你的处境会更惨，何必呢。"

这劝慰使我心动,但无法使我放弃。父亲的基因又在发挥作用,那便是:绝不苟且偷生。

事实上,前期已有苟且偷生的建议,建议我向那恶势力低头,主动认错,我当即冷笑着拒绝了。我是小卒,但绝不会做小奴,这,是我对父亲最后的忠诚。

如果我真的被进一步加害,又会怎样呢?我不怕肉体的创伤,因为我的精神会更加自由,我会因为勇敢而敬重自己。

但是,我也许无法写作。

这无疑是个最大的问题,我可以放弃一切,唯独不可以放弃写作。否则,我会对自己生命的意义构成怀疑。我可以用作家的身份去战斗,却无法因为战士的光荣而放弃创作。文字,是将我维系在这个世界上的纽带,只有当我写作着的时候(即使是别人不以为然的写作),我才感到自己活着。

所以,我不断推迟着实施反击的时间。

这个计划的彻底放弃,是因为电话里来自青岛的声音。那是一位谦厚的长者,曾经历远甚于我的磨难,我对其一直深怀敬意。

他没有直接回答我是否应该还击。

"人做事情,有许多目的。最重要的目的,可能是为自己,也可能是为公益"。他的声音总是一个基调,平缓,祥和。

"所以,我们做事情时,不要仅考虑自己的得失,还要考虑这样做,对社会有什么效果……"

那天的电话通了很长时间,我渐渐意识到,我的还击,即使真的弘扬了真理,同时,也会伤害许多人,伤害社会,而最令我自豪的工作效果,不正是造福于社会吗?

我放弃了,这一次,放弃得很自豪。不是怯懦的放弃,而是博爱的选择。牺牲自我,关爱他人,我同样会看重自己,又没有使父亲蒙羞。

光标在电脑荧光屏上迟疑了一下,掉回头,吃掉前面几个汉字,沉吟片刻,又前进几步,留下一串新的文字,便停在那里,轻易不敢前行了。忽然,它似乎觉察到留下的痕迹不尽如人意,便索性来了次整行删除,回到开始出发的地方去了。

这实在不像是我的电脑里的光标,属于我的光标秉承着我的性格,在过去的几年里总是一路风风雨雨，马不停蹄，从不瞻前顾后，回首旧迹。正因为它的急性子，才会有十三四本署着我的姓名的书摆在书店里。它何时变成慢性子了？

我的光标改变了，是因为我改变了。

从那次挫折中振作起来的我，改变了创作题材，同时，开始尝试精雕细刻的写作。

我决定放弃带给自己许多荣耀与争议的纪实文学，转而去写读书类随笔。纪实，我写得驾轻就熟，以我已经取得的收获，继续写下去，名利的获取将更为容易。如今，我选择了一个生疏的领域，便使自己远离金钱与声名了。我甚至想三五年内不著一书，只是读书，我便成为名利的敌人了。

最感失望的是一些报刊界的朋友，他们原可以从我这里得到最难求的纪实稿件，如今，少了一处重要货源。千字千元的高额稿酬，境外笔会，都没有使我动摇，虽然它们对我的诱惑力确实巨大。我知道，如果我屈服于一次诱惑，利欲之车便难免不脱缰而去，于是，我便失去一次提升自己的机会。

对于我的改变，很多人理解为我在那次挫折后采取的权宜之计。其实，那次挫折只是一个契机，为我久藏于内心深处的超越欲望提供了一个机会。

我总是渴望变化，渴望超越，渴望否定自己，从头再来。所以，当我的纪实书籍畅销各地时，我便跃跃欲试改换路数了。但是，众多的稿约与唾手可得的名利，延缓了我的放弃。我对自己说：再写一本，就只再写一本。结果是，一本本写了下来。而此时，挫折使我从名利的巅峰跌落，头脑冷静，能够做一些自己想做的事情了。

我不断改变生活的执着几乎成为一种病态，但是，我很久之后才认识到，这其实是一种最根本的常态，缘于人类从祖先那里继承来的属性，更重要的是，缘于人类对死亡的畏惧。对于我，我拿不准这种畏惧与反抗，是否又与我的父亲有关。

我必须将这个话题留到下章，和E.贝克尔一同探讨。

那缓慢前进的光标，在写作一本关于动物的书。我字斟句酌，从未有过的认真。我不知道正在写作的这些东西何时能够发表，甚至在我的写作之初，我并无将其写成一本书的计划。我只是被动物与人的种种关联所感动，抒发着自己的心灵，并因为文字本身的美感与哲理而快乐。那是真正的写作，作家忘记了自己，只有文字与思想在活动着。后来，一位文学评论家说，从我那时的文章中，能感受到一种特殊的美。

拒绝了名利的诱惑，或者被这种诱惑拒绝，我们才能写出真正美好的文字。

当头顶的乌云散去，我又或多或少地被名利所累了，但是，较之那挫折到来之前，我的心态有了大的改观，包括写这本书时，我的光标也经常迟疑着，举足不定。

我真的将祸变成福了。

纳粹集中营的访谈记录

时间：1944年12月25日
地点：德国法西斯奥斯维辛集中营牢房
访谈者：方刚（以下简称方）
被访谈者：维克托·E.弗兰克（以下简称弗）

方：弗兰克博士，我来自半个多世纪之后的中国。您也许不会想到，那时的中国已经翻译出版了您的《人生的真谛》《活出意义来》《无意义生活之痛苦》等书。

弗：我从来没有听说过这些书，它们是我获得自由后写的吗？

方：是的。但那些书中的思想显然您在今天就已经初步形成了。在这场罪恶的战争结束后，您作为维也纳第三心理治疗学派的创始人，受到全世界的广泛尊敬。您发展了弗洛伊德的唯乐意志，以及阿德勒的权力意志，提出意义意志。

弗：啊，我明白了。我是不是说，人生不过是最大限度地实现其生存意义，对生命有意义的信念是使人生活下去的重要力量？

方：大意是这样的。

弗：这正是我眼前感受最深的呀。我被关进集中营将近三年了，目睹了许多人因为丧失了人生意义的信念而加速走向死亡，而另一些人，正是因为相信人生还有意义，得以战胜精神与肉体的磨难，活了下来。

几个月前,许多难友抱着一个信念,圣诞节时战争可以结束,他们能够和家人团圆。今天是圣诞节,这几天,死的人很多,表面原因都是疾病,我却相信,是他们的信念破灭所致。

方:我知道。我甚至猜想,对您来讲,对意义意志的思考本身,正是您对自己生命意义的追求。正是这一切,使您不仅将活着走出这座集中营,还将创立一个伟大的心理治疗学派。

弗:我真的还不知道自己获得自由后能做些什么,但我相信,现在和未来都不同于弗洛伊德的时代,性挫折已经不重要了,重要的是生存挫折。人生意义必须被发现,不能被赋予。失去意义的生活是可怕的。

方:在集中营中,可能是生命的崩溃。在我生活的和平时代,也表现出酗酒、吸毒、犯罪等现象。还有,自杀……

弗:我注意到,您说"自杀"时迟疑了一下。

方:我想到了我的父亲,他便是自杀而死的,那是一个充满战争气息的和平年代。我在想,他当时一定丧失了对生命意义的认识。还是让我们先谈意义吧,您后来在书中提到,人有三条途径可以发现意义。

弗:哦,我真的那样写了吗?也许是这样三条吧:通过创造或建树;通过某种经历感受或与某人相遇;通过对不可避免的苦难所采取的态度。

方:正是。我想,第一条、第二条路径是大多数人采取的,对我个人来讲,第一条路径最重要;而第二条路径,可能是我太太的选择,她说,她因为爱而快乐,而生活。至于第三条路径,恐怕正是您眼前在集中营中所体验的吧。

弗:确实如此。在集中营中,一些囚犯忘记了,正是这种异常困难的外在处境使人有机会获得超越自我的精神升华。他们没有把集中营的逆境当作对自己内在力量的考验。此时的关键是要证明人所独具的潜力能够得到最佳发挥,要变个人的不幸为胜利,变困境为人的成就。我们面对的挑战就是改变我们自己,将个人的不幸转化为胜利。忍受,就其本身来说便是某种进取,更有甚者,不仅是一种进取,而且是人所具有的最高的进取。提供给人痛苦的意义是具有最高可能性的意义。

方:1996年初,我个人遇到了一些挫折,自然,与集中营里的磨难相比，那是一些不足挂齿的挫折，但道理可能是相通的。我一度怀疑自己还能做些什么，生活的意义何在，但我很快解脱了，在困境中开始超越自己，用中国古话说，我因祸得福了。当时，我正是重新找到了意义。人一旦发现了痛苦的意义、牺牲的意义，痛苦也就不复是痛苦了。所以，我十分赞同您后来写的一句话：关键恐怕不在于一个人的生活是否充满快乐或者痛苦，而在于一个人的生活是否充满意义。

弗：是的，如果为这里的囚犯指明他今后可追求的目标，他便会获得精神力量。有些囚犯本能地主动寻找生活目标，这就是人的特性，人只有靠指望将来而活着。对未来失去信心，便也失去了精神支柱。

方：但是，弗兰克博士，我还有一个困惑，那便是，我近来觉得，人生原本没有确切的意义。这种认识本身是很痛苦的。

弗：也许你所指的是抽象的人生意义，但是，我更关心具体的人生意义。生活需要我们，这便是人生的意义。在集中营中，一些囚犯会相信，他们的亲人等待他们回去，这便是一种生存意义。比如，你生活在这个世界上，还能够给你的母亲、太太以快乐，这不就是一种意义吗？重要的不是泛谈一般的人生意义，而是个体生命在具体时间的具体意义。你便会发现，每个人都有他自己作为个体的人生意义，他是不可替代的。

方：您后来在《人生的真谛》一书中曾写道，人生不是空泛的，而是活生生、具体的。真正重要的不是我们对人生有什么指望，而是人生指望我们什么。我们必须停止寻问人生的意义，而是想到人生每日每时都在向我们提出问题。我们的回答必须既不是高谈阔论，也不是沉思冥想，而是寓于正确的行动、正确的行为。您似乎更看重责任，所以您又呼吁，应该在美国的西海岸建一座责任女神像，与东海岸的自由女神像呼应。

弗：谢谢您这么认真地看了我的书，虽然我自己还没有看到它。（笑）

方：我更深的困惑在于，我能够理解您对责任的强调，但是，如果作为整体的人类的存在便是无意义的，我们对亲人、对社会的具体的责任又有什么意义呢？

弗：……您似乎在谈另一个问题了。

方：对不起。我确实离题太远了，这显然已经不是意义意志疗法甚至单纯心理学可以解答的问题了。事实上，弗兰克博士，我跨越时空来拜访您，还是因为十分敬重您的意义意志理论，它至少可以使我们渡过生命的某些难关，至于对人类这一物种的终极意义的不同认识，我们只能将它搁置起来了。另外，我还必须承认，我对精神分析理论十分着迷，并正借助这一理论分析自己过去的人生，写作一本书。我注意到您对弗洛伊德和阿德勒的许多批评，自然，这些批评是您在许多年后做出的，那么，您现在是否想到，您的意义意志疗法与他们两人疗法的不同呢？

弗：我还不能说得太清楚，但我想，意义疗法同精神分析学相异之处应该在于，它认为对人来说，人生最重要的是实现一种意义，而不是仅仅满足驱力和本能，也不仅仅调和本我、自我和超我三者要求的冲突，更不仅仅是适应社会和环境。精神分析重视回顾和内省，而意义意志疗法应该更看重未来，也就是病人在今后应当实现的意义。意义疗法将是以人生意义为核心的心理疗法。

方：十分感谢您，博士先生，在这样艰难的生存环境中，您同我进行了这么多关于精神世界的谈话。但我好像听到了纳粹军官正在走近的脚步声，我想我必须走了。

弗：我也十分高兴见到您。您带给了我确切的信息：我能够活到自由的一天，并且，我今天在这里做的一切——忍受苦难，思考意义意志问题，确实都是有意义的。

继续探究父亲的死亡

我没有办法不继续探究父亲的死亡。因为，他是我的父亲。

父亲自杀的时候，是和平时期，但是他遭受了太多的磨难。我完全能够想象父亲的精神状况，他看不到前途，犹如集中营中的囚犯难以祈盼战争的结束、自由的降临。父亲对生存的意义开始怀疑了，他没有办法不怀疑。

父亲显然没有因为"具体的人生意义"而保全性命。所以，他无法成为弗兰克博士心目中理想的人物。但他是一个有责任心的人，他会想到，妻子虽然可以将一对儿女带大，但他们没有他便缺少了一种幸福。他是极爱祖母的，虽然还有伯父，但父亲不可能不为他的母亲担忧。

然而，父亲还是选择了结束自己的生命。我可以猜想，那是一种怎样的境况，使得有责任心的父亲放弃了责任。

父亲自杀，是否是意义意志的完全丧失呢？如果一个人完全丧失了意义意志，他也许会醉生梦死，又哪里有力量去自杀呢？自杀需要一种勇气，一种责任，它甚至是更高层次上对生命的礼赞。父亲看重自己的生命，他才会结束它，而不是任人践踏。父亲以一死捍卫尊严，以一死发出怒吼与抗议，这便是一个倔强不屈的小人物唯一能做出的反抗。

父亲原来仍坚信生命是有意义的，他为这意义而捐躯。

第十一章
马斯洛：自我实现

　　一个秋日里的精神困境；需求层次理论、动机原理、马斯洛的造访；自我实现理论；自我实现者的爱情；自我实现者的分类与高峰体验；约拿情结与心理学的乌托邦。

一个秋日里的精神困境

秋天到了。只有秋天,北京这个气候粗鲁的城市才显现一些温情与浪漫。

秋天的傍晚,感觉更为美妙。夕阳西下,城市被涂抹成青铜器的色调,沉浸在一种古典而浪漫的氤氲里。

一片早逝的落叶被微风卷着,在窗外打着旋儿,于我的眼前招摇了一番,终于陡然坠落,看不见了。

我忽然动了步行回家的念头。

此时我正坐在兼职刊物编辑部的窗前,步行回到我在北京市里租住的住所,需要近50分钟。

然而,秋季街道上的空气与色调,着实是一种诱惑。

最重要的是,我的精神正饥渴地寻找一段宽裕的时光,为我这一天烦乱与焦躁的心绪做一番梳理,想一想远非完全了解的自我。步行最适合做自我检省,最适合清整杂乱的心情。我们的机体劳顿,我们的思虑便可以淡化,可以去除心底的尘埃,更加真实地面对自我。

18点,下班的时间到了,我可以走了。再来上班,将是十多天之后的事情,想到这一点,我立即觉得轻松了许多,情绪也明朗了一些,笑着与同事开了几句玩笑。这是一个很好的集体,每个人都真实随意地相处,一年多从未有过什么芥蒂,对于绝大多数被单位人际关系困扰的人来讲,堪称世外桃源。

但我还是有些抑郁。

收拾抽屉的时候,无意间看到了两本买来多日的书。马斯洛的《科学心理学》和《存在心理学探索》。马斯洛被称为"人本心理学精神之父",他并不是第一个表述人本心理学思想的心理学家,但是,他的著作不仅兼容了人本心理学理论家们共有的全部概念的要点,而且使人本心理学的观点更加丰富和清晰。我一直在寻找他的《动机与人格》和《人性发展能够达到的境界》,却一直未买到。就是这已经买到的两本,也是偶然间在三联韬奋图书中心发现的,是云南人民出版社十年前的版本,每本书定价只一元多,像白捡的一样。"还是带它们回家吧,也许这几天,我会看它们。"我这样想着,便将两本书装进了皮包。马斯洛在这一瞬间在书页间探了探头,而我正忙着往皮包里放要带回的东西，没有注意到他的出现。

这一天过的，实在糟糕。

最糟糕的是，我说不清哪里出了问题。

  弗洛伊德：你不该说这样的话。做了这么长时间的自我心理分析，如果你还说不清自己哪里出了问题，那真是有些问题了。

  方刚：是您吗，弗洛伊德博士？感谢您的出现。当我说"不清楚哪里出了问题"时，意味着我还没有认真想自己的问题。

  弗洛伊德：那么好吧，就让我们一起看看你的问题吧。你现在可以放松自己，随意联想。

还清楚地记得初到北京的日子：1996年11月4日，星期一。

我已经在天津家中闭门两年了，应这家刊物总编辑的盛情相邀，到北京工作。我与总编一面之交，他打电话约我进京时极为热情，我深受感动。最令我感动的是这样一句话，他说："我知道你在天津处境不好，到北京来换换环境吧。"又说："我对你期望很高，让咱们一起把这份刊物办好吧！"

我怀揣着许多宏伟的设想进京了，但是，正式上班不到一个星期，我便无法忍受刊物正规的坐班制度了。每周上班五天，每天八小时，这工作制早已远离我了，甚至，我似乎从来没有被这种工作制束缚过，即使当年在博物馆工作的日子。想自己初来乍到，不好意思旁生枝节，便接着忍受。然而，仅两三天，看着时间在流逝，生命在耗费，我实在忍受不下去了，找总编谈了一次话。

我要求少坐班，自然，原来安排给我的那份工作，我一点也不会少做。我只是把时间压缩了。不是因为我自以为是，事实是，我确实能够只用一半甚至三四分之一的时间，便完成别人与我同样的工作量。因为聪明？因为手快？都不是，我自觉是因为我对于时间有一种强烈的忧患意识，所以做事时丝毫不敢松懈，总是尽可能地向前赶。

总编是个极爽朗的人，立即同意我每星期只上班两天。于是，我成为整个刊社最特殊的人。

初到北京的生活变得轻松随意了，我又拥有了大量的时间，可以去读书。这一年，我原计划便很少写作，而努力读书的。读书不像写作，一旦被打断便很难接上，所以，两天工作制对我的读书计划影响不大，我顺利地过了半年多。

但是，一些涉及待遇问题的不愉快事件接踵而来，我的心情被弄得很糟。反躬自问，我自己是不是太在意金钱了？我想，表面看事情是由钱引起的，而实际上，我感觉的不快是自身的价值与意义未受到尊重。

我萌动了辞职而去的念头，但是，一些很现实的问题又使我停步不前。当时正巧有两家刊物都希望我去，想来想去，我还是决定放弃，虽然我不知道那里的情况是不是更糟，但可以肯定，到一个新的单位，我又要重新适应许多东西，而我自觉没有精力与心情再去适应别人了。

我便在这家刊物待了下来，一直待到1997年的夏季。

这是一个炎热的夏季，老人们讲，几十年没遇到这样的天气了，世界气象组织也公布说，全球气候的反常将越来越普遍。

在这个浮躁的季节，隐居的渴望在我的心底弥漫开来。虽然只需上班两天，但每一天都成为一种负担。我的阅读计划已告一段落，写作欲望再度燃起，而"去单位"总会打断我正在进行的写作。特别是，编辑部随时可能出现的杂事，使我哪两天去上班成为无法固定的日子，也许，我刚刚进入写作状态，呼机便响了，呼我去编辑部。我去了，写作的思路断了，也许需要一天甚至更长的时间修复，刚刚再度进入状态，呼机又响了……写作被打断的体验，是极其痛苦的。每次呼机响起，我都很紧张，生怕显示屏上的文字要将我从书桌边拉走。

呼机终究会响，我的思维终究会被打断，写作注定要被破坏。更严重的问题在于，同对心理学的关注不无关系，我的生命忧患意识在这段时间格外浓烈。眼看着自己一年没有新书写出，眼看着那"三十而立"的年纪近在咫尺，我的精神时常陷入突如其来的恐慌中。焦虑在这时达到顶峰，我心烦意乱，情绪激动。略被刺激，便会发怒，陷入青春期时常见的那种"准精神分裂"状态。

终于，这焦虑到了再也无法自恃的地步，我知道，即使有再多的不方便，我也必须彻底退回自己的书房了。我决定辞职。此前阻碍我辞职的种种考虑，被眼前的困境击得七零八落。难道，我的生命中真的还有比读书、写作更重要的事情吗？真的还有什么理由能够将我从书桌前拉走吗？

我与总编再次进行了谈话，四个小时。

那次谈话的结果是，我放弃辞职，仍留在编辑部。

我受到诚挚的挽留，这诚挚是我无法拒绝的。如果拒绝，我会因为自己待人太不厚道而自我轻视。总编许诺，我每半个月只需来两天，而且不必承担编辑部的一些杂务了。这样，我的写作不会再被轻易打断，而且，在埋首案头十多天后过两天社会生活，对我的精神世界也有好处。

随后的几天里，我很"高产"，而且那时写的文字也颇具神采。毕竟，负担卸掉，轻松上阵了。

我注定是一个真正的自由作家，即使再多的工作，也只能作为"兼职"进入我的意识范畴。我的朋友、同样是自由作家的伊夫曾说，我们都是野生动物，不可能被圈养。我与他的不同在于，他是完全的野生，而我还要到有人居住的地方，吃一点"野生动物保护组织"为我们准备的食物。毕竟，森林里的资源已经被破坏，我的食物日趋减少。

弗洛伊德：到目前为止，我还没有看到引起你今天不愉快的直接原因。今天有什么特殊的事情发生吗？请继续扩展你的自由联想。

方刚：唯一与平常不一样的是，有一位小姐来访。

呼机响了。会是又一个将我从字台前抢走的呼号吗？

汉字显示屏上，是一个久违了的名字，与一家久违了的杂志社联系在一起。这是一位女编辑，那家杂志社的许多编辑都曾与我过从甚密，还曾请我去南方某市度过愉快的假期。但是，不知何时开始，与这份《××》月刊联系在一起的情绪，已变得很古怪了。

我回了电话，女编辑来北京组稿，希望见到我。

"我现在的稿子，不可能适合你们。"我说。

"我想见你不为稿子，只为我们是朋友。"她说。

一份久远的温情浮于我的脑际，我们确实是朋友。

宝贵的时间需要审慎地安排，于是，我便约她转天到编辑部，我可以不占用自己的写作时间接待她，另外，我说，"还可以为你介绍另一位作者。"

转天，便是那个秋日，那个将马斯洛放进皮包、步行回家的日子。

上次见那个女孩子，是1995年春夏之际，我生命中最浮躁的一段时光。我到《××》所在的城市促销自己的书，正是因为这个女孩子的帮助，我得以在黄金时间出现在该市电台的直播中。

两年后再见，表面变化不大，一交谈，发现两人内心的变化都很大。女孩子还能讲起我当年的种种浮华表现，令我听着汗颜，不由得感叹："会见深知你根底的故人，实在不是明智之举。"

女孩子对职业仍像当年那样投入，几句话，便转到了约稿上。我说，自己现在很少写纪实了，偶尔写一些，也侧重分析与说理，淡化情节，与《××》的追求相去甚远。

"那不是很难挣钱了吗？"女孩子说。

我笑笑，隆重推出一位同事，他正处于我三四年前的阶段，整天研究期刊，满街找线索，恨不能一篇稿子发20遍，赚几千块。两个人都如遇知音，各有所需，热烈地谈了起来。

> 弗洛伊德：莫非，你的潜意识感到自己被抛弃了？你表面上虽然淡视身外之物，但也对那高额稿酬和境外笔会垂涎三尺，只是未意识到？
>
> 方刚：不，我不这样看。

女孩子在对我的同事强调："最低千字三百元，多则千字千元，一年内发表两篇作品，明年夏天请你去欧洲或者美国开笔会。"

立即，一种沉寂下去的感觉忽然跃了上来，我皱了皱眉头。

半年前，我和这家刊物编辑部主任的会面又如在眼前。

一年间，我在北京所闻、所见的种种相关刺激，都一起涌了上来。

我的心绪不可能不被破坏掉了。

坦白而言，这家刊物的编辑部主任是位很出色的青年，幼我几岁。三年前，他到天津约稿时，在我家住了将近一个星期。那时，他只是位能干的编辑。我们是真正的朋友，曾做彻夜长谈。后来，他帮我办过许多私事，我的太太单独去参加《××》的笔会时，他与该刊另一位老大哥，对她极为关照。后来，因为我不再写纪实，彼此联系极少了。但是，对于这位朋友，我内心是一直存一份思念的。半年前的一天下午，办公室的电话响起，传来他的声音，惊喜之余，我不由得骂了一句："你这浑小子！"

但是，我们在一起吃了顿晚饭，彼此昔日的感觉，被破坏掉了许多。

坐定不久，他便开始大谈刊物对作者的种种优厚待遇，全国最高的稿酬，最远的境外笔会。他说得兴致勃勃，神采飞扬，仿佛在经营着一家伟大的刊物。那份刊物的发行量居全国前几位不假，但如果论品位，我私下称之为"媚俗的先驱"。

青年人心底燃烧着抑制不住的种种热望，侃侃而谈，沉醉于一份令我惊奇的良好自我感觉中："我准备向总编提一个建议，明年设20万元大奖，奖励一位最叫座的纪实稿件的作者。这本身就是一项广告，可以使《××》更加畅销全国。"

我一直在埋头吃饭，此时再也坐不住了，索性放任自己，开始发出尖刻的声音，于是，一场温情掩盖的唇枪舌剑开始了。

甲军（发射照明弹）：恕我直言，如果这样做，只会使中国传媒更加堕落，使中国文人更加腐化。

乙军（躲到掩体后面）：我不明白你的意思。

甲军（坦克部队冲向敌军，同时炮弹连环猛射）：对于贵刊的那些所谓纪实，你我心里都很清楚。首先，你们的老总在追求"钓读者的眼泪"，满纸都是曲折离奇的故事，受着扩大发行量的诱惑，完全不考虑这种"纪实"对读者精神世界的影响。其次，受着高额编辑费的诱惑，组稿的编辑们完全置纪实的真实性于不顾，明知虚假，只要符合老总的胃口，便趋之若鹜，甚至有一位编辑鼓励我将自己的一本长篇小说梗概寄给他。再次，受着高额稿酬和境外笔会的诱惑，作者们置良知于不顾，胡编乱造，随意杜撰。×××（该刊最重要的一位作者）就曾对我说，她给你们的稿子都是编造的，最起码百分之七十以上的成分是编造的。最后，从总编到编辑再到作者，大家眼里盯的都是读者口袋里的钞票，完全不管读者精神世界需要些什么。

乙军（炮兵阵营火力阻击，势图使甲军坦克全军覆灭）：你承认了我们刊物的畅销，而这种畅销正是读者的需要。如果一份刊物不为读者提供他们渴望的东西，那还办什么刊物呢？《××》对中国期刊界的一个巨大贡献便是，由它开始关注小人物的命运，而不再围绕着名人的生活写来写去。这些受到广大读者热爱的小人物命运，就是你所谓的"虚假纪实"。

甲军（步兵随坦克跟进，炮兵部队战火掩护）：小人物的命运各有不同，选取的角度，表现了编者和作者对人生与社会的态度。同样是小人物的遭遇，在有的作者笔下，可以凝练出对人类命运的探索，对生命窘境的思考，对人本主义生存状态的追寻，对毒害人的文化、伦理、道德的控诉；而经过另外一些作者的处理，却只能成为对离奇情节的渲染，对媚俗风格的追逐。而翻看贵刊的纪实，无疑后者备受推崇，这是由贵刊的编辑方针造成的，完全丧失传媒的社会责任感。

乙军（轰炸机出动，狂轰滥炸）：你讲了一个很可笑的词：传媒的社会责任。《××》对中国期刊界的另一个重大贡献便是，它成为刊物走向市场的主力军，它真正把刊物办成了一份商品，而不是一个政治传声筒。

甲军（战斗机出动，与敌机搏斗）：你把基本概念搞混了，社会责任与传声筒是两码事。前者是源于自主心灵的声音，后者是被动的工具。《××》推动传媒走入市场，功标史册，但是，当政治工具的时代结束后，我们已经进入迫切需要关心民众思想的时代，传媒的使命到了被再度唤醒之时。如果我是《××》的老总，你知道我要做什么？我要用你准备拿出的那20万元，去扶植一份注定赔钱，却对观念革新有巨大促进的刊物。我用媚俗文化赚了钱，我就该用这笔钱去培植一些严肃刊物，我便也不失为一个有良心的公民。

乙军（一架架飞机应声坠地，空中阵营惨败）：你这是幻想。任何一家刊物也不可能用自己赚的钱，去扶植别的刊物。每家刊物都是竞争对手，在你死我活地争战。

甲军（空、陆两路，乘胜前进）：这正是悲剧所在。这个世界已经被商人充斥了。中国成了百万富翁的期刊界老总们，只会更加助长堕落。什么历史使命感、社会责任感，对他们来讲都是胡扯。当然，这种普遍的堕落除了对经济利益的追逐外，还有一个重要的原因，那便是社会对有思想的传媒的排斥。说得尖刻一些，绝大多数中国民众，仍处于未开化状态。中国历史发展到世纪之交，最需要的是先进思想、观念、文化的引导，传媒肩负有神圣的、不可推卸的使命。但是，看看我们今天的传媒人士都在做些什么吧，普遍丧尽良知，毫无责任，对媚俗文化推波助澜。在这一点上，贵刊无疑是最典型的代表，领头羊。中国传媒界那些无思想、无责任的老总们，看到你们的成功之路，一窝蜂跟进。以至于今日随便翻开一本刊物，都能看到对《××》纪实风格的追寻，甚至连标题，也是《××》风格的，长长的，十分煽情。

乙军（守军已无心应战，阵地动摇）：我明白了，你在试图培养读者的贵族之气，但是请不要忘记，这里是中国，我们面对的是未开化的民族。现阶段，我们只能提供《××》这样的精神食粮，这代人靠阅读《××》成长起来，下一代可能更成熟，这样一点点地，你向往的境界才会达到。

甲军（占领阵地，大获全胜，清扫战场）：什么？阅读《××》成长起来的贵族？你在拿人类的精神世界开玩笑！贵族之气的形成确实需要时间，但是如果我们每一代人都放弃使自己成为贵族的努力，那我们的后代注定永远不可能成为贵族！

弗洛伊德：事情看来已经清楚了，女孩子的来访引起您对那位编辑部主任的回忆，而他们所代表的，是您过去的生活。

方刚：是的。我也曾经十分热衷给那家刊物写稿，热衷于谈论他们的稿酬和笔会。现在回想起来，恍若隔世了。我到北京后，昔日熟悉的各地编辑见了很多，大家都不约而同地跑到北京来组稿，但是，越是过去我热衷于为他们写作的编辑，我同他们在交谈中观念的冲突也越大。所以，像同那位编辑部主任一样不欢而散的情况，是很多的。看到许多作者为了稿费和旅游而钻营，我觉得很悲哀。他们也奇怪我为何不再像当年一样钻营了。

弗洛伊德：您其实不是将那些人看作了编辑或作者，而是看作您过去生活的代表，而您现在，已经完全背叛了过去的生活，甚至以之为耻了。但我想，您的内心世界中仍存在着理想与世俗的争斗。如果稿酬和笔会对您完全没有诱惑力了，您真的已经淡泊得像一张纸一样，您再和他们相处，听他们侃谈，会很淡然的。您的宽容之心、理解之心之所以没有在那位编辑部主任身上发挥作用，是因为您还没有完全超脱出来。一句话：您的动力，来源于欲望受到压抑！

方刚：也许您是对的……

一路走着，想着，与弗洛伊德谈着，我已于不知不觉中到家了。

弗洛伊德在单元门外隐身而去。

需求层次理论、动机原理、马斯洛的造访

晚餐很精致，精神和肉体都很疲惫的我，却食不甘味。

万籁俱寂，我在温馨的光线里，昏昏入睡。

桌面上，放着我刚从单位带回的马斯洛的两本书。我忽然想到，自己还有马斯洛的另一本书，便到书架里寻找。寻找时身体与精神的感受，仍然是极静谧、极放松的。不慌不火，寻到与寻不到，都无所谓。

因为分类放置的缘故，书很快便寻到了，那是三联书店出版的《自我实现的人》，马斯洛多部著作中精彩篇章的汇编。我重又坐到写字台前，随手翻开，立即看到扉页上写下的日期：1988年9月29日。

一份沉睡多年的感受，被唤醒了。

九年前的冬季，天津自然博物馆宽敞的展厅里，坐着一个看书的20岁的男孩子，他不断地放下手里的书，抬起头来，眼睛激动地闪亮着，面孔被一层神圣、纯净的光辉笼罩，甚至于，他会突然拍击一下桌案，感叹道："好，太好了！"

那个男孩子便是我。20岁，多么美妙的年龄呀！我的生命在当时出现了一次机缘，我沉醉于无意间购到的这本《自我实现的人》，为马斯洛在我面前展示的人类心灵世界的奇妙而感动。如果我当时乘胜追击，走进一个个大师的精神世界，对人类灵魂加以观照，那么，我的进步将更快一些。然而，我却心有旁骛，不懂得"功夫在诗外"的道理，一门心思去读小说、写小说。结局便是，九年之后，我又重新翻出了这本书。

但是，当年的阅读毕竟没有空掷，我仍清楚地记得马斯洛的主要观点。

在马斯洛看来，人的需求分为五个层次，从低级需求到高级需求，依次为生理的、安全的、归属的、尊重的、自我实现的。

当年读马斯洛，我曾经打过一个比方，设想一个人被突然抛弃到一座荒岛上，他首先有生理的需求：吃。如果这个需求得不到满足，生命的存在都

是个问题，高层次的需求便无从谈起。而且，对食物的渴望是一个生物体的本能欲求，不以我们的意愿来改变。吃过之后，他会环顾四周，看看自己的生命是否受到威胁，如果这时他发现，自己正处于一个即将被海水吞没的礁石上，他便会立即向岛上走，躲开危险，为自己找一个安全的地方。这时，他发现岛上正有一群土著在面对着他，作为一个社会动物，他渴望融合到他们之中去，成为他们的一员，被他们爱，也爱他们，从而满足归属的需求。成为土著的成员后，他会进而希望获得他们的尊重，他会努力在这一群体中显得突出，做些非凡的成绩出来。

我们可以设想，这个不幸的人的需求是否可能倒置。他被掷到荒岛上，饿着肚子，随时可能被海水吞没，没有同伴，孤独无缘。但他想的是，如何获得外界的尊重，被授予种种美好的称谓，被赞颂声包裹着。结果只有一个：这个人被饿死，被海水淹死，被土著人杀死。所以，人总是会首先产生低级需求，当低级需求满足之后，才会出现更高一级的需求。这是一种本能。

人类动机生活的主要组织原则，是需要按照优势的大小和力量的强弱排成等级，是力量较强的需要一经满足，力量较弱的需要就会出现。生理需要在尚未得到满足时会主宰机体，迫使所有能力为它服务，相对的满足平息了这种需要，并让下一个更高层次的需要得以出现。后者继而主宰、组织这个人，结果，他刚从饥饿的困境中跳出来，又为安全需要烦扰。这个原则同样适用于爱、尊重，以及自我实现。弗洛伊德认为，欲望是危险的，必须加以抑制。而按照马斯洛的理论，欲望促进人的进步。我们这个不幸沦落到小岛上的人，在他的前四种需求得到满足之后，他便有可能面对更高一级的需求：自我实现。

他毕竟是从文明社会来的，因此，他很难满足于土著的生活。他会看轻这种纯粹为了生存的生存方式，他找不到自己生命的价值与意义。

这种将生理、安全、归属、尊重完全看淡，而致力于寻求更高生存境界的人，在我们的日常生活中，并不是随处可见。对于绝大多数的人类成员而言，我们仍处于前四种需求的匮乏中。

需要说明的是，高级需要是一种进化上发展较迟的产物，我们和一切生物共有食物需要，与高级类人猿共有爱的需要，但是，自我实现的需要却只为人类所具有。同时，高级需要也是较迟的个体发育的产物，这从婴儿的成长便可以看出来，食欲满足后，渴望亲近他人，进而才会渴望自主、成就、独立、受到赞扬。至于自我实现，即使是像莫扎特那样的天才，也要等到三四岁才被顾及。

越是高级的需要，对于维持纯粹的生存越不急迫，其满足也就越会更长久地推迟，这种需要也就越容易永远消失。剥夺高级需要不会像剥夺低级需要那样引起疯狂的抵御和紧急的反应，如果土著人将那位沦落到荒岛上的人奉为首领，却不让他吃东西，不让他离开危险的礁石，我们可以想象他会做什么。

高级需要的满足会引起更合意的主观效果，即更深刻的幸福感、宁静感，以及内心生活的丰富感。追求和满足高级需要代表了一种普遍的健康趋势，高级需要得到满足的人，更容易忍受低级需要的丧失，比较容易为了原则而抵挡危险，为了自我实现而放弃钱财和名声。

"喂，您好。"我正坐在写字台前从记忆中搜寻着关于马斯洛的记忆呢，忽然，一个陌生的声音在我耳边响起。我一惊，环顾左右，没有人呀。

"您好，我在您的身后。"那声音又响起。我忙掉转身体，于是，看到了坐在靠墙的沙发里的一个西洋汉子。

"我是马斯洛。"他的目光很温柔，看着我，自我介绍。

我忙站起来去同他握手，马斯洛却坐在那里连连摆手，说："我只想与您做精神的交往，而不想沾染任何物质世界的东西。"

我这才记起，这位曾担任美国心理学会主席的著名学者，早在1970年便已经故世，时年只有62岁。

马斯洛很随意地开始了谈话："我今天一直关注着您，也听到了弗洛伊德博士同您的交谈。但是，如果不是您刚才那么出色地回忆了我的需求层次理论，也许我就不会和您会面了。有了您上面的回顾，我们才有交谈的基础。对于您这一天的所见所想，弗洛伊德博士最后的评论是：'您的动力，来源于欲望受到压抑！'我想对您说的却是：'您的动力，来源于自我完善、发展的欲望。'"

智慧的天际有星星闪烁，忽明忽暗，我紧张地思索，极力想抓住它。

"您的意思是……"

"比较于三四年前，您已经进入了更高的、自我实现的需求，而您过去的编辑和朋友，还停留在低级需求阶段。你们的冲突，本质上是这种差异造成的。"

马斯洛继续侃侃而谈："几年前，您只是个毫无名气，也丝毫谈不上成功的小报记者，而且每月工资只有400元。那时您写作的目的，更多的是为了满足低级层次的需求。更多的稿酬，可以满足生理与安全的需要；在畅销刊物发表文章，被人家追在屁股后面索稿，被邀请到各地游玩，可以满足归属和尊重的需要。但今天不一样了，您出了十多本书，有的书还被翻译到海外，虽然没有大红大紫，也有了一些小名气。经济上更不成问题，已经买了自己的房子，每月还有几千元收入。这些都使您有条件去向往更高层次的需求，于是，自我实现成为您的当务之急。您曾多次对自己放弃纪实写作的决定做分析，这里不妨参考另一种分析思路：自我实现。您已经谈到，任何需要的满足所产生的最根本后果便是：这一需要被平息下去，一个新的更高级的需要出现了。个体独立于旧的满足物和目的物并在一定程度上低估它们，同时，更高估价尚未满足的那些需要中力量最强的需要的满足物，低估和贬低已经满足的需要的满足物，贬低这些需要的力量。当听到别人仍像您当年一样陶醉于对那些低级需求的追逐时，您的精神不可能不与其割裂。再让我们看看您同那位编辑部主任的'战斗'。在这场战斗中，您充分表现出一个自我实现者的特质。自我实现者对人类怀有一种很深的认同、同情和爱的感情。正因为如此，他们具有帮助人类的真诚愿望，就好像他们都是一个大家庭的成员。但是，他们偶尔也会对人类表现出气愤、不耐烦或者厌恶。所以这些，都可以从您那支'甲军'的'炮火'中看到。"

我插言道："这里有一个问题，马斯洛先生。我并不认为自己名利在握了，对于物质我仍有很多的欲求，比如，我偶尔也会想到，如果有自己的别墅和汽车岂不更好。有时我挺看不起自己的，不像一个真正的知识分子，我对自我实现的追求远非您所讲的那样虔诚。"

"但是，您对物质的需求已经不急迫了，您更多地表现出了自我实现者的特质。所以，您事实上经常暂时放弃自己的低级需要去追求高级需要。高级需要并不总在低级需要满足后出现，也可以在强行或有意剥夺、放弃，以及压抑低级需要及其满足后出现。例如，奉行禁欲主义、追求理想，所以，我并没有宣称满足是需要的力量或者其他心理需求物的唯一源泉。对您而言，对理想的追求，同样是不可忽视的动力"。马斯洛说。

"我们再来看看您在那家刊物的工作情况"。马斯洛继续说，"您是抱着大干一番的想法去的，去之前没有想到过名利，您在寻求的，仍然是自我实现。但是，何以您会对工作时间的长短斤斤计较了呢？首先，您发现，您无法在那里尽情地施展自己，也就是说，自我实现受到阻碍。而同时，您可以通过个人的阅读与写作找到自我实现的感觉。另外，您何以会因为报酬低于别人而气恼呢？显然，几百元钱对您并不重要。金钱能带来什么，表面看，是生理、安全这样低级需求的满足。但在此时此地，您的尊重需求却因此受到打击，自我实现更谈不上了。您又怎么能不气恼呢？您对那家刊物的归属感也受到打击，在精神上疏离它，于是，归属的需求也丧失了。"

"所以说，从动机层次来看，钱实际上可能意味着任何一件事情。它可以指低级的、中级的、高级的以及超越性的价值。人有一种如低级本性一样的高级本性，这包括对工作意义的需要、对责任的需要、对创造的需要、对合理和公正的需要、对于工作价值的需要，以及对于做好工作的渴望等。在这样一种结构里，仅仅从货币的角度考虑报酬问题，显然是过时了"。

马斯洛又谈到牢骚问题。他说，我对工资的抱怨是一种牢骚。牢骚的水平，即一个人的需要、渴望、希望的水平，可以用来表示他生活的动机层次。低级牢骚是产生于生理或安全层次的牢骚，而高级牢骚是指尊重以及自我尊重的层次，这一层次的牢骚，多半是因为尊严的丧失、对自尊或威信的威胁等。而超级牢骚缘于自我实现生活里的超越性动机。更具体一些，这可以概括为成长性价值。这些对于完善、正义、美、真，以及其他类似东西的超越性需要。抱怨者是在批评他所处的世界的不完善，人们可以把它看成是某利他主义哲学家发出的抱怨，而不是自私的抱怨。按照动机理论，我们不能期望牢骚的终止，而应期望它越来越高级。

"您后来的辞职举动很能说明问题。自我实现的不可能，尊重感与归属感的丧失，本应该早就促成您的辞职。但是，在刊物工作又毕竟可以带给您一些方便，出于生理的和安全的考虑，您坚持了一段时间。即使是对您这样已有更高追求的人来讲，这也很正常。自我实现的人，不可能是完全断绝低级需求的人。然而，对自我实现的需求终将战胜低层次的需求，您最后还是决定辞职。这时，总编的挽留、对您特殊的关照，实际上满足了您受到尊重的需求，也唤起了您的归属感，而坐班时间已经降到最低限度，无异于将阻碍您寻找自我实现感的障碍降到了最低限度，您便没有理由再坚持辞职了。您自己要求降低收入，更说明了，您所关心的是更高层次的需求。"

"但是，"马斯洛沉吟片刻，接着说道，"任何需要的满足，只要是基本需要，而不是神经病需要或虚假需要，就会有助于性格的形成，有助于个人的改进、巩固和健康发展，都是向自我实现前进了一步。所以，您也应该理解并宽容那些仍为稿酬和旅游写作的人们。我们不能对低级需求未满足的人要求过高。我们可以承认一定还有其他通往健康的途径，然而，现在我们就有理由提出这样的质疑：通过苦行，通过克制基本需要，通过约束、挫折、悲剧和不幸的火焰的燃烧而获得健康的实例到底有多少？也就是说，以满足或幸福为基础的健康与以苦行或挫折、不幸为基础的健康相比，其出现率究竟有怎样的差异？现在的您与当年的您受着成长性动机的支配，而当年的您与现在的那些编者和作者，受着匮乏性动机的主宰"。

我完全被马斯洛的分析抓住了，一言不发地看着他，渴望从那张嘴里听到更多、更精彩的阐述。但此时，一个困惑袭了上来，我插言道："您认为，我真的是一个自我实现的人吗？"

自我实现理论

"当然！"马斯洛爽快的肯定对我是强心剂，他滔滔不绝地说："需要特别强调的是，自我实现者的成长动机不再是对匮乏性需要的满足，而是对发展个性、表现个性、成熟、发展的追求，所以，他们的主要满足便不再依赖于现实、文化或者他人，而是依赖于自己的潜力。决定满足以及良好生活的因素是个体的、内在的，而不是社会的。您对自己创作的独到要求，对媚俗文化的反叛，说明您正是这种人。您没有想到从谋职的刊物中获得经济、地位、声誉的满足，这也说明您对他人的不依赖。此外，要达到这种超然于爱和尊重的境界，最好的方法是事先就有完全同样的爱和尊重的充分的满足，您之所以会看淡某些东西，是因为您此前已经得到了那些东西。"

马斯洛又说："您应该记得，我的'自我实现心理学'分三个部分：需求层次理论、自我实现理论、高峰体验理论。下面，就让我们谈谈自我实现的人。可以由我先说出他们的一些特征，您自己做对照，确认自己是否是自我实现者。"

"这是个好主意，很有意思。"我说。

于是，马斯洛开始逐项列举他的"自我实现特征"："首先，一个自我实现的人具有对现实更有效的洞察力和更适意的关系，他们善于辨别人格中的虚伪、欺骗、不诚实，具有大体正确和有效地识别他人的不寻常的能力。他们更善于领悟实际的存在而不是他们自己或他们所属文化群的愿望、希望、恐惧、焦虑以及理论或信仰，他们更多地生活在自然的世界中，而不是生活在一堆人造的概念、抽象物、期望、信仰和陈规当中。他们不惧怕未知事物，同已知事物相比，他们更容易被未知事物所吸引。您是这样的人吗？"

"我想我是的"。

"好。其次，自我实现者相对地不受令人难以抬头的罪恶感、使人严重自卑的羞耻心，以及极为强烈的焦虑的影响。尽管他们自己的人性有种种缺点，与理想有种种差距，但他们仍可以接受它们而不感到真正的忧虑。自我实现者看重的是人性的本来面目，而不是理想中的人性。他们能够在低级和高级各个层次上接受自己，他们接受自然，而不会因为自然不合意而愤愤不平。如果他们感到内疚，那一定是面对可以改进的缺点，如懒惰、漫不经心、发脾气，或者不健康的心理，如偏见、嫉妒、猜疑；特别是他们所属的种族、文化或群体的缺点。被视为道德、伦理和价值的许多东西，可能是一般人心理病态的毫无道理的副产品，而对于自我实现者，这些冲突与威胁都会消失。"

"上面这些特征，可以从我正在写作的这本书中看出来。"

"自我实现者在行为中具有相对的自发性，并且在内在的生活、思想、冲动等中更具自发性。他们的行为坦率、自然，很少做作或人为的努力。对别人，他们没有防御性，没有保护色或者伪装，他们厌恶他人身上的这类做作。"

"这些特点在我身上再明确不过了！熟悉我的人都说，我和别人相处时极自由、率真。甚至有人说，我是个'长不大的男孩儿'，当然，这个称谓在常人听起来并不是褒义，但我最清楚这是自己的优点。"

"好极了！"马斯洛赞叹一声，接着说："自我实现者也并非一贯不遵从习俗。他们对惯例的不遵从不是表面的，而是根本的或内在的。他们独特的不守陈规以及自发性和自然性皆出于他们的冲动、思想和意识。由于深知周围的人在这一点上不可能理解或接受他们，也由于他们无意伤害他人或为每件琐事与别人大动干戈，因此面对种种俗套的仪式和礼节他们会善意地耸耸肩，尽可能地通情达理。更多的时候，您表现出这种特征。但是，他们从不允许习俗惯例妨碍或阻止他们做他们认为是非常重要或根本性的事情，在这种时候，他们独立于惯例习俗的灵魂便显露出来。就像1996年您在天津度过的那段阴暗岁月，虽然各种挫折与打击接踵而来，但是，您绝对不会顺从。自我实现者很少屈从外界的压力和阻力，但是，更愿意与那些允许他们更自由、更自然、更有自发性的人们共处，毕竟，对他们来讲，相对地控制行为是个负担。"

"当我与相知甚深的老朋友在一起胡侃时，我便进入了这种状态，与那位编辑部主任的争论，正是因为我将他视为朋友。但是，即使当我按常规表现时，也不是因为我会为自己给予旁观者的印象而感到焦虑、内疚或羞愧，而仅仅是因为，我不想伤害别人，或使他们感到难堪。就像我不会同那个女编辑或其他人都像同那位编辑部主任随意地争论一样。"

"自我实现者一般都强烈地把注意力集中到自身以外的问题上，他们有一些人生的使命，一些有待完成的任务，一些需要付出大量精力的身外问题。我相信，当您为自己坚信的一些主张进行写作时，便处于这种状态中。您对离群独处的渴望更是自我实现者的表现，我知道，每当您把自己一个人关进这间书房时，您都感觉格外幸福。作为自我实现者，您超然独立，独处不会使您感觉受到伤害，或者不舒适。对于许多常人来讲，在家待一天的孤独都是无法忍受的。"

我说："自我实现者对孤独的这种享受，是否与他们很少有朋友的现实联系在一起呢？我的一个重要感觉便是，在我走向自我实现的过程中，我正在失去昔日的朋友。虽然我可能与极少的朋友关系更加深刻。"

马斯洛的眼睛里闪着兴奋的光，说："这正是自我实现者的又一特征。此外，您在自己的许多著作中，已经显示出自身性格结构的民主性。您的这一民主性许多人是无法理解的，他们会奇怪地想，您何以会认为：只要是一个人，就应该给他一定程度的尊重，甚至对于恶棍。"

我笑了："甚至对于同性恋者和妓女。"

马斯洛也笑了："而且，您能够欣赏'前往'本身的愉快，而不是专注于'到达'。为一种前途渺茫的理想献身，这对于仍停留在低级需求层次的人来讲，是不可理喻的。此外，像所有自我实现者一样，您的身上也表现出与生俱来的创造力，与未失童贞的孩子们的天真的、普遍的创造力一脉相承。这其实远非人们理解的那样神秘，只不过是普遍人性的一个基本特点，是所有人与生俱来的一种能力，只不过，大多数人随着对社会的适应逐渐丧失了这种能力。与其说这是一种以著书、作曲、创造艺术作品表现出来的能力，不如说是健康人格的一种显现。您曾与弗洛伊德、弗洛姆等人探讨过您的儿童性，正如他们所提示的，这儿童性直接决定了您的创造力。被大多数人轻视的'长不大'，正是您作为一个更成熟的人类成员的表现。"

"您的分析对我是一种鼓励。"

"现在，我请您自我分析一下与文化的关系。据我所知，自我实现者与所属文化的关系是复杂而微妙的。"

我沉吟片刻，迅速地归纳着，随后说："我想我可以试试。首先，我在情感上与所属文化呈分离状态，但这似乎不是刻意的，而是对文化进行权衡、分析、辨别，然后做出自己的决定。举例来讲，我对性文化的态度便是最好的例子，毕竟，我此前的著作中，对性问题的关注最多。我的观点是一点点形成的，而形成的过程，便是分析与研究的过程。我对种种不公正的现状不断爆发愤怒，虽然也知道理想世界不可能一天到达，却仍忍不住要冲锋陷阵。与那位编辑部主任的'战斗'，不也正是对文化的一场战斗吗？但另一方面，我虽然有时表现得激烈，内心却也十分清楚，我们需要慢慢地努力和等待，所以，我又觉得自己不能算作一个狂热主义者。比如说，我最深刻思考的结果，却一直没有写出来。那些更激进的观点现在拿出来有些危险，我一直将其视为自己的怯懦与缺陷，视为对父亲的背叛。面对不完美的社会，我未能像父亲那样义无反顾地冲上去，而是不得不保留自己的一些秘密。我担心，我的自发性会因此降低，潜能会因此不能实现。"

马斯洛说："这并不是你的缺点，而正是自我实现者的特征，他们内心与文化分离，行为上却并不激进。他们反对的不是斗争而是无效的斗争。您虽然不是激进派，但我相信，您已经准备着随时转化为激进派。"

我为马斯洛的洞彻惊喜，兴奋地说："正是如此！"

自我实现者的爱情

"如果您不介意,也许我们可以谈谈您与异性的关系",马斯洛说。

"您知道,我不会介意谈论任何事情的。"

"好,这正是自我实现者坦然的性格特征"。马斯洛对我的回答很满意,"同一位您所喜爱的异性相处时,您的表现通常是怎样的"?

我立即想到了自己的初恋,说:"这要看什么时候,我在不同年龄的表现是不一样的。"

"当然是现在了。"马斯洛说,"我们探讨的是您现在所处的心理层次。"

我想了想,说:"通常是很随意的。自在、真实,极少考虑什么是该说的,什么是不该说的,更不会有意讨好。"

"这正是自我实现者面对异性的特点,他们倾向于越来越彻底的自发性。防卫、作用、尝试和努力的解除。亲密、坦率与自我表现与日俱增,达到高峰时便是一种罕见的现象。与被爱者相处,能够使人真正成为自己的主宰,感到自由自在,'我可以不拘礼数'。这种坦率包括让伴侣自由地看到自己的缺陷、弱点,生理上和心理上的缺点。没有必要保持距离、神秘和魅力,没有必要自我克制,也没有必要将自己的心思隐藏不露。这种防卫的彻底解除与芸芸众生关于这一问题的至理名言背道而驰。"

"是这样的。但问题是,这些表现会使女人们觉得与其交往很不'安全',所以,她们还没有来得及走近、欣赏这些男人,便会逃掉了。"我说。

马斯洛理解地点点头,说:"所以,获得婚外的热恋对如您一样的自我实现者而言远比对其他人要困难得多,平常人无法接受你的行事规则,他们不具备欣赏您的能力,也没有足够的时间走进您的内心世界。只有您的妻子,在长期的相濡以沫中读懂了您的不同寻常,能够欣赏您所有与周围文化对'成熟'的解释相斥的表现,她不会感到在您身边缺少'安全感'。从您这方面来讲,您也不会轻易爱上一个距离自我实现太远的人。自我实现的男人关心的是女人们的性格特征而不是生理特征,您在分析自己的恋母情结时曾说,您总是欣赏那些智慧超拔、能力卓越的女人是因为'超我'在起作用,在我看来,不如说是因为您在寻找同样自我实现的女人。这种女人是多么难得一遇，婚外恋对您便是多么难得一遇的事情。"

我承认马斯洛的分析有道理，补充说："而且，纯粹肉体愉悦的获得无法带给我真正的快乐，没有感情相伴的性行为，只会破坏对性快乐的感觉。但是，如果我一旦与真心相爱并且相知甚深的女人做爱的时候，我会达到最强烈、最令人心醉的完美。所以，虽然我的性欲求很强烈，但我不会有随意的性行为。对我而言，感官满足与肉体满足是随着对伴侣的日益熟悉而强烈的，而不是因为好奇而强烈，这也是我能够在婚姻内部得到性快乐的重要原因。"

马斯洛深谙其道地说："这正是自我实现者的特点，是他们与常人不一样的地方。像您一样的自我实现者，不会像有些男人那样，极注重累积性交过的女人的数目。"

我说："我的性快感可以十分强烈，同样也可以毫不强烈。对我而言，我既可以津津有味地享受性快乐，又不会认为性快乐在生命中重要得不可替代。"

马斯洛说："一个自我实现者，能够比普通人远为强烈地享受性活动，又认为性活动在整个参照系中并不重要。您是否意识到，您谈论起性行为来比常人更自由、随便，不拘于常俗。您的性观念也绝不是充当异性文化的维护者，在您身上，这与您的性学主张是相一致的。您不会认为男人应该主动，女人应该被动；不会认为女人成就大于男人，男人便没有面子。"

我笑了："当然不会。恰恰相反，我极欣赏那些在性问题上极具背叛精神的男人和女人。"

马斯洛说："还有一个特点很重要，自我实现的男人在根本上把女性看成与自己完全相同的人类成员，所以不拘泥于礼节、客套，而这在常人那里则容易被误解成对妇女缺乏尊敬。"

我笑着说："这恐怕亦是自我实现者不会成为采花大盗，风流韵事不断的原因吧。"

马斯洛也笑了。

这本书完成13年后，当42岁的我修订到这里时，我发现过去十多年自己的一些观念已改变。比如，我虽然仍然很欣赏那些智慧超拔、能力卓越的女性，但是，面对这类女性时，我那种被触动、被震撼，或被吸引的程度，已经远远不如30岁之前了。究其原因，我认为是我自己的成长，心理能量足够强大,所以,不需要通过接近这样的女性来满足自己的"超我"或"恋母情结"了。

自我实现者的分类与高峰体验

"马斯洛先生,虽然我已经在以自我实现者的身份与您交流了,但是,我又时常感觉,自己距离您所讲述的真正的自我实现还有很大的差距。"

"我是这样认为的,您已经超出一个健康的自我实现者的境地,却还没有成为一个真正超越性的自我实现者。您正在努力完善自己,所以,您身上更多地表现出前者的特征,在某些时候和某些问题上,您才表现出后者的属性,更高级的自我实现者的属性。"

"哦,自我实现者也有高低之分?"

"是的,自我实现者有两类,一类虽然是健康的,却很少有甚至没有超越性体验;另一类自我实现者的超越性体验是重要的,甚至对他们是性命攸关的。前一类人更实际、现实,更多地生活在此时此刻的世界上,即匮乏性需要和匮乏性认知的世界。他们以一种实际的、具体的、现实的实用方式,把人或物看成是匮乏性需要的满足因素或阻碍因素,即把人或物看成对自己有用的或无用的,有益的或危险的,重要的或无足轻重的。后一种人是超越者、高峰者,他们更经常地意识到存在这一领域,有着存在认知;他们生活在存在的层次上,即目的和内在价值的层次上;他们更明显地为超越性动机所驱使,时常具有统一的意识和高原体验。"

"什么是高原体验呢?"

"对于超越者来说,高峰体验与高原体验——一种宁静和沉思的,而非顶峰的存在认知——是他们生活中最重要的东西,是生命的最高境界、生命的证明、生命中最宝贵的方面。他们的超越性动机比非超越者强烈得多,存在价值如完善、真理、美、善、统一、超越分立、存在乐趣等,是他们主要的或最重要的动机。而对于您来讲,这种存在价值虽然很重要,但远未到达绝对的境界。许多时候,您仍会被匮乏性动机驱使。"

我思考着,点了点头,听马斯洛继续说:"超越的自我实现者对世界的看法更具有整体性,'国家利益''人的不同等级''智商的不同等级'

之类的概念不再存在，或者很容易被超越。超越的自我实现者比健康的自我实现者更具备革新者、新事物发现者的素质，他们更清楚地看到存在层次上的价值，看到理想、看到完美、看到应该存在的状态、看到实际可能存在的状态、看到潜能中存在的东西，因此也就看到了可能实现的东西。他们同样经常、也许更经常地对人们的愚蠢、自挫，对他们的盲目，对他们的自相残杀产生一种宇宙性的悲哀或存在性悲哀。但他们更能与邪恶共处，因为他们懂得，邪恶是不可避免的。他们能够觉察到每个人的神圣性，甚至觉察到所有生物，或美丽的非生物等的神圣性，以至于几乎一刻也不能忘记这种神圣性。他们不断追求新知识，与此同时，对万事万物的敬畏感也不断增长。他们因此'谦卑'，并承认自己的无知。"

我忍不住说："您说的这些特征，正是我具有的。所以，如果这些特征是主要的，那我认为自己仍算得超越性的自我实现者。"

"但是，"马斯洛严肃地说，"您不是同样经常体验到作为一个健康的自我实现者的种种心情吗？在自我实现者那里，通常认为是对立或二分的东西已经消失。心与脑、理性与本能、认知与意动间的对抗变成了协作，欲望与理性相互吻合，天衣无缝。自我实现者既有高尚的精神生活，又非常不受约束，喜爱声色口腹之乐。本我、自我、超我是互相协作的，它们之间并不发生冲突，高级需要与低级需要的满足也趋同一致。而您，许多时候仍无法将它们完全协调起来。所以我说，您是超出健康水准的，远未完全超越的超越性自我实现者。"

我沉默着，无言以对，因为种种不完善之处而对自己深恶痛绝。我本可以做得更好些！好在，我还有机会做得更好些。这也许便是今天与马斯洛见面的最大收获吧。

"您是否经常产生高峰体验"？马斯洛问我。

"这正是我最无法确定的，有时，我感觉自己进入了心醉神迷的时刻，但是，我又会怀疑这是否便是您所说的高峰体验。"我说。

马斯洛说："在我的理解中，高峰体验是自我实现的短暂时刻。在创造力的激发阶段，创造者忘记了自己的过去与未来，只生活在此时此刻，他完全沉浸、陶醉和专注于现在的时刻和眼前的情形，全身心地投入现在的问题。我们摘下面具，抛去想要影响、取悦别人或给人留下美好印象以及赢得欢迎和爱戴的努力。可以这样说，如果我们没有观众，我们就不再是表演者，由于没有任何做作的必要，我们就能够忘我地献身于解决问题。"

"1996年上半年，也就是我处于人生最低谷的那段时间，我开始写作《动物哲学》。当时，我不知自己何时才能获准再出版新书，甚至一些报刊也不再发表我的文章，所以那时的写作完全是因为想写作，根本不可能去考虑这本书写完之后会如何。我只是集中全部精力把当天的文字写好。那段时间，我时常体验到一种出神入化的境界，为了一个精彩的构思，甚至为了一句洞彻人性的话语而欣喜若狂，在室内连唱带跳，自我陶醉。我想，那也许算得上高峰体验了吧。"

马斯洛说："应该算的。处于高峰体验中的人达到自己独一无二的个性或特质的顶点。他们已不完全是受世界法则支配的尘世之物，更多的是一种纯粹的精神。他的行为是终极行为，而不再是手段行为。他的体验是终极体验。在高峰体验中，表达和交流带有诗意，带有一种神秘与狂喜的色彩。这与您写作《动物哲学》时的体验相一致。"

"遗憾的是，当我从困境中走出后，我便很难再找到那种体验了。所以，《动物哲学》后半部的篇章，明显少了一些仙气，多了一些俗气。"我自责地说，"马斯洛先生，关于高峰体验，还有哪些特征呢？"

马斯洛说："处于高峰体验中的人具有最高程度的认同，最接近其真实的自我，达到一种相对忘我的境界。行为轻松自如，更具有自发性。更加自动地、本能地、无意识地表现自己。感知相对而言可以是超越自我、忘却自我、没有自我的。它以对象为中心而不是以自我为中心。感知体验可以围绕对象组成一个中心而不是建立在自我的基础上。高峰体验被看成是一个自我肯定、自我确证的时刻，有着自身的内在价值。处于高峰体验中，我们可看到一种时空莫辨的特征。在这种时刻，人在主观上已脱离时空，在创造的迷狂之中，诗人或艺术家全然没有意识到他周围的环境以及时间的流逝。高峰体验只能是善的，是人们求之不得的，从来不会是恶的或人们不希求的。高峰体验中具有两种不同的身体反应，一种是高度的紧张和兴奋，另一种是松弛、平和、宁静、悄然无声。高峰体验可以改变一个人对世界的看法，使人更为健康，把一个人的创造性、自发性、表达力和独特性解放出来，更容易感到生活是值得的，看到美、激动、诚实、真、善和生活的意义。生活本身的正确性得到证实,他大可不必再想到自杀了。把高峰体验比作前往个人理解的'天国'的一次访问,访问之后又回到人间。"

我忍不住说:"听起来,性高潮也该算一种高峰体验吧?"

"是的。"马斯洛点了点头。

约拿情结与心理学的乌托邦

我一向被认为是一个很率直的人,活得很真实。但是,也许只有我自己知道,许多时候我还是没有勇气说出自己的真实想法。1997年8月底的一天,沈阳一家《妇女月刊》的编辑来北京,请几个作者吃饭。饭后,大家谈生命。一位老大姐说:"方刚,别太累了。你要明白,世界有没有你,照样转动。"

一句话溜到嘴边,我没有管住它,还是说了出来:"但是,转的不一样了。"

确实,如果每个人都不想对这个世界有所影响,那么世界又如何能够进步呢?正是因为无数人的影响加在一起,世界才能够加快前进。这是一个何其简单的道理,为什么我却没有勇气大声宣布:我要让世界因为我的努力,而转得更快、更好。

我们心底都存有对伟大的向往,但是,在我们的成长过程中,我们却压制了这种向往。那些没有压制这向往的人,也不敢向世人公开谈论自己的向往。难道,对伟大的追求,竟是难以启齿的吗?

我和马斯洛谈到这个问题,马斯洛说:"您讲的便是约拿情结。"

旧约《圣经》中,上帝要约拿到尼尼微城去传话,但约拿最初却逃避这一使命,企图乘船远去。我们将这种内心深处对自己成长的阻碍力量,称为约拿情结。

我们惧怕自己最坏的东西,也惧怕自己最好的东西。我们绝大多数都一定有可能比现实中的自己更伟大,我们都有未被利用或发展不充分的潜力。我们许多人的确回避了我们自身暗示给我们的天职,或者说召唤、使命、人生的任务等。我们往往逃避本性、命运,甚至有时是偶然事件指示给我们的责任,就像约拿试图逃避他的命运一样。我们既害怕自己最低的可能性,又害怕自己最高的可能性。在最美好的时刻,我们常常能看见一些神圣的东西，然而，我们一般害怕这种东西。在这种高峰时刻，我们在自身看到的超绝的可能性给我们以快乐，面对它们，我们会激动得颤抖，然而也会因为虚弱、害怕、畏惧而直打哆嗦。

我们还不够强健，以至于能够追随更多的东西。高峰体验太震撼人心，太消耗精力，正因为如此，处于这种狂喜时刻的人们常说"够了""我会死的""我受不了啦"。就像我们的肌体承受不了性欲高潮一样。所以，高峰体验总是短暂的。对于某些人来说，这种对于自己成长的逃避，也就是降低自己的抱负水平，害怕做自己力所能及的事情，自愿的自我削弱，实际上是对轻狂、傲慢、夜郎自大、自命不凡的防御。谦卑与骄傲之间恰如其分的整合对于创造性工作是绝对必要的，要想有所创造，您就必须有"创造的骄傲自大"。当然，如果只有傲慢而没有谦卑，那你实际上就是妄想狂。你必须不仅作为存在的人的神圣的可能性，还能认识到存在的人的局限性，你必须能同时嘲笑自己和人类所有的做作与虚荣。

马斯洛说："约拿情结在某种程度上有其合理性的一面，但是，我们应该把对自己的怀疑放在一边，继续往前走。"

如果我们不能抛掉怀疑呢？我们很可能丧失成为更伟大的存在的可能。我未能成为真正超越性的自我实现者，与我的约拿情结不无关系。回想一下，20岁的时候我对自己成为大师级的人物坚信不疑，而到了30岁，我甚至开始怀疑自己是否能够成为大家了。我能否成为大师与大家是另一回事，如果我连想都不敢想了，连说都不敢说了，那我就注定不是一个生活在自我实现境界中的人了。

最好的前景是：每个人都认识到自己的局限，但都向伟大而努力。

我问马斯洛："您理想中的人类世界是怎样的？"

马斯洛说："一种新的健康概念。"

我知道，那是一种关于一般化的、泛人类的心理健康概念。几十年前，马斯洛便坚信这一理论不久将迅速得到发展，它将适用于整个人类，而不管人们的文化和时代背景如何。心理健康的人，应该是自然的人。只要是能够沿着内在本质所指引的方向前进，便是健康。但是，几十年过去了，人类仍远未到达那样的境界。

我说："我记得，您曾提出过一种心理学上的乌托邦设想。"

马斯洛很兴奋，说道："是的。那是一个高度无政府主义状态，一种自由放任但是充满爱的感情的文化。人们的自由选择的机会大大超出我们已经习惯的范围，人们的愿望受到更大的尊重。人们的观点、宗教信仰、人生观，或者在衣、食、艺术与异性方面的趣味不再被强加。宽容、尊重与满足他人的愿望，自由的选择，将更为常见。但是，完美的健康需要一个完美的世界。从促进自我实现或者促进健康的角度来看，良好环境应该是这样的：提供所有必需的原料，然后退至一边，让机体自己表达自己的愿望、要求，自己进行选择。个人能够比他所生长和生活其中的文化健康得多，这是因为这个健康的人有超脱周围环境的能力，他靠内在的法则而不是外界的压力生活。他们不为他人的赞扬和批评所左右，而是寻求自我肯定……"

一阵若隐若现的奇怪的声音传来，我屏息细听，是隔壁房东大爷的呼噜声。我笑了笑，转身想继续和马斯洛交谈，却发现，室内空空，哪里有什么马斯洛！

这是怎么回事？

马斯洛真的来过了？抑或刚才的一切仅仅是我的幻觉？

第十二章

释梦手记035—043号

释梦手记035号：廉价古书；释梦手记036号：学习游泳；释梦手记037号：好心人的告诫；释梦手记038号：一个未记住名字的女人；释梦手记039号：受到攻击的女邮递员；释梦手记040号：片断；释梦手记041号：又一个引向贝克尔的梦；释梦手记042号：杀父；释梦手记043号：环保之梦。

随着可供我们用来自我分析的理论介绍的越来越多，我们需要更多地进入实际的自我分析阶段了。

此章再次提供我个人的九个梦境，其中八个已经做了成功的自我分析，可供您的参考。需要说明的是，每个人的分析方法与他自己对精神分析学不同主张的偏爱，以及释梦术的理解密切相关。

本章中也包括一个未能分析出来的梦境。也许，会有读者因为读过此前的章节，对我有较多地了解与理解，而能够替我完成这个梦的解析工作？

释梦手记035号：廉价古书

时间：1997年5月10日

梦境：

我在买书。背景很模糊，我无法判断自己在哪里。清楚的只是一个卖书人和我这个买书人，自然，还有一套书。

那是一套函装的古书，一函八册，繁体字，竖排版，线装。内容是谈论超心理学的，至少已经出版四五十年了。但很奇怪的是，这套书不脏不旧，印刷极精美，用的是现今一些画报使用的铜版纸，纸张光滑、厚实，洁白如玉。更为奇妙的是，竟还有许多彩色插图，很清晰，很漂亮。我奇怪如此古老的书怎么会有如此现代的印刷技术，又保存得如此完好。然而，我更奇怪还是，四五十年前怎么会有人写超心理学的书。

八册书中，七册正文，一册目录。卖主竟只要区区25元。我欣喜若狂，势在必得。

仍与卖主讨价还价，其老练程度令我自己十分吃惊。

醒来，仍处于兴奋状态中。似醒非醒时，想，即使价钱再翻一倍，我也要买下它。

分析：

超心理学，是西方近年新兴起的一门科学，主要探讨灵魂世界，研究人的死后去向、灵魂出窍，以及濒死体验，等等。即使在西方，它也是一门边缘学科，其关于灵界存在的思想远未能被公众和科学界普遍接受。我在1996年底曾集中阅读了几本这方面的书，还写过相关的文章，对超心理学有一些了解。

因此，我在做上面这个梦的当天开始释梦时，便将其解释为：表面是在买书，实际上想和朋友探讨超心理学。这个解释远远无法说清这个梦中的许多意象，但是，这个梦是如此奇特，如此无线索可寻（我无法从前一天生活经历中找到任何可能进入这个梦的素材），我也只能勉强做出这个牵强的解释了。

至于那个讨价还价的情节，我想是因为我在现实中从来不会和人划价，买东西如此，做任何事情也均如此，因此常常被人算计、吃亏。我对自己这一点很不满，但不可能有实质性的改变，所以只能在梦中表示愿望了。

5月11日，也就是做这个梦的转天，友人来访，后一起去逛地坛公园正在举办的降价书市。奇异的事情发生了。

书市一个不起眼的角落，一个青年蹲在地上卖书，所售只有一种《漫画周易》。这套书分上、下两册软精装，铜版纸内文印刷，精美、崭新，全书用漫画的形式介绍、解说易经的思想、宗旨，甚至每一个卦象。图文并茂，使枯涩的周易变得浅显。原书定价每套39.5元，售书人只索价每套20元。我想也未想，当即掏钱付款，兴高采烈地把书拿回家了。我甚至后悔，没有多买几套，送人亦是极好的礼品。

到家后，翻阅这套书，想起前一天的梦，立即恍然大悟。那个梦，是对我这次购书的预言呀！

周易是古书，梦中的也是古书；用漫画的形式表现，正应合了梦中书上的许多图画；古老的书，现代的印刷，也符合这套《漫画周易》。当年的周易或其解说之类的读物，无疑会是线装书，数册成一函的，所以，梦中种种，正可以对应现实中的这套书。而且，梦中售价与现实售价只相差5元，岂不又是一个完美的对应？而最精绝的，我以为还是书的内容。超心理学与易学，都相信除了可见的物质世界之外，还有一个精神世界的存在。前者可以观前世，后者可以预言未来，均属于玄妙之学。

甚至于，荣格曾说，早在中国古代的易经中，便已经传达出关于集体无意识的思考了，而集体无意识，又属于心理学范畴。

而关于梦具有预言功能的说法，更是作为心理学家的荣格坚信不疑的。

鉴于以上种种，将这个梦与购《漫画周易》的经历联系在一起，应该就算迁强。

释梦手记036号：学习游泳

时间：1997年5月12日
梦境：
　　一个女孩子因病哑了，一个男孩子很爱她，在海边教她游泳。
　　男孩子在前面拉着女孩子的手，牵引着她，同时，还教她说话。一个字、一个词，男孩子很认真，女孩子学得很艰难。

（未能解开，敬请读者代为解释。）

释梦手记037号：好心人的告诫

时间：1997年6月16日
梦境：
　　D先生对我说，你的文章写得太随意了，太少精品意识、大家意识。应该做到让读者看几行，便知道是大手笔，而你不重视自己大家风范的形象塑造。
　　我十分叹服，知道自己的文章只是把事情写出而已，很少字句的推敲。我感到羞愧，也很着急。
　　Y先生说，你可别误解D的好意，以为人家又是在攻击你。

分析：
　　那段时间我对自己的写作很不满，一直在寻找突破。这个梦，起到了自警的作用，但它的实际意义远不止于此。
　　我对D一直很不满，这天临睡前想，每个人都有自己的苦衷，他可能并不像我想的那样不好，只是我们缺少沟通和理解。他在梦中对我的善意的提醒，便是基于以上的认识。

而Y的出现，是因为我不久前同他谈过对D的不满，而他给我的印象是，并不完全站在我这一边。于是，他在梦中出现，并说了那句寓意深长的话。

那段时间我一直困扰于自己的写作发展，直到两三个月后终于想通了自己这一生能够做也应该做的事情：通过写作进行观念的传输与引导，而不必去理会什么文字的大家意识。

释梦手记038号：一个未记住名字的女人

时间：1997年6月26日
梦境：

明明是在翻看一本画报，却听到了清晰的解说声。我的感觉是，看电视上放的资料照片，同时听播音员的话外音。

在这本画报中，连续数页，共几十幅照片，介绍的是同一个女人。她的名字是三个字，但梦中的我没有听清这个名字，醒来后便更无从记起了。

话外音说，这个女人小学、中学、大学，学习成绩一直都是最出色的。大学毕业后，她又出国留学，毕业后回来建设祖国。在过去的几十年间，这个女人一直研究××花的栽培技术（那是一种闻所未闻的花名，我同样未能记住），但是，时至今日，这项研究也未能最终完成。

那些照片，是按年代编排的，展现了这个女人不同年龄的面貌，有学习照、生活照，也有工作照。从豆蔻年华，到最后几张照片上已经是六十余岁的女人，我得以看到一个女人生命的演变。每张照片下面，都有简短的说明文，竟然是："××花含苞待放""××花小露芬芳""××花怒放""××花枯萎"这样的字句，自然，所对应的正是那个女人从年少到年老的过程。

最后一张照片，年老的女人仍精神矍铄，走在田埂上。她的身边、身后追随着十几个同样年龄的女人，她们大步向前，自信地微笑着。她们的两侧，是齐腰高的植物，那便是没有开花的××花。

话外音说：为了××花栽培技术的进步，她们仍然在努力着。同时，我们的主人公为了在研究成功后能够写好论文，已经开始自学文学，提高写作水平。

我很惊异地看着那最后一张照片，因为那个女人脸上那份平和、坦然的表情而大惑不解。她怎么还活得这么有精神呢？

分析：

对青春渐逝的恐怖，这段时间内一直左右我的情绪。我随时随刻都能感受到生命正在流逝，我无从把握它，更无从控制它。我的所有理想与梦想，都需要时间去实现，而时间却一天天少了。

这个梦，在此时出现，便绝对不是偶然的了。

我无法理解的是，为什么梦中的主人公是女人而不是男人，如果是男人，岂不更明确地成为我自身的投影，更能震撼我的心灵吗？也许，正因为我的潜意识担心对自我的心理刺激太大，才选择了一个女人，首先便从性别上疏远我，使我不至于太投入，缓解我可能出现的过分焦虑。

我没有听清那个女人名字，这绝不仅仅是因为梦的不清晰。无名人的命运，便也是所有人的命运——我相信梦境对我的这一提示。

这个女人的人生结局不正是我所担心会出现在自己身上的吗？一生勤奋地致力于某项事业，但一生都未能取得成功。这种失败，便也是人生的失败，是生命中最无法承受的一种伤痛。照片上的女人一点点衰老，将我的忧虑形象地展现出来。女人的事业是××花，这更增加了某种悲剧色彩，因为人们一向是将女人比作花的。××花正像它在女人照片的文字说明中所显示的一样，走向枯萎，正如女人的生命。女人求学时期的一帆风顺，使得女人最后的失败更令人心痛。这又与现实中的我形成对照，因为，我没有她那样的顺利。

那天临睡前，我偶然读到关于画家陈逸飞的文章。陈逸飞学生时代很平常，那文章的作者说，早年的成绩与成为大师没有直接关系。而且，那文章还分析了大师之所以会成为大师所应具有的各种因素，主观的，客观的。我是在思索中睡去的。那篇文章无疑又触动了我的紧迫感，所以才会有关于追求与破灭的情节入梦，而那女人求学的顺利也无疑与陈逸飞有关。

最值得玩味的，是女人最后的照片，最后的话外音，以及我最后的情绪体验。

女人几十年的努力固然没有成果，但是，女人仍在努力着，她相信自己最终会取得成功。那个为了成功时写论文而开始自学写作的情节，无法不令人感动，令人肃然起敬。那坦然、平和、自信的神态，更冲淡了前面的悲剧效果，而给人一种正剧的雄浑与壮阔。这些，都在传达着一种精神：只要努力了，败亦英雄！

同样的精神还通过其他途径传达着，一本画报（或电视）对一个未成功的女人这样郑重地介绍本身，便很能说明问题。而我最后那份惊奇与敬慕交织的情感，也正是对这个女人不懈追求的一种赞赏。我又何尝不经常地用"只问耕耘，不问成败"来激励与劝勉自己呢，但是，我仍未能真正坠入空灵的状态。

梦中的我，在自我劝慰，也在寻找着人生意义的一种终极答案。

当我进入贝克尔的世界中时，我对这个梦的理解又在深入。下一章，我们将谈到这位以"反抗死亡"著称的学者——贝克尔。

释梦手记039号：受到攻击的女邮递员

时间：1997年6月18日中午

梦境：

路边，一个骑车的女邮递员与一个从对面走来的男中学生相遇，他们差点撞到一起。女邮递员二十多岁，刹了车，男学生十七八岁的样子，迎面便狠狠地打了女邮递员一拳。

女邮递员很生气，声称要到学生的老师那里去控告。

男学生说，你如果去报告老师，我还要狠狠地打你。我们老师嘱咐了，遇到那些和我作对的人，就要狠狠地打她们。

梦中，我清楚地知道男学生说的"ta们"指的是女性。前面几十米就是校门，邮递员还是去找老师了。我一直没有说话，但很气愤，便跟在后面，想要看个究竟。

到了教师办公室，那个女邮递员似乎已经变成了一个男人，甚至于，她隐身不见了，只留下我和那个教师争辩。

我似乎并没有出示记者证，但教师分明已经知道我是记者了，先是躲着我，随后一口咬定，他从来没有对学生说过诸如要"狠狠地打女人"的话。

我仍十分气愤，醒来了。

分析：

那几天，我正在读《妇女：最漫长的革命》。这是一本由三联书店出版的当代西方女权主义理论精选，我很辛苦地在书店里找到它，很投入地读了，后来又很认真地写了书评，在多家报刊发表。

我便是在阅读劳累后的小睡时，做上面这个梦的。于是，醒来后我很自然地将这个梦与妇女们一直悲苦的命运联系起来。但这种牵强的联系显然仅仅是形式上的，如果从更深层的内涵考察，则不堪一击。

我刚开始进行自由联想，便联想到了我在学生时期的经历。事实上，那蛮横的男学生、偏袒的教师、受到袭击又无从申辩的心境，没有办法不使我联想到自己当年受辱的许多情景，特别是初中时期。

因为弱小，因为内向，因为孤独无助，更因为怯弱，从小学一年级起我便属于那些好战同学的攻击对象，一直到初中结束。面对攻击，我无力反抗，自卑与怯弱更使我不敢反抗，于是，攻击便加剧了。

记忆中，没有向老师求助的经历，我担心告发与求助会招来更大的袭击。然而，偶然的几次，当我被强拉进与野蛮同学的冲突中后，老师竟总是站在对方的立场上，对我这个绝对的无辜者大加训斥甚至惩罚。

如果将女邮递员看作我的投射，则这个梦已经迎刃而解了。至于我何以会以女性身份出现，无疑同我读那本书有关系。再深一层，至于我何以会以邮递员的身份出现，可能是因为我对邮递员颇多好感，在我与各地报刊的大批量信件往返中，她们对我的帮助很大。

释梦手记040号：片断

时间：1997年6月23日
片断一：
　　有人问我的年龄，我说，27岁。
片断二：
　　梦里在写小说，通俗写法，一个月便写好了。两个主人公的名字记得很清楚：王维庚、王唯康。
片断三：
　　我的八本书同时出版了，整整一排码放在那里，封面素净淡雅。我很高兴。

分析：

　　从睡眠质量角度考虑，这是一个糟透了的夜晚。我不断在梦中醒来，又浑浑噩噩地睡去，无法计算醒了多少次，做了多少梦，只是感觉，整夜都在梦中，疲劳不堪。醒来后，能清楚地回忆起的情节有三个。

　　1997年，是我试图改变自己，处于探寻、摸索中的一年。而这年的夏天，更是处于关键时期。一方面，大量的学术著作阅读已经告一段落，写作的欲望很强了；另一方面，前一年完成的几本随笔出版一再遇阻；最重要的是，人生并没有终极意义的残酷现实使我经常坠入痛苦的沉思与挣扎中。而最具体的问题便是，我拿不准自己应该如何进行新的写作定位了。

　　我有很多极好的写作选题可以做，但是，选择是件太难的事情，因为任何选择归根结底都是世界观的结果，当我处于人生意义的困惑中时，对此感受格外强烈。

　　在第一个梦中情节里，我回答自己只有27岁，比我的实际年龄少说了两年。这显然是对30岁即将来临的恐惧。仅仅因为孔子的一句"三十而立"，中国人比西方多了一个必须经历的心理危机期。我在白天的恐惧延伸到夜里，貌似口误，正好可以用弗洛伊德的观念来解释，这位对人类内心世界洞察秋毫的大师说，口误、笔误都有其背后的缘由。我少说了两岁，回避30岁这个近在眼前的大关。

另外，27岁对我来讲又是一个特殊的年龄，在那一年，我最初的四本书出版了，而且影响极大，全国近百家传媒报道，我也飞往几个大城市签字售书，出尽了风头。在我的新书出版陷入困境之时，这个数字在梦中脱口而出，更非偶然了。

我还记得，那年，在一些以我为中心的场合，当别人问我年龄时，我说出27岁，众人都很惊异，称我年轻有为。那种自得，在梦中重现。

第二个梦境中，我在写作的那部小说，是我早已经构思好的一部长篇。但是，我没有想好主人公的名字，更没有确定它的文风。我在追求纯文学的美学效应与追求市场效应之间摇摆，而这种摇摆背后的深层冲突，同样是一种人生观、世界观的冲突。

我希望自己能够在纯文学的美学境界有所成就，这对我现在的状况也是一种挑战和超越。但是，我又没有充分的心理准备面对可能出现的滞销和必然出现的贫穷。在梦中，我的潜意识为了解决这个问题，主人公的名字有了，一个月写完一部畅销长篇的计划也开始施行。我似乎应该对它表示感谢，但是，醒来后我的情绪仍是复杂的。

第三个梦境，八本书一起出版了，自然是个美好的愿望达成。封面的雅致，是因为我对此前在广州出版的四本书封面的粗俗的一种反抗。醒来后我想，这是否也在提示我，出版遇到困难时，不要焦急，应该埋头认真写书，自然会有柳暗花明的一天。

这样，我能够记起的这三个断章残简，已经起到了安慰睡眠中的我的作用。我甚至想，当梦中的我决定用通俗手法快速写那部长篇小说之时，是否，我也做出了某种世界观、人生观的抉择呢？

梦终归是梦，醒来后的我仍将处于种种未能解脱的困苦中。我不知道，这是不是意味着我愚蠢地拒绝了梦的提示与救助呢？

释梦手记041号：又一个引向贝克尔的梦

时间：1997年5月3日

梦境：

在一个游乐场里，我坐在快速轨道车上。车开的速度极快，忽上忽下，左冲右突，我便也随着时而倒向左边，时而倒向右边。当它转弯时，我总产生要被抛出去的错觉与惊恐。我完全被惊惧控制着，脸吓得惨白，想呼救，却叫不出声来，想下车，自然更做不到了。

我在内心深处哀求着什么人：放我下去吧，你知道我有多么难受吗？

但是，没人放我下去。我便尝试着想从车上跳下去，即使摔死，也比这样好受些。

（似醒非醒，画面转换了。）

有两个男人来串门，还带着礼品。我便出去买菜，好招待他们。买菜回来，我要求母亲报销400元菜钱。母亲、姐姐，还有妻子，都不相信我会买了400元的菜，疑心我骗家人的钱，我在委屈中醒来。

分析：

谢天谢地，我不是经常做这样的噩梦！

显而易见，经常做这种梦的人，生活状态将是很糟糕的。他们将生活在恐惧、失意、自卑中，担心危险随时会降临。他们与家人的关系也不会很好，经济上窘迫。我们这些推测，虽然不可能百分之百的应验，因为因人而异的存在，但是，我们至少可以相信，做梦者未生活在舒心自由的境界中。

但是，我何以会做这样的梦呢？

我做这个梦时，刚刚经历过一次大手术，正住在母亲家里养病。我想，梦的前半部恐怖情节，可能与我对疾病的恐惧相连。而后半部，则可能是因为在母亲家住了很长时间了，虽然母亲极乐于能够天天看到我，但是，我总觉得把她的生活扰乱了，心里很不安。

除此之外，是否还有别的原因呢？

自然有别的原因，这便是对生命无常的恐惧。我发现，我必须尽快进入贝克尔的世界寻找答案了。

释梦手记042号：杀父

时间：1997年7月22日
梦境：

某国总统有一位居心叵测的保镖，准备谋杀总统，自己篡权当政。

保镖到一位精神分析学大师那里相面，这位大师的表现像一个算命先生。

大师面对面看了一会儿保镖，便说："你现在身居高位，但图谋不轨，是个危险分子。"保镖没说什么，走了。

总统得到自己处境危险的信息，便独自出逃了。我似乎便是那个总统，很疲惫地在路上奔跑。那个保镖便和另一个男人一起骑着马追总统，我躲到一丛矮灌木后面，看到他们正四处张望，保镖还说："没想到他没有保镖，自己也会走路。"

追踪者没有发现总统，便掉头回去了。

画面再次切换，保镖已经被捕了，罪名是具有"杀父情结"，谋杀总统便是谋杀父亲，因为总统和父亲都代表某种权威。

押解着保镖去远方流放地的，竟是那位精神分析学家。

精神分析学家押解着保镖途经一处小酒馆，进去吃饭。小酒馆里有一个老年男子，独自饮酒。保镖对他怒目而视，欲杀之，只是由于在押的现实，无法实施罢了。

精神分析学家断定，这又是保镖的杀父情结在起作用，于是，他过去问那个老者的姓名，发现，老者与保镖同宗同脉，是保镖的先辈。

需要补充的是，保镖此前从来没到过这个酒馆所在的地区，更没见过那个老年男子。

分析：

在这个梦里，我似乎没有出现，又似乎无处不在。一方面，我在故事之外，冷静地看着故事以叙述方式进展，情节连续出现大的跨越；另一方面，我时而体验总统的恐怖，时而感受保镖的心情，甚至还觉得自己便是那个精神分析学家。

这种无处不在的感觉很重要。我在此梦出现一星期之后才得以解开它，那时我发现，我确实既是精神分析学家，又是总统和他的保镖。

做这个梦时，我正处于写作上的困惑，仍在努力否定过去的自己，开始新的尝试。纪实虽然早已不写了，我正在考虑的是，是否还写思考性的随笔。我想进入纯文学创作，并且正在构思一部长篇小说。同时，我也对放弃自己的特色是否正确有些迟疑。

这个梦便真实地反映了这种心境。

首先，一个如此离奇、好看的梦境的出现，便是一个大的愿望达成：我正在构思的长篇小说也曲折、好看。我对小说情节的关注在睡眠中延续，便有了这个曲折的梦中故事。

其次，我正在写作这本《精神我析》，所以那个精神分析学家的出现便不难理解。我已习惯于对自己的所思所想所历进行分析，如果没有一个精神分析学家出现在我的梦里，我的生活岂不欠缺了吗？至于分析学家表现得像个算命先生，很可能是我担心自己的分析过于肤浅或出现偏差所致。

最有意思的人物还是那个保镖，正如精神分析学家所说，他身居高位，却不甘心，是个危险分子。在一些人看来，我驾轻就熟的创作也足以使我"身居高位"，但我自己最清楚，我不甘心这种位置，而是想成为"总统"，心里存着大展宏图的志向，确实是个写作上的"危险分子"。

当保镖为了更上一层楼试图谋杀总统时，我变成了总统，开始体验被追杀者的感觉。那种逃跑时的恐慌，是我曾经长期生活于自卑中的结果。我总是害怕被伤害、被袭击。保镖那句"没有保镖，他自己也会走路"的话讲得极精彩，一针见血地指出了我的依赖性与脆弱性。

保镖被捕之后，我则又成了保镖，体验着保镖的心情。"杀父情结"在此处出现，和俄狄浦斯没有什么关系，那被我杀掉的"父亲"与总统代表着同一个事物：我需要不断否定自己，超越自己，成为更加具有权威性的"父亲"或者"总统"。小酒馆中奇异情节的出现，不过是在进一步强调：我将一直不断否定自己。

但是，否定的代价已经显示出来了：我被捕了，要被流放到远方。这一情节形象地展示了我的担心：我会因为对自己的否定而失去已经得到的一切，最终一无所有，前景悲怆。这正是我转变写作目标后曾有过的担心。然而，我也知道，无论怎样，我仍将义无反顾地走下去，毕竟，我有"杀父情结"。

释梦手记043号：环保之梦

时间：1997年8月11日
地点：南戴河海滨
梦境：

我在海边，看到海水中忽然隆起一片长条形的陆地，又似乎是黑色的岩石，向海中伸延。

这一奇异的现象引起科学界的关注，很多学者提出自己的解释。一位科学界的权威人士发表看法，逐一反驳了这些解释（梦中，我梦到了两至三种解释，但醒来后，却记不起细节了）。

弗洛伊德也写了论文，认为是地下水被抽干之后，陆地下沉的结果。

那位权威人士对弗洛伊德的观点极为赞同，于是，它成为科学界的定论。有话外音提示我，弗洛伊德写那论文时，时年26岁。

画面转换到西湖新村，我去验收房屋。我忽然想到，这里不通自来水，所有生活用水都取自地下水。那么，如此一大片居民小区，长年汲取地下水，地下水岂不终有枯竭之日？如果地下形成空洞，房屋岂不会出现下沉？再遇地震，房屋下沉的可能性岂不更加大了？

梦中的我忧心忡忡，与一个建筑工人探讨这一问题。他似乎不为所动，称我杞人忧天。

我在忧虑中醒来。

分析：

做这梦时，正值《女士》杂志社请我去南戴河度假，每天都到海里玩水，于是梦境很自然地从海边开始。

我分析，这个梦的主题并不统一，而是情节、主题出现了几次更迭。这亦很好理解，那些天十分劳累，而据我的经验，劳累后的梦，难免有些杂乱。

海水中忽然出现的黑色、长条形的岩石或陆地，显然是男性生殖器的象征。因此，梦的第一个情节，是与性欲有关的。

弗洛伊德的出现，有两种可能的解释：①梦中的我，已经意识到那突然出现的岩石或陆地是阳具的象征物，弗洛伊德的出现完成了梦本身的解释；②与我目前正在写作的这本书有关。

弗洛伊德写出了获得肯定的论文，而我正孜孜以求想写出获得普遍肯定的新书。弗洛伊德在26岁完成那篇论文，而我目前正在为岁月流逝，将及而立的"三十岁情结"而困扰。因此，梦的第二个主题，仍是我在事业上的困惑与追求。

此梦的第三个主题，很容易被理解为对即将搬入新居的未来的担忧。此时我已得到通知，回北京后便可以去验收新居了。所以，关于住房的一系列梦境的共同主题在此梦中再次出现。然而，这仅是表面的主题，更深的还需要分析。

这段时间，我的思考涉及环保问题。看了一些书和资料，了解到一些信息，知道人类对地球环境的破坏已经到了极危险的地步，人类正在毁灭自己的家园，这种毁灭必将导致人类终有一天无法在这个星球上生存下去。而且，我自己做了一番推测，今天距离这个星球的生态被破坏到人类无法寄生的日子，在100年至200年。这涉及人类生存的意义，以及个体种种追求的意义，没有人会不在这一状况面前感到对心灵巨大的冲击力。

在南戴河，我感受到空气的清洁与纯净，同北京闹市的污染形成强烈对比。夜里坐在沙滩上，我曾想，如果每一个城市都保持着这样的生态环境，人类便还有希望。然而，这仅仅是一种虚妄之想。

我的忧虑在梦中再次显现。那借对自己新居未来的担忧显示出来的，是对人类整体未来命运的忧虑。建筑工人代表了人类中绝大多数的分子，他们仍在破坏自然，只关心自己的收入与舒适，哪里会思考一两百年之后的事情呢？科学家们的种种警告被视作耳边风，自然是忧天的杞人了。

既醒状态，我的感觉是：恐惧，忧患。

第十三章

布朗、莱恩、梅：微精神分析学与后现代精神分析学

人是一种患神经症的动物；被压抑和扭曲了的爱欲；对死亡的恐惧；对升华的审视与寻找出路；自由联想：旧日随笔《时间的走向》；莱恩和他的"本体不安全感"；寻找爱与意志的罗洛·梅；方迪的微精神分析学；后现代时期的精神分析。

人是一种患神经症的动物

美国精神分析学家诺尔曼·布朗在1959年出版了他的《生与死的对抗》一书，进一步发展了弗洛伊德的思想，被认为揭示了许多弗洛伊德未能揭示的真理。将布朗的思想与弗洛伊德的思想做对比，会有许多极为有趣的发现。

布朗说，他写作此书的目的是以精神分析学的观点对全部人类历史或至少是西方文明史做一次剖析，借以诊断当今社会究竟在什么地方出了毛病。

布朗做到了这一点。

人类是一种永远不会满足的动物，他总要孜孜进取，追求更快的进步，更高的文明。这种被普遍视为人类优越于动物的特点，在布朗看来，正是人类神经症的表现，是由于人的压抑造成的。

压抑这一概念是全部精神分析学的奠基石，也是理解人性及其内在冲突，以及人类文明史的关键。人是一种压抑自己本能欲求的动物，在压抑中进行所谓的升华，创造出文化或社会，而这创造出的产品同样被用来压抑自己。但是，他永远不会满足。

布朗说：永不知足的动物是患有神经症的动物，是天性中有不能从文化中得到满足欲望的动物。从精神分析学的观点看，支撑着历史过程的正是这些未满足、受压抑同时又永恒持久的欲望。历史是在我们的自觉意志之外形成的，形成历史的不是理性的狡计，而是欲望的狡计。

人的本质不在现实原则中，而在受到压抑的无意识欲望中。受压抑的爱欲是历史的能量，而劳动必须被视为升华了的爱欲。

布朗说，人优越于其他动物之处就在于他能够患神经症，而他这种能够患神经症的能力，只不过是他能够创造和发展文化的另一种说法而已。因此，人与动物的本质区别就在于人能够患神经症并因而能够创造文明和历史。所以如果给人下一个定义，则是：人是一种患神经症的动物。

布朗进而把人类创造的文化和历史理解为神经症的产物或神经症的症状，他指出，人作为一种普遍患有神经症的动物，全部人类文化、人类历史以及种种社会制度，统统不过是神经症的产物；普遍的神经症使文明人永远处在受压抑的状态中，而由于渴望始终得不到满足，人便像浮士德一样开始了不安宁、无休止的追求。这种追求成为历史的动力，它一方面创造出新的文明形态和社会组织来完成对人的压抑并因而加剧了人的神经症；另一方面它作为人在被压抑状态中的一种奋斗和挣扎，又揭示出人内在的具有渴求痊愈的要求并因而为人的解放指出了一条道路。

布朗指出，文化作为神经症的产物是快乐原则和现实原则达成的妥协；由于这种妥协在基本性质上不能令人满意，受压抑的因素与行使压抑的因素便会始终处于紧张状态并继续制造出一连串的症状，这些症状就是我们所说的历史。

历史学家感到有必要以精神分析学来研究历史是由于这样一个问题：为什么所有动物中唯有人类有历史？回答是：历史过程是靠人渴望成为他所不是的东西的欲望来支撑的。这种未被意识到的欲望表现为一种永不安宁、永不停息的追求。人作为永不满足的动物证明了人天性中有不能从文化中得到的满足的欲望。正是这种永恒的、始终不可能在历史中得到满足的欲望成为人类用来创造历史的动力，而人类却并未意识到这种永恒的欲望不可能从历史中获得满足。人类今天仍在继续创造历史，却不曾自觉意识到自己真正需要的是什么。事实上，人类今天的所作所为，似乎正在使自己更加不幸福、不快乐，并且还把这种不幸福、不快乐称为进步。

在布朗看来，精神分析的任务便在于使人意识到这一点，从而使人能够走出无止境的进步和无止境的浮士德式的不满足，像从一场噩梦中醒来那样从自己的历史中醒来。这样才可能不再成为历史的奴隶，才渴望自己把握自己的生活，才渴望去享受生活，而不是创造历史。

被压抑和扭曲了的爱欲

弗洛伊德提出死亡与爱欲本能，来概括人性中受压抑的那些力量的一般性质。尽管受到压抑和不曾被人们所认识，这些力量却是创造人类文化的能量。认识它们的存在，就是重新解释人类文化。爱欲创造文化，爱欲是肉体的性本能。

受压抑的爱欲是人据以创造历史的动力，人的基本追求是为他的爱找到一个满意的对象，但这个对象却注定了不可能在历史进程中找到。人创造历史的动力来自一种永不满足的欲望，这欲望由于未被人意识到其真实性质而表现为不停地向前追求，但实际上它的内在趋向却是要返回过去即返回童年时代。儿童在某种意义上是无压抑的，成人在从压抑性现实逃向梦和神经症的时候是在退回自己的童年，因为童年代表着压抑发生前的一个较为幸福的时期。

布朗说，我们全部受压抑的其潜在的终极本质，其线索都隐藏在幼儿性欲之中。儿童所谓的多形态的性"反常"，正是我们最深层的欲望模式。成年之后，我们的性欲被固定在生殖器与生殖上，这是神经症的表现，使人背离了人的本性。

幼儿性欲是对快感的追求，这种快感是经由人体任何器官的活动而获得的。在这样的定义下，我们的所有欲望，我们存在的终极本质，便不过是通过人体的活跃的生命活动所获得的愉快。儿童一方面追求快乐，另一方面则十分活跃，他们的快乐即寓于人体的活跃的生命之中。

人如果想从工作中解放出来，从人生的繁重的事务中解放出来，从现实原则中解放出来，他所能依循的活动模式究竟是什么呢？答案是：童年时代的游戏。

每一个普通人，早在其童年时代便品尝过游戏的天堂般的滋味。在每个人的工作习惯下面，有着不朽的游戏欲望和游戏本能。未来的人所赖以形成的基础，已经在人的受到压抑的无意识中内在地具备。

艺术的功能就是返回童年，重新获得那失去的笑声。艺术家是那种拒绝经由教育进入现存秩序中生活的人，他始终忠实于他自己的童年时代，并因而成为一个生活在所有一切时代精神中的人——一位艺术家。

布朗还认为，语言并非产生于人类劳动的过程之中，而是产生于以母亲为中心的童年生活，即游戏、快乐和爱的生活。"就每个人在个体发生学意义上的发展而言，爱的语言和建立在快乐原则上的语言先于那后来成为劳作语言和现实原则语言的语言"。语言首先是一种爱欲表达，然后才屈服于现实原则，分担着人类心理的命运——神经症。

不断向前追求使人越来越远离其原始的满足，其结果当然是进一步加剧人类的神经症，但另一方面，它也反映出人在内心深处始终是按快乐原则行事的。布朗说，我们存在的终极本质在无意识中始终是秘密地忠实于快乐原则的，两千年来，一种体系化、制度化的努力一直在把人变成一种苦行禁欲的动物，然而人却始终是寻求快乐的动物。父母的管教约束、宗教对肉体快感的恫吓、哲学对理智生活的推崇，所有这一切仅仅在表面上使人变得驯顺，而在暗地里，在无意识中，人始终是不相信这一套的。人始终不相信这一套是因为他在童年时代尝过生命树上的果实，他知道它的美好滋味，他永远忘不了它的美好滋味。但尽管如此，渴望返回童年时代的愿望却难以付诸实现。在历史过程中，虽然人在内心深处始终渴望按快乐原则行事，但他却不得不一再向现实原则做出妥协，被迫放弃他对本能满足的追求而经由升华使自己的爱欲成为创造历史的动力。

布朗说，人牺牲快乐原则而屈服于现实原则，并非如某些弗洛伊德主义者所认为的那样是由于外界的强大压力，而是人内在地具有自我压抑的冲动。压抑作用并非从外部强加给人的，相反，人自己对自己行使压抑作用，人与动物的不同之处就在于人是自我压抑的动物。

但是，我们不可摧毁地渴望回到童年时代的无意识欲望，我们根深蒂固的童年执着，乃是一种渴望回到快乐原则，渴望回到文化使我们与之疏远的肉体，渴望回到游戏而不是工作的欲望。文化在经济与爱、工作与游戏中制造出相互的冲突和对立，除非这些二元对立消除，人类就将始终处于不满足的状态和疾病的状态中。

布朗认为，爱与恨的矛盾心理并不是人性中天生固有的，所以弗洛伊德悲观主义的基础之一不复存在。人无意识中即寻求取消和废除爱与恨的矛盾心理。弗洛伊德晚年著作中认为自我的一个基本倾向，就是调和、综合、统一困扰着个人存在的种种矛盾冲突和二元对立。

对死亡的恐惧

是一种什么样的根深蒂固的需要把人造成了自我压抑的动物呢？为什么人总是宁可压抑自己的爱欲也不愿使它得到完整的满足呢？

布朗指出，人压抑自己的爱欲并使之升华为创造历史的动力，其根本原因在于人对死亡的逃避。人是无力接受死亡的动物。在生物学水平上，生本能与死本能是统一在一起的，快乐原则同时也就是涅槃原则，敢于生活同时即意味着敢于死亡。而在人身上，生与死的统一却由于人对死亡的逃避而破裂，由此便造成了生与死的对抗，致力于反抗死亡的人由于畏惧死亡而畏惧生存，他因此不得不压抑自己的爱欲（生本能），并使这向着虚幻满足的方向升华。这样，渴望回到过去的冲动，在压抑状态下便不自觉地成为从未来中寻找过去的冲动，人因而成为浮士德式的永不安宁地追新求异的动物。

布朗说，在有机生命的层面上，生与死是某种统一的东西，只是在人类水平上，它们才彼此分离，形成相互冲突的对立面。在人类水平上，死亡本能地向外转化是消除那本来并不存在于有机生命层面上的冲突的一种方式。这样，神经症就仍然是而且应该是人类的一项特权。生与死的并存并没有使自然界患上神经症。

布朗指出，人是一种逃避死亡的动物，神经症本质上由此而来。

死是生的一部分。对死的逃避使人不得不面对这样一个难题，即如何对付自己与生俱来的生物学意义上的走向死亡。动物把死作为生的一部分并运用其死亡本能走向死亡，而人类则攻击性地建立起不朽的文化并通过创造历史来反抗死亡。历史是人反抗死亡的历史。人性中的攻击性是死亡本能向外的转化，死的欲望转化为杀戮的欲望、毁灭的欲望和统治的欲望。

布朗进一步说："人身上生本能与死本能的统一一旦破裂，其结果就是使人成为历史性的动物。因为，永不安宁的快乐原则作为涅槃原则的病态体现，正是那使人成为浮士德式的人的动力，而浮士德式的人乃是创造历史的人。一旦压抑作用不复存在，浮士德式的人的永不安宁的追求便走到了尽头，此时他便会感到满足地说：'停一下吧，你多美呀！'"

任何社会群体都有自己的不朽宗教，而所谓创造历史，也始终不过是对群体不朽的追求罢了。只有一种未受压抑的、坚强得足以生足以死的人性，才能任凭爱欲去追求融合，任凭死本能走向分离。未受压抑的动物根本没有任何本能的计划想改变他自己的天性，人类也必须超越压抑状态，才能获得一种自由的生活。

布朗的理想也十分明确：重建生与死的统一。因为只有重建了这种被人类分割开来的统一体，人才能不再是浮士德式的人物，才能走出历史这场噩梦。

布朗说："生本能与死本能的重新统一只能被设想为历史过程的终结。"

如果涅槃原则属于死本能而快乐原则属于爱欲，那么它们的重新统一便将是一种生命的安宁状态，而这将是一种完满的、无压抑的生命状态，是一种自我满足、自我肯定的生命状态，而不是一种自我改变的生命状态。这样解释的话，精神分析便重新肯定了古老的宗教向往。布朗满怀热情地呼唤这种无压抑的生命状态，他说："秉有浮士德性格的我们不可能正面想象安宁、涅槃、永恒而只能把它们想象为一切活动的停止，换句话说，只能把它们想象为死亡。但我们的理论探索与其说是要寻求死而不如说是在寻求生，只不过这种生已经把生与死统一起来了。"

布朗主张废除历史，对历史进行末日审判，而且主张取消时间，结束时间的暴虐统治。压抑作用开创了历史的时间，压抑作用把没有时间性的本能重复冲动转变成向前运动的神经症辩证法，而这就是所谓历史。相反地，那未受压抑的生命，却并不处在历史性的时间之中。置身于历史与时间之外的生命是永恒的生命，它摆脱了时间的暴虐统治而逍遥于无所谓生死、无所谓时间的自然状态或游戏状态中。

布朗说，未受压抑的生命是没有时间的或者说是永恒的。这样，精神分析学在把自己的逻辑结论贯彻到底的时候，就再次把古老的宗教向往搜集到自身之中。永恒的安息日，那时间不再成为时间的时刻，就正是这一状态的描绘。而这一状态则正是无时间性的本我中强迫性重复冲动的终极目标。

时间也如历史一样既是压抑作用的产物，又反过来作为一种压抑结构强化了对人的压抑。要摆脱压抑走向生与死的统一这种无压抑的生命状态，要使人最终在时间之外获得完全的满足，就必须像废除历史一样地废除时间。把时间予以取消的思想，对许多人包括对正统的精神分析学来说都不啻是荒唐无稽的胡言乱语，难道时间不是所有事物的本质吗？难道我们是天神以致竟可以随意废除时间吗？但是，时间并不是事物之本质，人的心灵一旦穿透现象的帷幕到达凭直观把握的实在，便会发现并不存在什么时间。

布朗废除时间的思想也像他废除历史的思想一样，是为了回到无忧无虑的童年时代。童年时代之所以始终令人向往，就因为在一定程度上压抑作用还没有来得及把时间焦虑和生命紧张追求强加给试图逃避死亡的人。儿童生活于永恒中并享受着一种无忧无虑的生活，童年时代在某种意义上是于时间之外的，它对于儿童来说就是永恒。对童年时代的向往是出于对永恒的向往，而人对永恒的向往，显而易见是逃避死亡的一种方式。

对升华的审视与寻找出路

布朗说，内在于所有升华作用的非性欲化倾向不可能由性本能造成，它涉及某种必要的要素即对肉体生命的否弃，所以它不可能使生本能得到满足。

在升华作用之后，爱欲成分不再能够像先前那样把种种破坏性因素与自己聚合为一个整体，于是这些因素便倾向于以攻击性和破坏性的形式释放出来。如果有一条出路可以摆脱日益积累的压抑、罪感和攻击性，那么它一定不在升华之中而在升华的反面。

升华作用最基本的特征是通过将性能量转向新的对象来消除性欲，但是，消除性欲就意味脱离肉体。新的对象必然取代人的身体，没有一种升华作用不是将人体投射进物中去的；人的非人化就是他与自己身体的疏离。他因此而获得一个灵魂，然而这个灵魂却居住在物中，金钱就是这个世界的灵魂，而经久耐用的贵重金属黄金就是升华作用恰如其分的象征。

金钱产生的能力就是它的活力，而它的身体就是文明人建立的那种基本结构——城市。每一座城市都是永恒的城市，文明化的金钱持续不尽。时间和城市都在累积，而持续就是征服死亡。文明就是一种克服死亡的尝试。

布朗借亨利·密勒之口展望了人类的出路：文化的时代过去了，新的文明形态或许要几个世纪甚至几千年才能被引进。它不是另一种文明，而是所有过去的文明所指向的一种现实化的开放的拓展与延伸。城邦作为文明的发祥地将不复存在。那时候当然会有众多的核心，但这些核心却是自由流动的。

摆在人们面前的问题是必须废除压抑，使肉体复活。

我们已尽我们之所能从精神分析理论中总结出复活的肉体是什么模样，生本能或性本能要求这样一种活动，这种活动与现行的活动方式相对比只能被称为游戏。生本能要求与他人与世界的结合，但这种结合不是建立在焦虑和攻击性之上，而是建立在自恋和爱欲的充盈上。

死亡本能只有在一种未受压抑的生活中才能与生本能达成统一。这种未受压抑的生活使人的肉体中不再有"未曾生活过的地带"。死亡本能因而在一个自愿赴死的肉体中得到肯定。而由于肉体已得到满足，死亡本能便不再驱策肉体去改变自己、去创造历史，因而正像基督教神学预言的那样，它的活动将始终处在永恒中。

压抑的消除将消除力比多违反自然地集中于某些特殊的躯体器官，人是两性的动物。弗伦奇说："纯粹的理智乃是濒临死亡的产物，或至少是精神变得无感觉的产物，因而本质上就是疯狂。"

肉体复活是摆在人类面前的一项整体社会工程，它何时成为一个实际政治问题，取决于这个世界上的政治家们何时以幸福为目标而不是以权力为目标，取决于政治经济学何时成为一门使用价值的科学而不是交换价值的科学——成为一门享受的科学而不是积累的科学。

布朗之所以不能接受死亡，是因为不能接受人类在仇恨中走向毁灭。他似乎更希望人在爱中坦然地接受自己的死亡，而不要在压抑和仇恨中把自己的死亡本能转化为毁灭他人的冲动。历史已经太多地展示了人残杀自己同胞的嗜血倾向，因此，对历史的不能接受，本质上是对人的杀戮倾向的不能接受。在自然状态中，生与死的统一意味着生命冲动同时即是死亡冲动，人的爱欲满足理应导致人坦然地、无怨无悔地接受自己的死亡。而在历史过程中，生与死的对抗却在压抑死本能的同时使死本能向外转化为一种针对他人的攻击性。这种攻击性既是创造历史、创造文化的动力，又是毁灭他人、毁灭世界的威胁。换句话说，人是由于不能接受自己的死亡才通过压抑死亡本能而把死亡本能转化为对他人的攻击性和杀戮倾向的。

布朗以弗洛伊德在《文明及其不足》中的一段话结束全书："人类制服自然界的力量已达到这样的程度，以致凭借这些力量，他们现在已能够轻而易举地互相消灭直到只剩下最后一个人。他们知道这一点——所以他们目前才感到极大的不安，感到十分沮丧和恐惧。现在或许可以期望两种'超凡力量'中的另一力量——那不朽的爱欲，出来施展它的本领，以便使它自己能够与它那同样不朽的敌人并肩存在下去。"布朗说："或许我们的孩子们能够活到过一种完满的生活，并因而能够看到弗洛伊德所不能看到的——即能够从那个敌人中看到朋友。"

为了那一天的到来，也许我们现在就应该有所努力。

自由联想：旧日随笔《时间的走向》

原文：

几年前曾写过一篇《学会感动》，讲我自己时常会被许多平常的事物深深地感动。清晨树间的鸟鸣，冬日里暖融融的阳光，一场突如其来的暴雨，或大病初愈的神清气爽，乃至于生命本身，细细想来，都是足以让我们感动的存在。人生的幸福其实正存在于这些平凡得总是被我们忽略了的细节中。作为一个生命体，我们每个人都是偶然的产物，我们对生活真的不该再有什么挑剔，因为"活着"这一现状，便是一件值得感动的事情。

据说那篇短文曾感动了许多人，几家刊发它的报刊编辑都收到过读者来信。几年后，我已不再是那个轻易便会得意起来的年纪，再想起那篇短文引起的反馈，我忽然想，这其中是否隐藏着某些悲剧情节呢？

感动是一种强烈的感情状态，当人时时处处都会处于这种状态中时，是否意味着"感动"被降价了，是否意味着人实在难以找到更有震撼力的事物呢？果真如此，难道不是一种悲哀吗？

反省自身，我发现，自己处于那种剧烈的感动中时，总会体验到一丝若隐若现的痛楚。因为我很清楚，眼前的种种美妙必将成为过去。于是，我选择平常事物作为感动的载体也许是因为潜意识中进行了某种替换作用？

人不可能不向往那种令我们身心为之激昂的感动，但是，事移境迁之后，人们又会余下怎样的情感体验呢？

过去的美妙也可以成为美妙的回忆，但回忆总会因为它的难以再生性而使人痛楚。就好比一次轰轰烈烈的爱情，处于其中时自然无比快乐，爱情结束之后可以回味当时的幸福，但回忆更多带来的还是失恋的痛楚。于是，我们不可避免地面临着一个二律背反的艰难选择：要快乐，必然紧跟着痛苦；拒绝痛苦，便也拒绝了快乐。

为了补偿失恋的痛苦，为了恢复当初热恋的幸福，我们唯一能做的便是去开始另一次恋爱。但这另一次恋爱仍将成为过去，成为酸楚的回忆，成为靠一次新的恋爱才能找回的感受。永恒的不可替代的幸福是难以企及的，人类便是这样被载上了一辆永远停不下来的马车，奔向一个永远不会到达的目的地。

人类不能感动于如恋爱这样的强烈感受，于是，便只能退而寻求平常事物中的幸福感受，因为这样的感受是不会失去的，随时随地都可以得到。

但是，对鸟鸣的感动真的能够代替对恋人莺莺情语的感动吗？

情歌是人类的无奈的一种典型的情感寄居体，是一种被固定下来的情话，比鸟的叫声更容易得到。只不过，这种感动需要更多的想象作为中介。

似乎没有什么不会成为过去，但还总是痴痴地想，难道没有什么办法使一切美好的体验都留下来吗？美的文章可以剪下来，美的声音可以录下来，美的画面可以照下来，为什么美的经历不能留下来呢？可是，那录下来的声音，照下来的画面，也不再是原来那感动我们的声音和画面了，柏拉图说，艺术美来源于自然美，却永远不可能达到自然的美。而复读剪下的文章，体验很难如初了。

于是用成长过程中必然的放弃来安慰自己。我们放弃母亲温暖的怀抱，放弃不谙世事的童年乐趣，放弃种种美好的体验，更重要的是，通过放弃一段段时间来成就自身。放弃时间便是放弃生命，一种新的困惑又由此产生了，如果我们的成长要以放弃生命为代价，这种成长在获得时不是要大为贬值了吗？那么我们还有什么理由对必要的丧失心存宽容呢？

于是在一个午后恍然大悟：种种无奈的丧失最根本的原因在于，时间是纵向流淌的。所谓"子在川上曰，逝者如斯夫"，种种美好的以及不美好的体验，种种我们想永远保留的和我们宁愿其尽快逝去的事物，都不以我们的意志为转移，"一江春水向东流"了。这便是纵向的时间的残酷与公正。它是以向前流淌作为存在方式的，而向前流淌的纵向运动必然以放弃为其代价。

那么，如果时间是可以被横向地切割成一个个静止的单元呢？就像我们保留的一张张照片那样，一个个美好的体验被凝固了，放在一个相册里，成为可以随时翻阅的收藏。而那些我们心底盼它尽快逝去的痛楚，也可以像对待那些劣等照片一样，将其剪碎。如此，时间便不是流淌的水了，而是静止的风景。

人的生命实际是由时间构成的，于是生命便也可以不再是一个向前流动的过程，而是一个可以横向扩展的空间。

横向的事物并非不可能，与时间相对应的空间便是横向的。我们欣赏了此处的美景，又可以去欣赏别处的美景，而那前一处的美景，仍然停留在那里。如果时间也是横向的，我们便可以同时身处许多美妙的景致当中了。

我不知道这是否属于物理学上的概念。就我对西方超心理学的了解，这不妨为一种设想。既然爱因斯坦认为物质的不断加速运动可以使其接近时间运动的极限，那么，是否在一定时候，时间便能够停止流动呢？我们已经听到过许多时间逆向流动的幻想故事，却未闻有人对时间静止下来的想象。逆向流动仍然要流动，而有流动不有丧失，静止却接近于永恒。

自人类幼年便开始的对于灵魂世界的向往，与其说是一种因无法解释自然而产生的迷信，不如说是挑战死亡的一种执着。相对于现实世界而言，灵魂世界不就是一种横向的存在吗？当超心理学认为人的灵魂可以脱离肉体进行旅行的时候，心灵与肉体不也成为一种横向的存在吗？死而复生的未解之谜，同样是以横向存在作为前提的。

时间如果真能成为横切面，我们便不会再有不得不放弃的苦恼。我们可以长大，但不是通过放弃，而是通过累加。

我又想，人对金钱、名誉的贪求，是否也是对累加的追求呢？人不得不放弃生命，便只能累加这些身外之物了。如果人类的时间可以像空间一样累加，物质与虚荣便成了随处可拾的玩物，哪里又会引来孜孜以求或是血腥争夺呢？

某些浪漫的情人，在不得已分别之际，商定一个跨越年代久远的约会，实际上便相当于制造一次时间的横向移动了。又岂止是情人，对故人的拜访，与旧友的聚会，无不是在制造这样一种横向的运动。

然而，时间是纵向的，空间是横向的，这是不可改变的客观存在。

时间和空间各自的个性形成一种互补，一种残缺，我们可以说残缺构成了美，但是，我们仍无法克制自己向往完美无缺的境界。

于是又想，即使时间与空间都变成横向的存在，又会怎样呢？我们是否会不断贪求更多的横向感受，而无止境地储存种种横向的内容。人性的另一面必然在此时发挥其不利的属性，当我们可以轻易地持有一切时，我们必然不会再珍视持有的事物，于是，种种现在令我们痴迷的感受，那时可能会变得很平淡了。我们的心灵将被挤得满满的，在拥挤中窒息和麻木，果真如此，我们可能不会再有感动的心境了。强烈的感动，仍旧是可望而不可即的事物。

生命之所以变得美好，是因为它终将结束的事实。如果我们都是长生不死的个体，确定自己可以无休止地复制今天，哪里还会珍惜每一天的感受呢？哪里还会体察每一天的宝贵呢？我们终将活得厌烦。

就像我自己，对种种美妙感受将会逝去的感伤已成为一种难解的情结，细细想来，这无非是我留给自己的享受时间太少了。写作是最大的享受，但这种享受无疑将伴我一生，每天写作时的快乐会被我无限地复制，所以我在写作的时候从来没有过伤感。我伤感的时候，总是那些与我难得一遇的休闲时光。

是否有另一种可能，时间变成横向的，而空间是纵向的呢？那无疑是世界的末日，人类的肉体作为一个客体都将在流动中肢解，怎么可能还有这个世界呢？

我们没有办法不赞叹自然界的奇妙，它的种种安排是那样合理。人类可以改天换地，又哪里改变得了时间的走向呢？不可改变的事物，也许恰恰是最合理的事物，至少在它不可改变的时间内。

我仍将持有将时间变为横向存在的幻想，幻想的价值许多时候不在于它的可能实现性，而在于当我们幻想一种境界的时候，我们自己便已经升华了。

莱恩和他的"本体不安全感"

生存论哲学（即存在主义）出现之后，第一个自觉地、有意识地将精神分析与生存论哲学结合起来的，便是英国心理学家莱恩，在其后，当代最重要的另一个生存论心理学家罗洛·梅，也进行了同样的工作。

1927年，莱恩出生在苏格兰，他的主要著作有《分裂的自我》《自我与他人》《理性与暴力》等。

莱恩是一位英国存在主义的精神病学家，他提出"本体不安全感"这一概念，声称：一个精神分裂症患者在忍受着本体不安全感的痛苦。

莱恩自己对本体不安全感这一概念的解释是：精神分裂症患者没有把他自己和其他人理所当然地看作是具有充分内涵的、活生生的、实在的、物质的和持续的存在。

英国版的《20世纪著名思想家辞典》称本体不安全感这一概念"十分难

懂",并试着归纳了以下两点:

一是在不同情况下,我们的行为不同。例如,我们震惊地发现,虽然我们与我们的母亲共有同一模式的礼貌语言,然而却对地位与我们平等的公民破口大骂。"污秽的语言来自何处"?"我为什么如此过分讲究"?这两个问题都提得有道理。为相似的和不太平庸的并立的东西所压倒并怀疑一个人有稳定的自我,就是本体不安全感。

二是我们大多数人都具有审视我们所爱的和信赖的人,并立刻看出对方脸上显露的冷漠的经验。于是,我们就怀疑我们是否真的得到了爱以及爱是什么。经常被这种怀疑所压倒的心态就是本体不安全感。特别值得一提的是,我们可能并且常常审视我们自己,并想知道我们是否真的爱某人或忧天下人之忧等。这是一种甚至更令人惊恐的本体不安全感经验。

有本体不安全感的人经常看到我们大家都戴着假面具出现在世界的背后,用莱恩的话说就是变得冷淡或僵化。这样一种人——精神分裂症患者——所需要的是一个探索他自己的地方。他们希望能在某种意义上找寻他自己,或做出某种改变,或把他的本体不安全感用于某些目的。

莱恩与传统的临床精神病学不同,后者将患者从生活中孤立出来,看作单个的人、生物或精神机器。相反,莱恩的生存论心理学相信患者始终处于与他人的关系中,与他人既相联系又相分离。他尊重患者"存在于世"的方式,努力与患者"一道存在",透过包括早期乃至童年经历的生存状况,去理解患者疯狂言行中隐含的现实内容及其意义。

莱恩总结说,健全或疯狂由两人之间联系或分裂的程度决定,这两人之中,有一人被公共意见认为是健全的。换言之,把一位患者判断为精神病,主要是因为判断和被判断双方之间缺乏理解,存在分裂。

悲剧性的分裂划分了"正常的"不幸者和"反常的"不幸者。

莱恩认为本体不安全感是不幸的生存论原因,而本体不安全感从幼儿期即开始形成,它使个体无法跟正常人一样发展出正常的自我意识,正视自己及他人的现实性、生动性、意志自由及身份,正视生与死,与他人保持正常的联系与独立,从而获得基本的存在性安全感。相反,个体感到正常世界的生活威胁着他的生存,使他面临被吞没、被爆聚、被僵化的危险。他无法与他人共有一个经验世界,只好规避到自身之内,但这并不能否定现实世界的存在，外部世界对他的影响并不会消失或减小，反而更加被扭曲、放大，使他更深地局限在自身狭隘的经验世界之中。

陷于本体性不安全感中的人，其真实自我无法适应充满风险的现实世界，逐渐与其身体相分离，萎缩为非身体化的"内自我"，失去了与身体的正常统一。身体不再体现真实的自我，它变成假自我的人格扮演，获取非真实的知觉。结果，真自我被封闭在假自我之内，对外无法通过真实的人际关系丰富自己，而越来越贫乏乃至近乎一团虚空；对内则越来越厌恶和绝望于假自我系统的虚假行为。唯一的慰藉是幻想，但幻想只能使情况恶化。

本体不安全感使个体怀疑自己的存在，于是自我意识被异化为一种强迫性的手段，用以维系虚假的身份感，同时也把自己与他人分离开来。

在《分裂的自我》之后，莱恩的思想逐渐发生了很大变化，开始批判"唯智论"和"唯理论"，质疑科学的本质，认为正是它们从根本上使自我和世界变得虚假，从而异化了西方文明。它们界定的"正常"概念限制和扭曲了人性，而关于反常和疯狂的定义则是社会性的压迫手段。相反，疯狂高于正常，是对病态社会的反抗和突破，是现时代人的福音。另外，在艺术心理学与创造心理学上，莱恩将反常视为创造性的源泉。

莱恩最终远离各种心理流派，成为一个社会激进主义者和个人神秘主义者。他不仅是一个有着丰富实践经验的精神病学家，不仅是卓越的生存论心理学家，更是激进的文化批判家，西方文明的批评者、预言家、反文化英雄。

寻找爱与意志的罗洛·梅

罗洛·梅1909年出生于美国，曾在欧洲逗留三年，其间一度在阿德勒心理研究所实习，对精神分析学表现出极大的兴趣。1943年，罗洛·梅开始在威廉·怀特心理研究所攻读精神分析学，受到所长沙利文的影响，而弗洛姆是那里的客座教授，这使得罗洛·梅在他们的影响下最终形成了自己的风格。

1946年开始，梅正式挂牌行医，从事心理治疗，并积累了大量临床案例，这为他后来的研究与写作打下了基础。

1953年，罗洛·梅出版了《人寻找自己》一书，1969年，又出版了《爱与意志》。其他著作还有《焦虑的意义》《论存在》《存在心理学》《心理学与人的困境》等。

梅所关心的主题始终是：在完整、深刻认识自己的基础上，实现个体人格的重建与道德价值的重估。

罗洛·梅指出，自第二次世界大战以来，现代西方人已陷入严重的内在心理困境，他分析了造成这一困境的社会和心理根源，试图以治疗普遍的焦虑、空虚、冷漠、疏离、恐惧、怯懦、依附提供药方，重建个体人格的尊重和个人存在的价值。

梅从分析孤独与焦虑入手，揭示现代人面临的严重心理困境，指出造成这一混乱的根源是价值核心的丧失、自我感的丧失、悲剧感的丧失等社会历史和文化心理的原因。进而，梅通过强调自我意识是人不同于动物的独特标志，力图论证它是人的自由赖以存在的基础，试图通过对自由、良心、勇气等传统价值作新的阐释而重新确立人格整合的目标。

罗洛·梅所处的时代，技术理性弥漫，用梅的话说，是"非人化"。这种非人化的倾向表现在爱的沦丧与性的放纵，人们日益感到性与爱的分离，两性间的关系变得越来越肤浅。梅呼唤那些在历史上曾给人以拯救，而在今天却濒临毁灭的精神价值。

20世纪最重要的价值危机是爱的全面异化和意志的普遍沦丧。人们可以成功地将性从爱中分离出来，以性来取代爱，导致性的放纵、爱的压抑和人的冷漠。人在做爱的过程中讲究技巧，注重借用技术的手段不断追求性高潮，而放弃个人责任，丧失个人愿望、意志与决心。

因为我们对熟悉的肌体不再有新鲜感了，我们才更渴望新的性关系中的新奇，但是当一个人不断地更换性伴侣的时候，他已经是在追求一种穷途末路的新奇感了。异性的肌体大同小异，甚至做爱时表现的差异也不过如此，不需要经历很多的性伴，一个人最初那种单纯基于异性肌体的感受便会淡漠下来。他不得不依靠不断出现的新的异性维持性高潮，这本身正说明了，单纯的肉体刺激，不可能造就真正的性高潮。过滥的、无感情的性交，必然导致性感受的缺乏。总有一天，个人会感到，做爱变得与欲望毫无关系，甚至连好奇心也振作不起来。

性乃是人类最强烈快感和最普遍焦虑的来源。当它以狂暴的形式出现时，它能把个人卷入绝望的深渊；而当它与爱欲结合，它又可以把个人从绝望的深渊里拯救出来，升入销魂的境界。

无爱欲的性高潮绝将使我们的性欲永无满足之日，唐璜之所以一而再，再而三地勾引女性，是因为他每一次都无法得到真正的满足。表层的性高潮过后就忘，而深层的性高潮则可以成为永远的回忆，它的快乐绝不仅仅局限于性交之时，而同样存在于回味之中。

梅嘲笑了那些一味追求做爱技巧的床上健将，指出他们无非是以此战胜自己内心的孤独感，证明自己还活着。但这种崇尚技术，把身体当机器开发的时代，不仅性爱失去了它原有的价值，而且事实上这正是出于对爱的恐惧。

罗洛·梅说，技术时代的非人化倾向之所以成为我们今天的最大威胁，乃是因为它使个人的存在变得无足轻重和没有意义而言。而为了反抗这种虽生犹死的状况，个人必然会在对爱和被爱的渴望中，重新寻找使自己生命具有意义的支撑，并在否则即毫无价值的自由中，从爱和被爱的渴望中滋生出勇气、责任、良心以及对自己和他人的关怀等必不可少的集体价值。这正是可以与技术极权化时代的非人化倾向抗衡的希望所在。

梅指出，今天的问题不再是弗洛伊德时代的性压抑，而是性泛滥带来的爱的压抑。人们害怕付出爱，是因为现代人的自我中心，使他们害怕在爱中丧失个人存在。人在恋爱中丧失其个人存在的危险感，来源于人被卷入新的经验领域时所产生的眩晕感和冲击感。世界突然大大地拓展了，呈现在我们眼前的，是我们做梦也没有想到过的新的领域。爱把我们带到意识的紧张状态中，在这种紧张状态中，我们丧失了任何安全的保障。由于这种内在的恐惧，人丧失了存在的勇气，导致了爱的异化和意志的沦丧。

梅并不主张回到过去的禁欲时代，他所追求的，仅是爱与性、爱与意志的统一。梅反对把人的愿望视为一种机械的、盲目的、原始的冲动，人的愿望不仅仅来自过去的动力，不仅仅来自原始需要的呼唤，而是包含着某种选择性，是对未来的设计，在塑造着我们所向往的未来。

梅说，爱应该是一种个性化的爱，爱具有四个层面：①从我们对对方的需要中，会产生一种温存感；②恋爱行为中的自身确证，在爱的行为中，我们对自己的个人意义有了新的感受和理解，我们也就能面对我们有限人生加诸我们的这些局限；③人格的充实和现实；④在爱的行为中把自己给予对方，你才会有极大的快乐。

我们要的不是复归禁欲之境，而是寻求一种爱与欲结合之后的自由。在这样的境界中，我们重新具备了意志的利剑。

方迪的微精神分析学

西尔维奥·方迪，瑞士精神分析学家，长年居住在一个叫古外的小村子里，接待来自世界各地的病人。

1955年，方迪开始决定写一本自己的精神分析学创建的书，1988年，他出版了《微精神分析学》。

方迪提出了伊德或曰尝试本能（Ide）、虚空等概念，来构筑他的微精神分析学。

方迪说，微精神分析学有三个要素："①我的细胞甚至血液不源属于我；②我的尝试本能及其能量不源属于我；③我的所有的梦构成一个梦，这个梦不源属于我。"

方迪说，虚空是世界万物的载体。

人都是由虚空—能量构成的，我们都来自虚空—能量，这一共同的来源使人类至今仍死死抱住不放的所谓区别成为泡影。

我们生活的地球，我们的身体，我们的心理，一切都是虚空，尝试发生在虚空中。方迪说，人此前之所以不了解虚空，是因为在潜意识中对于正视自己的心理生物虚空怀有恐惧。

方迪自称发现了虚空的一般规律，并且又顺利地发现了死亡—生命冲动，进而发现可以用神经突触表述虚空的创造作用，这一模型既适用于生物现象，也适用于心理现象。

尝试被看作是人生命的全部。在俄狄浦斯情结后面，也有一条主线：尝试。

方迪认为，人从肉体到精神，是一个由很多尝试组成的尝试。每一个人从出生到死亡，都在尝试。在子宫中，人通过尝试而成为人；进入成年期后，人不断进行大量的生存尝试。人总是有意无意将尝试与过去—现在—未来结合起来，构成尝试最常见的主题。战争与革命是尝试主题的体现，科学发现与社会新闻仍是尝试的结果，艺术更是以追求永恒为目的的尝试之梦。

第十三章 布朗、莱恩、梅：微精神分析学与后现代精神分析学

尝试具有运动性，其特点是偶然性。尝试是偶然的，某一已知尝试的预订性只是表面的，当我们将这一尝试分解成若干基本尝试时，其预订性就会消失。

在人的社会外表下，在社会契约控制范围之外，人是由其所进行的尝试创造而成的。偶然中的尝试、求生尝试、死亡尝试、爱的尝试、杀的尝试，各种各样的尝试造就了人。

从1953年起，方迪确定了一个专门捕捉、包围、解剖尝试的技术：微精神分析。所谓微精神分析，是一种"长分析"：每周至少进行五次分析，每周平均分析时间不能少于15小时，接受分析者根据自己的生活材料、自己和家人的照片、自己的音像资料、私人通信、家谱等进行自由联想。要求分析者与被分析者共同生活，当分析者去其他国家时，接受分析者要一同前往；分析者与被分析者同往被访者生活过的地方；分析者对一个或几个接受分析者的家属、朋友、同事进行分析⋯⋯

微精神分析使接受分析者能够仔细研究自己过去及现在所进行的尝试，超越潜意识追踪或再现这些尝试的轨迹。

在微精神分析学中，潜意识不再是精神分析的终极。精神分析学是意识与潜意识之间的桥梁，而微精神分析学则专注于生命开始之前及结束之后的事情。

伊德是作为微精神分析学的一个重要概念被提出来的，方迪认为，人的唯一本能便是伊德，即尝试本能。个人的伊德永远是祖先集体的混合物，伊德是唯一的本能。压抑是伊德能的固定。

潜意识是人的心理中心，人具有潜意识的特点，但是，人并不来自潜意识。人来自伊德，却不具有伊德的特点。潜意识始终受伊德操纵。

对于尝试来讲，成功与失败是一样的结果，人是被动的，因为尝试是偶然的。要求人不断自我超越是不现实的。

梦是伊德欲望的潜意识实现。一些共同的梦说明了伊德的遗传性。

梦的目的就是为了实现伊德欲望，人为了做梦而睡觉，只有做梦，他才能够生存。在睡梦中，作家可能构思出好的小说，发明家可能有新的创造。

这种对梦的全新解释，是极具启发性的。事实上，我能够从自己以往的一些梦中找到验证。但是，我尚无法用这种理论来解释自己的每一个梦，对

方迪学说的理解与运用，不是一件简单的事情。

后现代时期的精神分析

20世纪最后几十年，我们生活的世界进入了所谓"后现代"，历经近百年风霜的精神分析，也开始了它的"后现代"旅程。我们不妨随着美国后现代精神分析学者、文学评论家诺曼·N.霍兰德的思路，回首一下精神分析学走过的路。

精神分析的第一阶段，可称为前现代时期。弗洛伊德打破了维多利亚时代人们对性的缄默，使我们开始将注意力集中到普通的，而非特殊的或人为的事物上面。弗洛伊德对琐碎而平淡无奇的梦境、笑话或口误加以关心，"习惯于神圣的秘密，事物中那些受到鄙视的、未被注意的特征"。

弗洛伊德很快将精神分析带入它的第二个时期：现代鼎盛时期。此时，精神分析本身或其各不同实体被视为自足的，有其自身的目的。比如，弗洛伊德提出，一个人最基本的动机是快乐原则，个人总是力求满足以其自身生物性为基础的各种冲动，或避免以其自身心理为基础的负罪感或焦虑。后来，弗洛伊德又提出所谓与外部世界相关的现实原则，等等。弗洛伊德将无意识作为一种独立存在的东西，就像躯体的器官一样，具有某种功能或活动。

1922年以后，在现代主义鼎盛时期，弗洛伊德修正了自己的理论，不再将心智分成意识、无意识和潜意识，而是采取了本我、自我和超我的所谓结构假说。精神分析是一个封闭的系统，人是由界限分明的疆域构成的，在这些疆域内，一切东西都有其位置，并处于其位置。人们能够发现有关自身的真理，就像能够找到一只丢失的手套一样。

精神分析的后现代阶段，以推翻俄狄浦斯情结为开端。梅拉尼·克莱因、瑞奈·斯必兹、玛格丽特·马勒等指出，婴儿出生后第一年的任务之一是获得"自我—客体分化"。婴儿初生时并不知道自我和他人他物之间的界限，但是到了八个月时，他就知道了这种界限。因为婴儿完全依赖母亲或初始养育者，有时他会因为那个人不在身边而必须等待哺乳。由于这种等待，孩子开始意识到这个他人必定是与自己分了的，因为这个他人并不和婴儿的内心需求和愿望重合，也不可能与之重合。这头一个他人带给婴儿的是沮丧。婴儿正是痛苦地意识到母亲并非自己，他才明白自我的存在，才学会区分这两者。

弗洛伊德将其心理学维系于人这一动物的生物学和神经学，视人为一种性生物。弗洛伊德之后，特别是第二次世界大战之后，弗洛伊德的心理内心智图像让位给心智间的模型。我们不能将人与其所依存的人类分离，精神分析的人既是生物人也是社会人。

20世纪60年代英国的客体关系理论家们认为，对于认识人的动机，与重要他人的关系，是比生物性内驱力更好的基础。在该参照框架内，快感成了双行道。一方面，别人满足我们的内驱力，另一方面，对快感的愿望使我们与他人相关。内驱力决定快感，但他人决定内驱力。客体关系理论使人们放弃了个人为中心的想法，从而使我们永远不会单独存在，永远处于关系之中。我们生来与另一客体相关，这便是注重关系的后现代主义。

温尼科特提出"潜在空间"概念，潜在空间最初指婴儿与母亲之间的空间，这个空间既非内部的心理现实，也非完全外部的现实，既非主观的，也非客观的，既非内在的，也非外在的——永远兼而有之。这一潜在空间在孩子的游戏体验中继续存在，更为重要的是，它继续存在于成人的文化经验中，存在于宗教、艺术和一切创造性活动中。正如精神分析学家一致同意的那样，自我与他人之间的变换是事物的通常状态。潜在空间概念描述了自我与他者之间正常、通常的空间。

埃里克森被认为部分地属于后现代精神分析，在他看来，我们降生于这样一个社会：它赋予我们本体，我们也把本体赋予社会。个人是通过他与社会的关系而成长的，他随即也改变了这个社会。我们自始至终存在于关系之中。

雅克·拉康是用语言学的术语来探讨社会的，他说，幼儿必须进入一个由能指和所指构成的语言网络，他将该网络按其个人风格加以塑造，其中包含种种空缺、短路、各种各样的急转弯、跳跃和腾越。英国理论家将人际关系当作动机，拉康则用语言链取而代之。

埃里克森的本体，或客体关系中的自我，或拉康的"主体"，它们永远都包含两层相关的意思：它们既是作用者，也是作用者创造出来的东西。本体是个悖论。精神分析最初是研究每张人皮内的个性的科学，后现代精神分析研究的则是存在于人皮之间的人之个性。

安德烈·格林走得更远，他认为，梦的意义或症状并非存在于分析环境之前。相反，是精神分析过程构成了梦的意义。意义不是发现的，而是创造的。

霍兰德将精神分析从前现代到后现代的运动总结为三种科学的过渡。"最初，弗洛伊德认为，他正在创造这样一种心理学，它与生物、物理、化学等科学是同等的。我们可以用数学和神经学的实验来处理它，弗洛伊德本人受过神经学的熏陶，这门学科亦应具有赫尔姆霍兹式的严谨，这也是弗氏提倡的。在精神分析的现代时期，亦即弗洛伊德本人的自我心理学及其在美国的演进时期，精神分析成了一门观测学科，就像文化人类学或考古学一样，弗洛伊德本人就是这样打比方的。埃里克森正是在这一阶段崛起的。第三阶段，精神分析是一门释义学科，里科尔、拉康或温尼科特等的著作中便是这样称谓它的。精神分析是这样一门学科：它帮助我们释义做一个人是怎么回事；做一个与他人有关系的人又是怎么回事。精神分析使我们能探索我们自身与周围他人他物之间的那个空间，其中也包括其他学科和领域。从这样一种广泛的意义而论，后现代精神分析堪称是其他一切学科的基础，它是释义本身的艺术"。

在20世纪最后20年，精神分析学的民族风格正在滋长，比如英国精神分析、法国精神分析、奥地利精神分析、加利福尼亚精神分析、纽约精神分析，等等。

精神分析向我们提供了一种详细描写那个人的方法。使我们拥有一种考虑人的方法：他既是冲动理论所认为的封闭的个人，又永远是一个已经处于关系和社交中的个人。

展望精神分析学的未来，一种新的、牢牢根植于证据的精神分析与心智新科学相结合，将会产生一门坚实的个人心理学，它将以种种我们迄今未知的方式改变我们的思维。

第十四章
贝克尔：反抗死亡

贝克尔闯进我的电脑，以惧死心理解释同性恋；人对死亡的反抗及其他；对六篇随笔的精神分析学评点。

贝克尔闯进我的电脑，以惧死心理解释同性恋

一个米白色的身影在我的视野里晃过，我的眼前一亮，便用这亮亮的目光追踪着它。

它显得很纤细，又很挺拔，充满活力与动感，走动时有一股青春的朝气向四周辐射。第一眼看到少年杨柳般的身姿，我的心一颤。

一个高大的身影挡住我的视线，我厌恶地瞪了一眼那个肥胖的男人，感到心里很憋闷。

那个背影从肥胖的身躯后面绕出来，重新出现在我的视线里，整个大厅瞬间明亮了，我神清气爽，像凝视一处美丽的风景，欣赏着它举手投足间溢出的风采。很久之后，我又在关于动物的电视节目中，从美洲豹奔跑的身姿中体验到相同的感受。

这实在是一个美妙的身躯。它将文弱与坚毅、成熟与青春完美地糅合在一处，它的面庞，也将女人的阴柔与男人的阳刚组合得恰到好处，使你体验到一种无性别的美感。几年后，当我回忆1993年的那次短暂的情感体验时，我忽然想到，人最美的境界，也许便起源于性别终止的地方。

但是，1993年的我却没有能力对当时的自己做更深入的分析，我只是本能地察觉，我的这种感受有些地方不对劲儿，所以，泄露它将是危险的。

那个美妙的身躯，属于一个20多岁的男孩子，穿着米色的下摆垂地的风衣。

"它"，是他。

这便是问题的关键。

一个25岁的男人，对一个几乎同龄的男子，如同欣赏美丽少女般的欣赏，目光也如面对靓女时的渴望与胆怯相交织，确实应该属于秘密。

类似的感受，我对同性仅此一次。

我想，这也许是我的同性恋经历。

我想说几句……

（奇怪，这五个黑体字从哪儿冒到电脑上来了？我正在敲击键盘的手肯定没有击出这几个字。不管它，按一下Ctrl+Y，整行删除。）

> 一个光线黯淡的房间里，厚厚的窗帘拉着，两个白色身影，赤裸地面对面站着。我发现自己是其中的一具身体，另一个，是那个穿米色风衣的男孩子。
>
> 他的面庞仍无与伦比的秀美，又不乏刚毅的棱角。他向我微笑，这使我很愉快，也看着他微笑。
>
> 男孩子向我伸出手，我立即响应这召唤，于是，我们紧紧地拥抱在一起。
>
> 我体验到一种合二为一的快感。
>
> ……

上面这个梦境，出现在1993年遇到那个男孩子的夜晚。我从梦中惊醒，恐惧地看着四周，为自己的梦感到深深不安，同时，又有一种生理上的快感。

但是，我很快完全忘记了这个梦，直到开始性学研究并接触精神分析学说之后，又想到那个男孩子，想起了这个梦。这时，我已经能够轻易地破解生命在几年前演绎出的密码了。

从人类学的角度看，人的性欲对象原本便不存在什么定式。我们每个人出生之后，都具有双性恋的可能，只不过在我们的成长过程中，为了文化的需要，我们压抑了某种可能，将另一种可能强化。对同性的喜爱，被看作是变态，而如果以人本的姿态出现，我们便不难发觉，生物有机体的快乐原则，应该是唯一的道德准绳。

哪里有压抑，哪里便有反抗。天时、地利、人和兼具之时，这反抗便表现出来。于我，那个男孩子的出现便成为对我生物本能的一种召唤。但是，我当时肩负的文化阴影与伦理重荷过于沉重了，生物本能刚刚露头，我便强力将它压抑下去，我甚至没有看清它。

那个被忘记的梦也注释着同样的情结，弗洛伊德说过，任何遗忘都不会是没有理由的。我忘记那个梦，是因为我不愿承认它。

但是，那突破重重围阻终于露了一下头的本能，真的完全被压服了吗？

弗洛伊德应该感到高兴了。那个男孩子出现几个月之后，我开始着手关于同性恋的采访。我当时完全没有意识到二者间的联系，但今天回忆起来，我无法确证它们之间没有某种关联。

在我的意识停步之处，我的潜意识开始行动。

"你为什么对同性恋题材这么感兴趣？"

《同性恋在中国》一书出版后，我不止一次被这样问及。我的回答代表了我真实的想法："刚开始的时候，确实有好奇的成分。更重要的是，我的精神世界充满了背叛意识，对任何离经叛道的观念与行为都本能地寄予热情。但是，当与同性恋者接触渐多之后，深深地体味这一边缘人群的弱势困境、悲剧处境，我自觉肩负使命，不能不因为社会加在这一群落身上的不公而呐喊，不能不对缓解人类最后两大对立群体（异性恋者、同性恋者）的冲突有所贡献。这时，对同性恋，以及对其他弱势人群、边缘问题的关注便随时都可能调动起我全部最敏锐的感觉……"

但是，与弗洛伊德神交日久，我开始换一种思维看待自己对同性恋问题的热情了。我在想，也许正因为我压抑了自己对那个男孩子的欲求，我才开始通过写作这一渠道升华我的本能，正像我曾压抑并升华对异性的性欲望一样。

我又想到，自己曾经愚蠢地在各种场合声明自己不是同性恋者。这举动的滑稽之处在于，如果我真如自己宣称的那样视同性恋为非变态、非罪恶，那么，我又何必要做这种声明呢？正如我从来没有声明自己不是左撇子一样。现在看来，只能这样解释了：我恐惧于被压制在自己生命深层的同性恋意识，所以才加倍担心自己会因为对同性恋问题的关注而被视作同性恋者，所以，才会有那样的声明。

那是1994年至1995年的事情，幸运的是，我很快成熟了。不幸的是，远比那本《同性恋在中国》优秀的我的同性恋题材著作，一直未能再出版。

我想我必须发表意见了……

（古怪的黑体字又冒出来了，真是不可思议。是我的错觉，误敲了键盘，还是电脑出现了故障？对，一定是电脑病毒，再用Ctrl+Y删除。等写完这本书，应该找人修一下电脑了，或者，干脆换更高档的，进入互联网络。但是，真入了网，难免着迷，难免耽误时间，难免影响读书和写作……别胡思乱想了，快接着写吧！）

这样解释《同性恋在中国》一书的创作动机，正好与弗洛伊德的学说相符。被压抑的性欲，是人的一切行为的出发点。弗洛伊德也曾经以伟大而非凡的坦诚，承认对自己一位学生的同性恋情愫。事实上，强调泛性论的弗洛伊德，在41岁时便彻底终止了同妻子的性关系，而且，我们都知道他是绝对的一夫一妻主义者，一生对妻子忠贞不渝。弗洛伊德，将他自己的欲求，升华为全人类的福祉。

我同样属于那种将性欲升华了的人，也正因为如此，我在现实中不再有同性恋的欲求。

当我真的开始广泛接触同性恋者之后，我有过多次被同性恋者追求和暗示的体验，但是，即使瞬间的情感波动，我也再未经历过。

甚至，我有时会有些微的不舒服，乃至恐惧，如果进一步深入分析，这种"不舒服"和"恐惧"是否是潜意识在震颤呢？

人，真是经不起分析。好在写作此书之前，我便已有这样的思想准备：精神分析从来不会成为真正愉快的事情，相反，它总是与"不舒服"的感觉相伴。人，注定是个蛆虫。

如果我要真理，我便不能要虚假的光荣。

　　对不起，又打扰您了，但是，我确实想对你的情况发表一些个人的看法……

（天呀，黑体字又出来了！看来这电脑坚持不到写完这本书了。快删除吧！）

　　慢，千万别按Ctrl+Y。您的电脑没任何毛病，我是一个您熟悉的人，想通过电脑和您聊一聊，请给我一点时间，您肯定会对我的谈话感兴趣。

（奇怪，竟真像有一个人在与我通过电脑交谈，而且还声称是我的熟人，姑且问问他是谁，听他想说些什么。看来，我也只能在电脑下敲出我的问候了。）

您好。您是谁？

谢天谢地，您终于给了我说话的机会，我想我可以用楷体和您交谈了。我是美国人，E.贝克尔，您的书架里还有我的书。

上帝！您是心理学家、人类学家贝克尔？《反抗死亡》的作者？普利策大奖的获得者？

是的。可惜那本《反抗死亡》获奖的当年，我便死了。1974年，我刚刚50岁，还有许多事情想做。我终于没能成功地反抗自己的死亡……

不，您的那本书便是反抗死亡的最佳成果，确实像您自己所说的，那是一本可以告慰您作为学者的良心的天才之作。读那本书时，我便想，自己今生是否也能写出一本足以告慰自我良心的书。

谢谢对我那本书的赞扬。但我感觉，您正在写作的这本书，至少此节，已经背离真理了。

哦？我愿闻其详。

这也正是我此行的目的。通过电脑进行阴阳两个世界的对话，不是件轻松事，但我想，您这本书有很多理由畅销，甚至会随着人类自我探寻意识的不断加强而长销不衰，所以，我不希望读者顺着您的思路一直走下去。我觉得，您的关键问题在于，对弗洛伊德过于迷信了。您是否想过，您几年前的那次所谓同性恋情绪并不是什么被压抑的性欲的胜利，而仅仅是您对死亡的一种反抗呢？通过前面的章节，我早已注意到，您是一个对生与死十分敏感的人，何以当面对私人生活中如此重要的一幕时，却麻木了关于死亡的感知呢？

我……

您不应该对我在《反抗死亡》中的观点感到陌生，我格外强调了人的死亡恐惧。这种恐惧是人这种动物特有的意识，它决定于人的悖论本性和存在困境，这便是：人既是生理性的肉体，又是符号性的自我。前者意味着人是被造物，是蛆虫的口中食（您刚才无意中也使用了"蛆虫"一词）；后者却让人成为创造者，成为自然界中小小的神祇，符号化的动物。人走出伊甸园，有了自我意识，成为与众不同的生灵，但是，他们同样无法摆脱必然死亡的命运。人既是神，又是虫，如此彻底的二元性分裂，显然是人的精神难以承受的。

人面对的最大问题，是神性和生物性的矛盾，是死亡的威胁，而不是弗洛伊德所谓的被压抑了的欲望。所以，人的一切行动都是在反抗他作为被造物的一面，抗拒死亡。人通过种种社会文化规范、宗教、道德、爱、权威、家庭、思想、艺术，利用这些"符号"，去建造"神化工程"，强化自己作为神的一面。

您使我想起阿德勒的观点，他也提到了人面对自己的弱小时的无力，不同的是他由此谈到人类普遍存在的自卑感；他也提到"神化工程"，不同的是，他认为人是通过反抗自卑感，获取优越感来使自己更接近于神的。您认为人的一切努力都是反抗死亡，而他将这一切归于反抗自卑。你们的异同是耐人寻味的。

具体到您的观点，我倒更觉得，您将精神分析学的基础颠倒了过来。

您可以这样讲。因为出发点不同，我与弗洛伊德看到的事物本质自然便不同了。比如，在我看来，种种性变态都是对死亡的一种反抗。同样，同性恋也属于反抗死亡的一种形式。

这我无法理解。

我将帮助您理解。但是，我想介绍另一位朋友加入，这位朋友对我很重要。我相信，我们三人一起谈话，对您会更有帮助。

好极了。他是谁？

奥托·兰克。

人对死亡的反抗及其他

重读《反抗死亡》，我发现确实将贝克尔许多最重要的观点淡忘了。

我对自己的这种淡忘进行心理分析，只有一个理由：它真实地揭示了我畏惧死亡的根本原因，我恐惧于承认它，所以，只能通过淡忘来拒绝。

阅读贝克尔，于我而言是件极痛苦的事情。他关于人类困境的种种思考与阐释与我的思维处境奇妙地契合一处，使我更为看清了自己的困境所在，便也更增加了痛苦。如果说，弗洛伊德的理论已经成为我的意识，那么，贝克尔理论便是我的潜意识。

阅读时，我几度停下来，不能卒读。整个心灵被痛苦咀嚼着，这痛苦绝不是只关乎我个人的，而是对人类整体命运的无奈哀思。

贝克尔确实是不应该被忘记的。

贝克尔自己说，他将被弗洛伊德颠倒了的事物又颠倒过来了。

自然，贝克尔也从来没有回避，他汲取了奥托·兰克等其他伟大学者的成果，甚至，他对克尔凯郭尔推崇备至，认为其早在19世纪50年代，便已经将弗洛伊德的理论发展到"后弗洛伊德"阶段了。

方先生，我是贝克尔。我出现在您的电脑上，是想告诉您，很对不起，我没有请到奥托·兰克参加我们的三方会谈。兰克似乎不喜欢跨时空的旅行，他只是列了一个自己著作的书目，让我拿给您。它们是：《心理学与灵魂》《艺术与艺术家》《意志疗法以及真理与现实》《超越心理学》。

我想我可能很难找到这些书。我不知道它们是否译有中文版。对于中国读者来说,语言的障碍局限了我们对西方文化成果的获取。

没有关系。我想我可以为您介绍一些兰克的观点,自然,在介绍的时候,我也许会将它们与我自己的想法结合在一起。我已经将它们事先输入您的电脑中了,您可以直接查阅,文件名是LK。

贝克尔总是这样来无影去无踪,上面的文字突然跳到我的电脑荧光屏上,随后又消失了。对于贝克尔的热情,我心怀感激,立即查找LK文件,于是,看到了贝克尔为我准备好的下述文字。

文件名:LK

人有一种符号的身份,是创造者,精神翱翔于天空之上,思索着原子和无限。他的种种自我意识,确定了人在自然界中是一个小小的神。但是,与此同时,人又是一条虫,终究会死亡,无法超越自己动物性的一面。对人之处境的充分理解会使人发疯。较低级的动物没有这种痛苦,没有死的知识。人在他的符号系统内所做的一切,都是想否定或战胜其荒诞的命运。

您曾经与弗洛伊德就俄狄浦斯情结进行过对话,在他看来,我们每个人都深深领受着的罪恶感与史前杀父和乱伦的原罪相联系。但是,在我看来,情况远非如此,我们的种种罪过感与性问题,反映了人关于自身基本的动物处境的恐惧。死的观念和恐惧,比任何事物都更剧烈地折磨着人这种动物。死是人各种活动的主要动力,而这些活动多半是为了逃避死亡的宿命,否认它是人的最终命运,以此战胜死亡。

死亡恐惧必然存在于我们所有正常的功能活动之中,但是,它不可能持续不断地存在于人的精神活动之中,否则我们就无法进行正常的功能。它必须受到适当的压抑,让我们的生活多少保留一点舒适。

对死亡恐惧的压抑寄生在各种生活能量之上,进入扩张性的有机体的奋斗之中。有机体正是通过寻求扩张以及把自己融入活生生的经验而积极行动,并反抗自身的脆弱性。死的恐惧可以谨慎地加以回避,或被实际地吸收到生命的扩张过程中。压抑以各种方式进行,安抚着人这种焦虑的动物,以使他不必焦虑。

人通过符号性的英雄系统确认自己存在的价值。他们为了获得首要的价值感、普遍承认的独特感、创造中的有用感以及普遍的意义感来参与这个系统。人们通过开拓自然,通过折射人之价值的宏伟庙宇、教学、图腾柱和摩天大楼,以及四世同堂的家庭、豪华别墅、巨额的银行存款等来获得上述诸种感觉。

人们相信,他所创造和拥有的这一切具有持续的价值和意义,这些价值和意义超越了死亡和腐朽,体现了人的内涵。人可以为他的国家、社会和家庭捐躯;为了挽救同志,他会毅然用身体掩住手榴弹,他可以付出最为慷慨的行动和牺牲。但是,他必须首先相信,他的所作所为是英勇的、永恒的、具有至上意义的。

人们认识不到自己对英雄主义的这种追求。要对自己为获取英雄主义感而进行的事情变得有意识,正是生活中自我分析的主要难题。您已经进行了几十万字的自我分析,却仍未认识到自己的这种英雄情结,未认识到自己所做的一切都是在反抗死亡。

精神分裂症患者对这些悲剧的感受比其他任何人都深,因为他没有能力去建造正常人用以反抗这些悲剧的可资信赖的人格防御系统。精神分裂综合征是人化过程中的一次失败,它意味着人自信地反抗自己在这个行星上之真实情境的失败。精神分裂症患者极具创造性,这是因为他最大限度地脱离了动物状态:他缺乏较低级动物的保护性本能程序,也缺乏一般人的保护性的文化程序。

看到这里,我忽然想到,精神分裂症患者是活得最明白的人,又是活得最不幸的人。

十来岁时,我曾为死亡的恐惧所困扰。那以后的十多年,我很少想死的事情了。作为畏惧死亡的我,似乎从这个世界上消失了。其实不然,他去用实际的行动反抗死亡了,只不过,我自己没有意识到这一点罢了。我对"成功"的追求,我对写作的痴迷,都是对死亡的反抗。

今天，贝克尔告诉了我这一切。

贝克尔好像还未涉及关于同性恋的讨论。在他第一次闯入我的电脑之时，他曾说，我对自身那次同性恋情感的理解有所偏颇，他要告诉我"真理"。还是继续看下去吧。

且慢，一些记忆深处很淡漠了的场景，突然浮现出来了。

场景1 旧友重逢

天津，肯德基餐厅。一个男人，一个女人，对面而坐。

他们是两年多没见面的老朋友。

"最近写些什么？"女人问。

"一些随笔，主要是谈论死亡的，我近来一直生活在死亡恐惧中。"男人说。

女人笑了，像听到件最不可思议的事情，"因为远离常理，所以才笑。"

"怎么会呢，那是很久以后的事情。"

"可是，每一天都在逼近呀。"

……

两人找不到共同点，便转了话题。

"你最近写些什么？"男人问。

"没写什么，只是在整理过去的散文，想出本集子。"

"一定是本很好的书。"

"不。许多文章，重读时觉得很糟。但是，如果不整理成书，时间久了便遗失了。编成书，可以成为人生的纪念……"

这个女人是我的一位朋友，这个男人就是我。

评点：女人同样生活在死亡恐惧中，只是她自己没有觉察到罢了。写作是一种反抗死亡的神化工程，唯恐作品散失，更是对生命历程散失的担心。整理成书，是更明显的神化工程，希望通过书的不朽来实现自我的不朽感。

场景2 纵欲的男人

男人甲——不是我；男人乙——我。

男人甲向男人乙炫耀自己的一段段艳遇，大谈猎艳的经验与体会，乐此不疲。

男人甲说，我想找100个女人。

男人乙向男人甲谈自己的创作计划，谈已经写好的书。

男人乙说，像以前一样，我还是准备四本书作为一套一起出版。

评点：男人甲和男人乙都生活在死亡恐惧中。一个通过占有异性来实现自己的神化工程，另一个通过写作完全神化自我。两者对数字的关心，都表现了一种对更多、更好、更与众不同的追求。其本质，都是在成为独特的"神"。

文件名：LK（续）

如果我们认同精神分析的关键问题是惧死情结，我们就可以进入下一个问题的讨论：性。

弗洛伊德认为，儿童对他的母亲有性欲，所以想取代父亲。但是奥托·兰克则认为，儿童通过成为自己的父亲，而成为自己生命的创造者和支撑者，从而战胜死亡。

在儿童的经验里，母亲在家中从事着局限性很大的附属工作，而经常不在家的父亲则代表了家以外的广大世界，那是社会的世界。父亲给家庭带来财富，他从事创造性的工作，所以，成为父亲，便意味自己从事创造性的工作，而不必像母亲那样被束缚在简单的家务劳动中。同样道理，对被阉割的恐惧，也体现了对成为母亲的恐惧。成为母亲，意味着失去父亲所代表的世界。

第一次目睹父母性交给儿童造成的巨大心理冲撞，一直为心理学家所关注。传统的精神分析学认为，这种冲撞是因为，孩子发现自己无法介入这种性交中，无法替代父亲。但是，我认为，这是因为父母的神化形象在孩子眼中被破坏了，他们通过父母的性交看到了父母的生物性，从而认清了自己的生物性。

在我们年幼的时候，如果让我们想象父母的性交，都会觉得那是恶心的，不可接受的。这是因为，父母对于我们，一直是一种"超我"的象征。

性是躯体与自我的一场搏斗。人通过控制性而控制自我，获得英雄感。性是极少真正属于个人的领域，人试图以一种完全个人的方式来运用他们的性，以便把握它，使它摆脱决定论。

此外，性总是在提醒人，它是一个动物，像所有动物一样的动物。神化自身的企图，不可能通过身体—性的手段达到。人既是一个"自我"，又是一个躯体。躯体给内在的"真实的自我"投下了阴影。在性活动中，人进入一种标准的、机械的、生物的角色。甚至内在的自我可能完全被置之不顾，只余下单纯的性器官的交接。所以，人要想反抗死亡，便不能不反抗自身的动物性，要想反抗动物性，便不能不反抗这种标准的、机械的、生物性的性交。这种性交将淹灭个体，而自恋的人最关心自己作为个体的价值。

这里，我们便接触到被认为是变态的种种性行为。它们实质上，都是对自身生物性的一种反叛。恋物癖者，比如恋鞋癖，弗洛伊德认为鞋子是阳具的替代物，但在我看来，对鞋子的迷恋不如被视作对固定的性模式的反叛，因为这种固定的性模式正在提示着我们作为一只虫子的脆弱性。再如施虐与受虐，前者是在通过主宰别人获得强力感，同一些暴君与暴徒所做的事情相符，后者是通过体验、容忍、战胜痛苦获得价值感，这便可以解释何以一些人身处困境却愈挫愈勇，因为他们由此而战胜自己的生物性，获得自我的发展。

那真正天赋的和自由的灵性，试图绕过天生作为繁殖工具的家庭。由此出发，唯一合乎逻辑的是：如果这位天才严格遵循神化工程，他就会起而反对一个大诱惑，即绕过女人及其自身肉体的物种角色。可以假定这位天才是这样推理的：我的存在并非为了物种利益而被人当作生理性繁殖工具，我的个体性是如此完整和不可分割，以至于我的肉体也包括到我的神化工程中了。那么，这位天才可以努力与那些有天赋的年轻人交往，在心灵上繁殖自己，根据他自己的形象创造他们，把自己天才的灵性过渡到他们身上，这无异于从心灵到肉体竭力精确地复制自己。弗洛伊德本人对性生活的冷漠，便是拒绝自己生物性的明证。

具体到同性恋，我认为，是人类试图在另一个生命体中找到自己、实现自我的一种"神化工程"。人通过拒绝异性，从而拒绝将自己变作一条虫的危险。

读到这里，我站起身，走到窗前，看空中的云。

一种全新的观念进入我的思维，我立即被它点燃了。凭着本能，我感受到它的精确，我的思维空间也已像这秋季的天空，格外明朗。我的同性恋情愫，这个困惑自身许久的难题，此时终于迎刃而解了。

回想对那个俊美男孩儿的感情，分明是我对自己的感情。

我不是在爱着那个男孩子，而是在爱着我自己。

他使我看到了自己十八九岁时的影子，也是那样秀美，也是那样精力充沛，周身洋溢着活力。我的潜意识苦苦地希望自己能固着于青春，固着于俊美，然而，岁月飞逝，容颜渐老。我反抗着自己的生物性，抗拒着死亡的到来，于是，便在另一个酷似自己的生命体中寻找着自己的永生。

我面对那个男孩子，便是面对一面镜子。我的自恋情结，我的惧死心态，都通过这个男孩子折射出来。古雅典的权贵，何以喜欢美貌的少年；人类许多最伟大的天才，何以对同性情有独钟，似乎都可以找到答案了。

我又想起，蔼理士在《性心理学》中，对同性恋似乎亦曾有过类似的分析。

贝克尔（或者是兰克）认定一切非常规性行为的背后，都是惧死心理在起作用。我不敢肯定，虽然我知道，这种意图是自我无法察觉的。但我想，至少对我这种于生死格外关心的人，也许是真理。

我重新坐下，准备继续读贝克尔为我准备的文件，就在这时，一件奇异的事情发生了：电脑屏幕上一片混乱，一行行的文字开始扭曲变形，一道光亮划过，屏幕漆黑一团，但电脑启动灯仍亮着。

文字重新出现，但已经不再是贝克尔或者兰克在讲述了。

方刚，我是弗洛伊德。

（我慌忙敲动键盘。）您好，弗洛伊德博士，没想到您会突然出现。

我一直在注意着您和贝克尔的交流，因为这里面太多地涉及我，所以我想说几句。

对于贝克尔的主张，我基本赞同。事实上，如果我能再活几年，兰

克也好，贝克尔也罢，都不会存在了。我将写下新的书，在那些书中，他们那些观点将由我讲述，而且远比他们讲述得精彩。

您也许已经注意到了，我在晚年已经认识到了自己的缺欠。在晚年的我看来，俄狄浦斯工程已经不再缘于对母亲的自然之爱，而是想要通过自恋的自我膨胀来克服动物环境的企图。儿童的主要任务是摆脱孤弱和逃避毁灭的命运，性的问题是第二位的，派生的。我也不再那么经常地谈论恋母情结了，而是更多地谈到"人在自然的可怕力量面前的茫然和无助""自然的恐怖""痛苦和死亡之谜""我们面对生活之危险时的焦虑"，以及"命运的各种巨大的秘然性，在它面前没有回旋的余地"，等等。遗憾的是，我没有机会完善这些观点，把它们写成书。

精神分析学的关键问题，确实在于畏惧死亡。

另外，弗洛姆那本对我做精神分析的《弗洛伊德的使命》，其中观点我也都赞同。我自己的一切努力，都是畏惧死亡的结果。精神分析运动从总体上来说是我自己与众不同的神化工程，这是我为了实现英雄主义，为了超越我的脆弱性和人之局限性的个人手段。

后人对我的所有指责中，有一些我是认同的，但我已经死了，没有机会发言了。我总不能像同您一样在电脑里同别人交谈，所以，请您将我的想法转达给公众。

弗洛伊德博士，即使您的思想有不完善之处，即使您曾经受到过许多批评与指责，您仍然是伟大的思想家，无与伦比的战士……

（弗洛伊德没有回答我的赞赏，他又从我的电脑里消失了。弗洛伊德在想些什么？他还有机会再次出现吗？）

对六篇随笔的精神分析学评点

这六篇随笔的创作期，前后跨越了八个多月。写作的时候，并没有想很多，今天掉过头一分析，才发现，它们都是惧死心理的反映。不论我是否在谈论死亡，这些随笔都无一例外地反映出我对死亡的恐惧。

写《英雄的生活》（作品1）是1996年8月16日，那时，我接触的精神分析学家似乎还仅仅是弗洛伊德，我对利用这一理论认识自身的努力尚未深入。而随后的八个月，我主要在阅读心理学著作，并且一点点地认清自我。随着时间的流逝，阅读的广泛，自省的深入，这六篇随笔成为我个人心理发展的一份记录，我对死亡恐惧认识的加深，对于自己精神世界的了解，也通过这组随笔清晰地展示出来。

于是，六篇随笔便成为一样标本，提示着我们，人对自我的认识可以达到怎样的层次，人对死亡的恐惧可以被怎样掩饰。

因为它们都是原文，未加修饰，所以分析起来，更撼人心弦。

作品1：《英雄的生活》

创作日期：1996年8月16日

一位真正关怀我的长辈，我却与之争论了整个晚上。我们争论的是关乎生命宏旨的问题，长辈年长我近30岁，自然不会被我说服，我的思想形成非一日之功，自然也不会被长辈说服。

长辈饱经了他那个年龄中国人所经历过的所有磨难，以糅合着血与泪的声音劝诫我，过一种老婆孩子热炕头式的 自足人生，不问世事，不想世事，更不干涉世事。我们的争论由此展开。

我说，通过自己的努力推进社会思想的革命，是我为自己选定的终生目标。只有这样，我才会觉得自己是真正在活着。

长辈说，你以为自己是谁？一个渺小而寡学者的努力，能够对社会有一点点作用吗？

我说，我知道自己是一只啃骨头的蚂蚁，千万只蚂蚁不断地啃下去，再大再硬的骨头也会化为乌有，而如果每只蚂蚁都放弃自己的责任，骨头便永远是骨头。

长辈说，在你啃掉骨头之前，便已经被骨头压死了，或者被来吃骨头的狗踩死了。

我说，我不在乎生命的长短，我关心的是生命的质量。

长辈说，我也曾有过与你同样的激情，但我们的人生磨难便是例子，你不应该重蹈覆辙。

我说，正是你们承受的不该承受的磨难，才激发我要做啃骨头的蚂蚁。如果我不啃掉这块骨头，我们这一代，甚至我们的后代，还会继续承受同样的磨难，甚至更甚。

长辈说，你太幼稚了，你了解社会吗？知道前程的艰险吗？

我说，我越了解社会，我便越知道自己该做些什么。正因为知道前程的艰险，我就更要使自己的斗志顽强些，能力卓越些。我将义无反顾。

我和长辈越说越远，我清楚我们之间差距的关键所在。长辈希望我过一种幸福的生活，而我对幸福的理解与他不同。我甚至自问，我有权利指望寻常人的幸福吗？那种老婆孩子热炕头式的幸福，使我承受的痛苦不是甚于死亡吗？我们最终的目标是使每个人都过上常规的幸福生活，但是，如果真的每个人都选择了这样的生活作为自己的生命目标，人类的大多数就不可能过这样的生活。

长辈说，牺牲你自己，值得吗？

我说，还有比用一个个体的幸福换取众多公众幸福更值得的事情吗？

"我们不可能获得幸福的生活，却可以指望过一种英雄的生活"。尼采说这话时，一定满腔悲愤。

长辈又说，谁能理解你呢？

我说，后人。

长辈说，那时你已经不在了，再多的荣耀有什么用呢？

我说，我原本关心的就不是个人的荣耀，而是人类生活的完美。更何况，真正为人类付出的人，终会得到历史的称赞，虽然这种称赞对他们并不重要。我们之所以还向往这种称赞，是希望看到真理的曙光，当这曙光普照大地的时候，我们已经无缘享受了，但我们的灵魂会因为后人在享受着而感到幸福。

郁达夫重复着司汤达的话："一百年后，终将有人理解我的价值。"如果那样的人不出现，不是司汤达或郁达夫的不幸，而是人类的不幸。我们有理由对人类充满信心，因为这两位分别来自西方和东方的孤独者都没有等到一百年，便获得了世界的普遍礼赞。如果我们坚信历史是一个加速度的发展过程，我们便应该相信，今天的思想者获得赞许，更不需要一百年。

我还没有告诉长辈，我最大的忧虑不是付出与得到的多少，而是我有多少可以付出。往往是，当我们决定将自己奉献于祭坛的时候，我们却发现自己只是一只瘦弱的羔羊。我必须更加努力，努力使自己成为一只战斗力顽强的雄鹰，用自己的羽翼开创一片新的天空；成为一头奋勇的雄狮，以吼声参与新世纪的开创。

英雄的生活不仅是一种理想主义的热情，更需要我们脚踏实地的努力。我将孜孜以求。

分析：

典型的英雄主义！为了公众和久远的利益，甘愿牺牲自我，并视之为光荣。坚信自己的牺牲具有永恒的价值，并最终可以受到历史的嘉奖。这便是我幼稚的英雄主义！我在当时完全没有意识到，整篇文章充斥着我的惧死情结。

现代社会是没有英雄诗的社会，我却为自己创作了一首英雄诗。

此时，我的惧死心理正被很好地压抑着。我所思所想，只是能多写几本书，写更好的书。畏惧死亡的能量转化为工作的能量，我过得还算轻松。

作品2：《生命》（略删节）

创作日期：1996年11月1日

住院伊始，我没有一丝一毫的恐慌。恐慌是在了解了病友的病情之后开始的。

我曾将直肠炎理解为肠炎相近的病症，聊天后才知道，直肠炎的症状是人无法控制排便，排泄的生理欲求随时都可能到来，在病者寻到一个合适地点之前便可能一泻千里了。而人类目前根治这一疾病的唯一方法，竟是将肛门堵截，由腹部另开一个排便管，挂一个囊袋。我对这能否称得上治疗表示怀疑，排便控制住了，正常的生理机能也被破坏了，这不是用一种"病"代替另一种病吗？

然而，对面床位那个20岁出头的小伙子，患的便是直肠炎。他每天输液，等待手术。我无法想象，一个年轻的生命将要以那种怪异的方式生活。

邻床是个40多岁的男人，来自宁夏。他的妻子一直陪伴着，每天夜里，两个人头脚相对挤在那张窄得不能再窄的病床上。住院十天，我没能在这对夫妻的脸上找到一丝笑纹。一天在楼道里闲聊，那个女人告诉我，在过去的四年间，她和丈夫每年在这所医院住半年。男人原本只是肠子里长了一个良性肉瘤，切除后重新缝合肠子时对接失误，以至于第二年再次住院，重新开刀。这次竟又出现新的事故，转年他们不得不再次住院检查。这次是他们第四次住院，等着第三次手术。人的肉体，竟像那被不断打开的路面一样，成了拉链。

我明白，这四年精神与肉体的折磨，真的没有什么能使他们再笑出来了。任何生命的乐趣都谈不到了，人只是保持最简单的活着的状态。我无法想象，如果自己处于他们这样的境地，会是怎样的状态。体验不到生活的美妙，只是承受着无尽的苦痛，人靠什么力量才能支撑着活下去呢？

一天早晨，来了新病人。二十来岁的年纪，像石雕一样面无表情地呆坐在楼道里的长椅上。尚是9月，青年却穿了一身厚厚的蓝色长衣裤，面色灰黄，稀疏的头发干枯地垂下来，双眼抑郁地凝视着面前的水泥地，背弯着，像有沉重的负荷压着。一位五十多岁的男子在为青年办理住院手续，表情同样阴沉。青年的整个形象使我感到沉重，连呼吸也觉得压抑。最令我惊奇的是，稍后，青年竟走进了女病房！

从我看到她第一眼起，我便以为这是个男人！

当一个如花似玉之龄的女孩子使人辨不出性别的时候，这个女孩子的身体与精神已经处于怎样一种状态中，是不言而喻的。

关于女孩子的情况很快传了过来，在住院部里，每个新病友的病情都是重要的话题。女孩子来自贫困的山西农村，先天性肛门失禁。她20岁了，此前曾在太原等地医院长期求医住院，多次做过手术。在今年的高考中，女孩子以590多分的高分考取了成都政法大学，却不得不眼睁睁地放弃入学的机会。现在，女孩子和她的父亲将治愈的希望寄托在这所医院，千里迢迢地赶来了。

女孩子怯怯的，在楼道里走过时总低着头，看着地面。她在洗脸间洗漱的时候，有人进来，她便总是退到一旁让位于人。每天晚上，她都拿出一块自带的塑料布铺在床上，避免夜间脏了被褥。

无论何时从女病房门前走过，都能看到女孩子在看书。她的父亲说，女孩子带来了历史课本，明年还要再次考大学。女孩子的高考成绩是全县第一名，我仿佛看到一个一点点长大的小女孩儿，因为她与生俱来的怪病，从小便被同龄人排斥，幼小的她没有玩伴。上学后，她又成为同学嘲笑和羞辱的对象。她把自己完全封闭起来，在刻苦学习中艰难地寻找自尊。读书，是她唯一能使自己强大起来的途径。

我想，女孩子承受的屈辱，可能已使她泪的源泉干涸了，几天后我却发现自己错了。医生告诉女孩子，她的手术将分几步进行，前后三次，需两年时间。女孩子当时便无声地哭了。医生以为女孩子怕疼，了解女儿的父亲说："她不怕受罪，只怕误了读书……"

种种令我心悸的见闻仍未结束，男病房里一位六十多岁的老者要做手术了。他的肠子里长了一个瘤，尚不知良性还是恶性。因为瘤靠近体后，所以身体将从后面打开，需要去掉尾骨。老人生死难测，亲友来了许多，他的老伴躲到院子里偷偷地抹泪。

我的心无法不持续下沉。充分感受到生命的脆弱，肉体凡胎，哪里受得了这样的折腾。人体被像一个机器一样修整，而这还不是危险最大的心脏和脑科手术。一位病友告诉我，他的同事脑子做脑瘤切除，"你猜猜怎么打开脑壳？"病友讲述时的神态已让我很恐怖了，"不可能从脑骨缝间撬开，人类尚无法撬开脑骨。唯一的办法是用榔头在脑壳上打几个眼儿，然后将骨头硬敲下来。手术后将头皮缝合，骨头绝不可能再装上了……"我已经听得毛骨悚然。

在疾病面前，万物之灵的人类竟如此无能。我们可以改天换地，可以登上月球，但是，无论你是怎样一个智者和伟人，都将轻易被疾病击倒。我们奋争了一个个世纪，竟抗不过一个"病"字！生命是如此弱小，我不能不生出种种悲叹。

住院十天，每日竟都在这种对生命的痛苦思索中度过。我一遍遍问自己，我们为什么这么强大，又这么弱小？强大到可以征服整个世界，灭绝所有生灵，弱小到与我们自己一脚落下时踩死的蚂蚁们无异。恐惧在这时强烈了，我担心自己无法恢复健康，无法再走下病床，我的种种理想与梦想，我曾付出的种种艰辛与抗争，都将变得毫无意义。

所有病友中，那个20岁的女孩子给我的震慑最大，因为青春与病魔的反差最为激烈。但是后来，竟也是同一个女孩子首先给我的心灵注入一缕光明。

　　我的妻子同情于那个女孩子的不幸，从家里带了许多衣服送给她。女孩子没有带冬装来，她原以为自己可以很快出院回家的。我也将亲友送来的水果分赠给她，她身为农民的父亲多年来已经承担了太多沉重的负荷，哪里有钱再给她买一点点水果呢？一天，妻子告诉我，她刚才在楼道里遇到女孩子了，女孩子抬起了总是低沉的头，向她微笑，这是医院里的人们第一次看到她微笑。"她笑的时候很漂亮。"妻子说。我被妻子的描述感染了，想象着女孩子笑的样子。我相信，那是一种如日东升的感觉，令人心里暖融融的。

　　让我感动的场面接踵而来。在一个阳光明媚的上午，那对长年住院的夫妇竟上街散步了，买回现成的馄饨馅和馄饨皮，两个人盘膝对坐在病床上，中间铺上白纸，逐个包馄饨。我躺在一旁的床上，痴痴地从头看到尾。其间一个病友走过来，认真地对他们讲述南方和北方不同的馄饨捏合方法。阳光照在他们的身上，仿佛一道灿烂绝伦的光环罩着他们。

　　馄饨包好了，做妻子的拿出一块只有一本杂志大小的塑料案板，在床头柜上切香菜。香菜只有十几根，她切得极认真。我被眼前的一切迷住了！

　　我想，再严厉的医生，面对这对夫妻在病房里偷偷点起的电炉子，也无法加以指责。生命已被命运抛到这种绝境，生命却以自己的方式倔强地抗拒着，不向命运臣服，还有比这更美丽的风景吗？

　　生命真的很脆弱，生命又真的很顽强。

　　那位六十多岁的老者已经顺利通过手术，那是一个良性瘤。老者在手术室待了五个多小时，那期间，病房里所有人都坐卧不宁。当他被推回来时，人们纷纷上前帮忙。他当时面色如土，但每一天都在恢复中。

　　我是在手术后第六天出院的，虽然远未拥有彻底的康复，却不再有无法康复的担心。我出院那天，对床的男青年仍没有做手术。有消息说，西安研制出一种治疗直肠炎的口服药，试用有效率达到60%，他想去试一试。也许，人面对恶疾还能生活下去，就是因为人还有梦想和希望。

　　但是，生命很顽强的事实，却未能解开我对生命很脆弱的痛苦冥思。出院一个月了，我仍被罩在病房的那种气氛中。我想为自己的思想理出一个头绪，思绪却更加紊乱。我想象着每一天，都有众多的病人住进这个星球上大大小小的医院，也将有无法统计的病人告别这个世界。所以，所谓生命顽强的解释无法宽慰我对生命脆弱的悲叹。

　　如果我们不能自我安慰，就应该有一条途径升华我们的恐惧。我唯一能够感受到的事实是，住院十天之后，我对名利看得更加淡泊了。生命短暂，人生无常，身外之物，恋之何用？这肉身不知何时就将化作一股青烟，虚荣与浮华又有什么意义呢？还是实实在在地做点于人于世有益的事情吧，助人乐己，是一种真正的快乐，真正的永恒。人不可能主宰机体的命运，却应该能够主宰自己的精神，过一种健康的精神生活。

　　也许，这就是生命之脆弱给我们的启示吧！

分析：

　　这是我第一次住医院治病，所历所闻所睹对我刺激很大。我在有关贝尔克的章节中曾提到，我的死亡恐惧被压抑着。但是，这次住院中，它完全被唤醒了。对于许多儿童来讲，目睹死亡、身染重病等经历，都会使他们开始思考生与死。作为成年人的我，同样通过重病而唤醒了潜意识中的死亡恐惧。

　　我目睹的"生命的脆弱"，其实是人作为"虫子"的一面，而此前，我的注意力都集中在了作为"神"的一面。我对于种种手术方法的恐惧，正是因为它们使我看到了人的生物性。而我同时又对人的自我价值丝毫不敢放松，二者搏斗，便有了这篇文章中的种种曲折的心路历程。

　　最后，我的归结点是：生命可以很脆弱也可以很顽强。所谓顽强，又是在强调人的神化。但我同时也意识到："生命很顽强的事实，却未能解开我对生命很脆弱的痛苦冥思。"我甚至已经使用了"恐惧"这个词。我便试图通过一种"健康的精神生活"来排解我对于生和死的种种困惑。

　　在这篇随笔中，我认清了人的被动性，并因此感到恐惧。但是，因为没有精神分析学的基础，我也只能停留在这一步。下一篇随笔中，我则开始幻想改变这注定的悲剧命运。

作品3：《时间的走向》

　　创作日期：1997年1月29日

（原文已收入本书关于布朗的章节中，此处从略。）

分析：

种种如此美妙得不愿放弃的事物，都可以归结为一个字眼：生命。

生命是如此美好，我们不愿放弃，我们畏惧流逝，因为，我们恐惧于死亡。

于是有了这个绝妙的幻想，时间可以变成横向的，生命便也可以永恒了。

作为生物个体的我，无法超越死亡的终极命运，便幻想出现某种奇迹。

东拉西扯，还是归结为两个字：怕死。

作品4：《小心地活着》

创作日期：1997年1月31日

进入1997年的时候，我多少有些怅然。这一年，我29岁了，进入"二十几岁"的最后一年。明年这个时候，便是而立之年了，这辈子便无缘再计算二十多岁的年纪了。元旦前后心情一直不好，1月2日的晚上，几个文友在一位朋友家聚会，然后去楼下的餐馆吃饭。

《红楼梦》里，贾宝玉是爱聚会的，而林黛玉则相反，因为"聚了还得散"。我很矛盾，怕散，但更怕不聚，于是更多的便是在聚散之间的挣扎。终于将那聚会盼到了，但当众人刚聚到一块的时候，我便开始感受将要散去的伤感。

吃饭时，因为我坚决地拒绝抽烟和喝酒，便成了"活得很小心"的典型。我也的确活得很小心，便顺势讲起自己是如何小心的。逢到酒席，真有些馋酒，却也不敢喝。很讨厌肥猪肉，但自从一位诺贝尔医学奖得主提出多吃肥肉可防癌，每逢就餐，竟也像抓住救命稻草一样狼吞虎咽。一向是饭后吃水果的，偶然看到篇科普文章，讲水果应该在饭后两小时再吃，否则不利于消化，于是便也不敢吃水果了。每天的早点是绝不敢放松的，一日三餐到了定时极准的地步，早八点三刻，午12点，晚19点，迟了半小时，便会饿得难受。23点至凌晨1点的子时之内睡眠有助于健康，虽然因为读书、写作的习惯少有做到的时候,却一直对其心存一份向往。

这一套养生经如果出自中老年之口,也许会更自然一些。由29岁的我说出来,在众人听来总有些喜剧色彩。更何况,讲着讲着,我积郁多日的抑郁情绪竟控制不住,大谈起生命的消极了。

我说,我们随时随地都在死亡着。我们从出生那一天起,便像即将到来的香港回归一样,进入了倒计时。我们在这个世界上唯一可以确定的事情便是:每个人都会死亡。死亡何时到来作为最难确定的事情,使得生命必然灭亡的命运更具悲剧色彩。

相对于今天来讲,昨天的我们已经死亡了,而相对于明天,今天的我们也已经死亡了。我们坐到这里,走进餐厅之前的我们已经死亡了;我们在这里谈话,谈话开始之前的我们已经死亡了。正在谈话的我们仍在死亡着,我们每一秒钟都在死亡,人活着的过程便是一连串大大小小的死亡的过程。不论我们怎样的努力,我们都不可能改变每时每刻都在死亡的命运,即使当我们努力摆脱死亡的时候,我们也在这努力中死亡着。我在这里谈论死亡,而谈论死亡的我也正在死亡。

每一个朋友与我,都有过一段从相识到熟悉,从熟悉到朋友的过程。相识时的我和朋友都已经死亡了,熟悉时的我和朋友也都已经死亡了,成为朋友的我和朋友也正在死亡着。我们曾有过美好的经历,处于那段经历中的我们也都已经死亡了。

死亡是一种状态,而活着只是一个过程。

于是有朋友说:"你很矛盾。"既然生命注定是一场悲剧,注定结束,再多的努力也不会有万分之一拯救的可能,你又何必这么小心地活着呢?你再难为自己,再小心,又有什么用?生命不是在你小心的时候正在死亡着吗?

我却说,恰恰最不矛盾。如果不是对生命有着无比的热爱,我又怎么可能如此真切地体验着死亡的恐怖?爱生命爱得真真切切,对死亡的体察便也入木三分。我种种小心翼翼的生活方式,不正是对死亡的一种抗争吗?知道不可抗拒而去抗拒,是因为真正的热爱,真正地想活着。也正因为真正地想活着,才会被每时每刻都在死亡的现状困扰,才会对死亡说三道四,议论纷纷。

那天的聚会,死亡便成为中心话题。

一位电台的主持人因为有节目先走了，对于这次聚会来讲，她已经去了，或曰"死亡"了。餐桌边的座位空出来一个，好像人世间的座位空出一个，它们的共同特点是：我们已经看不见曾经坐在这个座位上的人了。

晚饭结束，我们走出餐厅，在餐厅里谈论死亡的我们也已经死亡了。

但是，正当我感叹又一次美好的聚会和一段美好的时光将成为永远的过去之时，我忽然发现，我所伤感的并不是这段时光中我的肉体的改变，而是我的精神体验的逝去。也就是说，又一段逝去的青春不足伤痛，真正使我伤痛的是逝去的一段精神享受。我明白，与其说生命被肢解成一段段时间，不如说生命被肢解成一段段精神了。真正理解生命并关心死亡的人，事实上都是在关心着精神的体验。果真如此，物质世界的死亡不是便可以通过精神世界的修炼得以再生了吗？我知道自己的求索不可能立即有一个终点。

我们是一些对生命真正负责的人，也因为我们将人生的意义看得很重，所以我们才格外关注自己在有限的生命时空中做了些什么，便也格外关心死亡的步步为营。

既然死亡是确定了的时候，而何时死亡是无法确定的事情，我们便只能小心翼翼地活着，使那无法确定的死亡时间尽可能晚些到来，从而使我们自己有更多的时间做点事情，使我们的精神体验更为富足。

分析：

终于知道自己有多么怕死了。"怕死"在那次手术后加速度地演绎着。

我是如此怕死，以至于看到了每一分钟的死亡。

我又是如此无奈，只能告诫自己：小心地活着，活一天是一天。

那种种"小心"，都是在反抗死亡，很懦弱的反抗。这种反抗，在老年人那里能经常见到。

我想要更多的时间做点事情，"使我们的精神体验更加富足"，这仍然是一种神化的幻想。

手术出院后，我曾对妻子说："在我这个年龄，这么注重食疗的人，实在不多。"

她说："在你这个年龄，这么怕死的人，实在不多。"

她只说对了一半。应该是："在你这个年龄，这么清楚地意识到自己怕死的人，实在不多。"

作品5：《挑战极限》

创作日期：1997年2月1日

（原文已收入关于阿德勒的章节中，此处从略。）

分析：

此文虽然已作了阿德勒"渴望完善"的注解，却也正可以作贝克尔《反抗死亡》一书的注解。

对极限的种种努力，正是一种渴望不朽的英雄情结。

挑战极限确实是人这一物种的特有属性，正像自我意识，以及随着自我意识而来的惧死心态也是人的特有属性一样。

我写这篇文章的过程，便是反抗死亡的过程。

作品6：《何以怕死》

创作日期：1997年3月21日

惧怕死亡被看作弱者的心态，无知者的恐惧。怕死者面对茫茫未知世界，感受着自己的弱小与无助，他无能为力，只能随时迎候死亡的突然而至。

如果是一个命运的强者呢？他将努力发展自己正在持有的现实的人生，充实它、完善它、实现它，这样，当死亡到来的时候，他便可以说："我已经尽了自己的努力，没有什么遗憾的了。"这样一层观念，被古今中外许多属于不同思维体系的思想家们阐述过，我们也时常听到身边的人讲述同样的意思。

把握现实，便成了反抗死亡的一条积极的途径。难怪有的思想家声称，人所做的一切努力，都不过是出于对死亡的抗拒。

按照弗洛姆的说法，那种属于"非生产性人格"的人才会惧怕死亡，因为他们的个体意识差，少有创造性。而"生产性人格"的拥有者，则在创造中蔑视了死亡。

扪心自问，我自觉拥有很强的"生产性人格"，我的自我意识也告诉我，我对事业的种种执着表现，虽然与弗洛伊德的"力比多升华"和阿德勒的自卑情结有着很大的关系，但也确实不能否认同样是死亡恐惧的一种表现。事实是，我经常在文章中谈论死亡，同时也在谈论通过工作完成对死亡的否定。

但是，所有这一切，仍未能缓解我对死亡的惧怕，更不用说铲除根深蒂固的惧死情结了。我甚至觉察，在思考死亡、反抗死亡的过程中，我对死亡的恐惧也在加剧了。

我何以如此惧怕死亡呢？

第一次坐飞机，是1995年夏天去广州。那时我刚刚出版了四本书，初次体验飞机起飞带来的眩晕时，我忽然想："如果我现在死了，虽然有许多遗憾，但总算已经做过一些事情了，也可以聊以自慰了。"这样想着的时候，我眼前、心中豁然开朗，心情格外好，轻松、快乐，正如窗外的一抹蓝天。那一瞬间，我觉得自己真的超越了生与死，将死亡踏在脚下，整个人的精神都升腾了起来。那是一种与马斯洛所称的"高峰体验"相同的感受，以至于此后我总是向往乘飞机，也许，我的潜意识正是渴望重新经历那一瞬间的感受。

人超越了死亡，竟能有如此快乐的体验，我真的没有想到。

一种习惯思维也许在那时便形成了，每当制订一个新的工作计划时，我都会不自觉地想："如果我能活着完成这个计划，那该多好呀。"

我知道每一个计划还没有完成便又会有新的计划等着我，但是，人生是如此难以预测，我只能将它分解成一个个单元，逐一祈祷着自己顺利走完眼前的单元，而不敢对上帝一次要求太多。

对死亡的恐惧也许便是这样加剧的。死原本是一个远远地罩着我们的未来事物，而如今，我却将它具体到了每一天，立即变得伸手可及了。如果我没有完成眼前的计划便不幸死去了，我的遗憾是无法用语言表达的。所以，我对死亡的恐惧具象化在我的每一个计划、每一项工作中。

原本希望通过工作超越死亡，最后竟由于工作而更加受制于死亡，这可能便是我的悲剧。

当我面对许多伟大人物的人生履历时，总难免想，如果他们在思想和艺术成熟之前便离开这个世界，那便会少一个天才，人类的历史也许将为之改写。由此进一步想，这个世界上一定曾有过许多壮志未酬的人，当他们还处于精神的完善过程中时，便过早地被死神夺去了生命。否则，这个世界将有更多的天才，这个世界的历史同样会被改写。

人类的最大悲剧也许不在于死亡的必然性，而在于我们每个人都要用几十年的时间来完善我们的思想，使我们继承前辈的智慧财富，而当我们可以创造的时候，也许我们的生命已经接近尾声了。

罗素在80岁的时候说："我的前80年给了哲学，后80年则要给文学了。"这位享有98年生命的老人应该知足了，但我们可以想象，如果罗素真的拥有160年的生命，以他的勤奋和智慧，对这个世界的巨大贡献将是无法预测的。

同样拥有勤奋与天分的是路遥，这位作家的死亡具有某种象征寓意。二十多岁时，他曾表示，要在30岁的时候获全国中篇小说奖，在40岁的时候获全国长篇小说奖。如果他再早逝几年，也许无法实现这两个意愿，而如果他再长寿几年，将会实现更大的意愿。我相信路遥是一个惧怕死亡的作家，他不顾疾病威胁的自杀性写作，正是他惧死心态的极端表现。路遥是在实现他的两个意愿后死去的，升天的那一刻，他一定也经历着某种"高峰体验"。

不是每个人都能像路遥那样幸运地活到完成计划的时候，即使我们的生命可能比他长久。我们担心无法完成自加的使命，所以我们更努力地工作。

我曾想，如果上帝给我40年的生命，我便可以面对这个世界发出自己的声音；如果上帝给我50年生命，我便可以在这个世界留下一些声音；如果上帝给我60年生命，我便可以对这个世界施加某些影响；而如果上帝给我70年生命，我便可以让这个世界有所改变！至于80年的生命，那是我连想也不敢想的。

当我写这篇文字的时候，我即将走完生命的第29个年头。我甚至不能肯定30岁的生命是否在等候着我，我是否能够与它相遇。

一位编发过我多篇涉及生与死话题的编辑很困惑地问我："你的人生经历并不太特殊，何以对生命有这么敏锐的感受呢？"我回答她：因为我格外怕死，所以我格外爱生，正因为我格外爱生，所以我更加怕死。

如果一个人不惧怕死亡，他便不是一个真正热爱生命的人。每一个关心自己人生意义的人，都不会对死亡持漠然的态度。

所以，我姑且任由自己的惧死情结膨胀下去。

分析：

知道自己何以怕死了，却还不知道这"何以"正是怕死的结果。原因与结果的倒置，一度是精神分析学的大问题。

我们怕死，才会想过"英雄的生活"，才会有对"生命"的种种敏感，才会关心"时间的走向"，同时"小心地活着"，并且试图在"挑战极限"中有更大的收获。

但是，我们仍可能永远处于"何以怕死"的怪圈中。

第十五章

几则无规则的胡思乱想，一种新的自我分析术

关于父亲；关于初恋；通过一稿多投反抗死亡；
我爱弗洛伊德；赴约的时间；通过回忆电影或书籍的
情节进行自我分析；影片《情人》观后的自我分析；
美国影片《本能》观后的自我分析。

关于父亲

此书将告终结，我再次想起奶奶百听不厌的我对父亲的那两个记忆：远道归来的父亲、给我喂饭的父亲。

今天，分析那两个有父亲出现的画面，我更感兴趣的是那场景中的孩子。他听到敲门声毫不迟疑地跑去开门，他反抗父亲的爱抚与拥抱，他活跃地在院子里跑来跑去，即使吃饭的时候也不放弃游戏，这一切，对我来讲是陌生的。

我对自己略迟一些的记忆是四五岁时的我，那是一个内向、害羞的男孩子，整天藏在外祖母身后，似乎从不说话，见到陌生人便躲避，恐惧黑暗，缺少游戏和锻炼。这种状况一直伴随我长大，以这样的性情，是很难在夜晚或者白天梦到另一个处于迥异生命状态中的男孩儿的。更何况，当时我头脑十分简单，梦境便也极单纯，不会出现"压抑""变形""文饰"，等等。

由此可以推断，关于父亲的记忆，是历史，不是传说。

我的生命显然将是另一番境象，在父亲微笑的目光注视下，我会成长为一个健壮、开朗、活泼、强大的男人。

但是，父亲那追踪我的目光被砍断了。他的目光是线，我是少了牵引的风筝，跌落到沼泽中去了。

这便也足以解释，为何我在那些关注社会对人性格影响的精神分析学家时，更容易产生共鸣。

成年后，我又找到一个足以认定关于父亲的记忆不是梦的证据，那便是父亲喂我饭食的情节。十一二岁的我，已经懂得吃饭时要端坐桌前，跑动是极害健康的。所以，我不可能将父亲的爱心与纵容我边跑边吃的行为虚构在一起。事实上，对奶奶描绘那两个情节时，我心中便对这种矛盾大感不解了。我当时还远远不了解父亲，自然不会理解父亲的作为。

成年后，关于父亲的形象一点点丰满起来了，我也开始相信，我原本可以健壮得吓跑任何疾病，像父亲一样。

父亲生长在一个临河的村子里，奶奶说，父亲是泡在河里长大的。他一口气能游到邻村，再逆水游回来。

第十五章 几则无规则的胡思乱想，一种新的自我分析术

大伯父告诉我，20世纪60年代初的一个夏天，父亲到天津。火车站距伯父家十多里，都挨着海河，父亲推门进来时，伯父问："怎么来的？"父亲淡淡地说："游来的。"

那天，父亲单靠右臂一路击水，左手则一直把行李和外衣高托出水面，成为海河的一处流动的风景。

父亲教会了姐姐游泳，没等到教我，便走了。所以，我至今是只旱鸭子。

十岁那年，体育课搬到游泳池。预备运动之后，刚跳进池子，一股冷气便钻进肉体深处，我全身剧烈地打寒战，上下两排牙齿像上了发条的玩具，没完没了地磕碰着。

同学向老师紧急报告，方刚脸色惨白，像戏曲里的娄阿鼠。

我立即被抢救上岸，三个女老师手忙脚乱地脱去我的泳裤，为我换上长衣。赤裸的瞬间，仍瑟瑟发抖的我竟感到一阵愉悦，性意识，正蠢蠢蠕动。

那次事件后，没有老师敢带我去游泳了。我正乐得每周有一个下午，可以躲到家里随心所欲地幻想，不必和众人在一起。

体质弱是一个原因，但似乎远远不应完全拒我于水，又一项运动从我身边悄然溜走。今天，我怀疑是否我的潜意识和我的身体合作了一次阴谋，为了逃避人群，为了多半天时间沉浸在幻想的乐趣里，我便在水中颤抖了。

父亲的灵魂在水深处凝视着我，他紧皱眉头，叹了一口气。他无法想通，自己的儿子何以脆弱至此。

需要补充的是，此书完稿后十年，40岁的我，被当时我十岁的儿子，教会了游泳。虽然我一直还不会在水中换气，但可以每游七八米便站下来喘气，然后再游。而我的儿子热爱游泳，每天都要去泳池，游六七百米。当我们父子一起在泳池游泳的时候，我想到，我的父亲也许正欣慰地注视着他的儿孙……

父亲是强健的，也是勇猛的。

奶奶说，你爸爸从不吃亏。

少年的父亲扮演绿林好汉，征服了村子里所有男孩子，然后以王者的姿态率领他们去邻村建立权威。父亲的拳脚很厉害，曾创下一人打败四个同龄敌手的纪录。

"我只打坏人，从不欺负好人！"父亲理直气壮地说。

十几岁的孩子不可能永远泾渭分明，父亲也难免偶尔错打了"好人"，这时，他便利落地爬到十多米高的树上，藏在树冠里，等着风波过去。理屈词穷时，父亲总是羞愧地躲开，但更多的时候，他理直气壮，冲到最前面与人辩驳，从不示弱。常有被打哭了的孩子，由父母领着来告状，父亲便挡在门前，历数那孩子的种种"恶行"。

　　于是，村里无论大人和孩子，不敢轻易惹父亲。

　　几十年后，同样年龄的我，却归于常被同学无端欺凌的"好人"一列。我唯一做的便是忍受。

　　成年后的父亲先礼后兵。

　　奶奶从老家迁到天津后，住房邻街。邻屋是四个小伙子，每天早晨摆卖早点，堵住奶奶的门。父亲来了，看到了，讲了两次，不见改观。一天夜里，父亲便将邻屋的门狠狠地钉死，害得人家转天早晨爬窗户。

　　父亲走后，有人砸了奶奶的窗玻璃。父亲来了，二话不说便砸碎了邻屋的窗户，跃上他们的房顶，边跺脚，边唾骂。一比四，四条汉子竟忍了。

　　父亲的举动不乏蛮横，他不信任"组织"，遇事总是自行解决。

　　我原本能够成为他生命的一个复制品，他在自杀时可能闪过这样的念头：我死了，儿子还在，20年后，便是如我一样的好汉。

　　但是，父亲没有料到，他死后，我便背叛了他，杀掉了他的复制品。

　　我为自己另找了一个父亲，并蜷缩在他的威严之下。但是，臣服仅仅是一种自我保护措施，我的心一直效仿我的生身父亲，像他一样反抗着。我们父子的不同之处也许是，他光明磊落地生活在叛逆中，倔强刚韧，而我则一副柔顺的外表，不显山露水，同时将叛逆精神深藏，寻找时机，试探着扔出一把把飞刀。

　　那个一直压制着我的"继父"，便是我的生命本身。

　　我一度对自杀的着迷与我对父亲的推崇不无关系。如果我自杀，我便在某种意义上等同了父亲，靠近了父亲，而远离了逆子的形象。

关于初恋

　　真是很奇怪，如此重要的初恋，竟被我淡忘了。

第十五章　几则无规则的胡思乱想，一种新的自我分析术

在《中国人的情感隐秘》和《中国：男人和女人的故事》这两本书中，我写了近200个男女情爱故事，为之四处搜罗，苦思冥想，竟然没想到写自己的这段亲身经历。

这段初恋显然一直在我的脑海里，但是，即使想到它，我也已经将那凄楚的结局淡化了。

直到一群朋友聚餐，每人讲一段自己的恋爱故事，我才在讲述中让它的结局清晰起来。然而，对于写作题材如此敏感的我，当时仍未意识到要写出这段其实很精彩的经历。

只是当我的自我心理分析进入情爱阶段时，我才不得不正视昔日凄楚的结局。结局真的很凄楚吗？

我记得，当年那女孩子掉过头对我说了那番话后，我竟感到一下子轻松了，有终于获得解放的快乐。自从我的春心萌动以来，我的精神一直为爱情紧张着，对这个女孩子的痴迷使我欲进不能，欲退无路。我尚不具备追求爱情的能力，也不具有谈恋爱所需要的基本心态。少年怀春，我还不懂得如何应付自己的爱情。内心的种种磨难，早已使我艰于承受了。潜意识里，我也许早已经在渴望重获自由的松弛，但是，我又怎么能背叛自己"未来的太太"呢？所以，女孩子的"恶劣表现"实际上已经为我卸除了负荷，我可以放弃这段爱情了，而又不必承担背离恋人的责任。

当年受辱之后，我不仅从来没有责怪过那个女孩子，甚至于从未感到羞辱，原因可能正在这里。是她帮我解脱了。十五年间，我甚至会偶尔生发出一种幻想：如果我们有机会重逢……

但是，再掉过头一想，如果我真的没感到过羞辱，又何以会十五年间对那最后一幕的记忆如此模糊呢？如果不是我潜意识里在逃避那份羞辱记忆，我又怎么会将它淡忘呢？如果不是害怕心灵深处的某个伤痛被再度触及，我又怎么一直回避着这段经历呢？按照弗洛伊德的观点，被我们忘记的，一定是我们有理由需要忘记的。

最讲得通的解释也许是这样的：当年那最后一幕发生时，我体验到解脱和羞辱双重的感受，为了自我保护，我的心理机制自动地强化了解脱感，从而也淡化了羞辱感。所以，我仍会在十五年间对那个女孩子存一份美好的记忆与默默的怀想。

值得一提的是，此后进入我情感视野的女孩子，很多是那种少女的纤细的身材，纯净的面庞。我对于那种娇小身材与纯净面庞女孩子的喜爱，肯定有很多原因，甚至包括恋母情结的作用，但是我想，与我的初恋也许不无瓜葛。

后来成为我妻子的那个女孩子，与我初恋的对象有着相同的姓氏，我绝不认为这一点对于她成为我的妻子很重要，甚至对于她当年成为我的恋人也绝不重要，但是，那个姓氏在当年无疑让我想起了自己仍未释怀的初恋，所以，很可能我的潜意识已经为她投了赞成票。

附带一提的是，就是在那次讲述恋爱故事的朋友聚会上，我的这段初恋引起一片唏嘘声，文人们在感叹与痛苦中皱着眉头，对我少年时蒙受的创伤表示深深的同情，并惊异于我何以还会谈笑风生地回顾最后羞辱的结局。一位朋友进而替我分析说，我初恋的受辱影响了我的两性观念，使得今天的我想去做征服者，报复女人。这分析吓了我一跳，我不知他何以会认为我是个热衷于征服、报复女人的人。回到家反躬自省了多日，最后仍确信：虽然他的推理在某些人身上可能讲得通，但对于我，绝对过于主观。我的性观念的形成，有更深层的原因。此书的读者，将不难发现这一点。

通过一稿多投反抗死亡

一稿多投是否也算一种反抗死亡的行为？不断复制、扩展自己的生命成果，便也是在扩展着生命？一稿多投是稿件的"克隆"技术，而生命的克隆技术无疑可以缓解我们对死亡的恐惧。

我前几年是个很活跃的一稿多投者，因为各地的报刊鼓励这样做。这一二年基本上专稿专投了，因为我有兴趣为之写作，并且对方也有兴趣刊发我这类稿件的刊物太少了，而且要求专稿专投。我的反抗死亡是否更寄托在我的每一篇专稿专投的稿件的质量升级上了呢？

我爱弗洛伊德

我说自己有恋父情结，而这种情结移情后最大的"父亲"便是弗洛伊德，这整整一本书都是基于我对他的"恋父情结"。

赴约的时间

弗洛伊德自己是一个依赖性很强的人，他去外地时总是提前一小时到火车站。几年前我也是如此，与人约会时也总是早二十多分钟便到了。这几年，特别是近一年，我经常在火车启动前半分钟跳上去，与别人约会时也常迟到。其他方面也有种种迹象表明：我的依赖性在降低。特别是购房风波之后。

通过回忆电影或书籍的情节进行自我分析

看一部电影或电视剧，随后静下来想一想：哪些情节最强烈地震撼了你，给你留下的印象最深刻？找到后，你便进而分析这情节对你个人的意义究竟何在。这时，你往往会有一些意外的发现。

读一本书后，也可以做同样的自我分析。

最好去看最经典的影片或书籍，因为经典著作中蕴含的信息量更大，能够给我们的启示更多。

影片《情人》观后的自我分析

电影情节：

20世纪初的缅甸，一位不到15岁的法国女孩儿与一位三十多岁的中国男子相遇了。前者是贫穷家庭的孩子，后者来自当地的富豪之家，他们在一条轮船上相遇。不久，在女孩子的主动下，他们发生了性关系。在一处秘密的约会场所，女孩子几乎每天都去找那位富有的中国男人，他们在一起快乐地做爱。

女孩子告诉那个中国男人，她和他做爱仅仅是因为他有钱。

中国男人却动了感情，爱上了这位法国女孩儿。但是，他的家庭不会允许他娶一个法国人。当男人将自己努力的失败告诉女孩子时，她冷冷地说："我根本就不爱你，我们在一起只是因为你能给我钱。"

但是，想到自己的情人终究会回法国，他们将被大洋隔离，男人万分痛苦。

法国女孩儿目睹了中国男人的婚礼。她和这个男人相约在婚礼的转天再有一次秘密的约会，但是，女孩子没有等来那个男人。

女孩子终于登上了回法国的轮船，她在送别的人群中寻找着那个男人的身影，没有找到。船启动后，她看到了躲在岸上角落处的男人的汽车。她的目光紧紧盯着那辆汽车，她知道男人正坐在里面目送着她。

船在远去，汽车小了，大陆小了……女孩子的目光仍紧紧地凝在那一个点上。终于，只余下一片汪洋……女孩子的泪水终于哗哗地淌了下来！她再也无法欺骗自己的感情。

几十年后，当年的法国女孩儿成了一位作家。一天，她在巴黎的家中接到了那个中国男人打来的电话，男人来巴黎办事，在电话里告诉她，他仍然爱着她，并且将永远爱着她……

自我分析：

这部影片凝结了太多的内容，不同的人将从中找到最能震撼自己的东西。可能是女孩子对性爱的主动追求，可能是金钱与爱情纠缠不清的关联，可能是跨越时空的爱的真诚。但是，当我回忆这部电影的时候，在我脑海中烙印最深的，却是女孩子乘船远去，男人的汽车在画面上越来越小的镜头。

根据精神分析学的理论，我们印象最深的事物中，肯定凝结着我们自身生命中的某些共同点，提示着我们需要看清的自我精神世界的某个重要内容。

几乎不需要做太多的联想与自我分析，我立即意识到，那个越来越远的镜头与我记忆中的母亲的背影紧密相关！在此前的章节中，我已经记述了"母亲的背影"，以及由母亲背影而生的所谓"恋母情结"，特别需要一提的是，这种情结延伸到我成年后与人交往的过程中。我渴望团聚，又害怕分离，特别害怕送别。甚至一次小小的聚会、普通的聚餐，只要是与知心朋友度过的快乐时光，分别时都会令我产生或大或小的酸楚。我以一种真诚与厚爱对待朋友，我害怕分离，害怕看他们远去的背影。其实，这所有的害怕都可以归结为一点：害怕被抛弃。母亲的离去，使我产生被抛弃的感觉。

那条远行法国的轮船让我经久难忘，便没有什么奇怪的了。

这次分析使我认识到自己性格的一些特点，有优点，也有缺点。重感情的同时我也将失去很多。我想我今后应该锻炼着不是总向后看，而是更多地向前看。分别并不意味着被抛弃，或者说，我们注定被一切世界包括这个世界抛弃。所以我们最紧要的事情是学习着自立。

拥有的时候享受爱，分别的时候少些自伤。不要沉湎于怀旧，而应该学着以平常的心态接受必要的丧失，包括亲友的离别，更重要的是某些人生岁月甚至整个人生的渐逝。

我们是这个世界的过客，人类的历史又将是宇宙的过客。

美国影片《本能》观后的自我分析

电影情节：

影片开始，一男一女在床上疯狂地做爱，床前方和屋顶的镜子映出他们激动的身姿。女人骑在男人的身上，用一条丝巾将男人的双手绑在床架上，她达到了性高潮，同时摸出一把刀狠狠地扎向男人……

被杀的是摇滚歌星，他的女友——一位年轻富有而又极漂亮的女作家受到怀疑，但她成功地使警察和测谎仪都相信她是无辜的。这位性感的青年女子说，她很喜欢和摇滚歌手上床，因为他做爱的时候从来不拒绝任何尝试。女作家甚至还问警官是否尝试过吸可卡因后做爱，她的坦然令警官们感到尴尬，而她不穿内衣便叉开腿出现在警察面前，又令他们想入非非。

这位女作家此前出版的小说中，曾生动地描写了一位女作家在做爱时杀死自己的情人——摇滚歌星的情节，行凶手段与现实中的谋杀案如出一辙。而在她的另一部小说中，描写了女儿设计假事故，杀死自己亲生父母的情节，而在生活中，这位女作家的父母确实依小说中的情节而"意外"死亡了。女作家这样解释小说中那位女儿的行凶动机：她想知道杀人后是否能够平安无事。

是有人要陷害女作家，还是女作家自己借着小说来排除警察对她的怀疑，因为很少有人会相信一个人会如此之傻，完全按自己写出的情节去杀人。

一位机智的警官，还是怀疑了这位女作家，并对她进行了深入调查，调查的同时，爱上了这位女作家，并和她做爱。与此同时，女作家告诉这位警官，她正在写的一部小说便是关于警官爱上了他不该爱的一个女作家的故事，而小说的结尾时，女作家杀了那位警官。

案件扑朔迷离。女作家喜欢她的同性恋伙伴偷看自己与那位警官的做爱，而那位女同性恋者嫉妒无比，杀警官未成自己出车祸死亡。女作家大学时期的一位同性恋伙伴也在警署工作，与那位警官有私人关系，这一切，都使得案情更加复杂。

影片的结局是，警察们掌握了充分的证据，证实系列杀人案的凶手便是女作家在警署里的那位大学同学。

爱上女作家的警官放松地和女作家在床上热烈地做爱，而此时，床下放着一把杀人刀，女作家伸手可及……

自我分析：

《本能》是一部名片。

我问过许多看过这部影片的人，哪些情节最强烈地震撼了他们。有人说，是案件的重重谜团；有人说，是女作家做爱时的裸体；有人说，是女作家的魔鬼人格；还有人说，是同性恋。绝大多数的男人，对影片女主人公都没有好感，她太会耍了。

最强烈震撼我的，是女主人公在性爱上的主动态度，包括她总是采取的女上体姿势，包括她兼容同性与异性，还包括她对性爱的种种尝试。

我对此进行了分析，由女主人公性的表象进一步深入，我发现，我是对她的叛逆人格感兴趣。即使对于西方社会，她也是一个背叛了女性传统社会性别角色的女人。她将男女的位置完全倒置过来了，绝不仅仅是性，还有对生与死的主宰，对周边世界的把握。而这一切，都与我自己生命中那些叛逆的基因达成共识，产生共鸣。理想的两性形象，或者说理想的女性形象，在我心目中更加清楚了。

第十六章

释梦手记044—053号

释梦手记044号：两个男人；释梦手记045号：编辑部；释梦手记046号：简单的愿望达成；释梦手记047号：渴望裸体；释梦手记048号：自我抽打；释梦手记049号：悲惨的战争游戏；释梦手记050号：恐龙；释梦手记051号：朋友；释梦手记052号：杀人案件；释梦手记053号：我给皇帝说书；关于释梦的个人感受。

本章，记录并分析了十个梦境，这也是本书中最后的释梦手记了。

释梦的意义，在于指导现实的人生。整个自我精神分析的意义，也正在于此。

释梦手记044号：两个男人

时间：1997年4月底，手术后休养中

梦境：

我梦中的人物是一个男子，我梦到他做了一个梦。他在梦中梦见和自己的恋人做爱，而他的恋人也是一个男人，一个扮成女人的男人。

那个扮成女人的男人说，我正在织的毛衣丢了。

于是，梦里的两个男人寻找起来。

分析：

有两个男人在其中做爱的梦令我多少有些惊恐。

至少可以肯定的是，这个梦是性欲受到压抑的产物，做这个梦同样是在养病期间，我已经很久没有性生活了。

男扮女装的男人说，他的毛织活儿丢了。这使我想到妻子，那些天她正在织我的毛裤。这件毛裤已经织很久了，从冬天一直到春天。我便说，天气热了，不用织了，秋天再织不迟。所以，那个"梦中梦"里的男人，应该是我的妻子的化身才合理。

但我无法确定的是，妻子以化身出现，是因为我与妻子做爱的欲望受到压抑了呢，还是因为我的潜意识中有同性恋情结。

探究我们的心灵底层，确实是件极艰难的事情。

生活中，我确实未意识到自己对同性别人士的性兴趣，但是，它为何会进入我的梦呢？

释梦手记045号：编辑部

时间：1997年4月23日

梦境：

　　我的病没有完全好，便回编辑部上班了。进办公室之后，没有一个人问候我的病情，就像我从来没有休过病假一样。我坐在办公桌前编发稿件，心里有些烦。

　　编辑部主任领着一个男子进来找我，索要未能采用的稿件。我认真地翻了抽屉，没有他要的稿件。主任说，以后不能采用的稿件都要退给作者，别的稿件都退了，就是放你这里的这篇丢失了。我心里很不高兴。

　　我仍在处理杂务，将许多文件都扔掉了。

　　我开始后悔这么早来上班，本来身体也没有完全康复，我这是何必呢？

　　（这时我醒了过来，心情很抑郁，仍处于梦中情节的困扰中，过了约半分钟，才意识到这是一个梦，于是又睡着了，再次进入梦乡。）

　　我给总编打电话，总编在电话里告诉我，刊物换了上级主管部门，整体风格都要发生变化。他说："你考虑一下，能干就干，不能干也别勉强。"接着，又讲了一套对每个人的工作要求。我反而觉得轻松了。

分析：

　　醒来后分析这个梦，我清楚地意识到，自己潜意识中的一种压抑已经到了何其强烈的地步。

　　那时，我到这家刊物工作已经半年了，此时我做了个手术，正在家中养病。半年来，我和我的领导及同事都相处得很好，但是，我仍一直处于矛盾、困苦的心境中。这完全是因为，日常的编辑工作使我不能像此前在家从事专业写作时那样心无旁骛、高产丰收了，而出来工作又是我自己的选择，我希望借此多与外界交往，扩大视野。我的领导对我很关照，每星期只需要上两天班，但各种杂务仍使我很分心，时常感到极其疲顿。休假前，我的精神状况便很不好，精神和肉体都很累。今后怎么办，一直是困扰我的问题。

　　这个梦便在这种背景下出现了。我的同事在现实中对我一直很好，而在梦境中，他们却给我带来一些不快，这其实是我的一种愿望。事实是，我常想，如果不是编辑部的同事相处得那么好，我可能早就辞职了。

总编那句不冷不热的"能干就干，不能干就别勉强"，使我如释重负，梦里也觉得轻松，因为既然我对他如此无所谓，我正好可以轻松地辞职。这也是与现实相违的，事实上总编很看重我。

总编对工作要求强调，是他平时常在会议上做的事情。事实上，那种严格的量化管理确实使我心里很不适应。

这个梦帮助我认识到了自己的心理现状，我因此开始思考改变自己的生活与工作。后来，我便改变了与这家刊物的合作方式，改为每半个月只去两天了。释梦以能够直接指导生活为最高境界。

释梦手记046号：简单的愿望达成

时间：1997年4月29日

梦境：

  上海一家出版社的编辑打来电话，告诉我决定出版我的随笔集《生命散文》，问我是否可以压缩到10万字。我讲，可以删掉那些不理想的篇章，但是我还有一些新写的更好的文章，再补充进去，仍可维持15万字。

分析：

这是一个简单的愿望达成的梦。

上海那个编辑手中的确有我一本15万字的《生命散文》，几个月前便在电话里告诉我，即将决定是否出版，但是，此后便一直没有任何音信了。做这梦时我回到天津养病，这天临睡前想到，我不在北京时，他是否会与我联系呢？于是，睡着后便做了这个梦。

那15万字的原稿中，的确有一些是我近来觉得不满意的了，而且我也想过要用新作将其中约5万字替换出来。

这个梦太简单，任何人都可以一目了然地看出它的动机。

释梦手记047号：渴望裸体

时间：1997年9月12日5：00
梦境：
　　我回到了天津，忙着自己的工作，接传真稿件，然后又去复印社复印稿件。
　　我从母亲的住处出来，骑车去鞍山西道自己的旧居，计划着路上可以去邮局取信件。
　　骑车的我觉得很不舒服，蹬不快车，低头一看，原来自己没穿外裤，只穿一条秋裤，秋裤有些瘦，所以有碍骑车，我便把那秋裤脱掉，顺手扔了，只穿着很短的裤衩骑车，但仍然不舒服，便把裤衩也脱掉扔了，赤着下身骑车。
　　我觉得舒服极了，心情很愉快。
　　但是，我很快便担心别人看到我光着屁股。我一边骑车一边紧张地观察路边的行人，没有人注意我。我的衬衣比较长，我有意让它遮住阴部。但是，蹬车的过程中，阴部总是不断地暴露出来。我想，当我到了地点，下车的时候，所有人都会看到我下身没穿衣服。
　　我很尴尬，也很紧张，便醒了。

分析：

　　我对裸体有一种根深蒂固的渴望。
　　睡眠的时候，我总是全身赤裸；只要温度允许，我也喜欢在家里赤裸着身体走来走去。裸体的时候，我的生理感觉最舒服，精神最放松，心理最愉悦。我喜欢欣赏镜子里自己赤条条的身体，虽然我知道它不具备健美的标准。对于天体营之类的裸体集会，我有着强烈的向往，只是无缘去实现这向往罢了。
　　做这个梦的9月，仍然是可以大白天在家里裸体的季节，但是，有时也会感到凉了。更何况，因为与人共居一个单元，我只能锁上房间的门裸体，需要上卫生间时，还得穿上衣服，太不方便，很不自由。

这个梦，便是我的裸体欲望的表现。我视裸体为美，并渴望在公共场所裸体，但深知公众难以接受，所以，便在大街上裸了，但又紧张得醒了。

是否有性的因素在里面呢？在这个裸体与性联系在一起的社会中，又怎么可能没有呢？

好在，我已买下了自己的房子，等我搬进去，便可以在自己的大房间里自由自在地裸体了。那时，我裸体的愿望得到满足，无须压抑，也许便不会做这样的梦了。

释梦手记048号：自我抽打

时间：1997年9月24日5:20

我在和妻子争吵。我十分生气，又无法发泄，便左右开弓猛抽自己嘴巴子。

妻子被惊醒，拉住我的手，唤我名字，我乃醒。

分析：

这是开始释梦以来，首次由梦境而有动作。

平日，在十分生气而又无法发泄的情况下，我也会像疯子一样抽打自己。这个梦，不过是平日生活的再现。

有两种解释：

第一，我们仍居住在租来的小房间里，工作、起居、吃饭，两个人挤在十几平方米的空间中，难免互相影响。就在几天前，我还因为写作时妻子在一旁干家务弄出的噪声和她争吵过。虽然事情过去了，但这几天一直处于紧张、焦虑之中，深受环境之累。在梦里与妻子再度争吵，甚至动手打自己，便是这种情绪的一种宣泄。

第二，很长时间没有认真记梦了，多日无精彩好梦。潜意识里一定很焦急于没有突破，于是，便在做梦里动手打了自己，也算一个重要突破

释梦手记049号：悲惨的战争游戏

时间：1997年10月28日晨

梦境：

我参与到一系列战争游戏中。

虽说是游戏，却不断有人真的在这游戏中死去。

这游戏像电脑中的游戏一样，每天进入一个新程序，每个程序中总会死人，我看着别人一个个地倒下，十分悲壮。

我的母亲和祖母躲在一个房间的床上等着我，我每天结束战争游戏后都去看她们。有时，我会捧去一个死者的骨灰向她们哭号。

我知道，已经到了倒数第二幕，战争游戏即将结束，需要到一个地方去庆祝。不，是去一个地方找我的父亲。

我走到一条乡村的土路边，看到妻子和姐姐都站在那里。我说，和平了。我们三个人便一起沿着那荒无人烟的路，向前走去。

周围仍是硝烟气味，我衣衫不整，泪流满面，继而痛哭出声。

一个声音在我耳边说着："战争是好人不把对方当好人的争战，发动者要为之负责。"

我哭醒了。

分析：

哭醒后，我仍纵容着自己哭了一会儿，哗哗地淌泪，觉得十分舒服。

几天前，我听一位埋头佛法中的作家讲了一番灵界，勾起我自己对灵魂世界的思考。一年前初到北京时，我曾认真地围绕死后世界读了一番书。我是相信灵魂之存在的。

这天，得到在台湾的爷爷去世的消息。临睡前，与妻子对生命做了一番感叹。情之所至，惊恐于岁月之飞逝，人生之无常，对活着的意义又颇多质疑。觉得人生就是一场争战，而那瞬间，我感到很厌烦了。

这个梦，是我对死亡恐惧和人生意义思考的表现。

人生是游戏，也是战争，是战争游戏。每个人都几乎不由自己选择地便介入这场战争中，看着别人一个个死去。我的祖母与母亲已经年老，当我拿着人生战争中得到的成果（死者的骨灰）送到她们面前时，我应该欣喜，却哭泣了。

战争总有结束的时候，那时，也是人生的末路了。我将去找我的父亲，但这时，我发现同路的只是妻子和姐姐，而我的祖母和母亲都已经先去了。

貌似和平，貌似胜利，貌似可以去找父亲了，但面对这场惨烈的争战，面对必然告别世界的无奈，我又怎么能不号啕大哭呢？

至于那耳边的旁白，近日读过的一本书中有类似评论战争的句子，当时觉得很精彩，认真看了两遍，此时便被勾到梦中了，与情节无大关系。

释梦手记050号：恐龙

时间：1997年11月24日中午
梦境：

我正在一个房间里待着，房间外面是一个大厅，大厅里有许多恐龙化石。妻子进来，手里拿着一些珍珠说："将这些珍珠放入恐龙的眼睛，它们就会活过来。"我听了十分惊喜。妻子果然便出去，向每个恐龙化石头骨的眼眶里放珍珠。

妻子很长时间没有回来，我不放心，便出去找她。大厅里四面被恐龙围绕着，妻子站在大厅中间的空地上，我站到她身边。我看到那些恐龙的眼睛亮亮的，都一点点活了过来，很高兴。但我立即又意识到，这些活过来的恐龙也许会威胁我们的生命，果然，恐龙们开始蠢蠢欲动，向大厅中央走过来，很快就要将我们踏在脚下。

我惊慌地向一个狭小的出口逃去，妻子竟没有跟过来。我发现，那个出口是一个细长的山洞，原来所谓的大厅是一个大的山洞。恐龙在后面追赶着我,它们巨大强壮的身体挤得山崩地裂。我十分恐惧,拼命逃跑,选择最小的出口,希望能够躲过恐龙。我清楚,一旦被追上,它们就会将我吃掉。

我跑进一个房间里,正巧有个穿白衣的人从一个门里出来,我蹲在墙角,躲过了他的视线。白衣人走后,我走进他刚刚出来的那个房间,惊恐地看到玻璃柜子里陈列着一具具奇形怪状的生物标本。

我心里十分难受。

分析:

妻子怀孕了,正住在医院保胎。

我们已经做过四次流产,前两次是人为的选择,后两次是肌体的自我选择。

我们曾是"丁克家庭"的拥护者,但是,随着年龄的增长,观念渐渐有了一些变化。如果说我只是不再坚决拒绝孩子了,妻子则是十分向往孩子了。生育是两个人的事,我便也同意生养一个孩子。然而又费了一番周折,直到两个星期之前,妻子发现怀孕了,同时出现了先兆流产的症状。那时我们在北京,其后的十天里,妻子24小时卧床保胎,我则为她变着花样做一日三餐,加上各种杂事,精疲力竭,人明显地消瘦了。

仍然不行,便赶回天津住院了。那天,是11月20日。我开始极为强烈地怀疑生育的意义,对其进行思考,越思考便越发现:养育一个孩子要以牺牲父母的许多事业为代价。我很痛苦,担心前程受损。

妻子住了两三天医院,我去看她时,她笑着讲,同房一位孕妇的丈夫开玩笑说:"如果生个恐龙多好呀,就不用上班了。"这话,竟成为我梦中的重要影像。

那个有众多恐龙化石的大厅(或曰山洞)便是我曾工作多年的自然博物馆古生物展厅的再现,而妻子手持珍珠欲使恐龙化石具有生命情景,再现了我们决定要孩子后对生育的渴望。面对一个个活过来的恐龙,我的欣喜,也是费了一番周折才受孕时的真实心态反映。但是,正像我的写作很快受到巨大冲击一样,梦中的我很快便从那最初的欣喜中警醒,意识到了恐龙们对我的威胁。

恐龙的步步紧逼，我的仓皇逃遁，以及无路可逃的状况，都是对孩子出生后事业受损的担心，而妻子没有随我逃跑，因为妻子没有这种担心，她是喜爱孩子，并会将其视为生命最大乐趣的。

我仍在逃，恐龙仍在追，山崩地裂，正是强大焦虑的表现。

房间里的白衣人，无疑是妇产科医院的医生。瓶子里的标本，说明我仍在担心妻子保胎失败，或孩子将来不健康。在博物馆的时候，我做过一段时间的计划生育展览讲解员，面对过很多瓶中的畸胎标本。

梦中我的难受心情，是基于对妻子当时状况无明显改善的担心。

释梦手记051号：朋友

1998年1月26日凌晨

梦境：

朋友们聚会，来了三五个人，并不是同一个圈子里的，似乎有许多受邀的人没有来。

来的人坐在一起，也无话可说，场面十分尴尬。

很快便散了，散时我感觉颇轻松。

只有一个女子，散时表现出愿意单独同我另约时间聊天的意思，这对我是一种安慰。我也觉得单独的谈话更容易出智慧。

分析：

春节将至，我住在天津。

几天前约两个相识了12年的朋友吃饭，感到存在着交流的障碍。虽然，他们对我而言属于那种没有任何私利，很纯粹的朋友，但如果涉及观念，便背道而驰，如果争论定会面红耳赤，很伤感情的。

那次聚会，使我倍感孤独，心情十分不好。茫茫人世，对于许多思考，几乎没有可以交流的人，更难以产生共鸣了。事后反思，第一次明确地意识到作为一个非主流人士的悲凉，当自己与主流文化决裂之后，便也注定要体验孤苦了。

这时，另一位朋友建议聚会，那是一个每年都有几次聚会的小圈子，因为我迁居北京，已经一年未聚了。那朋友便做召集人，两天后告诉我，除了一位女子表现出热情外，其余的人均以种种借口推脱了。

我便有了上面的梦境。

我与这未能聚成的小圈子中的个别朋友，一年间有过几次单独的晤面，感到思想的距离也日益明显了。毕竟，一年多的阅读与思考又使我向前走了许多。同任何人在一起时，我总是无法尽情尽性地表达自己的新思考，即使表达了，也难以得到期待中的回应。一个已经背叛了主流社会，也被主流社会排斥了的人，如果在朋友那里仍感到孤独，这孤独便更为凄苦了。这个人，对所处世界的背叛便也很彻底了。

但是，面对与这"彻底的背叛"同时而来的孤苦心境，我又感到手足无措。人是社会动物，渴望支持，虽然不可能为了获得支持而背叛自己。

与其存在许多因无法沟通而来的更凄苦的感觉，不如不要这聚会，有了与那两个老友聚会后的凄凉，当那小圈子的聚会未成之时，我亦感到轻松，于我而言，不涉及思想的聚会毫无意义，而我能够想象到思想已经迥异的友人相聚时的尴尬。有了这些背景，前面的梦便显得很简单，很好解了。

至于那有意约我单独谈话的女子，我们过去的单独交谈中，曾有过一些共鸣。她在梦中的出现，说明我对这个社会仍没有绝望，仍渴望遇到可以交流的朋友，但真正的交流极难在多人聚会中存在。

这个梦，无疑影响我的人际态度。这便又是梦的现实意义了。

另需一提的是，很久没有认真记录梦、分析梦了，所做之梦便时常显得很简单、概念了。而几乎每天都记梦的时候，梦也变得越来越复杂难解。人的大脑，真是奥妙无穷。

释梦手记052号：杀人案件

时间：1998年2月1日凌晨

梦境：

某刊物的总编辑被杀了，副总编升为总编。

谋杀嫌疑集中在编辑M身上，他与总编素有仇隙。总编死前几日，M还曾威胁要杀害他。但是，M否认了对他的谋杀指控，而且还有不在谋杀现场的证据。

我决定搞清真相。

我想，人们遇到谋杀案时，通常从两条线索去寻找罪犯。一是与被谋杀者结仇的人，如M；二是谋杀案的受益者，本案中显而易见的受益者是副总编，总编之死使他得以荣升。但是，副总编绝对不会是谋杀犯，他与总编关系很好，而且为人十分善良、本分，连猫狗都不忍伤害，哪里会去杀人呢？

我进一步推理：谁会从总编之死中直接受益呢？

编辑部开会时，现总编接了一个电话，听得出来是他太太打来的，谈话时似乎涉及另一个男人，现总编很不高兴。

我敏感地抓住了现总编语气变化中透露出来的信息，开始调查。

真相很快大白天下了：原副总编（现任总编）的太太有一个情人，一直鼓动她与自己的丈夫离婚，但是副总编的太太担心离婚会对副总编伤害太大，便说，要等到副总编的事业更稳固后再考虑离婚事宜。那个情人等不及了，便杀了总编，以便使副总编得以升为总编，从而为他的离婚创造条件。

我成功地破了此案，十分高兴。

分析：

毕竟是梦，明显地荒诞不经，"案件"及其侦破充满许多漏洞。

这天是虎年农历初五，我刚从天津回到北京，转天将去兼职的一家刊物上班，此梦便是在此背景下做的。

那家刊物不久前进行了一次人事变更，我对这变更最终会带给自己一些什么影响，仍无法肯定，所以多少有些顾虑。

春节期间，一位年幼的外甥女要去买课外书，我建议她读一些侦破书，会启发思维。这谈话，为此梦以案件为轴心埋下了伏笔。

M是我的一位朋友，曾给我许多帮助，但我一直无机会报答。在梦中我找到真的凶手，是否也算一种报答呢？

此梦最值一提的是，我在梦中醒来三四次，每次醒来后都怀着一定要做完此梦的想法又立即睡去，并且成功地延续了梦境。一开始，梦境十分混乱，许多不是同一时期的故人都被引到梦中来，梦中的我在"做梦"的意识极强，一点点将情节调整通畅，梦中人物都集中到了同一时期。每次重新入睡后"续"梦，都调整了前一节的失误之处，使梦境得以发展，并最终"破案"。

"破案"后再醒来，便开始满意地解梦，无须再度入睡了。

人不仅是可以"续梦"的，还是完全可以操纵梦中情景的。

释梦手记053号：我给皇帝说书

时间：1998年2月16日5：30

梦境：

我是说书人，正在一个大厅里给皇帝说书。

我说得累极了，终于说完了，我如释重负，我抡起椅子向皇帝砸了过去。皇帝向我开枪了，我当即躺倒，知道自己死了，但是感觉很舒服，可以休息了。

我平躺在大厅里，一队宫女由一个老年宫女领着，过来抬我的尸体。我被确认是我，于是被放到一个担架上，抬走了。

场景转换，我似乎是躺在床上，仍感觉自己累极了，正在对妻子说："以后晚上睡觉前要吃些大补的东西，喝银耳汤。"我还没有睡着，又听到皇帝吹起床号了。我被要求抱一个小时孩子，我感到恐惧。我实在太累了。

真的太累了。

我在劳累的感觉中醒来。

分析：

一年前的2月15日，我开始记梦，也开始了这本书的写作。一年后，做了这么一个莫明其妙的梦。我没有完全破解它。

谁是皇帝？我不知道。我何以成了说书人，何以要杀死他？我为何如此劳累？为何总也无法彻底休息？我仍然不知道。事实上，前一天我并没有过度劳累。

2月14日，我确实与朋友谈论起这本已经写了一年的书，这是我费时最久的一本书。而且，我要求自己必须在5月底之前完成它。我有更多重要的书需要去写作，我又担心如果不能在7月孩子出生前完成手边同时写作的四本书，我的整体计划与生活都会受到极大影响。

也许，我的劳累是因为我给自己的任务太多了？

皇帝是否是我的一个"超我"呢？我终于完成"说书"，便要打倒"超我"？卧床养病的时候，我总是因为有充足的理由不工作而感到宽松，我是否在通过被枪击而渴望休养呢？

宫女们出来抬我而去，似乎不难理解。我正处于"性失业期"，有些朦胧的性渴望表现于梦中，很正常。

另外，是否我对这几天的伙食不满意呢？不然，何以要求"大补"？

"超我"又在唤我起床，我又要去工作，而且要抱孩子，这些，是否都是对于不能按期完成本书的恐惧呢？我担心孩子出生后自己必须同时忙于写作和尽父、夫之责，身心交瘁。

这个梦在催促我，趁现在尚轻松，提高效率，抓紧工作。

关于释梦的个人感受

在整整一年的时间里，我记录并分析了此书中的五十多个梦境。记录而未分析的梦境，还有一些，多是因为过于简单，无分析的价值，也有个别的是因为涉及现实生活中的某些人和事，不宜于公开。

一年间，一些感想，随手记下，现归纳如下：

第一，解梦，重要的不在于这解释是否科学与合理，而在于你从这解释中得到了什么。严格地讲，对于任何一个梦都不可能有绝对科学与合理的解释，梦是来自另一个世界的声音，而生活在这个世界中的我们终究要以这个世界的眼光来看梦、解梦。但是，如果你从这解释中获得了某种意义，以至于影响到你在现实世界的生活，这解释便是相当优秀的解释了。

第二，真正有资格解梦的人，只能是那做梦者自己。一个梦的背后，可能是多年的生活积淀，不是其他人能够了解的，每个人的潜意识，也只有他自己最容易觉察。别人的解梦，总会掺杂进自己对生活的理解，以及自己的人生积淀，而只有做梦人，才离梦的真实最近，或者说，他才最清楚自己需要什么样的解释。

第三，充分利用梦，除了自己反省之外，还可以将这梦讲给相关的人，用梦的语言传达你不便直接传达的信息。比如，你梦到了女友，她可能约你出去玩，你们可能拉着手在梦里一起逛街，然后去她家做客……你把这梦告诉她，因为你们所处的状态，她很可能会意识到对你过于冷落了。

第四，我们因为现实中一些无法实现的愿望而感到焦虑、紧张、恐慌、压抑，这样的愿望在梦中实现时，我们会于睡眠中体味欣喜甚至狂喜，这感觉甚至会延续到我们醒来之后，于是，现实中无法实现之愿望的压力，便也通过梦得到了暂时的缓释。比如，现实中的性压抑，通过一个美妙绝伦的性梦得到缓释，即便这性梦未导致射精。

第五，我个人的感觉是，白天忙乱，想的事情少，夜里的梦便也简单，一望便知其意，少深刻和新意；而如果白天生活十分安详、规律，接受的刺激少，夜间的梦反而容易变得复杂，需要费一番心思才能分析出来。也许，我们每天注定要付出一些心力，白天付了，夜间便省了；白天未付，便需夜间补充。

第六，我们释梦的时候，便面对着另一个人：以潜意识状态存在的我们。意识状态下的我们与潜意识状态下的我们通过释梦与做梦进行着一场交锋。我们无释梦习惯时，或刚开始释梦时，所做之梦往往很简单，一眼便可见其目的。而随着我们释梦水平的提高，释梦的深入，我们所做之梦也越来越复杂难解了，我们必须付出更多的努力，才能理解它。我们的释梦技艺在提高，与此同时，我们的梦提高得更快。潜意识状态的我们与意识状态的我们便玩着这个老鹰捉小鸡的游戏，永无止境。

我想，如果哪位读者有兴趣，更重要的是有毅力，数十年如一日地记录、分析、比较自己的梦境，必有极为重要的发现，不论是对个人的生活，还是对梦的研究。

把握梦境，便也把握了我们的现实人生。

1998年4月初完稿

2010年7月修订

参考书目

林骧华主编：《外国学术名著精华辞典》，上海人民出版社1994年版。

迪瓦恩等编：《世界著名思想家辞典》，夏基松等译，河北人民出版社1994年版。

周晓虹：《现代社会心理学史》，中国人民大学出版社1993年版。

周晓虹主编：《现代社会心理学名著精华》，南京大学出版社1992年版。

唐钺：《西方心理学史大纲》，北京大学出版社1994年版。

郜庭台等主编：《简明西方哲学史》，天津人民出版社1987年版。

罗基：《梦学全书》，中国社会出版社1996年版。

刘翔平：《生命与梦》，世界图书出版公司1993年版。

高宣扬编：《弗洛伊德传》，作家出版社1986年版。

［苏］雷宾：《精神分析和新弗洛伊德主义》，李今山、吴健飞译，社会科学文献出版社1988年版。

［奥］弗洛伊德：《精神分析引论》，高觉敷译，商务印书馆1996年版。

［奥］弗洛伊德：《少女杜拉的故事》，茂华译，中国文史出版社1997年版。

［奥］弗洛伊德：《摩西与一神教》，李展开译，三联书店1989年版。

［奥］弗洛伊德：《性爱与文明》，滕守尧等译，安徽文艺出版社1996年版。

［奥］弗洛伊德：《文明与缺憾》，傅雅芳等译，安徽文艺出版社1996年版。

［奥］弗洛伊德：《梦的解析》，丹宁译，国际文化出版公司1996年版。

［奥］弗洛伊德：《爱情心理学》，林克明译，作家出版社1986年版。

［奥］弗洛伊德：《图腾与禁忌》，杨庸一译，中国民间文艺出版社1986年版。

［奥］弗洛伊德：《弗洛伊德论创造力与无意识》，孙恺祥译，中国展望出版社1986年版。

［瑞士］荣格：《荣格文集》，冯川、苏克译，改革出版社1997年版。

［瑞士］荣格：《分析心理学的理论与实践》，成穷、王作虹译，三联书店1991年版。

［美］霍尔等：《荣格心理学入门》，冯川译，三联书店1987年版。

［奥］阿德勒：《挑战自卑》，李心明译，华龄出版社1996年版。

［美］弗洛姆：《弗洛姆文集》，冯川等译，改革出版社1997年版。

［美］弗洛姆：《为自己的人》，孙依依译，三联书店1992年版。

［美］弗洛姆：《健全的社会》，孙恺详译，贵州人民出版社1994年版。

［美］弗洛姆：《精神分析与宗教》，贾辉军译，中国对外翻译出版公司1995年版。

［美］弗洛姆：《弗洛伊德的使命》，尚新建译，三联书店1986年版。

［美］霍妮：《自我的挣扎》，李明滨译，中国民间文艺出版社1986年版。

［奥］弗兰克：《无意义生活之痛苦》，朱晓权译，三联书店1991年版。

［奥］弗兰克：《人生的真谛》，桑建平译，中国对外翻译出版公司1994年版。

［美］马斯洛：《科学心理学》，林方译，云南人民出版社1988年版。

［美］马斯洛：《存在心理学探索》，李文译，云南人民出版社1987年版。

［美］马斯洛：《自我实现的人》，许金声、刘锋等译，三联书店1987年版。

［美］埃里克森：《童年与社会》，罗一静等译，学林出版社1992年版。

［美］布朗：《生与死的对抗》，冯川、伍厚恺译，贵州人民出版社1994年版。

［英］莱恩：《分裂的自我》，林和生、侯东民译，贵州人民出版社1994年版。

［美］贝克尔：《反抗死亡》，林和生译，贵州人民出版社1988年版。

冯川主编：《罗洛·梅文集》，中国言实出版社1996年版。

［美］方迪：《微精神分析学》，尚衡译，三联书店1993年版。

［美］霍兰德：《后现代精神分析》，潘国庆译，上海文艺出版社1996年版。